de Gruyter Lehrbuch

Döring · Atomphysik und Quantenmechanik

Werner Döring

Atomphysik und Quantenmechanik

II. Die allgemeinen Gesetze

W DE G

Walter de Gruyter · Berlin · New York 1976

Prof. Dr. Werner Döring
Universität Hamburg
I. Institut für Theoretische Physik

25 Abbildungen im Text

CIP-Kurztitelaufnahme der Deutschen Bibliothek

Döring, Werner
Atomphysik und Quantenmechanik. – Berlin, New York: de Gruyter
2. Die allgemeinen Gesetze. – 1. Aufl. – 1976.
(de-Gruyter-Lehrbuch)
ISBN 3-11-004590-7

 Druck: Karl Gerike, Berlin, Bindearbeiten: Dieter Mikolai, Berlin. Einbandentwurf: Rudolf Hübler, Berlin. – Printed in Germany

Inhalt

Einleitung und Übersicht

Das Ziel der Ausführungen in dem vorliegenden II.Band dieses Lehrbuches ist die Darstellung der Gesetze der Quantenmechnik in ihrer allgemeinen abstrakten Form, in welcher man den Zustand des betrachteten Körpers durch ein Element eines abstrakt definierten Hilbertraumes beschreibt. Jeder Observablen ordnet man einen Operator zu, also mathematisch gesprochen eine Abbildung des Hilbertraumes auf sich selbst. Wie gezeigt werden soll, kann man dann alle Aussagen über das Verhalten der Körper, insbesondere auch diejenigen über die Wahrscheinlichkeit, mit der gewisse Ergebnisse bei einer Messung auftreten, aus den Werten von irgendwelchen "skalaren Produkten" aus je zwei Elementen ihres Hilbertraumes entnehmen. Der ungefähre Inhalt dieser Aussagen wurde bereits im X. Kapitel von Band I angedeutet. Hier soll nun das dort umrissene Programm ausgeführt werden.

In ihrer allgemeinen, abstrakten Formulierung enthalten die Gesetze der Quantenmechanik nur das, was wir heute als wesentlich an ihnen ansehen. Die speziellen Formulierungen, die man in der Regel zum Rechnen benutzt, wie z.B. die Ortsdarstellung, in welcher die Elemente des Hilbertraumes ortsabhängige ψ-Funktionen sind, enthalten unnötiges mathematisches Beiwerk, welches den wesentlichen Kern der quantenmechanischen Aussagen leicht etwas verschleiert. Dieser besteht in der Einsicht, daß das

Partikelmodell und das Wellenmodell bei Anwendung der im Prinzip gleichen Methode der Quantisierung zur gleichen Quantenmechanik führen. In diesem Sinne vereinigt die Quantenmechanik diese beiden Modelle (vgl. Band I, § 34). Beide sind grundsätzlich gleichberechtigt und lassen sich daher beide gleich gut oder gleich schlecht zur Veranschaulichung der Vorgänge benutzen. Die Bevorzugung des Partikelmodells in der Lehrbuchliteratur läßt sich kaum rechtfertigen.

Dieser Erfolg einer Vereinigung sich widersprechender Modelle wird erkauft durch den Verzicht auf ausnahmslos exakte Aussagen über das künftige Verhalten der Körper. Eine derartige Form der Naturgesetze, die in der klassischen Physik als im Prinzip erreichbar galt, ist nach dem Unbestimmtheitsprinzip naturgesetzlich unmöglich.

Die quantenmechanischen Gesetze werden hier nicht in ihrer allgemeinen Form axiomatisch an die Spitze gestellt, sondern schrittweise entwickelt. Das geschieht einerseits aus didaktischen Gründen, damit der Lernende mit der abstrakten Form anschauliche Vorstellungen zu verbinden lernt. Denn diese Vorstellungen sind, im Gegensatz zur Ansicht mancher Mathematiker, für das praktische Umgehen mit ihnen von größtem Nutzen. Außerdem vermittelt ein schrittweises Vorgehen auch ein wahrheitsgetreueres Bild von dem Fortschreiten der physikalischen Forschung. Praktisch wurden die großen Gedanken der Physik niemals gleich in endgültig richtiger Form erfaßt, sondern in Stufen unter ständiger Überprüfung durch das Experiment. Einzelne gedankliche Sprünge verdanken wir dabei zwar nicht selten einer glücklichen Intuition und nicht der systematischen Deduktion, aber ebenso oft führte diese Intuition zunächst zu halb falschen Ansichten.

Die Entstehung der Schrödingergleichung bildet dafür ein gutes Beispiel.

Bei der Entwicklung der Quantenmechanik spielte es eine große Rolle, daß die Struktur der Elektronenhülle der Atome und insbesondere die von ihr herrührenden Spektren gedeutet werden konnten. Deshalb wird auch hier mit der Behandlung der stationären Zustände der Elektronenhülle begonnen. Ursprünglich bezeichnete man diese stationären Zustände als die allein möglichen Zustände. Man sprach von "erlaubten" Bahnen und "Sprüngen" der Elektronen von einer Bahn auf eine andere, wobei die Energiedifferenz in Form eines Lichtquants emittiert wurde. Das Wellenmodell milderte später die Härte dieser unphysikalischen Vorstellung.

Nach der Erörterung desjenigen Teils der Atomspektren, der auf Grund der Betrachtung nur eines Elektrons verstanden werden kann, wird hier die allgemeine, wahrscheinlichkeitstheoretische Deutung der Quantenmechanik behandelt sowie in der Transformationstheorie die verschiedenen, mathematisch gleichwertigen Formulierungen dieser Gesetze. Danach kann die allgemeine, abstrakte Form dieser Gesetze erläutert werden. Mit ihrer Hilfe wird als wichtigstes allgemeines Resultat die Gleichwertigkeit von Wellenmodell und Partikelmodell begründet.

Um dieses Ziel zu erreichen, ohne den Umfang dieses Buches zu sehr anschwellen zu lassen, wurden nur wenige Anwendungen der Quantenmechanik behandelt. Es wurden nur einige Beispiele betrachtet, welche zur Erläuterung der allgemeinen Methoden und zur Veranschaulichung der quantenmechanischen Begriffsbildung dienen sollten.

Diese leider unvermeidliche Beschränkung wird mancher Leser sicherlich als Mangel empfinden, denn erst durch die Anwendung der Quantenmechanik wird man mit ihr wirklich vertraut. Kein Physiker kann aber heute noch alle Anwendungen der Quantenmechanik überschauen. Je nach der Arbeitsrichtung werden daher verschiedene Physiker ganz verschiedene Probleme als wichtig ansehen. Ein Lehrbuch wie dieses, welches die allgemeinen Grundlagen herausstellen will, wird deshalb zwangsläufig entweder als einseitig oder als unvollständig empfunden werden. Hier wurde der letzteren Alternative der Vorzug gegeben, um genügend Raum für die Darstellung der allgemeinen Gesichtspunkte zu gewinnen.

Auf den Sinn der Einteilung jedes Kapitels in einen Hauptteil, der für alle Physiker gedacht ist, und die Erläuterungen und Ergänzungen für die theoretisch und mathematisch mehr interessierten Leser wurde bereits am Beginn des ersten Bandes hingewiesen.

Kapitel I. Die stationären Zustände

Inhalt

Die Postulate von Bohr werden erläutert. Sie besagen, daß es für die Elektronen in den Atomen und Molekülen viele Bahnen mit diskret liegenden Energiewerten $E_1, E_2, \cdots$ gibt, welche strahlungslos durchlaufen werden. Bei einem Übergang eines Elektrons von einer Bahn mit der Energie E_j auf eine andere mit der Energie E_k wird Licht emittiert mit der Kreisfrequenz

$$\omega_{jk} := \frac{E_j - E_k}{\hbar} . \tag{1}$$

Diese Aussagen werden durch den Versuch von Franck und Hertz experimentell bestätigt. Wenn man die Elektronen als geladene Partikel annimmt, widersprechen sie den Gesetzen der klassischen Physik, nicht jedoch bei Annahme des Wellenmodells der Elektronen. Wenn die zur Beschreibung der Welle benutzte komplexe Wellenfunktion die Form

$$\psi(\vec{r},t) = u(\vec{r}) \exp\left(\frac{-i}{\hbar} Et\right) \tag{2}$$

besitzt, ist die zu $|\psi(\vec{r},t)|^2$ proportionale Raumladungsdichte zeitlich konstant. Solche Zustände bezeichnet man als stationär. Wenn $\psi(\vec{r},t)$ eine Überlagerung von zwei solchen Funktionen mit verschiedenen Energien E_j und E_k ist, enthält die Formel für ρ zeitlich periodische Summanden mit der Kreisfrequenz ω_{jk} .

An einfachen Beispielen für eindimensionale Bewegungen wird gezeigt, daß die Schrödingergleichung solche stationären Zustände oft nur für gewisse ausgezeichnete Energiewerte besitzt. Dies sind die Eigenwerte des Hamiltonoperators. Für einen Potentialtopf findet man für negative Energie nur endlich viele solche Zustände. Bei positiven Energien erhält man bei geeigneter Wahl der Randbedingungen im Unendlichen ein Quasi-Kontinuum von sehr dicht beieinanderliegenden Eigenwerten.

Die stationären Zustände des harmonischen Oszillators mit der potentiellen Energie $E_{pot}(x) = E_0 + m\omega_0^2 x^2/2$ haben die Energiewerte $E_n = E_0 + (n+1/2)\hbar\omega_0$. Die Eigenschaften der zugehörigen Eigenfunktionen werden diskutiert.

Ferner werden die folgenden Begriffe und Sätze erläutert:

1) Das skalare Produkt von Funktionen in Diracscher Schreibweise

$$\langle f|g\rangle = \int_{-\infty}^{+\infty} f^*(x)\, g(x)\, dx \tag{3}$$

mit einem "bra" $\langle f| = f^*(x)$ und einem "ket" $|g\rangle = g(x)$.

2) Der hermitische Operator H:

$$\langle f|Hg\rangle = \langle Hf|g\rangle. \tag{4}$$

3) Die Orthogonalität von zwei Funktionen u und v

$$\langle u|v\rangle = 0. \tag{5}$$

4) Die Eigenfunktionen als Lösungen der Eigenwertgleichung

$$H|u\rangle = E\cdot|u\rangle \tag{6}$$

mit endlichem $\langle u|u\rangle$.

5) Die Reellität der Eigenwerte eines hermitischen Operators und die Orthogonalität seiner Eigenfunktionen zu verschiedenen Eigenwerten.

6) Die Entwicklung einer Funktion $|\psi\rangle$ nach den normierten Eigenfunktionen $|n\rangle$ eines hermitischen Operators H zu seinen diskreten Eigenwerten und den uneigentlichen Eigenfunktionen $|k,s\rangle$ des Kontinuums

$$|\psi\rangle = \sum_n |n\rangle\langle n|\psi\rangle + \sum_s \int_k |k,s\rangle\langle k,s|\psi\rangle\, dk. \tag{7}$$

7) Die Diracsche δ-Funktion $\delta(k-k')$, welche für alle bei $k=k'$ regulären Funktionen $f(k)$ die folgende Gleichung erfüllt:

$$\int_{-\infty}^{+\infty} f(k')\,\delta(k'-k)\, dk' = f(k). \tag{8}$$

8) Die als Beziehung zwischen Distributionen aufzufassenden Gleichungen mit δ-Funktionen (hier mit einem $*$ gekennzeichnet).

9) Die Orthogonalitäts- und Normierungsbedingungen der uneigentlichen Eigenfunktionen

$$\langle n|k,s\rangle = 0. \qquad \langle k,s|k',s'\rangle \overset{*}{=} \delta_{ss'}\,\delta(k-k'). \tag{9}$$

10) Die Darstellung eines selbstadjungierten Operators H mit den diskreten Eigenwerten E_n und dem kontinuierlichen Eigenwertspektrum $E(k,s)$ als Summe bzw. als Integral über die mit seinen Eigenfunktionen gebildeten Projektionsoperatoren

$$H = \sum_n |n\rangle E_n \langle n| + \sum_s \int_k |k,s\rangle E(k,s)\langle k,s|\, dk. \tag{10}$$

§ 1. Der Versuch von Franck und Hertz

Planck[1] machte im Jahre 1900 zur Deutung seiner Strahlungsformel die Annahme, daß ein harmonischer Oszillator nur gewisse diskrete Energiewerte annehmen kann (vgl. Bd. I, § 30). Darauf aufbauend stellte Bohr[2] 1913 zur Deutung der Atomspektren die folgenden beiden, nicht näher begründeten Postulate auf:

1) Für die Elektronen in den Atomen und Molekülen gibt es gewisse, ausgezeichnete Bewegungsbahnen, auf denen sie keine Strahlung aussenden.

2) Eine Lichtemission findet nur statt, wenn ein Elektron von einer ausgezeichneten Bahn mit der Energie E_j *auf eine andere mit der tieferen Energie* E_k *"springt" Dabei wird ein Lichtquant mit der Energie*

$$\hbar\omega_{jk} = E_j - E_k \tag{1}$$

emittiert.

Wenn man sich die Elektronen so, wie es damals allgemein üblich war, als geladene Massenpunkte vorstellt, widersprechen beide Postulate bewährten Naturgesetzen. Ein beschleunigt bewegter, geladener Körper emittiert nach den Maxwellschen Gleichungen elektromagnetische Strahlung und verliert dadurch Energie (vgl. Bd.I, § 38). Die Frequenz des emittierten Lichtes hängt dabei von den in der Bahnbewegung enthaltenen Frequenzen ab und nicht, wie es das 2. Bohrsche Postulat behauptet, von der Energie des Anfangs- und Endzustandes. Die Plancksche Hypo-

---

1) Max Planck, Nobelpreisträger (1858-1947), Verh. d. D. physikal. Gesellschaft 2 (1900) S. 212 und 237.
2) Niels Bohr, Nobelpreisträger (1885-1962), Phil. Mag. 26 (1913) S. 1, 476 und 857.

these für den harmonischen Oszillator enthielt den ersten Widerspruch auch schon, aber nicht den zweiten, denn beim harmonischen Oszillator liefert die Formel (1) bei Anwendung auf benachbarte Energiewerte für ω_{jk} gerade die Schwingungsfrequenz.

Ein "Springen" des Elektrons, d.h. eine sehr plötzliche Geschwindigkeitsänderung, setzt ferner das Vorhandensein von sehr großen, nur für kurze Zeit wirkenden Kräften voraus, für die Bohr keine Ursache angeben konnte.

Das Wellenmodell der Elektronen hat später diese Widersprüche behoben. Aber schon vorher hielt man diese Postulate trotzdem weitgehend für richtig, weil es Franck und Hertz[1)] 1913, teilweise schon vor Erscheinen der Arbeiten von Bohr, gelungen war, sie experimentell als richtig nachzuweisen. Ferner stellten Bohr und bald danach Sommerfeld und Wilson gewisse Quantisierungsregeln zur Berechnung der Energiewerte der ausgezeichneten Bahnen auf. In einer ganzen Reihe von Fällen erreichten sie dabei eine Übereinstimmung mit der Erfahrung.

Franck und Hertz zeigten, daß Atome durch Elektronenstoß nicht beliebig kleine Energiebeträge aufnehmen können. Eine Anregung findet erst statt, wenn die Energie der stoßenden Elektronen einen für jedes Atom charakteristischen Energiebetrag $E_1 - E_0$ übersteigt. Danach emittieren diese Atome Strahlung mit der Kreisfrequenz $\omega = (E_1 - E_0)/\hbar$.

1) James Franck (1882-1964) und Gustav Hertz (1887-1875), beides Nobelpreisträger, Verh. d. D. phys. Gesellschaft 15 (1913) S. 34, 373, 613 und 929 sowie 16 (1914) S. 12, 457 und 512; 18 (1916) S. 213.

Bei ihren ersten Versuchen benutzten Franck und Hertz ein Gefäß voll Quecksilberdampf unter geringem Druck. Darin befand sich ein Glühdraht in der Mitte einer zylindrischen Anode, deren Spannung U gegen den Glühdraht im Laufe des Versuches verändert wurde (vgl. Abb.1). Die

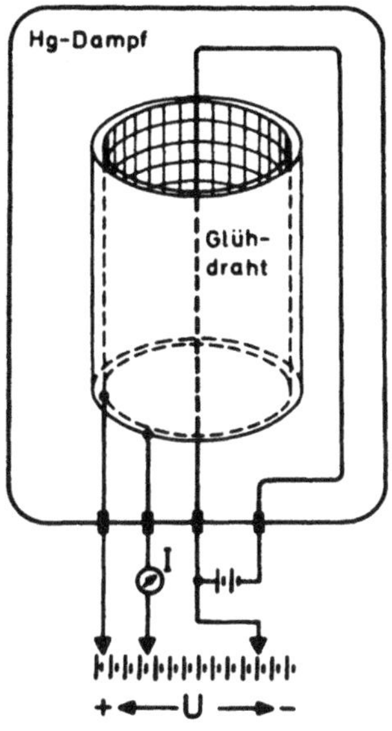

Abb.1
Die Versuchsanordnung von J.Franck und G.Hertz (schematisch).

in dem elektrischen Feld beschleunigten Elektronen, welche mit vernachlässigbar kleiner Energie aus dem Glühdraht austreten, werden auf ihrem Weg zur Anode zwar durch häufige Zusammenstöße mit den Hg-Atomen abgelenkt, aber dabei verlieren sie fast keine Energie, solange ihre Energie nicht ausreicht, um die innere Energie der Hg-Atome von ihrem niedrigsten Wert E_0 auf den nächst höheren möglichen Energiewert E_1 zu heben. Bei ihren Zusammenstößen mit den Hg-Atomen erteilen sie ihnen zwar einen Impuls, welcher gleich der Größe ihrer Impulsänderung ist, aber da die Hg-Atome sehr viel schwerer als die Elektronen sind, ist die dabei abgegebene Energie sehr klein. Sobald aber die kinetische Energie der Elektronen den Wert $E_1 - E_0$ übersteigt, können sie diese ganze Energie an die Elektronen in der Elektronenhülle der Hg-Atome abgeben.

Um das nachzuweisen, verwendeten Franck und Hertz als Anode ein Drahtnetz, welches außen von einer weiteren, massiven Auffangelektrode umgeben war. Zwischen dieser und dem Drahtnetz lag eine während der ganzen Versuche konstante kleine Gegenspannung von etwa 0,5 Volt, so daß Elektronen, die mit einer Energie unter 0,5 eV durch das Drahtnetz hindurchtraten, nicht zur Außenelektrode gelangen konnten. Gemessen wurde der Elektronenstrom I zur Außenelektrode in Abhängigkeit von der Spannung U zwischen dem Drahtnetz und dem Glühdraht. Sobald eU größer als die Energiedifferenz $E_1 - E_0$ wird, sinkt dieser Strom stark ab. Bei weiterer Erhöhung von U steigt er wieder an, um beim Überschreiten der doppelten Spannung erneut rasch abzusinken (vgl. Abb.2). Der Abstand der Maxima ist daher gleich der Anregungsenergie.

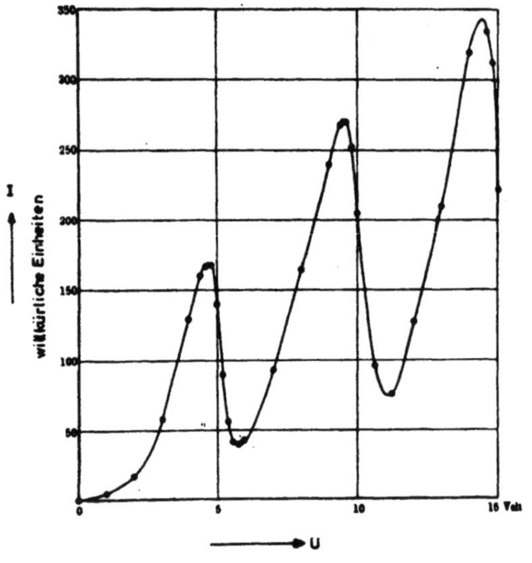

Abb.2
Der Strom zur massiven Anode in Abhängigkeit von der Spannung am Drahtnetz beim Franck-Hertz-Versuch in Hg-Dampf (Aus: Ber.d. D.phys.Ges. 1914, S.457).

Nach obigen Ausführungen sollte eigentlich schon die Spannung des ersten Maximums gleich dieser Energiedifferenz dividiert durch e sein, aber das trifft nicht zu.

Denn in die Theorie geht die Spannung U zwischen einem Punkt dicht vor dem Drahtnetz und einem Punkt dicht vor dem Glühdraht innerhalb des Quecksilberdampfes ein. Gemessen wird aber mit einem Voltmeter die Spannung zwischen Punkten im Innern von Drahtnetz und Glühkathode. Zwischen einem Punkt im Innern eines Metalls und einem Punkt dicht vor seiner Oberfläche besteht eine Spannungsdifferenz gleich der Austrittsarbeit der Elektronen, dividiert durch e . Da diese bei den für Glühdraht und Drahtnetz verwendeten verschiedenen Materialien im allgemeinen verschieden ist, unterscheidet sich die gemessene Spannung von der in die Rechnung eingehenden Spannung um einen unbekannten Summanden. Deshalb darf zur Auswertung nur die Differenz der Spannungen an den Strommaximas ausgenutzt werden.

Franck und Hertz erhielten für diese Energiedifferenz $E_1 - E_0$ bei Quecksilber den Wert 4,9 eV. Zugleich beobachteten sie, daß in dem Quecksilberdampf ein schwaches Leuchten mit der Wellenlänge $\lambda = 2537$ Å auftritt, sobald U den Wert des ersten Strommaximums überschritt. Von dem ganzen Spektrum des Quecksilbers trat nur diese eine Linie auf, und deren Wellenlänge λ genügt gerade der Gleichung

$$\hbar\omega = hc/\lambda = 4{,}9 \ eV. \tag{2}$$

Damit wurde sowohl das Vorhandensein von diskreten Energiestufen im Hg-Atom als auch die Gültigkeit der Bohrschen Frequenzbedingung $E_1 - E_0 = \hbar\omega$ nachgewiesen. Diese Untersuchungsmethode wurde in den folgenden Jahren erheblich ausgebaut. Es wurden nicht nur viele andere Substanzen untersucht, sondern auch andere Anordnungen ersonnen, welche die Lage höherer Energieniveaus und die Ionisationsarbeiten zu bestimmen gestatteten. In allen

Fällen ließen sich die Ergebnisse mit Hilfe der Bohrschen Postulate gut mit den spektroskopischen Beobachtungen in Einklang bringen.

§ 2. Die strahlungslosen Zustände und die Emissionsfrequenzen im Wellenmodell der Elektronen

Die im vorigen Paragraphen genannten Bohrschen Postulate ergeben sich ohne Schwierigkeit aus bekannten physikalischen Gesetzen, wenn man nicht das Partikelmodell, sondern das Wellenmodell für die Elektronen zugrundelegt, wenn man also annimmt, daß die Elektronenmaterie kontinuierlich verteilt ist mit einer Dichte proportional zum Absolutwertquadrat $|\chi|^2$ einer komplexen Wellenfunktion $\chi = \chi_r + i\chi_i$ bzw. zur Summe $|\chi_r|^2 + |\chi_i|^2$ der Quadrate der beiden reellen Wellenfunktionen χ_r und χ_i (vgl. Bd.I, § 41). Dann ist nämlich auch die elektrische Raumladungsdichte der Elektronenmaterie proportional zu $|\chi|^2$. Wenn nun χ die Form

$$\chi = u(\vec{r})\exp(-i\omega t) \tag{1}$$

hat, ist $|\chi|^2 = |u(\vec{r})|^2$ zeitlich konstant, und eine zeitlich konstante Raumladungswolke strahlt nach den Maxwellschen Gleichungen keine elektromagnetischen Wellen aus. Zustände dieser Art, bei denen χ an jedem Punkt mit der gleichen Frequenz harmonisch schwingt, sind als Eigenschwingungszustände der Elektronenwelle zu bezeichnen.

Es ist nun zu erwarten,- und das werden die folgenden Rechnungen bestätigen - daß die kontinuierlich verteilte Elektronenmaterie unendlich viele Eigenschwingungszustände besitzt, genauso wie jede Saite und jede Membran in Kontinuumsnäherung (vgl. Bd.I, § 16). Die Wellenvorstellung macht es also verständlich, daß es unendlich viele strahlungslose Zustände gibt, wie es das erste Bohrsche Postulat behauptet, im Gegensatz zum Partikelmodell, für welches es nach den Gesetzen der klassischen Physik nur einen strahlungslosen Zustand geben sollte, nämlich die Ruhelage in einem Minimum der potentiellen Energie.

Wenn nun die Differentialgleichungen, welche die Veränderungen der Elektronenwelle beschreiben, linear sind, wie das auch bei den Wellengleichungen für die kleinen Schwingungen anderer Medien der Fall ist, sollte es außer diesen strahlungslosen Zuständen auch noch andere Bewegungsformen geben, nämlich alle, die man durch Überlagerung von Eigenschwingungen erhält. Es gibt dann also stetige Übergänge zwischen den verschiedenen strahlungslosen Zuständen. Von einem Springen des Elektrons braucht nicht mehr gesprochen zu werden. Im einfachsten Fall eines nichtstationären Zustandes, wenn nur eine Überlagerung der beiden strahlungslosen Zustände Nr. j und k vorliegt, hat χ etwa die Form

$$\chi = c_j u_j(\vec{r}) \exp(-i\omega_j t) + c_k u_k(\vec{r}) \exp(-i\omega_k t). \tag{2}$$

(c_j und c_k : Konstanten). Für die elektrische Raumladungsdichte erhält man dann

$$\begin{aligned} \varrho \sim |\chi|^2 = {} & |c_j u_j(\vec{r})|^2 + c_j^* c_k u_j^* u_k \exp[i(\omega_j - \omega_k)t] \\ & + c_j c_k^* u_j u_k^* \exp[-i(\omega_j - \omega_k)t] + |c_k u_k(\vec{r})|^2 . \end{aligned} \tag{3}$$

In diesem Ausdruck treten Summanden mit der Frequenz $(\omega_j - \omega_k)$ auf, und diese sind daher auch im Strahlungsfeld zu erwarten. Kombiniert man diese Aussage mit der Einsteinschen bzw. de-Broglieschen Beziehung zwischen Energie und Frequenz der Elektronenwelle $E_j = \hbar\omega_j$ bzw. $E_k = \hbar\omega_k$, so erhält man gerade die Bohrsche Frequenzbedingung.

Aus dem Wellenmodell ergibt sich also zwanglos, daß nicht die Frequenzen $E_j/\hbar$ und $E_k/\hbar$ der stationären Elektronenwellen im Strahlungsfeld vorkommen, sondern nur die Bohrschen Frequenzen

$$\omega_{jk} = \frac{E_j - E_k}{\hbar}, \tag{4}$$

denn diese treten in der Formel für die Ladungsdichte auf.

Das Problem der Berechnung der Frequenzen der Spektrallinien ist damit auf der Bestimmung der Eigenfrequenzen der Elektronenwellen zurückgeführt. Für ein Elektron mit der Ladung $-e$ in einem elektrostatischen Feld mit dem Potential $U(\vec{r})$ war die Wellengleichung, die sog. zeitabhängige Schrödingergleichung, bereits in Bd.I, §39, durch eine Verallgemeinerung der de-Broglie-Beziehung aufgestellt worden. Sie lautet

$$i\hbar\frac{\partial\chi}{\partial t} = -\frac{\hbar^2}{2m}\nabla^2\chi - eU(\vec{r})\chi. \tag{5}$$

Führt man hier den Ausdruck (1) für die Eigenschwingung ein, so erhält man für $u(\vec{r})$ mit $E = \hbar\omega$ die sog. Schrödingersche Eigenwertgleichung

$$-\frac{\hbar^2}{2m}\nabla^2 u(\vec{r}) - eU(\vec{r})\,u(\vec{r}) = E\cdot u(\vec{r}). \tag{6}$$

Diese Gleichung schreibt man heute in der Regel in der Form

$$\mathsf{H}u(\vec{r}) = E\cdot u(\vec{r}), \tag{7}$$

wobei H der zu der Hamiltonfunktion eines Massenpunktes mit der Ladung $-e$ gehörende Hamiltonoperator ist:

$$\mathsf{H} = -\frac{\hbar^2}{2m}\nabla^2 - eU(\vec{r}). \tag{8}$$

Schrödinger zeigte nun in seinen ersten "Mitteilungen zur Quantenmechanik"[1] im Jahre 1926, daß diese Gleichung nur für gewisse Ausnahmewerte von E , die sog. Eigenwerte, Lösungen besitzt, bei denen das Integral über $|u|^2$ über den unendlichen Raum endlich bleibt, und diese Eigenwerte stimmten beim harmonischen Oszillator und beim Wasserstoffatom mit den Energiewerten überein, die man schon vorher aufgrund der älteren Quantisierungsregeln berechnet hatte und die in Verbindung mit der Bohrschen Frequenzbedingung die richtigen Spektren lieferten. Diese Methode zur Bestimmung der Spektren hat sich, wie in den folgenden Kapiteln gezeigt werden soll, auch darüberhinaus vielfach bewährt.

Im allgemeinen scheut man sich heute, die obige anschauliche Überlegung zur Einführung der Schrödingerschen Eigenwertgleichung zu benutzen, und zwar aus folgendem Grunde: Die Eigenwerte der obigen Gleichung liefern in Verbindung mit der Bohrschen Frequenzbedingung (§ 1;1) nur dann die richtigen Spektren, wenn diese von den Bewegungen eines Partikels, also nur eines Elektrons herrühren wie beim H-Atom und den Alkaliatomen, nicht aber z.B. beim Helium. Das ist dieser Herleitung nach unverständlich, denn in das Wellenmodell paßt der Begriff des Partikels gar nicht. Dort ist nur von der kontinuierlich verteilten Elektronenmaterie die Rede. Daher bedeutet es auch eigentlich eine Inkonsequenz, wenn man die Schrödingergleichung so wie in (5) schreibt, so daß in ihr die Ladung $-e$ eines Elektrons vorkommt, und nicht so wie in Bd. I, § 41 mit den beiden makroskopischen Konstanten $\alpha = e/m$ und $\beta = \hbar/e$.

1) Erwin Schrödinger, Nobelpreisträger (1887-1961), Ann.d.Phys.(IV) 79 (1926) S. 361, 489, 734 sowie 80 (1926) S. 437 sowie 81 (1926) S. 109.

Ferner erhält man beim H-Atom nur dann Übereinstimmung mit der Erfahrung, wenn man für $U(\vec{r})$ nur das elektrostatische Potential des Atomkerns einsetzt und nicht etwa außerdem auch den Anteil, den die Elektronenwelle selbst mit ihrer zu $|\chi|^2$ proportionalen Raumladungsdichte erzeugt. Mit anderen Worten: Man muß die Wellenvorstellung teilweise abändern in der Weise, die nur durch die Partikelvorstellung begründet werden kann. Nur im Partikelmodell ist es verständlich, daß ein Elektron bei seiner Bewegung nicht auf sich selbst zurückwirkt.

Dahinter verbirgt sich ein recht schwieriger Sachverhalt. Die Wellenvorstellung ist in der Atomphysik nur ein Modell, aus dem die mit der Erfahrung übereinstimmende Quantenmechanik erst durch einen recht komplizierten, später zu behandelnden mathematischen Prozeß entsteht. Dabei treten an die Stelle der exakten Aussagen über die Eigenschaften des Modells in einem bestimmten Zustand Wahrscheinlichkeitsaussagen über das Vorkommen verschiedener Meßergebnisse. Wendet man diesen Prozeß auf das Wellenmodell an, so erhält man die Aussage, daß eine Messung der Ladung in jedem beliebigen Teilgebiet des Raumes stets nur ein ganzzahliges Vielfaches von $-e$ ergibt. Dabei erhält also die Welle Partikeleigenschaften. Beschränkt man sich nun auf die Betrachtung der Zustände mit einem Partikel, so geht $|\chi|^2$ über in die Wahrscheinlichkeitsdichte für seine räumliche Verteilung, und zugleich fällt in der Differentialgleichung für χ der von der Rückwirkung der Welle auf sich selbst herrührende Term fort.

Dieser schwierige, erst in Kap. VII dargestellte Rechnungsgang soll hier übersprungen werden und nur dadurch angedeutet werden, daß fortan die anschaulich vorzustellende Wellengröße χ durch die Wahrscheinlichkeitsamplitude ψ ersetzt wird, also (5) in der Form

$$H\psi = -\frac{\hbar^2}{2m}\nabla^2\psi + E_{pot}(\vec{r})\psi = i\hbar\frac{\partial\psi}{\partial t} \qquad (9)$$

geschrieben wird. $E_{pot}(\vec{r}) = -eU(\vec{r})$ bedeutet darin die potentielle Energie eines Teilches der Ladung $-e$ im elektrischen Feld mit dem Potential $U(\vec{r})$.

Außerdem wird von jetzt ab verlangt, daß

$$\int_{-\infty}^{+\infty} |\psi(\vec{r})|^2 d^3x = 1 \qquad (10)$$

ist, damit $|\psi(\vec{r})|^2 d^3x$ als die Wahrscheinlichkeit für das Auftreten des Teilchens in dem Volumen d^3x gedeutet werden kann.

Die Begründung für die Gültigkeit der Eigenwertgleichung (7) für die stationären Zustände, in denen keine Ausstrahlung stattfindet, ist dadurch natürlich lückenhaft geworden. Als Rechtfertigung für dieses Vorgehen mag vielleicht der Hinweis dienen, daß man in der Anfangszeit der Quantenmechanik den hier hervorgehobenen Unterschied zwischen der Wellenfunktion χ des Wellenmodells und der Wahrscheinlichkeitsamplitude ψ für ein Teilchen auch nicht erkannt hatte und daß er daher in vielen, insbesondere in allgemein verständlich geschriebenen Büchern auch heute noch verschleiert wird.

Andere lehrbuchartige Darstellungen bevorzugen es heute, unmittelbar, ohne Hinweis auf das Wellenmodell, direkt die obige Bewegungsgleichung (9) für die Wahrscheinlichkeitsamplitude ψ eines Teilchens einzuführen und ihre Gültigkeit nur mit der Bewährung an der Erfahrung zu begründen. Dann aber bleibt es unverständlich, daß in den stationären Zuständen, in denen $|\psi|^2$ zeitlich konstant ist, keine Ausstrahlung stattfindet. Denn wenn ein als punktförmig vorzustellendes, geladenes Teilchen mit einer von null verschiedenen Wahrscheinlichkeit an verschiedenen Orten anzutreffen ist, dann muß es sich bewegen, auch dann, wenn seine Wahrscheinlichkeitsdichte $|\psi|^2$ zeitlich konstant ist. Dann aber sollte es elektromagnetische Strahlung aussenden, weil sich das aus den Maxwellschen Gleichungen für jedes beschleunigt bewegte geladene Teilchen ergibt.

Hier zeigt sich eben, daß das Verhalten der Materie durch keines der beiden Modelle vollständig richtig wiedergegeben wird. Das Partikelmodell macht zwar verständlich, daß es Zustände mit einem oder mehreren Elektronen gibt und daß in den Zuständen mit einem Elektron keine Rückwirkung seiner Bewegung auf sich selbst vorhanden ist, aber das Vorkommen vieler stationärer Zustände ohne Ausstrahlung kann es nicht erklären. Das Wellenmodell kann zwar die letztere Erscheinung und die Gültigkeit der Bohrschen Frequenzbedingung anschaulich verständlich machen, aber versagt bei der Deutung der zuerst erwähnten Sachverhalte. Im Laufe des Fortschreitens der Darstellungen dieses Lehrbuches soll klargestellt werden, wie die Quantenmechanik diese Widersprüche behebt.

§ 3. Die stationären Zustände im eindimensionalen Potentialtopf

In den folgenden beiden Paragraphen soll die Lösung der Schrödingerschen Eigenwertgleichung (§ 2;6) an zwei Beispielen einer eindimensionalen Bewegung erörtert werden. Das soll die Behandlung des wichtigsten, streng zu lösenden Problems, des H-Atoms, vorbereiten. Die zeitunabhängige Schrödingergleichung für den Ortsanteil $u(x)$ der Wellenfunktion eines stationären Zustandes für die eindimensionale Bewegung eines Partikels lautet

$$-\frac{\hbar^2}{2m}\frac{d^2u}{dx^2} + E_{pot}(x)\,u = E\cdot u. \tag{1}$$

Zunächst soll der folgende, stark schematisierte Verlauf der potentiellen Energie betrachtet werden:

$$E_{pot}(x) = \begin{cases} -E_0 & \text{für } |x| < a, \\ 0 & \text{für } |x| > a. \end{cases} \tag{2}$$

(E_0 positiv, vgl. Abb.3, S.31). Für diesen Fall sind noch alle Formeln einfach, ohne daß die wichtigsten Züge der Rechnung verlorengehen. Der entsprechende Ansatz für die potentielle Energie in drei Dimensionen wäre eine brauchbare Näherung für das Feld, welches auf ein Nukleon in schweren Kernen wirkt. Für Elektronen gibt es kein halbwegs realistisches Beispiel für ein Kraftfeld mit dieser potentiellen Energie. In der folgenden Rechnung sollen besonders diejenigen Züge der Rechnung hervorgehoben werden, die auch in vielen anderen Fällen auftreten.

A. Die Parität

Die potentielle Energie (2) hat die folgende wichtige Symmetrieeigenschaft: $E_{pot}(x)$ ändert sich nicht, wenn man x durch $-x$ ersetzt, also eine Spiegelung an der Ebene $x = 0$ vornimmt. Wenn man daher eine Lösung $u_1 = f(x)$ der Eigenwertgleichung (1) gefunden hat, so ist auch $u_2 = f(-x)$ eine Lösung. Da die Differentialgleichung (1) linear ist, bilden Summe und Differenz dieser beiden Lösungen wieder Lösungen. Aus der einen Lösung $f(x)$ läßt sich daher eine in x symmetrische Lösung

$$u_s = \frac{1}{2}\left(f(x) + f(-x)\right) \tag{3}$$

und eine in x antisymmetrische Lösung

$$u_a = \frac{1}{2}\left(f(x) - f(-x)\right) \tag{4}$$

herstellen. Es kann sein, daß eine dieser Funktionen verschwindet. Wenn beide für alle x gleich null wären, wäre auch $f(x) = 0$, und diese triviale Lösung der Eigenwertgleichung, die es stets für alle Werte von E gibt, wird immer aus der Betrachtung ausgeschlossen.

Das besagt mit anderen Worten:

Wenn die potentielle Energie $E_{pot}(x)$ *gegen eine Spiegelung an der Ebene* $x = 0$ *invariant ist, ist von jeder Eigenfunktion* $f(x)$ *der in* x *gerade Anteil* $u_s(x)$ *und der in* x *ungerade Anteil* $u_a(x)$ *je für sich Eigenfunktion. Man kann sich daher bei der Berechnung der Eigenfunktionen einmal auf die Betrachtung der in* x *geraden und das andere Mal auf die der in* x *ungeraden Funktionen beschränken.*

Das ist das einfachste Beispiel für ein allgemeines Verfahren zur Ausnutzung der Symmetrie zur Vereinfachung der mathematischen Durchführung quantenmechanischer Probleme. In dem hier betrachteten Fall gibt es nur eine Symmetrieoperation, die Spiegelung an der Ebene $x = 0$. In vielen Fällen gibt es mehrere Symmetrieoperationen, die dann einzeln und kombiniert zu betrachten sind. Ihre Gesamtheit bildet eine Gruppe im mathematischen Sinn. Aus der sog. Darstellungstheorie dieser Gruppen ergeben sich dann Aussagen der obigen Art, daß die Rechnung auf die Untersuchung von Funktionen mit gewissen Symmetrien beschränkt werden kann. Hier soll nur auf diesen Zusammenhang mit der Gruppentheorie hingewiesen werden. In dem vorliegenden Fall ist die Folgerung aus der Gruppentheorie so einfach, daß man auf die Entwicklung des allgemeinen Schemas dieser Schlußweise verzichten kann.

Die hier auftretende Symmetrie ist in der Physik sehr oft vorhanden. Jahrzehntelang glaubte man, daß alle Wechselwirkungen in der Physik die Eigenschaft haben, daß ihre potentiellen Energien bei der Inversion, d.h. bei einem Vorzeichenwechsel aller Ortskoordinaten aller Teilchen invariant bleiben. Daraus ergibt sich dann in der Quantenmechanik eine Folgerung, die man als den Satz von der "Erhaltung der Parität" bezeichnet. Wenn die Wellenfunktion, mit der man quantenmechanisch den Zustand eines Körpers beschreibt, sich bei einem Vorzeichenwechsel aller Koordinaten aller Teilchen nicht ändert, sagt man, der Zustand habe positive Parität. Ändert sich dagegen bei dieser Transformation ihr Vorzeichen, so bezeichnet man die Parität des Zustandes als negativ. Der Satz von der Erhaltung der Parität besagt, daß man sich auf die Betrachtung von Zuständen mit positiver oder negativer Parität beschränken kann und daß sich aufgrund der quantenmechanischen Bewegungsgleichungen die Parität des Zustandes im Laufe der Zeit nicht ändert. Insbesondere entsteht aus einem Zustand mit positiver oder negativer Parität kein Zustand mit gemischter Parität.

Anschaulich ist das gleichwertig der Aussage, daß eine mit den Naturgesetzen verträgliche Bewegung bei einer Spiegelung an einer Ebene oder bei der Inversion, die einer Spiegelung an drei aufeinander senkrechten Ebenen gleichwertig ist, wieder in eine mit den Naturgesetzen verträgliche Bewegung übergeht.

Zur großen Überraschung vieler Physiker wurde im Jahr 1956 bei der Nachprüfung einer Theorie der in Amerika arbeitenden chinesischen Physiker Lee und Yang entdeckt, daß die sog. schwache Wechselwirkung, welche die Ursache für den radioaktiven β-Zerfall ist, diese Symmetrie nicht besitzt.[1] Diese Entdeckung bezeichnet man etwas anreißerisch oft als den "Sturz der Parität". Später zeigte sich, daß diese Aussage über das Fehlen einer vermuteten Symmetrie ein Teil einer etwas komplizierten Symmetrieaussage ist: Die Invarianz der Naturgesetze gegenüber einer Inversion ist auch beim β-Zerfall vorhanden, wenn man mit ihr einen Übergang aller Teilchen zu ihren Antiteilchen verbindet, also Elektronen durch Positronen, Protonen durch Antiprotonen und die Neutronen durch Antineutronen usw. ersetzt. Auch auf diesen Zusammenhang kann hier nur hingewiesen werden. Nähere Ausführungen würden uns hier zu weit führen.

B. Die Eigenwerte bei negativer Energie

Zunächst seien die Lösungen der Differentialgleichung (1) für eine negative Energie $E<0$ betrachtet, welche aber noch größer als $-E_0$ sein soll. Dann führt man zweckmäßig die beiden folgenden, positiven Konstanten α und β von der Größenart einer Zahl ein:

$$\alpha = \sqrt{\frac{2ma^2}{\hbar^2}|E|} \qquad \text{und} \qquad \beta = \sqrt{\frac{2ma^2}{\hbar^2}(E_0 - |E|)} \,. \tag{5}$$

Mit ihnen schreibt sich (1)

$$\frac{d^2u}{dx^2} = -\frac{\beta^2}{a^2}u \quad \text{für } |x| > a \tag{6}$$

---

1) T.D.Lee (geb. 1926) und C.N.Yang (geb. 1922), Nobelpreisträger. Vergl. Phys. Rev. 104 (1956) S.254 und 105 (1957) S. 1671; Experimenteller Nachweis der fehlenden Symmetrie: C.S.Wu, R.W. Hayward, D.D. Hoppes, R.P.Hudson: Phys.Rev. 105 (1957) S.1413.

und

$$\frac{d^2u}{dx^2} = + \frac{\alpha^2}{a^2}u \qquad \text{für } |x| > a. \tag{7}$$

Beide Gleichungen lassen sich leicht integrieren. Die Eigenschaften ihrer Lösungen sollen hier aber in scheinbar umständlicher Weise so diskutiert werden, daß sich die Überlegungen leicht auf den allgemeineren Fall einer beliebigen, eindimensionalen Eigenwertgleichung übertragen lassen, in welchem die Größen α und β noch von x abhängen können.

In dem Gebiet $|x| < a$, wo E größer als die potentielle Energie ist, ist die Ableitung d^2u/dx^2 der Wellenfunktion gleich u mal einem negativen Faktor, der

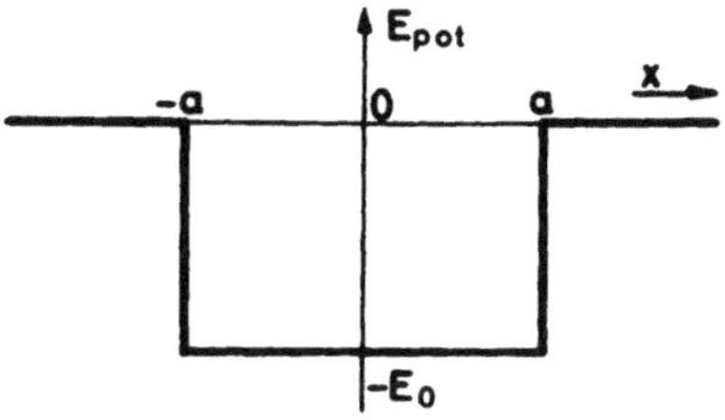

Abb.3
Der Verlauf der potentiellen Energie für die eindimensionale Bewegung eines Teilchens im Potentialtopf.

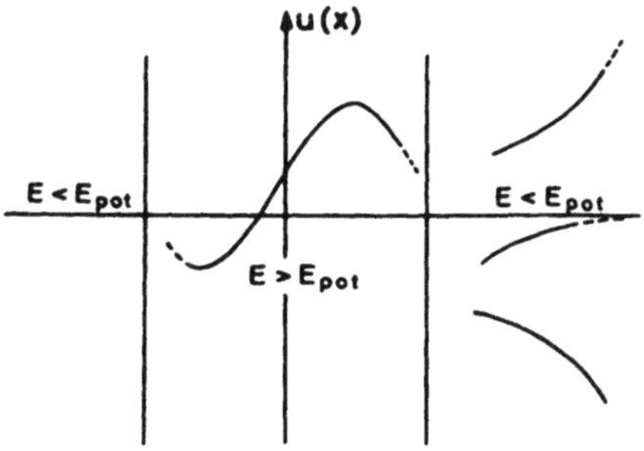

Abb.4
Zur qualitativen Diskussion des Verlaufes von $u(x)$ in den Bereichen, wo $E > E_{pot}$ und $E < E_{pot}$ ist.

hier konstant gleich $-\beta^2/a^2$ ist. Dort ist also bei positivem u die zweite Ableitung negativ, d.h. die Neigung der Kurve für u als Funktion von x nimmt mit wachsendem x ab. Die Kurve ist also nach unten hohl (vgl. Abb.4). Bei negativem u ist es umgekehrt. Beim Überschreiten der x-Achse durchläuft die Kurve einen Wendepunkt. Sie verläuft also qualitativ immer "oszillierend" wie die Funktionen $\sin kx$ und $\cos kx$.

Beschränkt man sich auf die Lösungen mit positiver oder negativer Parität und läßt Funktionen gemischter Parität außer Betracht, so ist ihr Verlauf durch die Differentialgleichung bis auf einen Amplitudenfaktor eindeutig festgelegt. Denn die in x gerade Lösung muß bei $x = 0$ mit $du/dx = 0$ beginnen, die in x ungerade Lösung mit $u = 0$. Der Verlauf von $\frac{1}{u}\frac{du}{dx}$ ist also bei den Lösungen mit reiner Parität durch die Differentialgleichung eindeutig bestimmt und hängt nicht mehr von der Wahl der Integrationskonstanten ab.

Diese Aussagen gelten allgemein für die Eigenfunktionen jeder eindimensionalen Bewegung im Gebiet $E > E_{pot}$. In dem hier betrachteten Spezialfall β = konst. erhält man für die Lösung mit positiver Parität

$$u = A \cos \frac{\beta}{a} x \tag{8}$$

(A = Integrationskonstante) und daher

$$\frac{1}{u}\frac{du}{dx} = -\frac{\beta}{a} \tan \frac{\beta}{a} x \,. \tag{9}$$

Für negative Parität gilt

$$u = B \sin \frac{\beta}{a} x \tag{10}$$

und

$$\frac{1}{u}\frac{du}{dx} = \frac{\beta}{a} \cot \frac{\beta}{a} x \,. \tag{11}$$

Im Gebiet $|x| > a$, wo $E < E_{pot}$ ist, ist das Verhalten qualitativ anders. Dort ist die "kinetische Energie" $E_{kin} = E - E_{pot}$ negativ. Da ein Partikel keine negative kinetische Energie haben kann, sollte es sich dort nach klassischer Vorstellung niemals aufhalten können. Das ist nach der Quantenmechanik nicht richtig. Eine Welle kann auch in dieses Gebiet $E_{kin} < 0$ eindringen. Daher ist die Wahrscheinlichkeitsdichte $|u|^2$ für den Aufenthalt des Teilchens auch dort ungleich null.

Wenn dort u positiv ist, ist auch d^2u/dx^2 positiv. Die Neigung du/dx der darstellenden Kurve wächst also mit wachsendem x , d.h. die Kurve ist nach oben hohl. Bei negativem u ist sie entsprechend nach unten hohl. Sie krümmt sich stets von der x-Achse weg (vgl.Abb.4). Wenn u und du/dx an einer Stelle x gleiches Vorzeichen haben, wird u mit wachsendem x dem Betrage nach immer größer. Das ist aber physikalisch unmöglich, weil $\int_{-\infty}^{+\infty} |u|^2 dx = 1$ sein muß, wenn $|u|^2$ als Wahrscheinlichkeitsdichte gedeutet werden soll. Dann muß u asymptotisch für $x \to \infty$ gegen null gehen. u und du/dx müssen also überall in diesem Gebiet entgegengesetztes Vorzeichen haben. Eine Nullstelle von u kann es nicht geben. Denn wenn dort du/dx ungleich null wäre, wird auf der einen Seite nahe der Nullstelle die oben genannte Bedingung verletzt. Wenn andererseits auch du/dx an der Nullstelle verschwinden würde, folgt aus der Differentialgleichung, daß dort auch d^2u/dx^2 gleich null ist. Aus der durch Differentiation von (1) folgenden Gleichung ergibt sich dann, daß auch d^3u/dx^3 verschwindet usw. Dann müßten also alle Terme der Taylorreihe von u an diesem Punkt verschwinden.

Das alles läßt sich zusammenfassen zu der Aussage, daß sich die Lösung im Gebiet $E < E_{pot}$ qualitativ wie eine e-Potenz verhält. In dem betrachteten Spezialfall ist das genau richtig. Denn die allgemeine Lösung von (7) lautet mit zwei Integrationskonstanten B und C

$$u = B \exp\left(+\frac{\alpha x}{a}\right) + C \exp\left(-\frac{\alpha x}{a}\right). \tag{12}$$

Da $|u|^2$ im Limes $x \to \infty$ gegen null gehen muß, ist $B = 0$ zu setzen. Diese Bedingung für das Verhalten im Unendlichen bestimmt also im Gebiet $x > a$ den Verlauf von $\frac{1}{u}\frac{du}{dx}$ eindeutig, unabhängig von der Wahl der Integrationskonstanten. Das gilt ebenfalls für jeden Verlauf von E_{pot}, falls das Gebiet $E < E_{pot}$ bis ins Unendliche reicht. Hier erhält man speziell

$$\frac{1}{u}\frac{du}{dx} = -\frac{\alpha}{a} \quad \text{für } x > a. \tag{13}$$

Daraus ergibt sich nun, daß man nicht für jedes E des betrachteten Intervalles eine Lösung mit endlichem $\int_{-\infty}^{+\infty}|u|^2 dx$ finden kann, denn an der Grenze $x = a$, wo die Gebiete mit $E > E_{pot}$ und $E < E_{pot}$ aneinander grenzen, muß $\frac{1}{u}\frac{du}{dx}$ stetig sein. Das gilt aus physikalischen Gründen auch dann, wenn E_{pot} dort, wie im betrachteten Spezialfall, unstetig ist. Denn bei allen physikalischen Größen ist ein unstetiger Sprung eine vereinfachte Beschreibung für eine sehr schmale Übergangszone mit steilem, aber stetigem Übergang. In dieser Zone ist also d^2u/dx^2 wegen (1) endlich. Die Differenz zwischen den Werten von du/dx auf beiden Seiten dieser Zone ist daher klein, weil sie gleich dem Integral von d^2u/dx^2 über die kleine Breite der Zone ist. Im Limes Zonenbreite gegen null, also bei einem unstetigen Sprung, ist diese Differenz null. Erst recht ist daher auch die Differenz der Werte von u auf beiden Seiten der Übergangszone in diesem Grenzfall gleich null. Also muß $\frac{1}{u}\frac{du}{dx}$ für $x = a+0$ und $x = a-0$ gleich sein. Da aber diese Größe in beiden Gebieten von den Integrationskonstanten unabhängig ist, läßt sich diese Übereinstimmung nicht durch deren passende Wahl erreichen. Sie kann nur für gewisse Ausnahmewerte von E von selbst erfüllt sein, und das sind die Eigenwerte der Differentialgleichung (1).

In dem betrachteten Spezialfall ergibt sich für den Fall positiver Parität durch Gleichsetzen von (9) und (13) für $x = a$

$$\beta \tan \beta = \alpha \tag{14}$$

und für negative Parität aus (11) und (13)

$$-\beta \cot \beta = \alpha \tag{15}$$

Da β und α nach (5) von E abhängen, sind das transzendente Gleichungen für die Eigenwerte.

Man diskutiert diese Gleichungen zweckmäßig graphisch anhand einer Darstellung in der β-α-Ebene. Der durch (14) und (15) gegebene Verlauf von α als Funktion von β ist in Abb. 5 dargestellt. Die ausgezogene Kurve gilt für positive Parität, die gestrichelte für negative. Aus (5) ergibt sich außerdem

$$\alpha^2 + \beta^2 = \frac{2ma^2}{\hbar^2} E_0 . \tag{16}$$

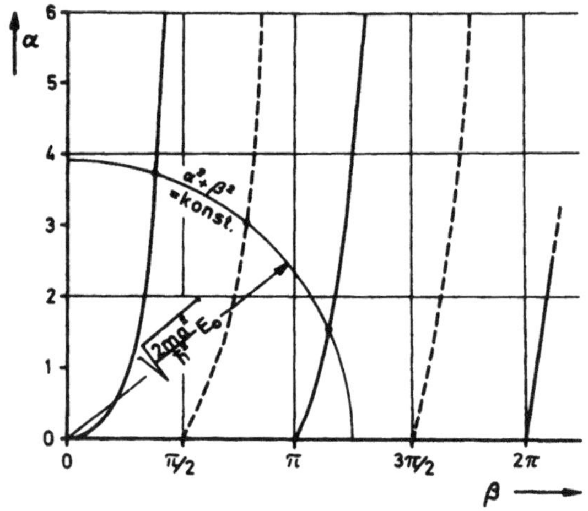

Abb.5
Zur graphischen Bestimmung der Eigenwerte der Energie bei der eindimensionalen Bewegung im Potentialtopf.

Nur diejenigen Werte von α und β, welche auf dem durch diese Gleichung gegebenen Kreis liegen, sind bei gegebener Tiefe E_0 des betrachteten Potentialtopfes physikalisch möglich. Die Schnittpunkte der beiden Kurven liefern daher die Eigenwerte E bzw. die zugehörigen Werte von α.

Aus Abb. 5 liest man nun unmittelbar ab: Für jeden Wert von E_0 gibt es eine Eigenfunktion mit positiver Parität, bei der $\beta < \pi/2$ ist. Wenn E_0 so groß ist, daß $\sqrt{\frac{2ma^2}{\hbar^2}E_0} > \frac{\pi}{2}$, aber $< \pi$ ist, gibt es einen weiteren Eigenwert mit negativer Parität, bei welchem β zwischen $\pi/2$ und π liegt. Ist $\pi \leq \sqrt{\frac{2ma^2}{\hbar^2}E_0} \leq \frac{3\pi}{2}$, so gibt es einen weiteren Eigenwert mit positiver Parität, bei welchem β im Bereich $\pi \leq \beta \leq 3\pi/2$ liegt usw. Für jeden Wert von E_0 gibt es nur endlich viele Eigenwerte im Bereich $-E_0 < E < 0$, und zwar umso mehr, je größer E_0 ist. Ordnet man die Eigenwerte der

Größe nach, so haben die Eigenfunktionen abwechselnd positive und negative Parität. Die Eigenfunktion mit dem tiefsten Eigenwert hat positive Parität. Der Verlauf der drei Eigenfunktionen für den Fall $E_0 = \frac{\hbar^2}{2ma^2}\cdot\left(\frac{5\pi}{4}\right)^2$ sowie die Lage der zugehörigen Eigenwerte auf der Energieskala sind in Abb. 6 dargestellt.

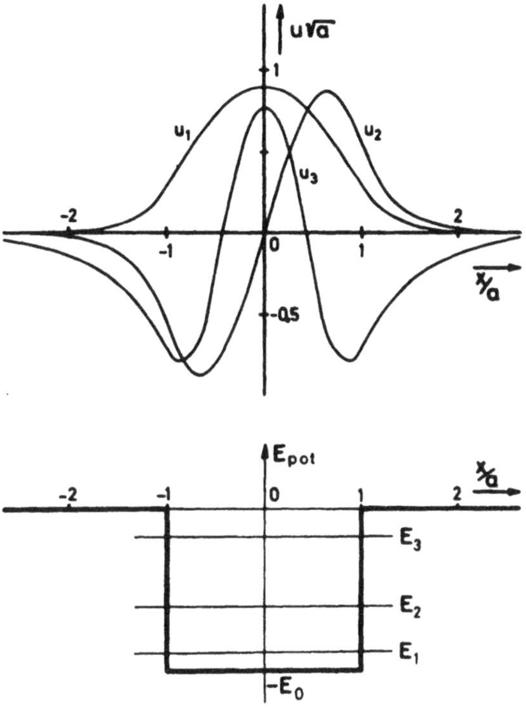

Abb.6
Der Verlauf der normierten Eigenfunktionen für die eindimensionale Bewegung im Potentialtopf mit negativer Energie sowie die Lage der zugehörigen Eigenwerte

Besonders wichtig an diesen Ergebnissen ist das folgende, allgemeine Resultat:

In dem Energiebereich, in welchem für große $|x|$ *die Energie kleiner als die potentielle Energie ist, gibt es nur für gewisse, diskret liegende Eigenwerte* E_n *Lösungen der Eigenwertgleichung (1) mit endlichem* $\int_{-\infty}^{+\infty}|u|^2 dx$.

Die Lösung mit dem tiefsten Eigenwert hat keine Nullstelle, die nächste eine usw. Daß es nur endlich viele Eigenwerte gibt, ist eine Besonderheit des betrachteten Potentialtopfes. Wenn $|E_{pot}(x)|$ mit wachsendem x genügend langsam gegen null geht, kann es vorkommen, daß es unendlich viele Eigenwerte gibt, die sich dann bei $E = 0$ häufen. Das Wasserstoffatom (§ 8) wird dafür ein Beispiel liefern. Allgemein gültig ist aber auch die Aussage, daß bei einer in x geraden potentiellen Energie $E_{pot}(x)$ die Eigenfunktionen abwechselnd positive und negative Parität haben.

C. Das Kontinuum bei positiven Energien.

Im Bereich positiver Energie $E > 0$ erhält man mit den Abkürzungen

$$\alpha' = \sqrt{\frac{2ma^2}{\hbar^2}E} \quad \text{und} \quad \beta' = \sqrt{\frac{2ma^2}{\hbar^2}(E_0 + E)} \tag{17}$$

die Gleichungen

$$\frac{d^2u}{dx^2} = -\frac{\beta'^2}{a^2}u \quad \text{für} \quad |x| < a \tag{18a}$$

und

$$\frac{d^2u}{dx^2} = -\frac{\alpha'^2}{a^2}u \quad \text{für} \quad |x| > a. \tag{18b}$$

In diesem Fall verhält sich die Lösung in beiden Gebieten $|x| < a$ und $|x| > a$ oszillatorisch, was im vorigen Fall nur im Gebiet $|x| < a$ der Fall war. Das hat zur Folge, daß es keine Lösungen mit endlichem $\int_{-\infty}^{+\infty}|u|^2dx$ gibt. Aus (18b) ergibt sich nämlich für $|x| > a$ für die allgemeine Lösung mit 2 Integrationskonstanten C und δ die Formel

$$u = C \sin\left(\frac{\alpha'}{a}x - \delta\right). \tag{19}$$

Die Konstante δ folgt eindeutig aus der Stetigkeit von $\frac{1}{u}\frac{du}{dx}$ bei $x = a$ und dem Verlauf der Lösungen mit positiver oder negativer Parität im Bereich $|x| < a$. Da nach obiger Formel u^2, gemittelt über eine Periode der Länge $2\pi a/\alpha'$ gleich $C^2/2$ ist, also unabhängig von x, ist $\int_{-\infty}^{+\infty}|u|^2 dx$ bei dieser Lösung immer unendlich, wenn $C \neq 0$ ist. Der Fall $C = 0$ würde aber auch im Bereich $|x| < a$ nur auf die triviale Lösung $u = 0$ führen. Für $E > 0$ gibt es also keine Eigenfunktionen und keine Eigenwerte.

Diese Aussage ist mathematisch streng richtig. Trotzdem pflegen die Physiker sich anders auszudrücken und stattdessen von einem Kontinuum von Eigenwerten in diesem Bereich zu sprechen, und zwar aus folgendem Grunde: Das obige Resultat ergibt sich nur, wenn $E - E_{pot}(x)$ für alle genügend großen $|x|$ positiv ist. Für alle physikalischen Vorgänge in Atomen ist es aber praktisch belanglos, was in einem Abstand von einigen Metern oder Kilometern stattfindet. Die Extrapolation $E_{pot}(x) \to 0$ für $|x| \to \infty$ ist willkürlich und physikalisch ziemlich unrealistisch.

Sobald man aber den Verlauf von $E_{pot}(x)$ in beliebig großem, aber endlichen Abstand abändert, trifft die obige Feststellung nicht mehr zu. Wenn man z.B. die Bewegung eines Teilchens im Innern eines Gefäßes betrachtet, wird E_{pot} bei Erreichung der Gefäßwandung auf große Werte ansteigen. Das kann man schematisch durch die Annahme erfassen, daß E_{pot} bei Überschreiten eines sehr großen Wertes $|x| > R$ auf einen sehr großen positiven Wert $E_1 > E$ ansteigt. Dann erhält man ein anderes Ergebnis. Diese Annahme über den Verlauf von E_{pot} in großem Abstand ist aber ebenso physikalisch sinnvoll wie die Annahme $E_{pot} \to 0$ für $|x| \to \infty$. Dann verhält sich nämlich die Lösung im Bereich $|x| > R$ wieder wie eine Exponentialfunktion. Das ergibt sich genauso wie im vorigen Fall $E < 0$ im Gebiet $|x| > a$. Mit der Abkürzung $\alpha'' = \sqrt{\frac{2ma^2}{\hbar^2}(E_1 - E)}$ ergibt sich dann ebenso wie bei der Ableitung von (13), daß bei der für $x \to +\infty$ exponentiell abfallenden Lösung $\frac{1}{u}\frac{du}{dx} = -\frac{\alpha''}{a}$ bei $x = R$ gilt. Macht man nun auch noch den Grenzübergang $E_1 \to \infty$, d.h. geht man idealisierend zu einem Kasten mit völlig undurchlässigen Wänden über, so geht $\alpha'' \to \infty$. Also wird $\frac{1}{u}\frac{du}{dx}$ bei $x = R$ unendlich, was bei einer regulären Funktion $u(x)$ nur für $u = 0$ möglich ist. Mit anderen Worten: Die Annahme, daß das betrachtete Teilchen in einem Kasten mit beliebig großer, aber endlicher Ausdehnung $|x| < R$ eingesperrt ist, liefert die neue Randbedingung $u = 0$ bei $|x| = R$. Für $|x| > R$ ist dann $u = 0$ und daher $\int_{-\infty}^{+\infty} |u|^2 dx$ endlich.

Die Eigenwerte ergeben sich in diesem Fall wegen (19) aus der Gleichung

$$\sin\left(\frac{\alpha'}{a}R - \delta\right) = 0 \quad \text{oder} \quad \frac{\alpha'}{a}R - \delta = n\pi \ (n \text{ ganz}). \qquad (20)$$

Sie liegen bei sehr großem R sehr dicht beieinander. Da sich dann nämlich δ im Vergleich zu $\alpha' R/a$ nur sehr langsam mit E ändert, beträgt der Abstand der α'-Werte benachbarter Eigenwerte angenähert

$$\Delta\alpha' \approx \frac{\pi a}{R}, \qquad (21)$$

und das ist bei genügend großem R beliebig klein. Die physikalisch unwesentliche Abänderung von E_{pot} im Bereich sehr großer Abstände hat also bewirkt, daß im Bereich $E>0$, wo vorher garkeine Eigenwerte lagen, nun eine sehr dichte Folge von Eigenwerten auftritt. Man spricht deshalb von einem Quasi-Kontinuum.

Diese Rechnung hat nur einen Schönheitsfehler, nämlich den, daß der Abstand der Eigenwerte und auch die Amplitude der normierten Eigenfunktionen von dem willkürlich gewählten Abstand R abhängt. Das würde man gerne vermeiden, indem man nachträglich etwa $R\to\infty$ gehen läßt. Dann würde aus der Verteilung der Eigenwerte wirklich ein Kontinuum entstehen, aber zugleich würden die normierten Eigenfunktionen gegen null gehen. Wenn nämlich R sehr große gegen a ist, spielt der Beitrag des kleinen Intervalls $|x|<a$ zum Normierungsintegral praktisch keine Rolle mehr. Dann erhält man

$$1=\int_{-\infty}^{+\infty}|u|^2dx \approx |C|^2\int_{-R}^{+R}\sin^2\left(\frac{\alpha'}{a}x-\delta\right)dx \approx |C|^2\, 2R\cdot\frac{1}{2}\,, \tag{22}$$

also

$$|C|=\frac{1}{\sqrt{R}}\,. \tag{23}$$

Diese Schwierigkeit kann man vermeiden, indem man die Eigenfunktionen eines kleinen Intervalles der Eigenwerte zusammenfaßt. Darauf soll aber erst später eingegangen werden (§ 5). Hier sei nur darauf hingewiesen, daß man derselben Schwierigkeit oft in der Quantenmechanik begegnet. Nicht selten hängt die Gültigkeit gewisser Aussagen von physikalisch belanglosen Randbedingungen ab, wie hier von dem Verhalten von $E_{pot}(x)$ für $|x|\to\infty$. Statt der hier benutzten Annahme, daß E_{pot} bei irgendeinem sehr großen x-Wert auf unendlich große Werte ansteigt, nimmt man häufig an, daß alle physikalischen Größen periodisch verteilt sind mit einer sehr großen Periodizitätslänge. Auch dann würde man im betrachteten Fall ein Quasi-Kontinuum von Eigenwerten erhalten, aber dann ist die Rechnung etwas umständlicher.

§ 4. Der lineare harmonische Oszillator

Lineare harmonische Oszillatoren kommen in der Physik sehr häufig vor. Der einfachste Fall ist die Bewegung eines Massenpunktes auf einer Geraden um eine Gleichgewichtslage mit einer zur Auslenkung proportionalen Kraft, wie z.B. bei einem 2-atomigen Molekül bei sehr kleiner Auslenkung, sofern das eine Atom eine sehr viel größere Masse hat als das andere, so daß man das erstere als ruhend annehmen kann. Die potentielle Energie in Abhängigkeit von der Auslenkung x lautet dann

$$E_{pot}(x) = E_0 + \frac{k}{2}x^2. \tag{1}$$

Die daraus folgende Bewegungsgleichung der klassischen Mechanik lautet

$$m\frac{d^2x}{dt^2} = -kx. \tag{2}$$

Bei allen Kristallen und Molekülen ergibt sich für gewisse Linearkombinationen der Koordinaten der Atome für kleine Auslenkungen dieselbe Bewegungsgleichung (vgl. Bd. I, § 16). Alle Molekül- und Gitterschwingungen mit kleiner Amplitude sind daher Überlagerungen von linearen, harmonischen Schwingungen. Auch die zeitlichen Änderungen der elektromagnetischen Felder im Vakuum im Innern eines Hohlraumes mit reflektierenden Wänden lassen sich bei geeigneter Umformung als Überlagerungen harmonischer Schwingungen darstellen. Von der Quantenmechanik des harmonischen Oszillators wird deshalb im folgenden noch häufig die Rede sein.

Die Schrödingersche Eigenwertgleichung für die Wellenfunktion $u(x)$ der stationären Zustände lautet in diesem Fall

$$-\frac{\hbar^2}{2m}\frac{d^2u}{dx^2}+\left(E_0+\frac{k}{2}x^2\right)u=E\cdot u \tag{3}$$

oder

$$\frac{d^2u}{dx^2}=\frac{2m}{\hbar^2}\left(E_0+\frac{k}{2}x^2-E\right)u\,. \tag{4}$$

Da die potentielle Energie für $|x|\to\infty$ über alle Grenzen steigt, gibt es für jedes $E>E_0$ einen Wert x_0 von $|x|$, bei welchem das oszillierende Verhalten der Lösungen (d.h. $E>E_{pot}$) in ein exponentielles Verhalten (d.h. $E<E_{pot}$) umschlägt. Eigenfunktionen müssen im Bereich $|x|>x_0$ mit wachsendem x exponentiell abklingen, was nur für gewisse, diskret liegende Eigenwerte der Fall ist. Das zeigt man hier genauso wie beim Potentialtopf (§ 3) für den Fall $E<0$. Ein Kontinuum von Eigenwerten gibt es beim harmonischen Oszillator nicht.

x_0 ist derjenige Wert von $|x|$, bei dem $E=E_{pot}(x)$ ist, also die Klammer auf der rechten Seite von (4) verschwindet:

$$x_0=\sqrt{\frac{2(E-E_0)}{k}} \tag{5}$$

Bei einem harmonisch schwingenden Massenpunkt mit der

Energie E ist das die Amplitude der Bewegung. Quantenmechanisch erstreckt sich die Wellenfunktion noch etwas über diesen Punkt hinaus, klingt aber mit wachsendem Abstand von ihm rasch ab.

Die Berechnung der Eigenfunktionen und Eigenwerte ist in den "Erläuterungen und Ergänzungen" (§ 4a; S.81) wiedergegeben. Hier soll nur das Ergebnis diskutiert werden. Die Eigenwerte betragen

$$E_n = E_0 + (n+\tfrac{1}{2})\hbar\omega_0 . \tag{6}$$

Dabei ist

$$\omega_0 = \sqrt{\frac{k}{m}} \tag{7}$$

die Schwingungsfrequenz der klassischen Bewegung. Die Eigenfunktion des energetisch tiefsten, stationären Zustandes mit $n = 0$ ist proportional der Gaußschen Fehlerfunktion und lautet bei Normierung auf 1 ($\int_{-\infty}^{+\infty}|u|^2 dx = 1$)

$$u_0 = \sqrt[4]{\frac{m\omega_0}{\pi\hbar}}\, \exp\left(-\frac{m\omega_0}{2\hbar}x^2\right). \tag{8}$$

Die Eigenfunktion zu dem höheren Energiewert E_n unterscheidet sich davon um ein Polynom n-ten Grades als Faktor, welches je nach dem, ob n gerade oder ungerade ist, in x gerade oder ungerade ist. Es besitzt genau n Nullstellen. Die ersten Wellenfunktionen sind in Abb. 7 dargestellt. Der klassische Umkehrpunkt x_0 ist auf ihnen jeweils durch einen Kreis hervorgehoben.

Besonders bemerkenswert daran ist, daß der tiefste stationäre Zustand nicht die Energie E_0 hat, wie das Planck ursprünglich annahm, sondern um die sog. Nullpunktsenergie $\hbar\omega_0/2$ höher liegt. Das kann unmittelbar als Folge des Unbestimmtheitsprinzips verstanden wer-

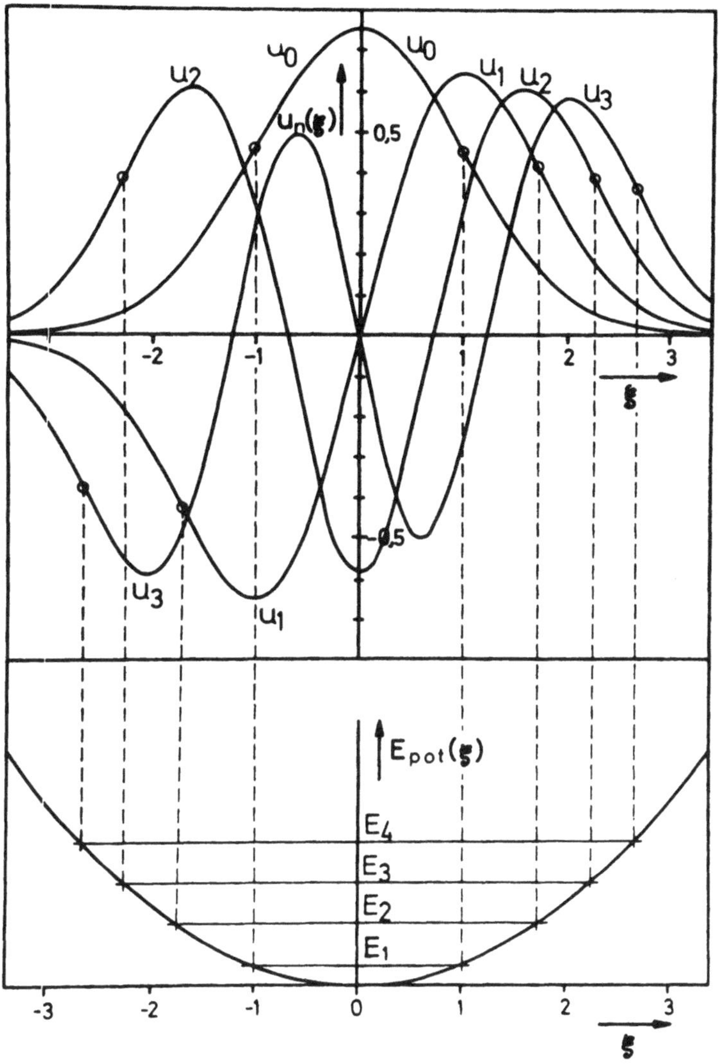

Abb.7 Die ersten 4 Eigenfunktionen des linearen harmonischen Oszillators in Abhängigkeit von der Variablen

$$\xi = x\sqrt{\frac{m\omega_0}{\hbar}}$$

und die zugehörigen Eigenwerte über der Kurve für die potentielle Energie.

den. Wenn die potentielle Energie eines Zustandes gleich E_0 wäre, dürfte seine Wellenfunktion nur innerhalb einer sehr kleinen Umgebung um $x = 0$ herum von null verschieden sein. Eine solche Welle enthielte aber bei Fourierzerlegung Anteile mit sehr kurzen Wellenlängen λ, denen nach de Broglie ein großer Impuls $p = h/\lambda$ entspricht. In einem solchen Zustand wäre daher die kinetische Energie $p^2/2m$ sehr groß. Er entspräche also nicht dem Minimum der Gesamtenergie. Da das Produkt aus der Ortsunschärfe und Impulsunschärfe mindestens in der Größenordnung $\hbar$ liegen muß, hat die Wellenfunktion im energetisch tiefsten Zustand eine gewisse Mindestausdehnung Δx um $x = 0$ herum und zugleich eine Mindestunschärfe $\Delta p \approx \hbar/\Delta x$ des Impulses um $p = 0$ herum, deren Größe man genauso wie beim H-Atom in Bd. I, § 38, der Größenordnung nach abschätzen kann (vgl. Bd.I, Kap. IX, Aufg. 3). Man findet, daß das Minimum der Energie sich um einen Summanden der Größenordnung $\hbar\omega_0$ von E_0 unterscheidet. Die Berechnung der Eigenfunktionen ergibt, daß diese Nullpunktsenergie genau gleich $\hbar\omega_0/2$ ist.

Ergänzend sei bemerkt, daß der Grundzustand des harmonischen Oszillators zugleich der Zustand mit der kleinsten Unbestimmtheit von x und p ist in folgendem Sinne: Für den Mittelwert des Quadrates der Abweichung $(x - \overline{x})$ der Koordinate x von ihrem Mittelwert $\overline{x}$ und dem entsprechenden Mittelwert für die zugehörige Impulskomponente p läßt sich eine Ungleichung ableiten (Definition des Mittelwertes siehe Kap. IV):

$$\overline{(x - \overline{x})^2} \cdot \overline{(p - \overline{p})^2} \geq \hbar^2/4 . \qquad (9)$$

Diese Formel soll später (§ 17a) mit den Hilfsmitteln der Operatorenalgebra abgeleitet werden. Im Grundzustand des harmonischen Oszillators wird der Mindestwert erreicht. Da in ihm der Mittelwert $\overline{x}$ der Koordinate und der Mittelwert $\overline{p}$ des Impulses verschwinden, gilt für ihn

$$\overline{x^2} \cdot \overline{p^2} = \hbar^2/4 . \tag{10}$$

Bei großen Quantenzahlen zeigt sich an der Welle in groben Zügen ein ähnliches Verhalten wie bei einem Partikel. Wenn ein Teilchen nach der Bewegungsgleichung (2) mit der Amplitude x_0 schwingt, gilt klassisch

$$x = x_0 \sin(\omega_0 t + \delta_0). \tag{11}$$

Bei unbekannter Phasenkonstante δ_0 kann man bei einer solchen Bewegung in einem bestimmten Moment auch nicht angeben, wo sich das Teilchen befindet. Man kann aber die Wahrscheinlichkeit berechnen, es in einem bestimmten Intervall dx anzutreffen. Die Zeit dt , in welcher es die kleine Strecke dx durchläuft, beträgt $dt = dx/v$, also mit $v = \dot{x} = \omega_0 x_0 \cos(\omega_0 t + \delta_0)$

$$dt = \frac{dx}{v} = \frac{dx}{\omega_0 x_0 \cos(\omega_0 t + \delta_0)} = \frac{dx}{\omega_0 \sqrt{x_0^2 - x^2}} . \tag{12}$$

Da dieses Intervall dx während der Schwingungsdauer $T = 2\pi/\omega_0$ zweimal durchlaufen wird, ist die relative Aufenthaltswahrscheinlichkeit des Teilchens im Intervall dx gegeben durch

$$dW_{klass} = \frac{2dt}{T} = \frac{dx}{\pi\sqrt{x_0^2 - x^2}} . \tag{13}$$

Diese Größe ist mit der quantenmechanischen Aufenthaltswahrscheinlichkeit

$$dW = |u|^2 dx \tag{14}$$

zu vergleichen. Beide Größen dW_{klass}/dx und $|u|^2$ sind in Abb. 8 für den stationären Zustand mit $n = 10$ dargestellt. Man sieht, daß der Verlauf im Groben, d.h.

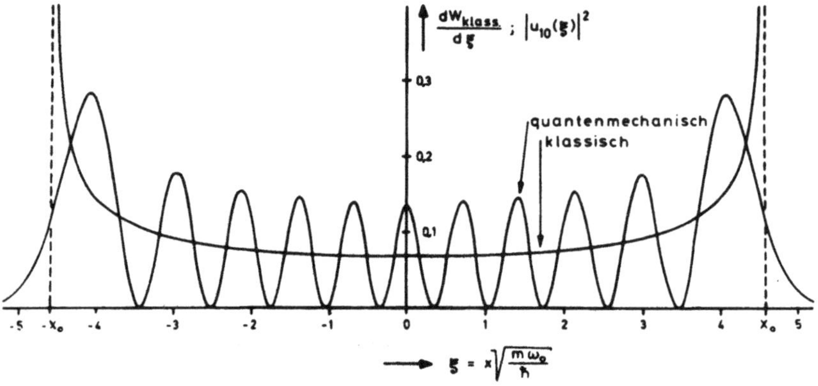

Abb.8 Die Wahrscheinlichkeitsverteilung des Ortes bei einem harmonischen Oszillator im quantenmechanisch stationären Zustand mit der Quantenzahl n = 10 und bei der Bewegung eines Massenpunktes mit gleicher Energie.

bei Mittelung beider Größen über eine Strecke der Grössenordnung einer Wellenlänge etwa übereinstimmt. Die Unterschiede sind typische Welleneigenschaften. Wenn eine Welle frontal auf die Oberfläche eines Mediums trifft, in welchem es sich nicht fortpflanzen kann, so entstehen davor stehende Wellen. Solche bilden sich auch hier vor den Umkehrpunkten $x = x_0$ und $x = -x_0$ aus. In den stationären Zuständen passen diese beiden Felder mit stehenden Wellen gerade stetig zusammen, so daß ein einziges Feld mit Intensitätsschwankungen entsteht. Diese sind hier jedoch nicht genau periodisch, weil der Impuls bzw. die Wellenlänge ortsabhängig ist. Diese durch Interferenz entstehenden Schwankungen fehlen natürlich beim Partikelmodell. Im Wellenmodell überlagern sie sich der mittleren, in beiden Modellen gleichen Wahrscheinlichkeitsverteilung.

Außerdem dringt die Welle etwas in das Gebiet $|x| > x_0$ ein. Dieses Phänomen beobachtet man auch beim Licht bei der Totalreflexion. Auch dort findet man in dem optisch dünneren Medium, in welchem keine Wellenausbreitung in Richtung senkrecht zur Grenzfläche möglich ist, ein exponentielles Abklingen der Wellenamplitude mit wachsendem Abstand von der Oberfläche.

Dieses Phänomen ist die Ursache für den sog. Tunneleffekt, d.h. für die Erscheinung, daß Partikel durch schmale Zonen, in denen $E < E_{pot}$ ist, hindurchdringen können. In der Optik ist dieser Effekt die Ursache dafür, daß Licht bzw. die Lichtquanten an schmalen Spalten mit einer im Vergleich zur Wellenlänge sehr kleinen Breite nicht reflektiert werden, auch dann nicht, wenn sie unter einem flacheren Winkel als dem Grenzwinkel der Totalreflexion auftreffen. Bei Elektronen und α-Teilchen beobachtet man dieses für Wellen typische Verhalten auch. In Abb. 8 zeigt es sich daran, daß die quantenmechanische Wahrscheinlichkeit nicht wie die des Partikelmodells an den Umkehrpunkten unendlich wird und dahinter unstetig auf null springt, sondern stetig in das Gebiet $|x| < x_0$ hinüberläuft und dort rasch auf null abklingt.

§ 5. Der hermitische Operator

A. Definition

Die in den vorigen Paragraphen behandelten Eigenwertgleichungen hatten alle die Form

$$\mathsf{H}u = E\cdot u. \tag{1}$$

Dabei bedeutet H einen Operator, der die Funktion $u(x)$ in eine andere Funktion $\mathsf{H}u(x)$ verwandelt. Hier sollen einige Eigenschaften dieser Eigenwertgleichungen und der in ihnen auftretenden Operatoren H in allgemeiner Weise behandelt werden, da von diesen Beziehungen im folgenden viel Gebrauch gemacht werden wird. Alle Operatoren H, die in der Quantenmechanik den meßbaren Größen zugeordnet werden, haben ebenso wie H die folgenden beiden Eigenschaften:

1) H ist linear, d.h. sind u_1 und u_2 zwei Funktionen, auf die H angewandt werden kann, und c_1 und c_2 zwei konstante Koeffizienten, so gilt

$$\mathsf{H}(c_1u_1 + c_2u_2) = c_1\mathsf{H}u_1 + c_2\mathsf{H}u_2. \tag{2}$$

2) H ist hermitisch, d.h. für 2 Funktionen u_1 und u_2 gilt

$$\int_{-\infty}^{+\infty} u_1^*(\mathsf{H}u_2)\,dx = \int_{-\infty}^{+\infty}(\mathsf{H}u_1)^*\,u_2\,dx. \tag{3}$$

Im allgemeinen Fall wird über alle Werte der Lagekoordinaten des betrachteten Körpers integriert. Da in den Beispielen der vorigen Paragraphen nur eine Lagekoordinate x auftrat, die alle Werte von $-\infty$ bis $+\infty$ annehmen konnte, wurde hier eine Integration von $-\infty$ bis $+\infty$ angegeben. Die entsprechende Verallgemeinerung auf andere Fälle ist trivial und soll hier nicht ausgeführt werden.

Bei einem mathematisch strengen Aufbau der Überlegungen wären hier allerdings noch zahlreiche einschränkende Bedingungen hinzuzufügen. Im allgemeinen ist der Operator H gar nicht für alle Funktionen $u(x)$ erklärt. In den in den vorigen Paragraphen vorkommenden Beispielen war H der Operator

$$\mathsf{H} = -\frac{\hbar^2}{2m}\frac{d^2}{dx^2} + E_{pot}(x) , \tag{4}$$

welcher eine zweimalige Differentiation nach x verlangt. Damit H auf $u(x)$ anwendbar ist, muß also u zweimal differenzierbar sein.

Ferner muß vorausgesetzt werden, daß die Integrale auf beiden Seiten von (3) konvergieren. Da in der Quantenmechanik das Absolutwertquadrat der Wellenfunktionen eine Wahrscheinlichkeitsdichte bedeutet, wird von allen zugelassenen Funktionen $u(x)$ verlangt, daß

$$\int_{-\infty}^{+\infty} |u(x)|^2 dx = \text{endlich} \tag{5}$$

ist, damit dieses Integral durch Hinzufügen eines konstanten Faktors zu $u(x)$ zu 1 gemacht werden kann. Man sagt deshalb, die zugelassenen Funktionen müssen quadratintegrierbar bzw. normierbar sein. Das reicht aber noch nicht. Es kann z. B. vorkommen, daß für zwei quadratintegrierbare Funktionen das Integral $\int_{-\infty}^{+\infty} u_1^* \mathsf{H} u_2 \, dx$ nicht existiert. Das ist der Fall, wenn E_{pot} wie beim harmonischen Oszillator prop. x^2 ist und u_1 und u_2 im Unendlichen nur prop. $1/|x|$ gegen null gehen.

Auf alle diese Bedingungen soll hier nicht näher eingegangen werden. Vielmehr soll angenommen werden, daß alle vorkommenden Operationen eindeutig definiert sind und alle auftretenden Integrale ausführbar sind. Das wird jedem Mathematiker als eine unentschuldbare Schlampigkeit erscheinen, hat aber einen guten physikalischen Sinn: Wenn ein Physiker eine physikalische Theorie entwickelt - und das soll der Leser hier lernen -, weiß er niemals von vornherein, welche Eigenschaften er von den benutzten mathematischen Hilfsmitteln fordern muß. Das stellt sich erst hinterher heraus, wenn man die gesuchte Theorie schon einigermaßen gut kennt. Deshalb ist es physikalisch richtig, alle Fragen der mathematischen Exaktheit auf den Schluß zu verschieben und erst zu versuchen, sich einen vorläufigen, mathematisch unexakten Einblick zu verschaffen. Nebenbei sei bemerkt, daß auch in der Mathematik häufig so vorgegangen wird. Nur ist es heute Mode, diese qualitativen Vorüberlegungen in den Veröffentlichungen sorgfältig zu tilgen, ein in didaktischer Hinsicht schlechtes Verfahren.

B. Das Diracsche Klammersymbol

Es empfiehlt sich, bereits hier eine von Dirac eingeführte Schreibweise einzuführen, die später mit wesentlich verallgemeinerter Bedeutung ausschließlich benutzt werden soll und sich in der Physik weitgehend eingebürgert hat: Ein Integral über alle Ortskoordinaten x über das Produkt aus einer Ortsfunktion $g(x)$ und dem konjugiert-komplexen einer anderen Funktion $f(x)$ heißt "skalares Produkt" und wird folgendermaßen geschrieben:

$$\int_{-\infty}^{+\infty} f^*(x)\, g(x)\, dx = \langle f | g \rangle . \tag{6}$$

Dirac nannte dieses Gebilde "bracket" (auf deutsch: Klammer). Der rechte Teil, das $|g\rangle$, heißt "ket"; der linke $\langle f|$ heißt "bra". Mit diesen, einzeln sinnlosen Silben wird angedeutet, daß diese Funktionen im Prinzip in der Quantenmechanik keine Bedeutung haben, sondern nur mathematische Hilfsmittel darstellen, aus denen man ein "bracket" ausrechnen kann, und dieses allein hat einen physikalischen Sinn.

Im folgenden wird gezeigt werden (§ 14-19), daß alle physikalischen Aussagen über das Verhalten der betrachteten Körper in der Quantenmechanik als Aussagen über die Werte irgendwelcher "brackets" $\langle f|g\rangle$ geschrieben werden können. Später werden die "kets" $|g\rangle$ und die ihnen umkehrbar eindeutig zugeordneten "dualen" "bras" $\langle g|$ sehr allgemeine mathematische Dinge bedeuten. Hier bedeutet das $|g\rangle$ zunächst eine Funktion der Ortsvariablen des betrachteten Körpers und das $\langle g|$ sein konjugiert-komplexes. Mit dem Zusammenfügen eines bra mit einem ket wird ohne zusätzliche Kennzeichnung die Integration verbunden, ähnlich wie in Bd. I, § 15a, wo beim Zusammentreffen der kovarianten und kontravarianten Koordinaten von 2 Vektoren stets summiert wird.

Später wird deutlich werden, daß dieses skalare Produkt die sinngemäße Verallgemeinerung des hermitischen skalaren Produkts zweier n-dimensionaler Vektoren mit komplexen Komponenten auf unendlich viele Dimensionen darstellt. Dieses skalare Produkt wurde bereits bei der Behandlung der Gitterschwingungen in Bd. I, § 16, benutzt. Vieles, was dort vorkam, wiederholt sich deshalb hier, z.B. die hermitische Symmetrie (vgl. Bd. I, §16;23)

$$\langle f|g\rangle = \langle g|f\rangle^* \tag{7}$$

und die Regel für das Herausziehen eines Faktors α aus dem skalaren Produkt (vgl. Bd. I, § 16;24)

$$\langle f|\alpha g\rangle = \alpha\langle f|g\rangle; \quad \langle\alpha f|g\rangle = \alpha^*\langle f|g\rangle. \tag{8}$$

Ferner wird ständig benutzt werden, daß das skalare Produkt distributiv ist:

$$\langle f|g_1+g_2\rangle = \langle f|g_1\rangle + \langle f|g_2\rangle; \quad \langle f_1+f_2|g\rangle = \langle f_1|g\rangle + \langle f_2|g\rangle. \tag{9}$$

Die Hermitizität (3) lautet in dieser Schreibweise

$$\langle \mathsf{H}u_1|u_2\rangle = \langle u_1|\mathsf{H}u_2\rangle. \tag{10}$$

Wenn sich zu einem Operator A ein anderer A^+ finden läßt, so daß für alle Funktionen u_1 und u_2, auf die A und A^+ anwendbar sind,

$$\langle \mathsf{A}^+u_1|u_2\rangle = \langle u_1|\mathsf{A}u_2\rangle \tag{11}$$

gilt, so bezeichnet man A^+ als den zu A adjungierten Operator. Ein hermitischer Operator ist demnach wegen (10) zu sich selbst adjungiert. Mit der Bezeichnung "selbstadjungiert" verbindet man allerdings bei mathematisch-strengem Aufbau noch gewisse weitere Bedingungen über den Umfang der Anwendungsbereiche der Operatoren. Daher sind die Eigenschaften hermitisch und selbstadjungiert nicht genau identisch (vgl. S.71).

Wenn man in das in (10) rechts stehende skalare Produkt für u_1 und u_2 die gleiche normierte Funktion u einsetzt, erhält man den sog. Erwartungswert oder Mittel wert $\overline{H}$ des Operators $\mathbf{H}$ im Zustand u :

$$\overline{H} = \langle u|\mathbf{H}u\rangle. \tag{12}$$

Aus (7) und (10) ergibt sich, daß der Erwartungswert eines hermitischen Operators stets reell ist:

$$\langle u|\mathbf{H}u\rangle^* = \langle \mathbf{H}u|u\rangle = \langle u|\mathbf{H}u\rangle. \tag{13}$$

Entsprechend folgt aus (11), daß die Erwartungswerte von $\mathbf{A}$ und $\mathbf{A}^+$ im gleichen Zustand $|u\rangle$ zueinander konjugiert-komplex sind:

$$\overline{A} = \langle u|\mathbf{A}u\rangle = \langle \mathbf{A}^+u|u\rangle = \langle u|\mathbf{A}^+u\rangle^* = \overline{A^+}^*. \tag{14}$$

Der Übergang von einem Operator $\mathbf{A}$ zu seinem adjungierten ist demnach ein ähnlicher Prozeß wie der Übergang von einer komplexen Zahl zu ihrer konjugiert-komplexen. Die hermitischen Operatoren entsprechen in diesem Sinne den reellen Zahlen. Diese Analogie wird sich sogleich noch mehrfach als nützlich zum Verständnis der mathematischen Beziehungen erweisen.

Man kann die Beziehung (13) auch als Definition der hermitischen Operatoren ansehen. Wenn (13) für alle normierten Funktionen gilt, auf die $\mathbf{H}$ angewandt werden kann, dann gilt auch (10). Der Beweis ist so einfach, daß er hier mit wenigen Sätzen angedeutet werden soll: Wenn die Gleichung (13) für normierte Funktionen gilt, ist sie auch für nichtnormierte Vielfache von $|u\rangle$ erfüllt. Dann braucht man diese Beziehung nur auf u_1 , dann auf u_2 , auf $u_1 + u_2$ und $u_1 + iu_2$ anzuwenden und mit Hilfe von (9) auszumultiplizieren. Dann erhält man (10) bei geeigneter Linearkombination dieser Gleichungen.

C. Rechenregeln

Der Nachweis, daß der Operator (4) hermitisch ist, kann leicht unmittelbar durch Einsetzen in (3) und zweimalige partielle Integration erbracht werden. Der ausintegrierte Teil verschwindet dabei, weil die quadratintegrierbaren Funktionen u_1 und u_2 im Unendlichen gegen null gehen müssen. Da später aber noch häufig ein ähnlicher Beweis für die Hermitizität benötigt wird, soll er hier in etwas allgemeinerer Weise erbracht werden durch Entwicklung der Regeln über die Bildung von hermitischen Operatoren. Zunächst sieht man sofort, daß der Operator E_{pot} = "Multiplizieren mit der reellen Funktion $E_{pot}(x)$" hermitisch ist, denn beim Einsetzen in (3) unterscheiden sich beide Seiten nur dadurch, daß in dem einen Integral $E_{pot}(x)$ steht, im anderen $E^*_{pot}(x)$, was bei reellem $E_{pot}(x)$ dasselbe ist. Das Multiplizieren mit einer komplexen Ortsfunktion ist dagegen kein hermitischer Operator. Der dazu adjungierte Operator ist das Multiplizieren mit dem konjugiert-komplexen.

Durch einfache partielle Integration beweist man auch sehr leicht die Hermitizität des Operators

$$\mathsf{P}_x = \frac{\hbar}{i}\frac{\partial}{\partial x}, \tag{15}$$

welcher in der Quantenmechanik der Impulskomponente p_x zugeordnet wird (vgl. Bd. I, § 39). Es gilt nämlich

$$\begin{aligned}\langle u_1|\mathsf{P}_x u_2\rangle - \langle \mathsf{P}_x u_1|u_2\rangle &= \int_{-\infty}^{+\infty}\left\{u_1^*\frac{\hbar}{i}\frac{\partial u_2}{\partial x} - \left(\frac{\hbar}{i}\frac{\partial u_1}{\partial x}\right)^* u_2\right\}dx \\ &= \frac{\hbar}{i}\int_{-\infty}^{+\infty}\frac{\partial}{\partial x}(u_1^* u_2)\,dx,\end{aligned} \tag{16}$$

und das ist null, weil u_1 und u_2 im Unendlichen verschwinden. Man beachte, daß der Operator "Differenzieren nach x ' allein nicht hermitisch ist, sondern antihermitisch, d.h. das adjungierte von $\frac{\partial}{\partial x}$ ist das negative davon.

Wenn nun A und B zwei beliebige, lineare Operatoren sind mit den adjungierten A^+ und B^+, so findet man für das Adjungierte einer Linearkombination von ihnen

$$(c_1\mathsf{A}+c_2\mathsf{B})^+ = c_1^*\mathsf{A}^+ + c_2^*\mathsf{B}^+, \tag{17}$$

denn mit (8), (9) und (11) ergibt sich

$$\begin{aligned}\langle u_1|(c_1\mathsf{A}+c_2\mathsf{B})u_2\rangle &= c_1\langle u_1|\mathsf{A}u_2\rangle + c_2\langle u_1|\mathsf{B}u_2\rangle\\ &= c_1\langle \mathsf{A}^+u_1|u_2\rangle + c_2\langle \mathsf{B}^+u_1|u_2\rangle\\ &= \langle (c_1^*\mathsf{A}^+ + c_2^*\mathsf{B}^+)u_1|u_2\rangle.\end{aligned}$$

Eine Linearkombination von hermitischen Operatoren ist also nur dann hermitisch, wenn die Koeffizienten reell sind. Ferner findet man mit obiger Regel (17), daß die Operatoren

$$\tfrac{1}{2}(\mathsf{A}+\mathsf{A}^+) \text{ und } \tfrac{i}{2}(\mathsf{A}^+-\mathsf{A}) \quad \text{hermitisch} \tag{18}$$

sind. Der erste Operator kann im Sinne des auf S.55 gesagten als der Realteil von A bezeichnet werden, der zweite als der Imaginärteil von A.

Unter dem Produkt AB von zwei Operatoren versteht man den Operator, bei welchem zuerst B und auf das Resultat A angewandt wird. Bei der Bildung von $\mathsf{AB}u$ muß also nicht nur vorausgesetzt werden, daß B auf u anwendbar ist, sondern auch noch A auf Bu. Durch wiederholte Anwendung von (11) findet man

$$\langle u_1|ABu_2\rangle = \langle A^+u_1|Bu_2\rangle = \langle B^+A^+u_1|u_2\rangle. \tag{19}$$

Beim Operatorenprodukt AB muß man also beim Übergang zum Adjungierten nicht nur die einzelnen Faktoren in ihr Adjungiertes überführen, sondern außerdem ihre Reihenfolge vertauschen:

$$(AB)^+ = B^+A^+. \tag{20}$$

Das Produkt von zwei hermitischen Operatoren ist nur dann hermitisch, wenn diese vertauschbar sind, d.h. wenn $AB = BA$ ist. Allgemein gilt, daß

$$\tfrac{1}{2}(AB + B^+A^+) \text{ und } \tfrac{i}{2}(B^+A^+ - AB) \text{ hermitisch} \tag{21}$$

sind.

Die Hermitizität des Operators (4) ist damit sofort zu erkennen, denn er hat die Form

$$H = \frac{1}{2m}P_x^2 + E_{pot}(x) \tag{22}$$

mit den hermitischen Operatoren P_x und E_{pot}. Daher ist wegen (20) auch P_x^2 und wegen (17) der ganze Ausdruck hermitisch. Das alles ist ziemlich elementar und leicht zu behalten, wenn man beachtet, daß der Übergang zum adjungierten Operator bis auf die Vertauschung der Reihenfolge bei einem Operatorenprodukt überall genauso abläuft wie der Übergang zum konjugiert-komplexen bei Zahlen.

D. Eigenwerte und Eigenfunktionen

Unter einer Eigenfunktion eines hermitischen Operators H versteht man eine von null verschiedene, quadratintegrierbare Funktion, welche von H bis auf einen Faktor E reproduziert wird:

$$\mathsf{H}u = E \cdot u . \tag{23}$$

Da man wegen der Linearität von H stets durch Hinzufügen eines konstanten Faktors erreichen kann, daß $\langle u|u\rangle = 1$ ist, folgt aus (13) sofort, daß die Eigenwerte von hermitischen Operatoren reell sind, denn dann gilt

$$E = \langle u|\mathsf{H}u\rangle . \tag{24}$$

Die bisher betrachteten hermitischen Operatoren waren selbst reell (vgl. (4)). In diesem Fall ist also von jeder Eigenfunktion sowohl ihr Realteil als auch ihr Imaginärteil je für sich eine Eigenfunktion, wenn er nicht verschwindet. Von diesem Umstand wurde in § 3 und 4 bereits mehrfach Gebrauch gemacht, indem stillschweigend alle Eigenfunktionen als reell vorausgesetzt wurden, was erst hier als zulässig erwiesen wurde.

Nicht alle hermitischen Operatoren haben reelle Eigenfunktionen, z.B. der Operator P_x in (15) nicht. Seine Eigenwertgleichung

$$\frac{\hbar}{i}\frac{\partial u}{\partial x} = p \cdot u \tag{25}$$

wird durch die folgende komplexe Funktion befriedigt:

$$u = C \exp\left(\frac{ip}{\hbar} x\right). \tag{26}$$

Allerdings ist das strenggenommen keine Eigenfunktion, da sie nicht quadratintegrierbar ist. Sie wird erst Eigenfunktion mit Hilfe des folgenden, bereits auf S.42 angedeuteten Tricks: Man nimmt an, daß unser Raum periodisch ist, d.h. zwei Punkte, deren x-Werte sich um die Periodenlänge L unterscheiden, werden als identisch angesehen. Beim skalaren Produkt wird dann nur über eine Periode von $-L/2$ bis $+L/2$ integriert. Dann ist (26) Eigenfunktion, wenn $p = n \cdot 2\pi\hbar/L$ ist. Wählt man L etwa 10mal so groß als den Abstand bis zu dem entferntesten beobachteten Spiralnebel, so widerspricht keine physikalische Beobachtung dieser Periodizitätsannahme, aber natürlich wird sie auch durch keine Beobachtung gestützt. Das Rechnen mit einer bis ins Unendliche laufende Koordinate x oder mit einer des Intervalls $-L/2$ bis $+L/2$ ist beides physikalisch gesehen gleich gut oder gleich schlecht. Der Operator P_x hat also zwar reelle Eigenwerte p, aber unter den obigen Annahmen nur komplexe Eigenfunktionen, und außerdem liegen die Eigenwerte physikalisch ununterscheidbar dicht, so daß sie praktisch ein Kontinuum bilden, obwohl sie mathematisch eine diskrete Folge darstellen.

Zwei Funktionen, deren skalares Produkt verschwindet, bezeichnet man als orthogonal zueinander. Dann gilt:

Eigenfunktionen zu verschiedenen Eigenwerten eines hermitischen Operators sind zueinander orthogonal.

Denn aus

$$H u_1 = E_1 \cdot u_1 \tag{27a}$$

und

$$H u_2 = E_2 \cdot u_2 \tag{27b}$$

folgt mit (8) wegen $E_i^* = E_i$

$$\langle u_1 | H u_2 \rangle - \langle H u_1 | u_2 \rangle = (E_2 - E_1) \langle u_1 | u_2 \rangle .$$

Da die linke Seite wegen (10) verschwindet und nach Voraussetzung $E_1 \neq E_2$ ist, muß gelten

$$\langle u_1 | u_2 \rangle = 0 . \tag{28}$$

Dieser Beweis ist natürlich hinfällig, wenn man zwei Eigenfunktionen zum gleichen Eigenwert betrachtet. Dann gilt (28) im allgemeinen nicht, denn wenn u_1 und u_2 Eigenfunktionen zum gleichen Eigenwert sind, sind wegen der Linearität von H auch alle Linearkombinationen $c_1 u_1 + c_2 u_2$ Eigenfunktionen, und diese können natürlich nicht alle zu u_1 und u_2 orthogonal sein. Die Bildung solcher Linearkombinationen aus Eigenfunktionen zum gleichen Eigenwert ist eine so triviale Verallgemeinerung, daß man sie in der Regel wie selbstverständlich mit berücksichtigt und alle Linearkombinationen nicht als neue Eigenfunktionen zählt. Eine Funktion, welche man als Linearkombination der Funktionen $u_1, u_2, u_3, \dots u_p$ schreiben kann, bezeichnet man als linear abhängig von den u_i . Bei der Abzählung der Eigenfunktionen werden nur linear unabhängige Eigenfunktionen in Betracht gezogen.

Sind $u_1, u_2, \dots u_p$ Eigenfunktionen zum gleichen Eigenwert, von denen jede Funktion u_k von allen Funktionen u_j mit kleinerem Index $j<k$ linear unabhängig ist, so kann man aus ihnen durch Linearkombination p orthogonale und normierte Eigenfunktionen v_j bilden. Das gelingt nach dem folgenden von E. Schmidt[1] stammenden Verfahren:

1. Schritt: In

$$v_1 = C_1 u_1 \tag{29}$$

wird C_1 so gewählt, daß $\langle v_1 | v_1 \rangle = 1$ ist.

2. Schritt:

$$v_2 = C_2 \{ u_2 - \langle v_1 | u_2 \rangle v_1 \} \tag{30}$$

ist orthogonal zu v_1. Die Klammer kann nicht verschwinden, weil u_2 von u_1 linear unabhängig ist. Also kann man C_2 so wählen, daß $\langle v_2 | v_2 \rangle = 1$ ist.

3. Schritt:

$$v_3 = C_3 \{ u_3 - \langle v_1 | u_3 \rangle v_1 - \langle v_2 | u_3 \rangle v_2 \} \tag{31}$$

ist orthogonal zu v_1 und v_2, und die Klammer kann wieder nicht gleich null sein. Durch Wahl von C_3 kann also auch v_3 normiert werden. Dieses Verfahren kann bis zum p-ten Schritt fortgesetzt werden.

Wenn nichts anderes gesagt wird, soll im folgenden stets angenommen werden, daß alle Eigenfunktionen orthogonal und normiert sind. Unter der Vielfachheit eines Eigenwertes versteht man die maximale Anzahl von linearunabhängigen Eigenfunktionen zu diesem Eigenwert. Man kann zeigen, daß diese Zahl unabhängig davon ist, wie man

1) Erhard Schmidt (1876-1959)

diese Funktionen auswählt. Wenn diese Zahl größer als 1 ist, nennt man den Eigenwert entartet, ein Fall, der bisher unter den betrachteten Beispielen nicht vorkam und bei Eigenfunktionen von nur einer Ortsvariablen selten auftritt. Bei Eigenfunktionen von mehreren Variablen ist er aber fast die Regel.

E. Die Entwicklung nach Eigenfunktionen

Viele hermitische Operatoren haben die Eigenschaft, daß das System der Eigenfunktionen vollständig ist, d.h. fast jede quadratintegrierbare Funktion läßt sich in eine unendliche Reihe nach den Eigenfunktionen entwickeln. Der Hamiltonoperator des linearen harmonischen Oszillators bildet ein besonders wichtiges Beispiel dafür. Bezeichnet man mit $|n\rangle$ die normierte Eigenfunktion dieses Operators zum Eigenwert $E_n = E_0 + (n+1/2)\hbar\omega_0$, so gibt es für jede normierbare Funktion $|\psi\rangle$, die gewissen, physikalisch stets erfüllbaren Regularitätsforderungen genügt, Koeffizienten c_n, so daß gilt:

$$|\psi\rangle = \sum_{n=0}^{\infty} |n\rangle c_n \,. \tag{32}$$

Der Umstand, daß sich fast alle $|\psi\rangle$ in dieser Weise entwickeln lassen, läßt sich in diesem Falle leicht plausibel machen. Die Funktionen $|n\rangle$ haben nämlich, wie auf S.44 ausgeführt wurde, die Form eines Produktes aus einem Polynom $P_n(x)$ n-ten Grades in x mal einer e-Potenz:

$$|n\rangle = P_n(x)\exp\left(-\frac{m\omega_0}{2\hbar}x^2\right). \tag{33}$$

Da sie außerdem orthogonal und normiert sind, kann man sie aus den Funktionen $u_n = x^n \exp\left(-\frac{m\omega_0}{2\hbar}x^2\right)$ durch Orthogonalisierung und Normierung nach dem oben geschilderten Verfahren von E. Schmidt erhalten. Fordert man außerdem, daß diese Funktionen reell sind, so sind sie dadurch bis auf ihr Vorzeichen eindeutig bestimmt. Alle Funktionen, die als absolut-konvergente Potenzreihen in x mal $\exp\left(-\frac{m\omega_0}{2\hbar}x^2\right)$ geschrieben werden können, lassen sich also auch durch andere Zusammenfassung der Summanden auf die Form der Reihe (32) bringen.

Bei anderen Hamiltonoperatoren läßt es sich manchmal nur schwierig feststellen, ob das System ihrer Eigenfunktionen vollständig ist oder nicht. Diese Entwickelbarkeit ist aber für die Quantenmechanik, wie später gezeigt werden soll, von so fundamentaler Bedeutung, daß nur Operatoren mit dieser Eigenschaft in der Quantenmechanik verwendet werden können. Das ist eine Aussage von ähnlicher Art wie die, daß in der Mechanik zur Beschreibung von Bewegungen nur differenzierbare Funktionen der Zeit benutzt werden können, denn sonst wäre die Geschwindigkeit der Bewegung nicht definiert. Deshalb soll im folgenden auf die Form dieser Entwicklung relativ ausführlich eingegangen werden.

In (32) wurde, entgegen der üblichen Gewohnheit, der Koeffizient c_n hinter die Entwicklungsfunktion $|n\rangle$ geschrieben. Das liefert, wie sich sogleich zeigen wird, übersichtlichere Formelbilder und soll deshalb im folgenden durchgängig beibehalten werden. Multipliziert man nun diese Gleichung skalar mit $\langle m|$ und setzt voraus, daß die Summation und die Integration vertauscht werden dürfen, was meist zulässig ist, so erhält man wegen

$$\langle m|n\rangle = \delta_{mn} \tag{34}$$

das Resultat

$$c_m = \langle m|\psi\rangle. \tag{35}$$

Setzt man das in (32) ein, so ergibt sich

$$|\psi\rangle = \sum_{n=0}^{\infty} |n\rangle\langle n|\psi\rangle. \tag{36}$$

Da diese Gleichung für praktisch alle $|\psi\rangle$ richtig ist, kann man das Symbol $|\psi\rangle$ fortlassen und schreiben

$$1 = \sum_{n=0}^{\infty} |n\rangle\langle n| \tag{37}$$

Der Operator "Multiplizieren mit 1" erscheint hier als eine unendliche Summe von Operatoren der Form

$$P_n = |n\rangle\langle n| . \tag{38}$$

Solche Operatoren bezeichnet man als Projektionsoperatoren. Ihre Anwendung auf eine Funktion $|\psi\rangle$ erzeugt das $\langle n|\psi\rangle$-fache der Funktion $|n\rangle$, also die n-te Komponente von $|\psi\rangle$ in der Entwicklung (36):

$$P_n|\psi\rangle = |n\rangle\langle n|\psi\rangle \tag{39}$$

Faßt man die $|n\rangle$ als Symbole für orthogonale Einheitsvektoren auf und $|\psi\rangle$ als einen Vektor, so wirkt P_n wie die Projektion des Vektors auf die n-te Koordinatenachse.

Die charakteristische Eigenschaft eines Projektionsoperators ist die Gültigkeit der Gleichung

$$P_n^2 = P_n \tag{40}$$

Zweimalige Anwendung von P_n liefert dasselbe wie einmalige, denn mit (34) ergibt sich

$$\begin{aligned} P_n^2|\psi\rangle &= P_n\{|n\rangle\langle n|\psi\rangle\} \\ &= |n\rangle\langle n|n\rangle\langle n|\psi\rangle = |n\rangle\langle n|\psi\rangle = P_n|\psi\rangle. \end{aligned} \tag{41}$$

Die Anwendung von zwei Operatoren P_j und P_k mit verschiedenen Indizes j und k ergibt wegen der Orthogonalität von $|j\rangle$ und $|k\rangle$ stets null, denn

$$P_j P_k|\psi\rangle = P_j\{|k\rangle\langle k|\psi\rangle\} = |j\rangle\langle j|k\rangle\langle k|\psi\rangle = 0. \tag{42}$$

Diese Operatoren P_j und P_k bezeichnet man deshalb als orthogonal. Auch der Inhalt dieser Aussage entspricht dem anschaulichen Bild der Projektion: Wenn man einen Vektor erst auf die k-te Koordinatenachse projiziert und das Resultat auf die dazu senkrechte j-Achse, so erhält man stets den Nullvektor (vgl. Abb.9).

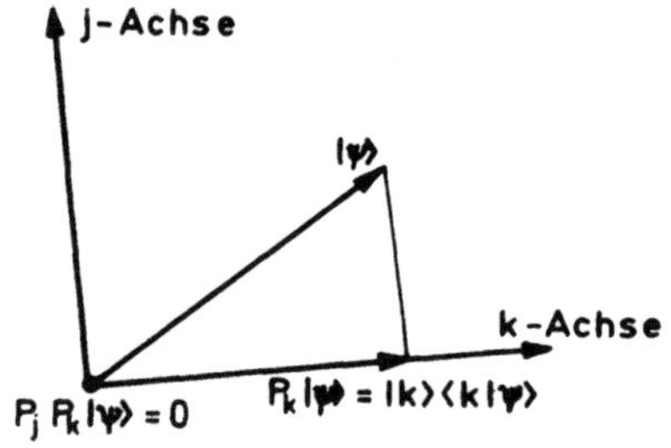

Abb. 9
Die Projektion auf zwei orthogonale Achsen als Beispiel für zwei orthogonale Projektionsoperatoren P_j und P_k

Eine Darstellung des Einheitsoperators $\mathbf{1}$ als eine Summe von orthogonalen Projektionsoperatoren nennt man eine "Zerlegung der Einheit". Selbstverständlich existieren unendliche viele verschiedene Zerlegungen der Einheit. Später wird gezeigt werden (§ 21), daß diese Projektionsoperatoren eng mit dem Meßprozeß verknüpft sind. Die Zerlegung der $\mathbf{1}$ in orthogonale Projektionsoperatoren entspricht der Verteilung der möglichen Zustände auf die möglichen Meßergebnisse. Zu jeder meßbaren Größe gehört deshalb in der Quantenmechanik eine Zerlegung der Einheit.

Aber nicht alle Zerlegungen der Einheit haben die einfache Gestalt (37). Das ist nur dann der Fall, wenn das System der normierbaren Eigenfunktionen so wie beim Hamiltonoperator des harmonischen Oszillators vollständig ist. Der in § 3 betrachtete Hamiltonoperator eines Teilchens in einem Potentialtopf bildet ein Gegenbeispiel. Bei ihm existieren ohne Einführung der künstlichen Randbedingung $u=0$ bei $|x| = R$ nur endlich-viele normierbare Eigenfunktionen. In dem in Abb. 6 dargestellten Fall waren es nur drei. Die Gesamtheit der quadratintegrierbaren Funktionen von x enthält aber selbstverständlich unendlich-viele, linear unabhängige Funktionen. Diese lassen sich nicht alle als Linearkombination von nur endlich-vielen schreiben.

Sobald man aber die erwähnte künstliche Randbedingung einführt und beim skalaren Produkt nur von $x = -R$ bis $x = +R$ integriert, gibt es, wie in § 3 gezeigt wurde, unendlich-viele normierbare Eigenfunktionen, welche für positive Energien ein Quasi-Kontinuum bilden. Diese Funktionen bilden, wie in der Mathematik gezeigt wird, ein vollständiges System, nach denen man praktisch jede quadratintegrierbare Funktion, die den gleichen

Randbedingungen genügt, im Intervall $|x| < R$ entwikkeln kann.

Mit solchen Tricks wie einer künstlichen Randbedingung oder der auf S.60 erörterten Annahme, daß alle physikalischen Funktionen des Ortes in der Welt periodisch mit einer ungeheuer großen Periodenlänge verteilt seien, kann man es grundsätzlich in der Physik immer erreichen, daß die vorkommenden hermitischen Operatoren ein vollständiges System von normierten Eigenfunktionen besitzen. Deshalb wird oft, besonders in elementaren Lehrbüchern , so getan, als gäbe es für alle hermitischen Operatoren eine Entwicklung nach Eigenfunktionen bzw. eine zugehörige Zerlegung der Einheit der Gestalt (37).

Das ist aber mathematisch recht fragwürdig, weil man im allgemeinen bei verschiedenen hermitischen Operatoren verschiedene Kunstgriffe anwenden muß, um das zu erreichen. Deshalb darf man solche Hilfsmittel allenfalls vorübergehend benutzen. Wie man sie nachher zweckmäßig wieder eliminiert, soll jetzt am Beispiel der Eigenfunktion des Hamiltonoperators für den Potentialtopf erläutert werden.

Zur Abkürzung sollen im folgenden die (endlich-vielen) normierten Eigenfunktionen dieses Operators zu negativen Eigenwerten mit $|n\rangle$ bezeichnet werden ($n = 1, 2, 3, \ldots$ endlich-viele). Die Eigenfunktionen zu positiven Eigenwerten seien $|p,s\rangle$. Dabei bezeichne s die Parität ($s = \pm 1$). p durchläuft die ganzen Zahlen. Nach (§ 3;19) und (§ 3;23) haben die $|p,s\rangle$ für $|x| > a$ die Form

$$|p,s\rangle = \frac{1}{\sqrt{R}} \sin\left(\frac{\alpha_{ps}}{a} x - \delta_{ps}\right). \tag{43}$$

Die Entwicklung einer Funktion $|\psi\rangle$ nach diesen Eigenfunktionen lautet dann

$$|\psi\rangle = \sum_{n=1}^{\cdots} |n\rangle\langle n|\psi\rangle + \sum_{p=1}^{\infty} \sum_{s=\pm 1} |p,s\rangle\langle p,s|\psi\rangle. \tag{44}$$

Nun führt man zweckmäßig an Stelle von p oder α_{ps} die neue Variable

$$k := \frac{\alpha_{ps}}{a} \tag{45}$$

ein. Nach (§ 3;21) haben die α-Werte für genügend grosses R den Abstand $\pi a/R$. Auf ein sehr kleines Intervall Δk des Parameters k, in welchem sich α_{ps} um $a\Delta k$ ändert, entfallen demnach $a\,\Delta k/\left(\frac{\pi a}{R}\right) = \frac{R}{\pi}\Delta k$ Eigenfunktionen. Wenn nun $|\psi\rangle$ nur in einem endlichen Bereich x von null verschieden ist oder mit $|x| \to \infty$ genügend rasch gegen null geht, unterscheiden sich bei genügend großem R die Werte der Koeffizienten $\langle p,s|\psi\rangle$ mit den k-Werten des Intervalles Δk nur wenig voneinander, denn in dem im Vergleich zu R nur sehr kleinen Bereich von x um $x = 0$ herum, welcher unter den genannten Voraussetzungen allein zum Integral $\langle p,s|\psi\rangle$ beiträgt, unterscheiden sich auch die Funktionen $|p,s\rangle$ mit k-Werten des Intervalles Δk nur wenig voneinander. Daher kann man alle Summanden der 2. Summe in (44), bei welchen k in Δk liegt, als nahezu gleich annehmen und angenähert schreiben

$$\sum_{k \text{ in } \Delta k} |p,s\rangle\langle p,s|\psi\rangle \approx |p,s\rangle\langle p,s|\psi\rangle \frac{R}{\pi}\Delta k. \tag{46}$$

Jetzt sieht man, daß man zweckmäßig den Faktor R/π

als Quadrat von $\sqrt{R/\pi}$ schreibt und dann jeweils einen dieser Faktoren zu den Eigenfunktionen $|p,s\rangle$ hinzufügt, d.h. an Stelle der normierten Funktionen $|p,s\rangle$ die nichtnormierten Funktionen

$$|k,s\rangle = \sqrt{\frac{R}{\pi}}\,|p,s\rangle \tag{47}$$

einführt. Der Vergleich mit (43) zeigt, daß diese Funktionen im Bereich $|X| < R$ nicht mehr von R abhängen. Für $a < |X| < R$ lauten sie

$$|k,s\rangle = \frac{1}{\sqrt{\pi}} \sin(kx - \delta(k)) . \tag{48}$$

Sie hängen nur insofern von R ab, als sie für $|X| > R$ verschwinden. Mit diesen Funktionen kann man nun die Entwicklungsformel (44) in folgender Form schreiben:

$$|\psi\rangle = \sum_{n=1}^{\dots} |n\rangle\langle n|\psi\rangle + \sum_{s=\pm 1} \sum_{\text{Alle Intervalle } \Delta k} |k,s\rangle\langle k,s|\psi\rangle \, \Delta k \tag{49}$$

Da jetzt in ihr der Normierungsradius R nicht mehr vorkommt, kann man den Grenzübergang $R \to \infty$ durchführen und dann die Summe über alle Intervalle Δk durch ein Integral über k ersetzen. Dadurch werden, wie man auf anderem Wege beweisen kann, die vorn gemachten Näherungsannahmen gerechtfertigt. So gelangt man zu der exakt gültigen Formel

$$|\psi\rangle = \sum_{n=1}^{\dots} |n\rangle\langle n|\psi\rangle + \sum_{s=\pm 1} \int_{k=0}^{\infty} |k,s\rangle\langle k,s|\psi\rangle \, dk \tag{50}$$

Sie gilt für alle $|\psi\rangle$, die im Unendlichen genügend rasch gegen null gehen und gewissen Regularitätsforderungen genügen, d.h. praktisch für alle Funktionen, die man in der Physik benötigt. Sie enthält außer den normierten und orthogonalen Eigenfunktionen $|n\rangle$ noch 2 Integrale über nichtnormierbare, sog. uneigentliche Eigenfunktionen $|k,s\rangle$. An die Stelle der Normierungsforderung tritt bei diesen die in (48) enthaltene Bedingung, daß sie in dem Bereich $|x| > a$, wo die potentielle Energie verschwindet, reell sind und die Amplitude $1/\sqrt{\pi}$ besitzen.

Selbstverständlich stellt die obige Überlegung keinen Beweis für die Gültigkeit der Formel (50) dar, genauso wenig wie die analoge Überlegung in Bd.I, § 31c, welche zum Fourierschen Integraltheorem führte. Dieses kann man entsprechend als die Entwicklungsformel nach den uneigentlichen Eigenfunktionen der Operatoren $P_x = \frac{\hbar}{i}\frac{\partial}{\partial x}$, $P_y = \frac{\hbar}{i}\frac{\partial}{\partial y}$ und $P_z = \frac{\hbar}{i}\frac{\partial}{\partial z}$ zu den Impulskomponenten auffassen. Der exakte Beweis für die Gültigkeit dieser Formeln gehört in den Aufgabenbereich der Mathematik. Hier sollte nur durch Plausibilitätsbetrachtungen wiedergegeben werden, wie man sich oft - auch von Seiten der Mathematiker - vor dem Versuch eines exakten Beweises eine Vorstellung davon verschafft, welche Sätze gültig sein könnten.

Leider ist es nun auch nicht so, daß es zu allem hermitischen Operatoren ein vollständiges System von eigentlichen und uneigentlichen Eigenfunktionen gibt. Aber, wie bereits betont, ist die Existenz einer solchen Entwicklung für die Quantenmechanik so wesentlich, daß man in ihr nur solche Operatoren verwendet, die diese Eigenschaft besitzen. Diese nennt man heute selbstadjungiert (früher nach J. von Neumann hypermaximal hermitisch).

Sie müssen außer der Hermitizität noch gewisse Bedingungen über die Grenzen ihrer Anwendbarkeit erfüllen.

Deshalb soll fortan von der Gültigkeit des folgenden Axioms ausgegangen werden: Jeder Operator, welcher in der Quantenmechanik einer meßbaren Größe zugeordnet wird, besitzt eine Zerlegung der Einheit, d.h. eine (endliche oder unendliche) Folge von normierten und zueinander orthogonalen Eigenfunktionen und eine oder mehrere Scharen von nichtnormierbaren, von einem oder mehreren Parametern k abhängigen, uneigentlichen Eigenfunktionen derart, daß jede im Unendlichen genügend rasch gegen null gehende Funktion $|\psi\rangle$, die gewissen Regularitätsforderungen genügt, in der folgenden Form geschrieben werden kann:

$$|\psi\rangle = \sum_n |n\rangle\langle n|\psi\rangle + \sum_s \int_k |k,s\rangle\langle k,s|\psi\rangle \, dk. \tag{51}$$

Statt dessen kann man auch schreiben:

$$1 = \sum_n |n\rangle\langle n| + \sum_s \int_k |k,s\rangle\langle k,s| \, dk. \tag{52}$$

Es kann sein, daß die Summe oder das Integral fehlt, daß der Parameter s unendlich viele Werte durchläuft oder auch fehlt, daß statt eines einfachen Integrals über k ein mehrfaches Integral auftritt und daß k von $-\infty$ bis $+\infty$ oder nur über gewisse Teilbereiche integriert wird. Das hängt von den Eigenschaften des betrachteten Operators ab und muß von Fall zu Fall untersucht werden. Auf jeden Fall gilt

$$\langle n|m\rangle = \delta_{n,m}\;; \quad \langle k,s|n\rangle = 0 \;; \langle k,s|k',s'\rangle = 0 \text{ für } s \neq s' \tag{53}$$

Auf die übrigen allgemeinen Normierungsbedingungen für die $|k,s\rangle$ wird sogleich noch eingegangen werden. Sind die E_n die Eigenwerte der Eigenfunktionen $|n\rangle$ und $E(k,s)$ diejenigen der $|k,s\rangle$, so gilt

$$H|\psi\rangle = \sum_n |n\rangle E_n \langle n|\psi\rangle + \sum_s \int_k |k,s\rangle E(k,s) \langle k,s|\psi\rangle dk \tag{54}$$

bzw. in abgekürzter Schreibweise

$$H = \sum_n |n\rangle E_n \langle n| + \sum_s \int_k |k,s\rangle E(k,s) \langle k,s| \, dk. \tag{55}$$

In der obigen Formel (54) ist implizit auch die Bedingung für die Anwendbarkeit von H enthalten: H kann auf alle diejenigen $|\psi\rangle$ angewandt werden, für die die Summen und Integrale in (54) konvergieren.

F. Die Normierung im Kontinuum und die δ-Funktion

Diese Betrachtungen müssen nun noch ergänzt werden durch eine allgemeine Vorschrift, wie man die uneigentlichen Eigenfunktionen normiert. Die durch (48) gegebene Vorschrift gilt ja nur für den speziellen Fall eines Hamiltonoperators der eindimensionalen Bewegung, deren potentielle Energie oberhalb einer gewissen Schranke $|x| > a$ exakt verschwindet. Eine allgemeine Normierungsvorschrift ergibt sich aus der Forderung, daß die Zerlegung der Einheit die Gestalt (52) haben soll. Um Schreibarbeit zu sparen, sei das folgende nur für den Fall ausgeführt, daß neben der kontinuierlich veränderlichen Variablen k kein weiterer Index s auftritt, daß also die Entwicklung nach Eigenfunktionen die folgende Gestalt hat:

$$|\psi\rangle = \sum_n |n\rangle\langle n|\psi\rangle + \int_k |k\rangle\langle k|\psi\rangle\, dk. \tag{56}$$

Diese Gleichung kann nur gelten, wenn $|m\rangle$ normiert ist. Denn bei der Bildung des skalaren Produkts $\langle m|\psi\rangle$ erhält man bei Beachtung der Orthogonalität $\langle m|n\rangle = 0$ für $m \neq n$ und $\langle m|k\rangle = 0$

$$\langle m|\psi\rangle = \langle m|m\rangle\langle m|\psi\rangle. \tag{57}$$

Da das für alle $|\psi\rangle$ gelten muß, auch für solche, bei denen $\langle m|\psi\rangle$ nicht verschwindet, muß $\langle m|m\rangle = 1$ sein.

Nach demselben Schema ergibt sich aus (56) die Normierungsvorschrift für $|k\rangle$ durch Bildung des skalaren Produktes $\langle k_0|\psi\rangle$:

$$\langle k_0|\psi\rangle = \int_k \langle k_0|k\rangle\langle k|\psi\rangle\, dk \tag{58}$$

Damit aber begegnet man einer Schwierigkeit: Wenn man den Ausdruck auf der rechten Seite dieser Gleichung als ein Integral im gewöhnlichen, Riemannschen Sinne auffaßt, gibt es keine integrable Funktion $\langle k_0|k\rangle$ von k und k_0 , welche für alle integrablen Funktionen $f(k) = \langle k|\psi\rangle$ die obige Gleichung erfüllt. Dieser Schwierigkeit gegenüber nehmen die Physiker und die Mathematiker meist verschiedene Standpunkte ein. Beide sollen hier kurz geschildert werden.

Die Physiker folgen in der Regel dem Vorbild Diracs, welcher - unter kühner Zurückstellung mathematischer Bedenken - die Existenz einer "Funktion" $\delta(k-k_0)$ postulierte mit den folgenden Eigenschaften:

1. $\delta(k-k_0) = 0$ für $k \neq k_0$. (59)

2. An der Stelle $k = k_0$ ist $\delta(k-k_0)$ in solcher Weise singulär, daß für beliebig kleines ε die Gleichung

$$\int_{k_0-\varepsilon}^{k_0+\varepsilon} \delta(k-k_0)\,dk = 1 \tag{60}$$

gilt. Im mathematisch strengen Sinne enthalten diese Forderungen aber einen Widerspruch. Wenn nämlich $\delta(0)$ endlich ist, verschwindet das Integral (60). Denn ein Integral ändert sich nicht, wenn man den Integranden nur an einer Stelle um einen endlichen Betrag abändert. Ist dagegen $\delta(0) = \infty$, so existiert es nicht, d.h. dann hat die linke Seite von (60) keinen Sinn.

Trotzdem haben die Physiker jahrzehntelang erfolgreich mit diesen Beziehungen gerechnet. Dabei wurde, wenn auch meist nicht klar ausgesprochen, etwa der folgende Standpunkt eingenommen: Die Gleichungen (59) und (60) werden als Aussagen zwischen physikalischen Größen aufgefaßt und gelten daher nicht unbedingt mit mathematischer Genauigkeit. Wenn also (59) besagt, daß $\delta(k-k_0)$ verschwindet, falls $k \neq k_0$ ist, so gilt das in diesem Sinne nur, solange die Differenz $k - k_0$ meßbar ist. Das schließt nicht aus, daß $\delta(k-k_0)$ in einem kleinen, endlichen Intervall $|k-k_0| < \varepsilon$ ungleich null ist, wenn nur ε wesentlich kleiner als jede meßbare Differenz zweier k-Werte ist. In diesem Bereich kann $\delta(k-k_0)$ noch integrabel sein und zugleich so große Werte annehmen, daß (60) gilt. Bei jeder physikalisch meßbaren Funktion $f(k)$ darf man ferner annehmen, daß ihre Änderung innerhalb eines so kleinen Intervalles ε unmeßbar klein ist und daher vernachlässigt werden kann. In einem Integral über $f(k)\delta(k-k_0)$ kann man daher $f(k)$ in dem Intervall $|k-k_0|<\varepsilon$ als nahezu konstant gleich $f(k_0)$ setzen und vors Integral ziehen. Dann erhält man

$$\int_{k=-\infty}^{+\infty} f(k)\,\delta(k-k_0)\,dk = f(k_0). \tag{61}$$

Dann also ist (58) erfüllt mit

$$\langle k_0 | k\rangle \overset{*}{=} \delta(k-k_0). \tag{62}$$

Eine Funktion, welche diese Bedingungen erfüllt, ist z.B.

$$\delta(k-k_0) \approx \frac{1}{\alpha\sqrt{\pi}} \exp\left(-\frac{(k-k_0)^2}{\alpha^2}\right), \tag{63}$$

wenn nur α genügend klein ist (vgl. Abb. 10). Alle physikalisch vertretbaren Ansprüche an Genauigkeit sind sicher erfüllt, wenn α etwa das 10^{-10}-fache der kleinsten, heute meßbaren Differenz zweier k-Werte ist. Selbstverständlich gibt es aber auch noch viele andere Funktionen, die das gleiche leisten. Man spricht deshalb oft auch davon, daß eine Funktion δ-funktionsartig sei, und meint damit, sie sei überall null, aber in einem unmeßbar kleinen Intervall so groß, daß das Integral darüber ungleich null ist. Wichtig ist jedoch, daß dieses In-

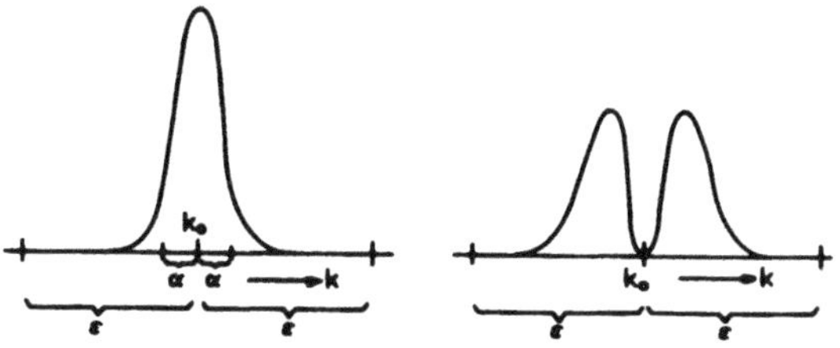

Abb. 10 Zwei Möglichkeiten eines δ -funktionsartigen Verhaltens von Funktionen innerhalb eines Intervalles der Breite 2ε weit unterhalb physikalischer Meßgenauigkeit.

tervall nicht im mathematischen Sinne gleich null sein darf. Man darf auch nicht in (63) den Grenzübergang $\alpha \to 0$ vollziehen, denn für $k = k_0$ existiert dieser Grenzwert nicht und für alle anderen k ist er null.

Diese Auffassung ist aber sicherlich mathematisch unschön. Es dürfte schwer sein, allgemein genau festzulegen, was eine nicht mehr meßbare Differenz ist und wie groß ein physikalisch unwesentlicher Fehler ist. Mit gutem Recht haben deshalb fast alle Mathematiker nicht nur die widerspruchsvolle Ausdrucksweise von Dirac in (59) und (60) abgelehnt, sondern auch die dahinter verborgene Vorstellung von nicht ganz genau gültigen Gleichungen. Die "δ-Funktion" erlangte aber um 1950 auch bei den Mathematikern volles Bürgerrecht, als L. Schwarz[1)] eine mathematisch-einwandfreie Darstellung dieser Beziehungen entwickelte. Er faßte $\delta(k-k_0)$ nicht als eine gewöhn-

1) L. Schwarz, Théorie des distributions, Vol. I und II; Paris 1950/57 und 1951.

liche Funktion auf, sondern als eine Verallgemeinerung davon, welche als "Distribution" bezeichnet wird. Die Gleichung (61) wird dabei nicht als eine Aussage über ein gewöhnliches Integral aufgefaßt, sondern als symbolische Schreibweise für ein "lineares Funktional", d.h. für die Vorschrift, welche der Funktion $f(k)$ den Wert $f(k_0)$ zuordnet. Diese Vorschrift heißt linear, weil sie für zwei Funktionen $f(k)$ und $g(k)$ und zwei nicht von k abhängige Konstanten c_1 und c_2 die folgende Beziehung erfüllt:

$$\int_{-\infty}^{+\infty} \left(c_1 f(k) + c_2 g(k)\right) \delta(k-k_0)\, dk = c_1 f(k_0) + c_2 g(k_0). \qquad (64)$$

Man schreibt sie als Integral, weil sie sich gegenüber Substitutionen genauso verhält. Z.B. erhält man mit der Substitution $ak = \xi \quad (a > 0)$ die Gleichung

$$\int_{k=-\infty}^{+\infty} \delta(ak)\, f(k)\, dk = \int_{\xi=-\infty}^{+\infty} \delta(\xi)\, f\left(\tfrac{\xi}{a}\right) \frac{1}{a}\, d\xi = \frac{1}{a} f(0), \qquad (65)$$

welche man abgekürzt auch in folgender Form schreibt:

$$\delta(ak) \overset{*}{=} \frac{1}{a}\, \delta(k). \qquad (66)$$

Man kann das Funktional $\delta(k-k_0)$ auch auf gewöhnliche Funktionen und Integrale zurückführen, indem man so wie in (63) eine von einem Parameter α abhängige Funktionenschar $g(\alpha, k-k_0)$ betrachtet, deren Mitglieder alle bei Integration über k den Wert 1 ergeben und für $k \neq k_0$ im Limes $\alpha \to 0$ gegen null gehen. Bildet man mit Hilfe dieser Funktionen das Integral $\int_{-\infty}^{+\infty} f(k)\, g(\alpha, k-k_0)\, dk$ und führt nach der Integration den Grenzübergang $\alpha \to 0$ durch, so erhält man $f(k_0)$. Der Unterschied zwischen der physikalischen Betrachtungsweise und dieser mathematischen besteht dann nur darin, daß die Physiker in Gedanken bei diesem Prozeß bei einem physikalisch vernachlässigbar kleinen, aber endlichen α aufhören.

Man hat dabei bloß zu beachten, daß der Grenzübergang und die Integration nicht vertauscht werden dürfen. Die δ-Funktion kann nicht als Grenzwert der Funktionenschar $g(\alpha, k-k_0)$ erklärt werden, weil dieser Grenzwert für einzelne k nicht existiert, worauf oben bereits hingewiesen wurde. Es kann auch vorkommen, daß der Grenzwert bei einer Funktionenschar zwar existiert, aber zu falschen Ergebnissen führt. Ein Beispiel dafür ist die Funktionenschar (vgl. Abb. 10, rechts)

$$g(\alpha, k-k_0) = \frac{2(k-k_0)^2}{\alpha^3\sqrt{\pi}} \exp\left(-\frac{(k-k_0)^2}{\alpha^2}\right). \tag{67}$$

Bei ihr ist der Limes $\alpha \to 0$ für alle $k-k_0$ gleich null. Das Integral über k ist aber für alle α gleich 1. Eine Vertauschung der Integration und des Grenzübergangs führt in diesem Fall also zu verschiedenen Ergebnissen (vgl. § 5a). Bei den physikalischen Anwendungen tritt die δ-Funktion bei geeigneter Formulierung stets nur unterm Integralzeichen auf und weist auf das Vorkommen eines solchen Grenzübergangs eines parameterabhängigen Integrals hin.

Im folgenden sollen alle Gleichungen, in denen die δ-Funktion vorkommt, so wie es in (62) und (63) schon geschehen ist, mit einem Stern versehen werden. Dieser Stern soll folgendes bedeuten: Die beiden durch ein Gleichheitszeichen verbundenen Größen sind nur im Sinne der Distributionen gleich, d.h. wenn man beide mit irgendeiner Funktion $f(k)$, die gewissen Regularitätsforderungen zu genügen hat, multipliziert und dann integriert, erhält man das gleiche Ergebnis. Im betrachteten Fall der δ-Funktion genügt die Forderung, daß die Funktion $f(k)$ bei $k = k_0$ stetig und endlich ist. In einer solchen Gleichung wie (62) oder (66) werden also symbolisch die Integranden gleich gesetzt, obwohl nur die Gleichheit der Integrale nach Multiplikation der Integranden mit irgendeiner Funktion aus einer größeren Klasse von Funktionen gemeint ist. Es ist nicht nötig, daß in einer solchen Gleichung beide Seiten für alle k und k_0 erklärt sind, und sie brauchen auch nicht für alle k und k_0 übereinzustimmen. Im betrachteten Fall ist z.B. $\delta(0)$ nicht erklärt. Die Angabe $\delta(0) = \infty$ würde in diesem Falle auch nicht als Normierungsvorschrift für $|k\rangle$ ausreichen. Denn wenn $\langle k|k\rangle = \infty$ für irgendein $|k\rangle$ gilt, ergibt sich beim Hinzufügen irgendeines endlichen Faktors zu $|k\rangle$ noch immer dasselbe.

Erläuterungen und Ergänzungen zu Kapitel I

§ 4a. Die Eigenfunktionen und Eigenwerte der Energie des harmonischen Oszillators

Bei der mathematischen Behandlung der Schrödingerschen Eigenwertgleichung für den linearen harmonischen Oszillator

$$-\frac{\hbar^2}{2m}\frac{d^2u}{dx^2} + \left(E_0 + \frac{k}{2}x^2\right)u = E \cdot u \tag{1}$$

erleichtert man sich die Schreibarbeit, indem man andere Variablen benutzt. Mit $\omega_0 = \sqrt{k/m}$, der Schwingungsfrequenz des Oszillators nach klassischer Rechnung, führt man zweckmäßig die dimensionslose Ortskoordinate

$$\xi = \sqrt{\frac{m\omega_0}{\hbar}}\,x \tag{2}$$

und die dimensionslose Energie

$$\varepsilon = \frac{E - E_0}{\hbar\omega_0} \tag{3}$$

ein. Dann lautet (1)

$$\frac{d^2u}{d\xi^2} = (\xi^2 - 2\varepsilon)\,u\,. \tag{4}$$

Der nächste Schritt pflegt die Untersuchung des Verhaltens der Lösungen an den singulären Stellen zu sein, d.h. an denjenigen Stellen, an denen die neben $d^2u/d\xi^2$ und u auftretenden Faktoren unendlich werden oder nicht mehr differenzierbar sind. Bei (4) ist das nur an den Stellen $\xi = \pm\infty$ der Fall. Statt einer sorgfältigen mathematischen Analyse des Verhaltens an diesen Stellen möge hier eine Plausibilitätsbetrachtung benutzt werden. Man sucht Funktionen, die sich vermutlich für große $|\xi|$ ähnlich verhalten. Man rechnet leicht nach, daß $\exp(+\xi^2/2)$ und $\exp(-\xi^2/2)$ Differentialgleichungen genügen, die für große $|\xi|$ fast mit (4) übereinstimmen, nämlich

$$\frac{d^2}{d\xi^2}\left(\exp\frac{\xi^2}{2}\right) = (\xi^2+1)\exp\frac{\xi^2}{2} \tag{5}$$

und

$$\frac{d^2}{d\xi^2}\left(\exp\left(-\frac{\xi^2}{2}\right)\right) = (\xi^2-1)\exp\left(-\frac{\xi^2}{2}\right). \tag{6}$$

Es liegt daher die Vermutung nahe, daß die Lösungen von (4) sich im Unendlichen ungefähr wie eine Linearkombination der Funktionen $v_+(\xi)\exp(+\xi^2/2)$ und $v_-(\xi)\exp(-\xi^2/2)$ verhalten, wobei sich die Funktionen $v_+(\xi)$ und $v_-(\xi)$ für große $|\xi|$ sehr viel langsamer mit ξ ändern als $\exp\xi^2/2$. Die strenge, mathematische Analyse bestätigt das.

Da hier nur die quadratintegrierbaren Lösungen gesucht werden, macht man den Ansatz

$$u(\xi) = v(\xi)\exp\left(-\frac{\xi^2}{2}\right). \tag{7}$$

Einsetzen dieses Ausdrucks in (4) liefert für $v(\xi)$ die Gleichung

$$\frac{d^2v}{d\xi^2} - 2\xi\frac{dv}{d\xi} + (2\varepsilon-1)v = 0 \tag{8}$$

In ihr streben alle Koeffizienten für $|\xi|\to\infty$ langsamer gegen ∞ als der größte Koeffizient in (4). Diese Gleichung löst man nun durch einen Potenzreihenansatz

$$v(\xi) = a_0 + a_1\xi + a_2\xi^2 + a_3\xi^3 + \dots \tag{9}$$

Dabei erhält man für die Koeffizienten a_j die für $j \geq 0$ geltende Rekursionsformel

$$\frac{a_{j+2}}{a_j} = \frac{2j+1-2\varepsilon}{(j+2)(j+1)} \ . \tag{10}$$

Sie erlaubt es, alle Koeffizienten eindeutig zu bestimmen, sobald a_0 und a_1 gegeben sind. Die Lösung mit $a_0 = 1, a_1 = 0$ ist in ξ gerade; diejenige mit $a_0 = 0, a_1 = 1$ ist in ξ ungerade. Alle anderen Lösungen sind Linearkombinationen dieser beiden.

Wenn nun

$$\varepsilon = n + \frac{1}{2} \tag{11}$$

mit ganzzahligem n ist, bricht die Potenzreihe entweder bei der geraden oder bei der ungeraden Lösung ab, je nach dem, ob n gerade oder ungerade ist. Dann erhält man also für $v(\xi)$ ein Polynom n-ten Grades als Lösung. Dieses liefert für $u(\xi)$ eine im Unendlichen exponentiell abfallende, also quadratintegrierbare Lösung. Diese ε-Werte führen daher auf Eigenwerte, und zwar wegen (3) gerade auf

$$E_n = E_0 + (n + \tfrac{1}{2})\hbar\omega_0 . \tag{12}$$

Für andere Werte von ε gibt es keine quadratintegrierbaren Lösungen. Denn wenn die Potenzreihe (9) nicht abbricht, erhält man eine unendliche Reihe, deren Koeffizienten für große j nahezu der Rekursionsformel

$$\frac{a_{j+2}}{a_j} = \frac{2}{j+2} \tag{13}$$

genügen, wie man aus (10) bei Vernachlässigung mehrerer gegen j kleinen Summanden abliest. Die Formel (13) ist aber gerade die Rekursionsformel für die Koeffizienten der Potenzreihe von $\exp \xi^2$. Es ist daher plausibel, daß jede Lösung $V(\xi)$, die kein Polynom ist, sich im Unendlichen wie $\exp \xi^2$ verhält, also eine Lösung $u(\xi)$ liefert, die sich im Unendlichen gerade wie $V_+(\xi) \exp(\xi^2/2)$, also wie die oben ausgeschlossene Lösung verhält.

Zu jedem ganzzahligen n ist demnach durch (10) ein bis auf einen Faktor eindeutig definiertes Polynom von ξ zugeordnet, welches man als das n-te Hermitesche Polynom [1] bezeichnet. Über die Eigenschaften dieser meist mit $H_n(\xi/\sqrt{2})$ bezeichneten Polynome und die mit ihnen gebildeten Hermiteschen Orthogonalfunktionen $H_n(\xi/\sqrt{2}) \exp(-\xi^2/2)$ existiert eine umfangreiche mathematische Literatur. Aus ihr sei hier nur die folgende geschlossene Formel für die normierten Eigenfunktionen [2] $u_n(\xi)$ zitiert:

$$u_n(\xi) = \frac{(-1)^n}{\sqrt{2^n n! \sqrt{\pi}}} \exp(\xi^2/2) \frac{d^n}{d\xi^n}(\exp(-\xi^2)). \tag{14}$$

Diese Lösungen von (4) wurden so normiert, daß

$$\int_{-\infty}^{+\infty} u_n^2(\xi)\, d\xi = 1 \tag{15}$$

1) Ch. Hermite, C.R. Acad.Paris, Vol. 58(1864) S.93 u. 266

2) E. Madelung. Die math. Hilfsmittel des Physikers. Berlin, Göttingen, Heidelberg, 7.Aufl. (1964), S.114. Jahnke-Emde-Lösch, Tafeln höherer Funktionen, Stuttgart, 6 Aufl. (1960), S.101

ist. Für die ersten 5 Werte von n ergibt sich daraus

$$u_0(\xi) = \frac{1}{\sqrt[4]{\pi}} \exp(-\xi^2/2) \quad , \tag{16}$$

$$u_1(\xi) = \frac{\sqrt{2}}{\sqrt[4]{\pi}} \xi \exp(-\xi^2/2) \, , \tag{17}$$

$$u_2(\xi) = \frac{1}{\sqrt{2}\sqrt[4]{\pi}} (2\xi^2 - 1) \exp(-\xi^2/2) \, , \tag{18}$$

$$u_3(\xi) = \frac{1}{\sqrt{3}\sqrt[4]{\pi}} (2\xi^3 - 3\xi) \exp(-\xi^2/2) \quad , \tag{19}$$

$$u_4(\xi) = \frac{1}{2\sqrt{6}\sqrt[4]{\pi}} (4\xi^4 - 12\xi^2 + 3) \exp(-\xi^2/2) \, . \tag{20}$$

Diese Formeln kann man natürlich auch ohne Benutzung von (14) direkt aus der Rekursionsformel (10) und durch Ausführung der Integration (15) zur Ermittlung des fehlenden Faktors a_0 bzw. a_1 bestimmen.

§ 5a. Zur Diracschen δ- Funktion

Hier sollen zunächst einige der Formeln, welche in § 5 erwähnt wurden, bewiesen werden. Die in (§ 5;63) angegebene Näherungsformel für die δ-Funktion $\delta(k-k_0)$ kann durch Auswertung der folgenden Formel begründet werden:

$$\mathcal{J}_1 = \lim_{\alpha \to 0} \int_{k=-\infty}^{+\infty} f(k) \frac{1}{\alpha\sqrt{\pi}} \exp\left(-\frac{(k-k_0)^2}{\alpha^2}\right) dk \, . \tag{1}$$

In ihr liefert die Substitution $(k-k_0)/\alpha = x$

$$\mathfrak{I}_1 = \lim_{\alpha\to 0} \int_{x=-\infty}^{+\infty} f(k_0+\alpha x)\, \frac{\exp(-x^2)}{\sqrt{\pi}}\, dx. \tag{2}$$

Nun werde angenommen, daß $f(k)$ für alle k differenzierbar ist und daß die Ableitung beschränkt ist: $|f'(k)| < M$. Das ist physikalisch keine wesentliche Einschränkung. Dann gibt es nach dem Mittelwertsatz ein ϑ des Intervalles $0 \leq \vartheta \leq 1$, so daß gilt

$$f(k_0+\alpha x) - f(k_0) = \alpha x f'(k_0+\vartheta\alpha x). \tag{3}$$

Damit folgt

$$\mathfrak{I}_1 = \lim_{\alpha\to 0}\left\{ f(k_0)\int_{-\infty}^{+\infty} \frac{\exp(-x^2)}{\sqrt{\pi}}\, dx + \alpha \int_{-\infty}^{+\infty} x f'(k_0+\vartheta\alpha x)\, \frac{\exp(-x^2)}{\sqrt{\pi}}\, dx \right\}. \tag{4}$$

Das zweite Integral in der geschweiften Klammer ist beschränkt:

$$\left| \int_{-\infty}^{+\infty} x f'(k_0+\vartheta\alpha x)\, \frac{\exp(-x^2)}{\sqrt{\pi}}\, dx \right| < \frac{M}{\sqrt{\pi}} \int_{-\infty}^{+\infty} |x| \exp(-x^2)\, dx = \text{endlich}. \tag{5}$$

Also verschwindet im Limes $\alpha \to 0$ der zweite Summand von (4). Der erste ist von α unabhängig und hat wegen $\int_{-\infty}^{+\infty} \exp(-x^2)\, dx = \sqrt{\pi}$ (vgl. Bd.I, § 10b;4) den Wert $f(k_0)$. Also gilt für praktisch alle $f(k)$ die zu beweisende Formel $\mathfrak{I}_1 = f(k_0)$.

Genauso beweist man, daß der Ausdruck (§5;67) eine Näherungsformel für $\delta(k-k_0)$ ist:

$$\mathcal{F}_2 = \lim_{\alpha\to 0}\int_{k=-\infty}^{+\infty} f(k)\,\frac{2(k-k_0)^2}{\alpha^3\sqrt{\pi}}\exp\left(-\frac{(k-k_0)^2}{\alpha^2}\right)dk \tag{6}$$

$$= \lim_{\alpha\to 0}\left\{f(k_0)\int_{-\infty}^{+\infty}\frac{2x^2}{\sqrt{\pi}}\exp(-x^2)\,dx + \alpha\int_{-\infty}^{+\infty} f'(k_0+\vartheta\alpha x)\,\frac{2x^2}{\sqrt{\pi}}\exp(-x^2)\,dx\right\}. \tag{7}$$

Wiederum ist das Integral des zweiten Summanden beschränkt, so daß dieser im Limes $\alpha\to 0$ verschwindet. Das erste Integral wertet man folgendermaßen aus:

$$\int_{-\infty}^{+\infty}\frac{2x^2}{\sqrt{\pi}}\exp(-x^2)\,dx = -\frac{2}{\sqrt{\pi}}\left\{\frac{d}{d\beta}\int_{-\infty}^{+\infty}\exp(-\beta x^2)\,dx\right\}_{\beta=1}$$
$$= -\frac{2}{\sqrt{\pi}}\left\{\frac{d}{d\beta}\left(\frac{1}{\sqrt{\beta}}\int_{-\infty}^{+\infty}\exp(-z^2)\,dz\right)\right\}_{\beta=1} = -\frac{2}{\sqrt{\pi}}\left(\frac{d}{d\beta}\sqrt{\frac{\pi}{\beta}}\right)_{\beta=1} = 1. \tag{8}$$

Die hier betrachteten Näherungsformeln für die δ-Funktion werden praktisch selten benutzt. Häufiger kommt die folgende Formel vor:

$$\psi(x_0) = \lim_{\alpha\to 0}\int_{x=-\infty}^{+\infty}\psi(x)\,\frac{\sin\frac{x-x_0}{\alpha}}{\pi(x-x_0)}\,dx\,. \tag{9}$$

Sie ergibt sich aus dem Fourierintegral. Wenn man in das Fourierintegral (vgl. Bd.I, §31c)

$$\psi(x_0) = \int_{k=-\infty}^{+\infty} A(k)\exp ikx_0\,dk \tag{10}$$

die Formel für die Fourieramplitude

$$A(k) = \frac{1}{2\pi}\int_{-\infty}^{+\infty}\psi(x)\exp(-ikx)\,dx \tag{11}$$

einsetzt, erhält man

$$\psi(x_0) = \frac{1}{2\pi}\int_{k=-\infty}^{+\infty}\int_{x=-\infty}^{+\infty}\psi(x)\exp ik(x_0-x)\,dx\,dk. \tag{12}$$

Natürlich muß man hierbei erst über x und dann über k integrieren, da das Integral über k von $-\infty$ bis $+\infty$ nicht konvergiert. Man kann aber auch erst k von $-1/\alpha$ bis $+1/\alpha$ integrieren und dann nach der Integration über x den Grenzübergang $\alpha \rightarrow \infty$ durchführen. Dann erhält man

$$\psi(x_0) = \lim_{\alpha\rightarrow 0}\int_{x=-\infty}^{+\infty}\psi(x)\cdot\frac{1}{2\pi}\int_{k=-1/\alpha}^{+1/\alpha}\exp\big(-ik(x-x_0)\big)\,dk\,dx. \tag{13}$$

In dieser Formel tritt die obige Näherungsformel für die δ-Funktion auf:

$$\delta(x-x_0) \approx \frac{1}{2\pi}\int_{k=-1/\alpha}^{+1/\alpha}\exp\big(-ik(x-x_0)\big)\,dk = \frac{\sin\frac{x-x_0}{\alpha}}{\pi(x-x_0)}. \tag{14}$$

Dieser Ausdruck hat die bemerkenswerte Eigenschaft, daß der Grenzwert $\alpha \rightarrow 0$ für keinen Wert von $(x-x_0)$ existiert. Für ein sehr kleines α aber oszilliert diese Funktion von $x-x_0$ im Bereich $|x-x_0| \neq 0$ so rasch, daß das Produkt aus ihr und einer physikalisch "vernünftigen" Funktion $f(x)$ bei Integration über ein kleines Intervall der Breite ε praktisch gleich null ist. Exakt gilt das, wenn $f(x)$ in diesem kleinen Intervall proportional zu $(x-x_0)$ ist und ε ein ganzzahliges Vielfaches von $2\pi\alpha$ ist.

Schließlich sei noch auf den Zusammenhang der δ-Funktion mit der Zerlegung der Einheit hingewiesen. Solange man wie bisher unter einem skalaren Produkt ein Integral über x von $-\infty$ bis $+\infty$ versteht, ist der Projektionsoperator (§5;38) durch einen Integraloperator gegeben. Mit $|n\rangle = u_n(x)$ und $|\psi\rangle = \psi(x)$ lautet die Gleichung

$$|\varphi\rangle = P_n|\psi\rangle = |n\rangle\langle n|\psi\rangle \tag{15}$$

ausgeschrieben:

$$\varphi(x) = \int_{x'=-\infty}^{+\infty} u_n(x)\, u_n^*(x')\, \psi(x')\, dx' . \tag{16}$$

Man kann also auch schreiben

$$|n\rangle\langle n| = u_n(x)\, u_n^*(x') . \tag{17}$$

Wenn nun das System der orthonormierten Funktionen $u_n(x)$ vollständig ist, lautet die Beziehung $\sum_{n=0}^{\infty} |n\rangle\langle n| = 1$ in entsprechender Schreibweise

$$\sum_{n=0}^{\infty} u_n(x)\, u_n^*(x') \stackrel{*}{=} \delta(x'-x). \tag{18}$$

Sobald man in diesem Ausdruck nur über endlich viele Summanden summiert, erhält man also einen Näherungsausdruck für die δ-Funktion. Der Grenzübergang zu unendlich vielen Summanden ist natürlich wieder nur nach der Integration zulässig. In mathematisch exakter Form lautet die durch (18) ausgedrücke Beziehung

$$\lim_{N\to\infty} \int_{x'=-\infty}^{+\infty} \sum_{n=0}^{N} u_n(x)\, u_n^*(x')\, f(x')\, dx' = f(x) \tag{19}$$

für alle bei $x' = x$ regulären Funktionen $f(x')$. In diesem Sinne ergibt sich aus jeder Zerlegung der Einheit ein Näherungsausdruck für die δ-Funktion.

Fragen und Aufgaben zu Kapitel I

Fragen

1) Gibt es in den Atomen und Molekülen nur einen oder viele Zustände, in denen keine Strahlung emittiert wird?
2) Wovon hängt die Frequenz der Ausstrahlung eines Atoms nach Anregung ab? a) Nur von der Energie des angeregten Zustandes? b) Von den Frequenzen, mit denen sich die Koordinaten der Elektronen ändern? c) Von der Differenz der Energien in Anfangs- und Endzustand?
3) Wie lautet die Bohrsche Frequenzbedingung?
4) Wie hängt die Wellenfunktion eines stationären Zustandes im Wellenmodell der Elektronen von der Zeit ab?
5) Wie hängt der Absolutwert der Wellenfunktion eines stationären Zustandes von der Zeit ab?
6) Welche Frequenzen enthält das Absolutwertquadrat der Wellenfunktion eines nichtstationären Zustandes?
7) Wie lautet die Wellengleichung für einen stationären Zustand eines Elektrons?
8) Was ist ein Eigenwert des Operators $\mathbf{H}$?
9) Wie lautet die Bedingung für die Hermitizität eines Operators?
10) Welche Eigenschaft hat eine Wellenfunktion mit negativer Parität?
11) Wenn sich im Hamiltonoperator die potentielle Energie bei einem Vorzeichenwechsel aller Koordinaten nicht ändert, kann es dann auch Eigenfunktionen mit gemischter Parität geben?
12) Kann ein hermitischer Operator auch komplexe Eigenfunktionen besitzen?
13) Hat ein hermitischer Operator auch komplexe Eigenwerte?
14) Was versteht man unter Orthogonalität von zwei Funktionen $f(x)$ und $g(x)$?
15) Kann es vorkommen, daß zwei Eigenfunktionen eines hermitischen Operators nicht zueinander orthogonal sind?
16) Kann ein hermitischer Operator ein Kontinuum von normierten Eigenfunktionen besitzen?
17) Wie lautet die Projektion der Funktion $|\psi\rangle$ auf die normierte Funktion $|n\rangle$?
18) Welches ist die definierende Eigenschaft eines Projektionsoperators $\mathbf{P}$?
19) Welche Eigenschaften hat die Diracsche δ-Funktion von $(x-x_0)$?
20) Wie lautet die Normierungsbedingung der uneigentlichen Eigenfunktionen eines hermitischen Operators?
21) Welches sind die Eigenwerte eines harmonischen Oszillators mit der Kreisfrequenz ω_0 und dem Wert E_0 des Minimums der potentiellen Energie?

22) Ist die Eigenfunktion des 2. angeregten Zustandes eines harmonischen Oszillators gerade oder ungerade in der Koordinate?
23) Wie groß ist die Nullpunktsenergie eines harmonischen Oszillators?
24) Wieviel Nullstellen hat die Eigenfunktion des harmonischen Oszillators im Zustand mit der Quantenzahl n = 3 im Endlichen?
25) Was versteht man unter einer "Zerlegung der Einheit"?

Aufgaben

1) Aus welcher Gleichung ergeben sich die Phasenkonstanten δ der Wellenfunktionen (§3;19) bei der linearen Bewegung im Potentialtopf im Bereich positiver Energien für gerade und ungerade Parität?

2) Die Eigenfunktionen und Eigenwerte für eine lineare Bewegung in einem doppelten Potentialtopf sollen berechnet werden. Die beiden Potentialtöpfe sollen die Breite a und die Tiefe E_0 haben und durch eine δ-funktionsartige Wand getrennt sein. Es soll also gelten:

$$E_{pot}(x) = \begin{cases} -E_0 + V_0\delta(x) & \text{für} \quad |x| < a, \\ 0 & \text{für} \quad |x| > a. \end{cases}$$

a) Wie lautet die Randbedingung bei x = 0 für Lösungen mit gerader und ungerader Parität?
b) Nach Aufstellung der transzendenten Gleichungen zur Berechnung der Eigenwerte im Bereich negativer Energien sollen insbesondere die Grenzfälle $V_0 = 0$ und $V_0 \to \infty$ diskutiert werden.

3) Die Eigenfunktionen des linearen harmonischen Oszillators sind orthogonal und haben mit $\xi = \sqrt{m\omega_0/\hbar}\, x$ die Form

$$u_n(\xi) = P_n(\xi)\exp(-\xi^2/2).$$

Dabei bedeutet $P_n(\xi)$ ein Polynom n-ten Grades in ξ. Bis auf den Normierungsfaktor ergeben sich diese Polynome eindeutig aus der Orthogonalität. Die ersten 6 von ihnen sollen berechnet werden.

Kapitel II. Das Spektrum des Wasserstoffatoms

Inhalt

Die Ergebnisse der Bohrschen Theorie für das Spektrum des H-Atoms und des He^+-Ions werden unter Berücksichtigung der Mitbewegung des Kerns erörtert und mit dem Experiment verglichen. Dann wird die quantenmechanische Theorie für ruhenden Atomkern durch Integration der Schrödingerschen Eigenwertgleichung entwickelt.

Bei kugelsymmetrischer potentieller Energie kann die Schrödingergleichung in Polarkoordinaten separiert werden. Der Winkelanteil der Wellenfunktion ist Eigenfunktion des Operators $\mathbf{L}^2$ zum Quadrat des Drehimpulses. Seine Eigenwerte betragen $l(l+1)$ mit ganzzahligem l. Zu $l=0$ gibt es nur eine Eigenfunktion, die Konstante. Zu $l=1$ gibt es drei linear unabhängige Eigenfunktionen, nämlich die Funktionen x/r, y/r und z/r oder Linearkombinationen von ihnen. Für beliebiges l gibt es $(2l+1)$ linear unabhängige Eigenfunktionen von $\mathbf{L}^2$, welche als Kugelflächenfunktionen bezeichnet werden. Sie werden in der Regel zu solchen Linearkombinationen zusammengefaßt, daß der Azimutalwinkel φ nur in einem Faktor der Form $\exp(im\varphi)$ vorkommt. Dann sind sie zugleich Eigenfunktionen des Operators $\mathbf{L}_z$ zur z-Komponente des Drehimpulses mit dem Eigenwert $m\hbar$ (m = ganze Zahl).

Die Radialanteile der Wellenfunktionen zu stationären Zuständen können außer durch l noch durch die Hauptquantenzahl n gekennzeichnet werden. Die Radialfunktion mit dem kleinsten Wert von n bei gegebenem l, nämlich $n=l+1$, hat keine Nullstelle außer bei $r=0$ und $r=\infty$. Bei Erhöhung von n um 1 nimmt die Zahl der Nullstellen um 1 zu. Die vollständige Wellenfunktion $u_{n,l,m}(r,\vartheta,\varphi)$ hat im Endlichen $(n-1)$ Nullflächen, sofern man die Kugelflächenfunktion reell wählt. Bei kleinem r ist sie proportional zu r^l. Bei großem r wird ihr Verhalten durch die Exponentialfunktion $\exp(-r/na_0)$ bestimmt (a_0 = Bohrscher Radius).

Die Wellenfunktion mit $n=l+1$ und $m=l$ entspricht einer Bohrschen Kreisbahn in der x-y-Ebene. Bei ihr läuft die Welle in einem toroidförmigen Gebiet um die z-Achse herum. Der Radius des

Kreises, auf dem der Betrag der Wellenfunktion sein Maximum hat, ist allerdings größer als in der Bohrschen Theorie, weil Bohr $L^2 = l^2\hbar^2$ setzte, während quantenmechanisch das Quadrat des Drehimpulses wegen der Unschärfe der Ausrichtung des Vektors $\vec{L}$ den Wert $L^2 = l(l+1)\hbar^2$ hat. Ferner ist die Radialfunktion mit einer gewissen Unschärfe um das Minimum der effektiven potentiellen Energie verteilt. Deshalb ist ihre Energie um eine gewisse Nullpunktsenergie höher als dieses Minimum. Die Hauptquantenzahl des energetisch niedrigsten Zustandes zu gegebenem l ist daher $n = l+1$ und nicht $n = l$, wie in der Bohrschen Theorie. Da es aber quantenmechanisch Zustände mit $l = 0$ mit kugelsymmetrischer Wellenfunktion gibt, denen keine Bohrschen Kreisbahnen entsprechen, stimmt die Gesamtheit der von Bohr berechneten Energiewerte zu stationären Zuständen mit dem Ergebnis der Quantenmechanik überein.

Die Zustände mit $n > l+1$ entsprechen den Ellipsenbahnen, welche Sommerfeld in die Bohrsche Theorie einführte. Die Ähnlichkeit und der Unterschied zwischen der quantenmechanischen Wahrscheinlichkeitsverteilung und der in der entsprechenden Partikelbewegung wird erörtert.

§ 6. Die Balmer-Formel

Das Spektrum des Wasserstoffatoms war das erste, welches theoretisch gedeutet werden konnte. Dabei war der Umstand wesentlich, daß Balmer[1] bereits 1885 eine einfache Formel für die Wellenlängen der Spektrallinien im Bereich des sichtbaren Lichtes fand, nämlich

$$\lambda_n = C \frac{n^2}{n^2 - 4} \, , \quad n = 3, 4, \ldots \tag{1}$$

Heute gibt man stattdessen meist die reziproke Wellenlänge oder Wellenzahl $\tilde{\nu} = 1/\lambda$ an und schreibt

$$\tilde{\nu}_{n,n'} = R_H \left(\frac{1}{n'^2} - \frac{1}{n^2} \right) \, , \quad (n', n \text{ ganzzahlig}). \tag{2}$$

Setzt man $n' = 2$ und $R_H = 4/C$, so ist diese Formel gleichwertig zu (1). Für andere ganzzahlige Werte von n' außer $n' = 2$ liefert sie auch die Wellenlängen der übrigen Spektrallinien des H-Atoms im Infraroten und Ultravioletten, und zwar in vorzüglicher Übereinstimmung mit dem Experiment.

Um das zu zeigen, wurden in Tabelle 1 die Ergebnisse von neueren Messungen[2] der Wellenlängen von 6 Spektrallinien im Ultravioletten angegeben und aus ihnen mit Hilfe von Formel (2) und den Zahlen n' = 1, n = 2,3...7 der jeweilige Wert von R_H berechnet. Wie man sieht, variieren die erhaltenen Werte nur um maximal 2 Einheiten der 7. Ziffer, was einer relativen Abweichung von weniger als

---

1) J. Balmer, Ann.d.Phys. 25 (1885) S.80

2) S.S. Ballard und H.E.White; Phys.Rev. 43 (1933) S.941

Tabelle 1: Die Wellenlängen einiger Spektrallinien des H-Atoms und die aus ihnen berechneten Werte der Rydbergkonstante $\mathcal{R}_H$ des Wasserstoffs.

Quantenzahlen		Gemessene Wellenlänge im Vakuum	R_H
n'=1 ;	n=2	1215,664 Å	109 679,4 cm^{-1}
n'=1	n=3	1025,718 Å	109 679,3 "
n'=1	n=4	972,533 Å	109 679,3 "
n'=1	n=5	949,739 Å	109 679,3 "
n'=1	n=6	937,800 Å	109 679,2 "
n'=1	n=7	930,744 Å	109 679,3 "

10^{-6} vom Mittelwert entspricht. Wenn man allerdings die entsprechende Rechnung auch für die von Balmer betrachteten Wellenlängen der Spektrallinien im Sichtbaren und den später gemessenen Wellenlängen im Infraroten anstellt, erhält man zunächst merklich andere Werte für $\mathcal{R}_H$. Das liegt aber daran, daß man in diesem Wellenlängenbereich normalerweise die Wellenlänge in Luft mißt und nicht wie im Ultravioletten im Vakuum. Nicht selten wird dieser Unterschied übersehen, da er bei geringerer Meßgenauigkeit keine Rolle spielt. Bei höchster Meßgenauigkeit muß man auch noch die relativistische Massenveränderlichkeit des Elektrons als Korrektur berücksichtigen. Dann ergibt sich aus der Gesamtheit der Wellenlängenmessungen am Wasserstoff für $\mathcal{R}_H$ der ungewöhnlich genaue Wert

$$\mathcal{R}_H = (109677,76 \pm 0,05)\ cm^{-1}. \tag{3}$$

Nur ganz wenige Naturkonstanten konnten bisher so genau gemessen werden.

Die verschiedenen Linien des H-Atoms faßt man zu Serien zusammen, die man nach ihren ersten Beobachtern benennt:

Die Lyman-Serie[1] gehört zu n' = 1, n = 2,...(Ultraviolett)

Die Balmer-Serie gehört zu n' = 2, n = 3,..(Sichtbar)

Die Paschen-Serie[2] " " n' = 3, n = 4,....(kurzwelliges Infrarot)

Die Brackett-Serie[3] " " n' = 4, n = 5,...(Infrarot)

Die Pfund-Serie[4] " " n' = 5, n = 6,...(langwelliges Infrarot)

Niels Bohr leitete 1913 die obige Formel aus einigen Hypothesen ab, die zwar, wie wir heute wissen, nur zum Teil richtig sind, aber zu richtigen Ergebnissen führten. Aus dieser Theorie ergab sich die weitere Aussage, daß für die Spektren aller Ionen mit nur einem Elektron, also für He^{+}, Li^{++}, Be^{+++} usw., gleichartige Serienformeln gelten, nur ist R_H durch eine nur wenig verschiedene Konstante mal dem Quadrat der Ordnungszahl zu ersetzen. Da die Quantentheorie auch dieses Ergebnis von Bohr bestätigte, soll die Rechnung von Bohr, trotz ihres im Prinzip falschen Ansatzes, hier kurz wiedergegeben werden, und zwar gleich für eine beliebige Ordnungszahl Z des Kerns.

---

1) Th. Lyman, Astrophys.Journ. 23 (1906) S.181 und 43 (1916)S.89
2) J.Paschen, Ann.d.Phys. 27 (1908) S.537
3) F.S. Brackett, Astrophys.Journ. 56 (1922) S.154
4) A.H. Pfund, Journ. Opt.Soc.Amer. 9 (1924) S.193

Aus der Gleichheit von Fliehkraft und Anziehungskraft auf der angenommenen Kreisbahn mit dem Radius a_n folgerte Bohr, daß die kinetische Energie des Elektrons gleich der Hälfte des Betrages der potentiellen Energie ist, eine - wenn auch aus anderen Gründen - richtige Aussage (vgl. B.I, §38;5):

$$E_{kin} = \frac{1}{2} m v_n^2 = \frac{1}{2} \frac{Ze^2}{4\pi\varepsilon_0 a_n} . \tag{4}$$

Ferner setzte Bohr den Drehimpuls auf der n-ten Kreisbahn gleich $n\hbar$:

$$m v_n a_n = n\hbar . \tag{5}$$

Daraus ergibt sich für den Radius der n-ten Bahn

$$a_n = n^2 \frac{a_0}{Z} \quad \text{mit} \quad a_0 = \frac{4\pi\varepsilon_0 \hbar^2}{m e^2} \tag{6}$$

und für die Energie der Bewegung auf ihr

$$E_n = -\frac{Ze^2}{4\pi\varepsilon_0 a_n} + \frac{1}{2} m v_n^2 = -\frac{1}{2} \frac{me^4}{(4\pi\varepsilon_0 \hbar)^2} \cdot \frac{Z^2}{n^2} . \tag{7}$$

Mit Hilfe der Bohrschen Frequenzbedingung $\hbar\omega_{n'n} = E_{n'} - E_n$ (vgl. §1;1) erhält man damit für die Wellenzahl $\tilde{\nu} = 1/\lambda$

$$\tilde{\nu}_{n'n} = \frac{\omega_{n'n}}{2\pi c} = \frac{me^4}{64\pi^3\varepsilon_0^2\hbar^3 c} Z^2 \left(\frac{1}{n'^2} - \frac{1}{n^2}\right). \tag{8}$$

Die hier auftretende Konstante

$$R_\infty = \frac{me^4}{64\pi^3\varepsilon_0^2\hbar^3 c} \tag{9}$$

ist aber noch nicht genau die Rydberg-Konstante für Wasserstoff, weil in dieser Rechnung der Atomkern als ruhend angenommen wurde, was nur für unendlich große Kernmasse exakt richtig ist. Die Behandlung des Zweikörper-Problems der Mechanik zeigt, daß die Mitbewegung des Atomkerns infolge der Reaktionskraft des Elektrons dadurch erfaßt wird, daß man die Elektronenmasse m durch die reduzierte Masse

$$m_{red} = \frac{mM_K}{m+M_K} = \frac{m}{1+m/M_K} \tag{10}$$

ersetzt (M_K = Masse des Kerns). Die richtige Formel für Wasserstoff $(Z = 1)$ lautet also

$$\tilde{\nu}_{n'n} = \frac{R_\infty}{1+m/M_H}\left(\frac{1}{n'^2} - \frac{1}{n^2}\right) = R_H\left(\frac{1}{n'^2} - \frac{1}{n^2}\right). \tag{11}$$

Für einfach-ionisiertes Helium $(Z = 2)$ erhält man entsprechend

$$\tilde{\nu}_{n'n} = \frac{R_\infty}{1+m/M_{He}}\left(\frac{1}{(n'/2)^2} - \frac{1}{(n/2)^2}\right). \tag{12}$$

Vernachlässigt man den kleinen Unterschied infolge des Unterschiedes der Nenner, so ergeben sich für das He^+-Spektrum für $n' = 4$ und gerades n dieselben Spektrallinien wie die Balmer-Serie, außerdem aber zwischen je zwei benachbarten Linien eine weitere Linie, die von einem ungeraden n herrührt. Diese Linien sind tatsächlich kurz vor Aufstellung der Bohrschen Theorie von Fowler[1)] an Gasentladungen in H-He-Gemischen und von Pickering[2)] in Sternspektren beobachtet worden. Anfangs wurden sie wegen der gleichartigen Serienformel dem Wasserstoff zugeschrieben. Anschließend wurde durch genauere Messungen auch festgestellt, daß die Linien der Balmer-Serie wegen des Unterschiedes der Massen des Heliumkerns M_{He} und Wasserstoffkerns M_H nicht genau mit der einen Hälfte der Heliumlinien zusammenfallen. Im ganzen gesehen bestätigten die Messungen also alle die Resultate, und zwar mit solcher Präzision, daß darüber jahrelang die Fragwürdigkeit der Ausgangsannahme übersehen wurde.

§ 7. Die Eigenfunktionen zum Drehimpuls

Quantenmechanisch bestimmt man das Spektrum des H-Atoms durch Berechnung der Eigenwerte der Schrödingerschen Eigenwertgleichung. Diese lautet für einen Massenpunkt der Ladung $-e$ im Feld einer ruhenden Punktladung mit der Ladung $+e$

$$-\frac{\hbar^2}{2m}\nabla^2 u - \frac{e^2}{4\pi\varepsilon_0 r}u = E\cdot u \tag{1}$$

(r = Abstand von der ruhenden Punktladung). Diese Gleichung ist schwieriger zu behandeln als die im vorigen Kapitel betrachteten Eigenwertgleichungen für lineare Bewegungen, weil hier 3 Ortskoordinaten vorkommen. Da aber

1) A.Fowler, Monthly Notices 73 (1912);Proc.Roy.Soc. 90 (1914) S.426
2) E.G. Pickering, Astrophys.J. 4 (1896) S.369 und 5 (1897) S.92

die potentielle Energie nicht vom Winkel abhängt, kann man in Polarkoordinaten mit Hilfe des Separationsansatzes

$$u = R(r)\,Y(\vartheta,\varphi) \tag{2}$$

die Winkelabhängigkeit abspalten. Mit den Beziehungen

$$z = r\cos\vartheta \;,\; x = r\sin\vartheta\cos\varphi \;,\; y = r\sin\vartheta\sin\varphi \tag{3}$$

erhält man nach längerer elementarer Umrechnung des Laplaceschen Operators ∇^2 (oder durch Nachsehen in Formelwerken) und Division der ganzen Gleichung durch u

$$\frac{1}{rR}\cdot\frac{d^2}{dr^2}(rR)+\frac{1}{r^2}\left\{\frac{1}{Y}\left[\frac{1}{\sin\vartheta}\frac{\partial}{\partial\vartheta}\left(\sin\vartheta\frac{\partial Y}{\partial\vartheta}\right)+\frac{1}{\sin^2\vartheta}\frac{\partial^2 Y}{\partial\varphi^2}\right]\right\} = -\frac{2m}{\hbar^2}\left[\frac{e^2}{4\pi\varepsilon_0 r}+E\right]. \tag{4}$$

Die Winkelkoordinaten ϑ, φ kommen hier nur in der geschweiften Klammer vor. Daher muß diese Klammer konstant sein, denn bei Änderung von ϑ und φ bleiben bei festem r alle Größen außerhalb dieser Klammer konstant. Da die Gleichung für alle ϑ und φ erfüllt sein soll, muß also auch die Klammer dabei konstant bleiben. Bezeichnet man diese Klammer mit $-\lambda$, so erhält man

$$\frac{1}{\sin\vartheta}\frac{\partial}{\partial\vartheta}\left(\sin\vartheta\frac{\partial Y}{\partial\vartheta}\right)+\frac{1}{\sin^2\vartheta}\frac{\partial^2 Y}{\partial\varphi^2}+\lambda Y = 0. \tag{5}$$

Diese Differentialgleichung enthält nichts mehr, was für das H-Atom typisch ist. Sie tritt bei allen Eigenwertgleichungen für die Energie eines Massenpunktes mit kugelsymmetrischer potentieller Energie auf. Ihre für alle ϑ und φ eindeutigen und regulären Lösungen werden Kugelflächenfunktionen genannt. Über ihre Eigenschaften gibt es eine umfangreiche mathematische Literatur[1].

Hier soll, außer der Gestalt der einfachsten Lösungen, vor allem ihre Bedeutung für die Quantenmechanik erörtert werden. In Bd.I,§38, wurde bereits darauf hingewiesen, daß man in der Quantenmechanik des Massenpunktes den Komponenten des Impulses $\vec{p}$ die Operatoren $P_x = \frac{\hbar}{i}\frac{\partial}{\partial x}$, $P_y = \frac{\hbar}{i}\frac{\partial}{\partial y}$ und $P_z = \frac{\hbar}{i}\frac{\partial}{\partial z}$ zuordnet und den Koordinaten die Operatoren "Multiplizieren" mit den Koordinaten. Wenn man nach diesem Schema die Operatoren zur z-Komponente und zum Quadrat des Drehimpulses $\vec{L} = [\vec{r}\times\vec{p}]$ ausrechnet und in die Polarkoordinaten (3) umrechnet, so findet man nach längerer elementarer Rechnung

$$L_z = XP_y - YP_x = \frac{\hbar}{i}\frac{\partial}{\partial\varphi} \tag{6}$$

und

$$\begin{aligned} L^2 &= (XP_y - YP_x)^2 + (YP_z - ZP_y)^2 + (ZP_x - XP_z)^2 \\ &= -\hbar^2\left[\frac{1}{\sin\vartheta}\frac{\partial}{\partial\vartheta}\left(\sin\vartheta\frac{\partial}{\partial\vartheta}\right) + \frac{1}{\sin^2\vartheta}\frac{\partial^2}{\partial\varphi^2}\right]. \end{aligned} \tag{7}$$

Hier tritt also gerade derselbe Operator auf wie in der Differentialgleichung (5) für die Kugelflächenfunktionen. Deren Definitionsgleichung (5) ist also identisch mit der Eigenwertgleichung für L^2 :

---

1) E.Madelung, Die mathematischen Hilfsmittel des Physikers, 7.Aufl. Berlin-Göttingen-Heidelberg 1964, S.102 ff.
W.Magnus, F. Oberhettinger, R.P.Soni, Formeln und Sätze der speziellen Funktionen der mathematischen Physik, 3.Aufl. Berlin-Heidelberg-New York, 1966.
E. Heine, Handbuch der Kugelfunktionen, 2.Aufl., Berlin 1878.
E.W.Hobson, The theory of spherical and ellipsoidal harmonics, Cambridge 1932.

$$L^2 Y(\vartheta,\varphi) = \hbar^2 \lambda\, Y(\vartheta,\varphi). \qquad (8)$$

Aus den Ausführungen in § 5 ergibt sich nun sofort, daß L_z - ebenso wie $P_x = \frac{\hbar}{i}\frac{\partial}{\partial x}$ - ein hermitischer Operator ist. Seine Eigenfunktionen haben die Gestalt $C\exp(im\varphi)$. Der Eigenwert beträgt $m\hbar$. Da diese Funktionen eindeutige Funktionen der Richtung sein müssen, also in φ periodisch mit der Periode 2π, muß m ganzzahlig sein. L_z hat also ein rein diskretes Eigenwertspektrum mit den äquidistanten Eigenwerten $m\hbar$ mit ganzzahligem m. Für die Operatoren L_x und L_y gilt aus Symmetriegründen natürlich das gleiche.

Daraus darf man aber nicht schließen, daß die Eigenwerte von L^2 gleich der Summe von drei Quadraten, den Eigenwerten von L_x^2, L_y^2 und L_z^2 seien. Wie später gezeigt werden soll, gibt es außer für den Drehimpuls null keine Funktion, die gleichzeitig Eigenfunktion von L_x, L_y und L_z ist. Das liegt daran, daß diese Operatoren nicht vertauschbar sind.

Da L_x, L_y und L_z hermitisch sind, ist es nach (§ 5;17 und 20) auch $L^2 = L_x^2 + L_y^2 + L_z^2$. Wie in § 7a gezeigt wird, liegen die Eigenwerte von L^2 auch diskret und betragen $l(l+1)\hbar^2$ mit ganzzahligem l. Zu jedem Wert von l gibt es $(2l+1)$ linear unabhängige Eigenfunktionen. Diese können so gewählt werden, daß sie zugleich Eigenfunktionen von L_z sind mit den Eigenwerten $-l\hbar, (-l+1)\hbar, \dots$ bis $+l\hbar$. Der Umstand, daß der maximale Eigenwert der z-Komponente des Drehimpulses bei gegebenem Wert $l(l+1)\hbar^2$ von L^2 nur $l\hbar$ beträgt, also kleiner ist als die Wurzel aus dem Betragsquadrat, ist eine Folge des Unbestimmtheitsprinzips. Wie später gezeigt werden soll, schließt es die Existenz von Zuständen aus, in denen der Drehimpulsvektor eine scharfe Richtung hat, also die Unbestimmtheit von $\mathsf{L}_x, \mathsf{L}_y$ und L_z gleichzeitig verschwindet. Wenn L_z^2 seinen größten Wert bei gegebenem Eigenwert von L^2 annimmt, ist zwar der Mittelwert von L_x und L_y gleich null, wegen der Unschärfe der Richtung aber der Mittelwert von L_x^2 und L_y^2 nicht.

Für nicht zu große Werte von l lassen sich die Eigenfunktionen von L^2 auf dem folgenden Wege durch ganz elementare Rechnungen ermitteln: Schreibt man die Differentialgleichung

$$\nabla^2 u = \frac{\partial^2 u}{\partial x^2} + \frac{\partial^2 u}{\partial y^2} + \frac{\partial^2 u}{\partial z^2} = 0 \qquad (9)$$

ebenso wie die Schrödingersche Eigenwertgleichung (1) auf Polarkoordinaten um und macht denselben Ansatz wie in (2), so gelangt man für den Winkelanteil wieder zu der Differentialgleichung (5) der Kugelflächenfunktionen. Das ist im Grunde dieselbe Rechnung wie auf S.101; man braucht dort nur $e^2 = 0$ und $E = 0$ zu setzen. Diese Größen kommen aber in (5) nicht vor. Jede eindeutige Lösung der Differentialgleichung $\nabla^2 u = 0$ mit der Form (2) liefert also auch eine reguläre Kugelflächenfunktion. Solche Lösungen kann man sich aber leicht beschaffen, indem man Polynomlösungen in x, y, z bestimmt, die homogen vom Grade l sind, also die folgende Form haben:

$$u = \sum_{p,q=0}^{p+q=l} c_{pq}\, x^p y^q z^{(l-p-q)} . \qquad (10)$$

Führt man hier mit (3) Polarkoordinaten ein, so entsteht eine Funktion der Gestalt

$$u = r^l y(\vartheta,\varphi) \tag{11}$$

mit

$$y(\vartheta,\varphi) = \sum_{p,q=0}^{p+q=l} c_{pq} (\cos\vartheta)^{l-p-q} (\sin\vartheta)^{p+q} \cos^p\varphi \, \sin^q\varphi . \tag{12}$$

Wenn diese Funktion (9) erfüllt, muß sie auch die linke Seite von (4) zu null machen, denn $\nabla^2 u = 0$ ist mit (1) identisch, falls man dort $e^2 = E = 0$ setzt. Da aber in (11) der Radialanteil $R = r^l$ ist, ergibt sich

$$\frac{1}{rR}\frac{d^2}{dr^2}(rR) = \frac{1}{r^{l+1}}\frac{d^2}{dr^2}(r^{l+1}) = \frac{(l+1)l}{r^2} . \tag{13}$$

Das bedeutet, der Faktor λ in (5) hat bei dieser Lösung den Wert $\lambda = l(l+1)$.

Für kleine l lassen sich nun die homogenen Lösungen von $\nabla^2 u = 0$ leicht hinzuschreiben. Zu $l = 0$ gibt es nur eine solche Funktion, die Konstante. Zu $l = 1$ gibt es drei Funktionen, nämlich $u = x$, $u = y$ und $u = z$. Alle anderen sind davon linear abhängig. Zu $l = 2$ gibt es insgesamt 6 linear unabhängige homogene Polynome in x, y, z vom Grade 2, nämlich $x^2, y^2, z^2, xy, yz, zx$. Von diesen erfüllen aber die ersten drei nicht die Differentialgleichung $\nabla^2 u = 0$, sondern nur ihre Differenzen $x^2 - y^2$, $y^2 - z^2$ und $z^2 - x^2$. Da deren Summe verschwindet, ist eine von ihnen von den anderen linear abhängig. Zu $l = 2$ gibt es daher 5 linear unabhängige Kugelflächenfunktionen. Im Prinzip kann man so fortfahren und alle linear unabhängigen Kugelflächenfunktionen aufstellen, aber mit wachsendem l werden die Rechnungen recht langwierig. Der Weg, wie man sie in den Mathematikbüchern ableitet, ist in den Ergänzungen kurz wiedergegeben.

Tabelle 2: Die normierten Kugelflächenfunktionen für die Ordnungen $l = 0$, 1 und 2.

$$|0,0\rangle = \frac{1}{\sqrt{4\pi}},$$

$$|1,\pm 1\rangle = \sqrt{\frac{3}{8\pi}}\,\frac{x \pm iy}{r} = \sqrt{\frac{3}{8\pi}}\,\sin\vartheta\,\exp(\pm i\varphi),$$

$$|1,0\rangle = \sqrt{\frac{3}{4\pi}}\,\frac{z}{r} = \sqrt{\frac{3}{4\pi}}\,\cos\vartheta,$$

$$|2,\pm 2\rangle = \sqrt{\frac{15}{32\pi}}\left(\frac{x \pm iy}{r}\right)^2 = \sqrt{\frac{15}{32\pi}}\,\sin^2\vartheta\,\exp(\pm 2i\varphi),$$

$$|2,\pm 1\rangle = \sqrt{\frac{15}{8\pi}}\,\frac{(x \pm iy)z}{r^2} = \sqrt{\frac{15}{8\pi}}\,\sin\vartheta\,\cos\vartheta\,\exp(\pm i\varphi),$$

$$|2,0\rangle = \sqrt{\frac{5}{16\pi}}\,\frac{2z^2 - x^2 - y^2}{r^2} = \sqrt{\frac{5}{4\pi}}\left(\frac{3}{2}\cos^2\vartheta - \frac{1}{2}\right).$$

In Tabelle 2 sind die Kugelflächenfunktionen zu $l = 0$, $l = 1$ und $l = 2$ zusammengestellt, und zwar in solchen Linearkombinationen, daß alle zugleich Eigenfunktionen zu $\mathbf{L}_z$ sind. Unter ihnen gibt es keine zwei, bei denen die beiden Eigenwerte $l(l+1)\hbar^2$ und $m\hbar$ übereinstimmen. Daher sind alle diese Funktionen als Eigenfunktionen zu hermitischen Operatoren mit verschiedenem Eigenwert zueinander orthogonal (vgl. §5; 28). Die Faktoren wurden bei den Funktionen der Tabelle 2 so gewählt, daß das Integral des Absolutwertquadrates über die Einheitskugel gleich 1 ist, also

$$\iint |Y(\vartheta,\varphi)|^2 d\Omega = \int_{\vartheta=0}^{\pi} \int_{\varphi=-\pi}^{+\pi} |Y(\vartheta,\varphi)|^2 \sin\vartheta \, d\vartheta \, d\varphi = 1. \tag{14}$$

Da die Quantenzahlen l und m diese Funktionen bis auf einen Faktor vom Absolutbetrag 1 vollständig festlegen, sollen sie in Zukunft in der abgekürzten Schreibweise von Dirac mit $|l,m\rangle$ bezeichnet werden. Beim skalaren Produkt aus zweien von ihnen wird über die Einheitskugel integriert. Sie erfüllen demnach die Gleichung

$$\langle l',m'|l,m\rangle = \delta_{l'l}\,\delta_{m'm}. \tag{15}$$

Manchmal ist es günstiger, statt dieser komplexen Funktionen ihre Real- und Imaginärteile zu betrachten. Auch diese sind zueinander orthogonal. An ihnen erkennt man anschaulich besonders klar, wie das zustandekommt. Zu diesem Zweck wurde in Abb. 11 auf der Einheitskugel dargestellt, in welchen Bereichen diese Funktionen positiv und negativ sind. Man erkennt, daß alle Funktionen zur Ordnung l gerade l Nullinien auf der Einheitskugel besitzen. Das gilt bei den reellen Kugelflächenfunktionen auch für höhere l -Werte. Bei einem Produkt aus zwei verschiedenen reellen Kugelflächenfunktionen lassen sich immer Paare von gleich großen, gleich gestalteten Gebieten angeben, in denen diese Produkte entgegengesetzt gleich sind, und daher verschwindet das Integral über diese Produkte.

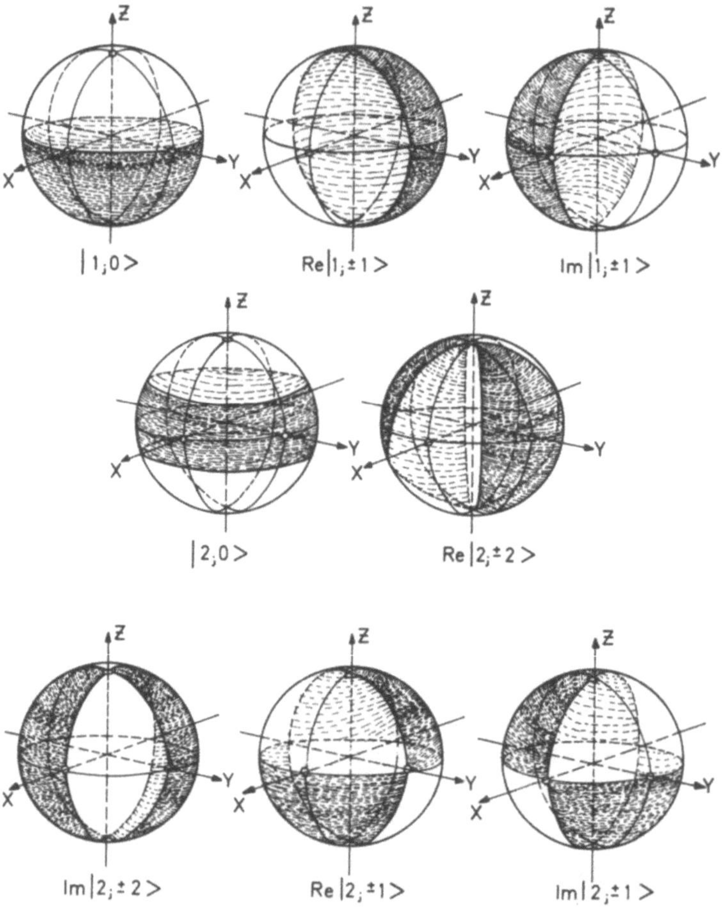

Abb.11. Die Gebiete mit positivem (hell) und negativem (mattiert) Vorzeichen von Real- und Imaginärteil der einfachsten Kugelfunktionen $|l, m\rangle$ auf der Einheitskugel.

Für alle Anwendungen der Kugelflächenfunktionen ist ferner der Umstand wichtig, daß sie in ihrer Gesamtheit ein vollständiges Funktionensystem bilden, denn das ist bei den Eigenfunktionen jedes selbstadjungierten Operators mit nur diskreten Eigenwerten der Fall. Man kann also jede über der Einheitskugel quadratintegrable Funktion mit nicht zu vielen Singularitäten in eine Reihe nach Kugelflächenfunktionen entwickeln. Eine reguläre

Funktion des Ortes in Polarkoordinaten $u(r,\vartheta,\varphi)$ kann natürlich auch nach ihnen entwickelt werden, nur hängen dann die Koeffizienten noch von r ab. Da der Hamiltonoperator für einen Massenpunkt bei kugelsymmetrischer potentieller Energie die Winkelkoordinaten nur in derselben Kombination enthält wie $\mathbf{L}^2$, führt seine Anwendung auf eine solche Reihe jeden Summanden einzeln in einen gleichgebauten Summanden mit der gleichen Kugelflächenfunktion, aber anderer Funktion von r über. Daraus folgt, daß in einer Lösung $u(r,\vartheta,\varphi)$ der Schrödingerschen Eigenwertgleichung mit kugelsymmetrischer potentieller Energie jeder einzelne Summand der Entwicklung nach Kugelfunktionen allein eine Lösung darstellt. Das bedeutet, daß man durch den Ansatz (2) alle Eigenfunktionen erfaßt.

§ 8. Die Eigenwerte und Eigenfunktionen der Energie

Mit dem Ansatz (§ 7;2) für die Lösung der Schrödingerschen Eigenwertgleichung (§7;1) ergibt sich für den Radialanteil $R(r)$ einer Wellenfunktion zum Eigenwert $l(l+1)\hbar^2$ des Quadrates des Drehimpulses aus (§7;4) die Gleichung

$$-\frac{\hbar^2}{2m}\,\frac{1}{r}\,\frac{d^2}{dr^2}(rR) + \left(\frac{\hbar^2 l(l+1)}{2mr^2} - \frac{e^2}{4\pi\varepsilon_0 r}\right)R = E\cdot R. \qquad (1)$$

Mit der Abkürzung

$$rR(r) = v(r) \qquad (2)$$

nimmt diese Gleichung genau die Gestalt der Schrödingerschen Eigenwertgleichung (§3;1) für eine lineare Bewegung an, nämlich

$$-\frac{\hbar^2}{2m}\frac{d^2v}{dr^2} + U(l,r)\,v = E\cdot v \tag{3}$$

mit der potentiellen Energie

$$U(l,r) = \frac{\hbar^2 l(l+1)}{2mr^2} - \frac{e^2}{4\pi\varepsilon_0 r} \; . \tag{4}$$

Der erste Summand in diesem Ausdruck kann als die potentielle Energie der Fliehkraft $\vec{F}_{rot}$ gedeutet werden. Bei einer Bewegung auf einem Kreis mit dem Radius r beträgt diese bekanntlich $|\vec{F}_{rot}| = m\omega^2 r$ (ω = Winkelgeschwindigkeit) oder nach Einführung des Drehimpulses $L = m\omega r^2$

$$|\vec{F}_{rot}| = \frac{L^2}{mr^3} \; . \tag{5}$$

Das ist aber wegen $L^2 = \hbar^2 l(l+1)$ gerade die negative Ableitung des ersten Summanden in (4) nach r. Mit den Hilfsmitteln der analytischen Mechanik kann man leicht zeigen, daß dieser Ausdruck auch für beliebige Bewegungen mit konstantem Drehimpuls richtig ist, nicht nur bei der Kreisbewegung (vgl. §8a). Der Ausdruck (5) für $|\vec{F}_{rot}|$ enthält also, außer der Bezeichnung $\hbar^2 l(l+1)$ für das Quadrat des Drehimpulses, keine Besonderheiten der Quantenmechanik.

Der Verlauf von $U(l,r)$ als Funktion von r ist in den Abbildungen 12, 13 und 14 unten für $l = 0, l = 1$ und 2 dargestellt. Für die Wellenfunktionen $v(r)$ dazu gilt in qualitativer Hinsicht dasselbe, was in § 3 und 4 für lineare Bewegungen ausgeführt wurde, bis auf eine Besonderheit: Eine überall endliche Wellenfunktion $u(r,\vartheta,\varphi)$

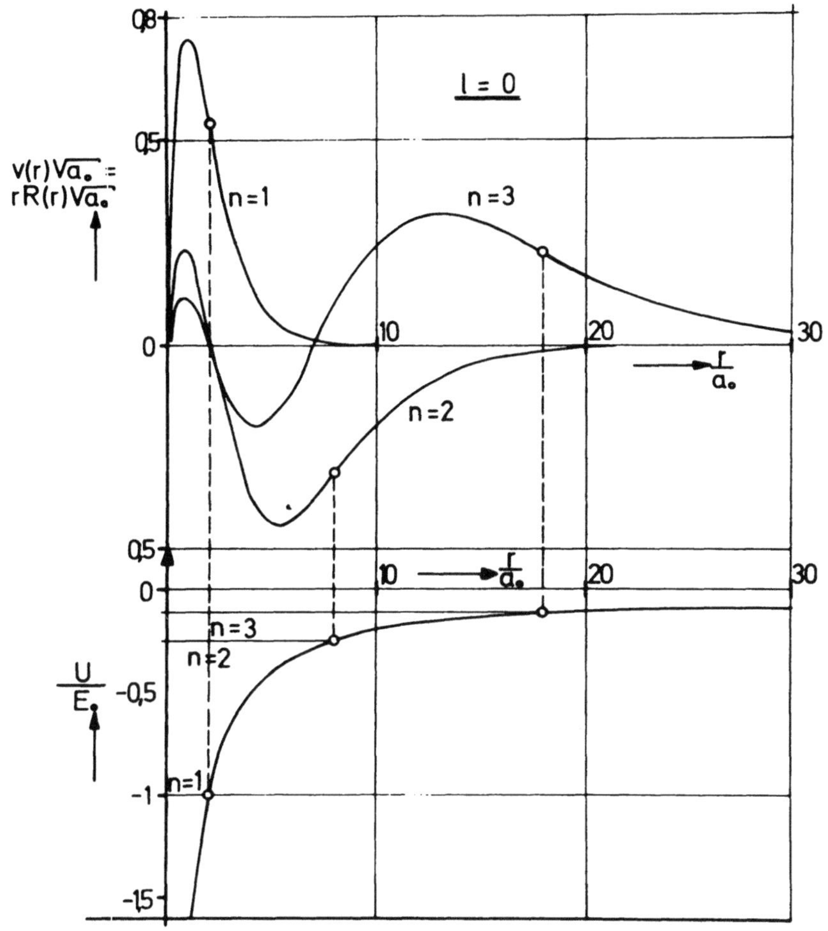

Abb. 12. Oben: Der Verlauf von $v(r) = rR(r)$ der ersten drei Wellenfunktionen des Elektrons im Wasserstoffatom mit der Drehimpulsquantenzahl $l = 0$.
Unten: Die effektive potentielle Energie $U(l,r)$ als Funktion von r und die Lage der zugehörigen Eigenwerte der Energie.

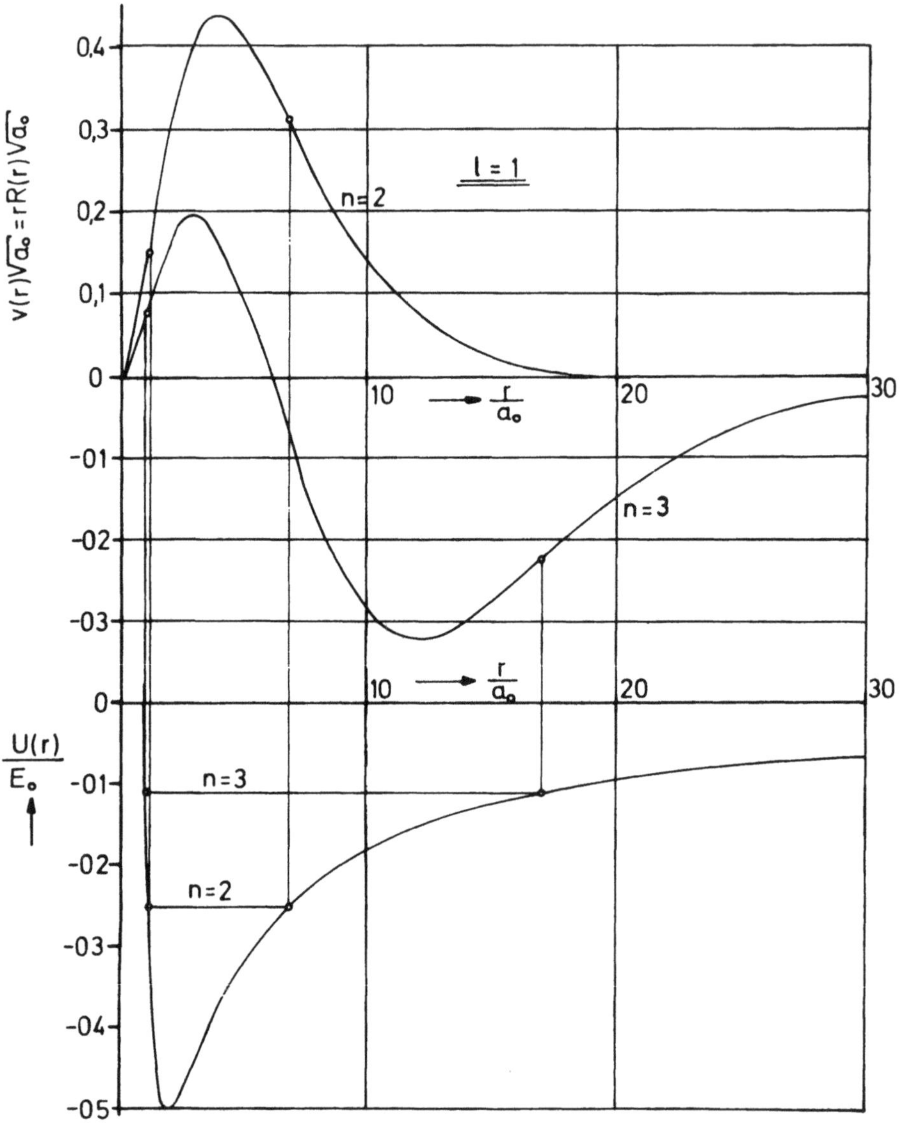

Abb.13. Oben: Der Verlauf von $v(r) = rR(r)$ der ersten beiden Wellenfunktionen des Elektrons im Wasserstoffatom mit der Drehimpulsquantenzahl $l = 1$.
Unten: Die effektive potentielle Energie $U(l, r)$ als Funktion von r und die Lage der zugehörigen Eigenwerte der Energie.

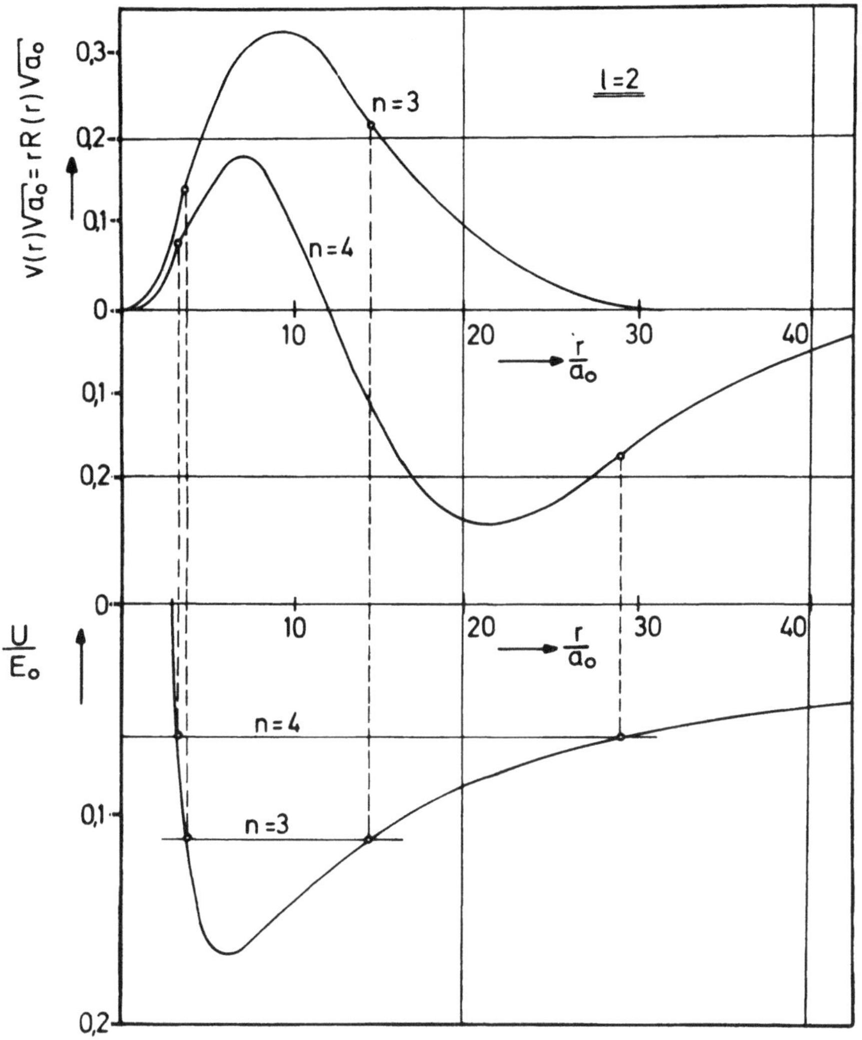

Abb. 14. Oben: Der Verlauf von $v(r) = rR(r)$ der ersten beiden Wellenfunktionen des Elektrons im Wasserstoffatom mit der Drehimpulsquantenzahl $l = 2$.
Unten: Die effektive potentielle Energie $U(l,r)$ als Funktion von r und die Lage der zugehörigen Eigenwerte der Energie.

erhält man wegen (2) nur, wenn $v(r)$ für $r = 0$ verschwindet. Im übrigen gilt wieder: Wo $E > U$ ist, verhält sich die Lösung oszillatorisch, d.h. die darstellende Kurve ist überall zur r-Achse hin gekrümmt und durchläuft beim Überschreiten der r-Achse einen Wendepunkt. In den Bereichen, wo $E < U$ ist, ist die Kurve von der r-Achse weg gekrümmt und besitzt keine Nullstellen. Eigenfunktionen müssen nicht nur für $r = 0$, sondern auch asymptotisch für $r \to \infty$ verschwinden.

Die Berechnung der Eigenwerte und Eigenfunktionen ist in den Ergänzungen (§8b) kurz wiedergegeben. Hier sollen nur die Ergebnisse diskutiert werden. Die Eigenwerte betragen

$$E_n = -\frac{E_0}{n^2} \quad \text{mit} \quad E_0 = \frac{1}{2}\frac{me^4}{(4\pi\varepsilon_0\hbar)^2}. \tag{6}$$

Die ganze Zahl n heißt Hauptquantenzahl. Das stimmt genau mit dem Bohrschen Ergebnis (§6;6) überein, jedoch mit einer Einschränkung: Bei den Bohrschen Kreisbahnen war die Hauptquantenzahl n mit der Quantenzahl l des Drehimpulses identisch. Ferner sollte nach Bohr für den Betrag des Drehimpulses $L = n\hbar$ gelten (vgl.§6;5). Die quantenmechanische Berechnung ergibt, daß n mindestens $(l+1)$ ist und daß $L = \sqrt{l(l+1)}\,\hbar$ ist.

Für die Wellenfunktionen $v(r)$ gilt, genauso wie für die in § 3 und 4 berechneten Funktionen, daß die Funktion zur kleinsten Energie bei gegebenem Wert von l, also diejenige mit $n = l + 1$, keine Nullstellen besitzt außer denjenigen bei $r = 0$ und $r = \infty$. Die Funktion zum nächst höheren Eigenwert der Energie besitzt eine Nullstelle usw. (vgl. Abb.12 bis 14). Die Aussagen über die Parität gelten dagegen für diese Funktionen nicht. Da eine reelle Kugelflächenfunktion der Ordnung l gerade l Null-Linien auf der Einheitskugel besitzt (vgl. S. 107), hat eine reelle Eigenfunktion $u(r, \vartheta, \varphi)$ zur Hauptquantenzahl n im Endlichen genau $(n-1)$ Nullflächen.

Ferner gilt allgemein, daß die Wellenfunktionen für große r umso rascher abnehmen, je kleiner die Energie ist. Wie die in § 8b mitgeteilten Rechnungen zeigen, enthalten sie nämlich alle den Faktor $\exp(-r/na_0)$. Darin bedeutet a_0 den Bohrschen Radius $(a_0 = 4\pi\varepsilon_0\hbar^2/(me^2))$. Dieser Faktor, welcher für das Abklingen von u im Unendlichen sorgt, ist für $r \gg a_0$ umso kleiner, je kleiner n ist. Die Ausdehnung der Elektronenwelle hängt also im wesentlichen von der Hauptquantenzahl n bzw. von dem Eigenwert der Energie ab.

Außer der erwähnten e-Potenz und den Kugelflächenfunktionen enthält die Wellenfunktion $u(r, \vartheta, \varphi)$ ein Polynom in r vom Grade $(n-1)$, welches mit r^l beginnt. Für $n = l+1$ besteht es also aus dem Term r^l allein. Für $n = l+2$ ist es ein zweigliedriger Ausdruck usw. Die Wellenfunktionen zu $l = 0$ sind bei $r = 0$ ungleich null. Alle übrigen verschwinden dort. Mit zunehmendem r wächst die Wellenfunktion im Bereich sehr kleiner Radien umso langsamer mit r an, je größer l ist. Daraus ergibt sich die allgemeine Regel, daß die Wellenfunktionen von dem Verlauf der potentiellen Energie im Gebiet kleiner r umso weniger abhängen, je größer l ist.

Das ist besonders wichtig, wenn man den Einfluß der Kerneigenschaften auf die Wellenfunktionen betrachtet. Für Radien, die vergleichbar oder klein gegen den Kernradius sind, gilt die Formel $-e^2/(4\pi\varepsilon_0 r)$ für die potentielle Energie der elektrischen Anziehungskraft des Kernes nicht mehr. Alle Erscheinungen in der Elektronenhülle, die von dieser Abweichung herrühren, bezeichnet man als Effekte der Hyperfeinstruktur. Diese beim H-Atom an der Grenze der Meßbarkeit liegenden Erscheinungen sind an den Termen mit $l = 0$ am leichtesten feststellbar, bei schwereren Kernen auch noch bei $l = 1$ und $l = 2$, bei noch höheren Werten von l aber nur noch in Ausnahmefällen.

Für viele Anwendungen ist ferner die Zahl der linear unabhängigen Funktionen zu einer Hauptquantenzahl n wichtig. Die Hauptquantenzahl $n = 1$ tritt nur für $l = 0$ auf und kann nur mit der einen Kugelflächenfunktion zu $l = 0$, der Konstanten, verbunden werden. Für $n = 1$ gibt es also nur eine Eigenfunktion. Die Hauptquantenzahl $n = 2$ tritt bei $l = 0$ und $l = 1$ auf. Zu $l = 0$ gibt es eine Kugelflächenfunktion; zu $l = 1$ gibt es drei. Zusammen gibt es also 4 Funktionen zu $n = 2$. Zu $n = 3$ gehören entsprechend die Werte $l = 0$ mit einer Kugelflächenfunktion, $l = 1$ mit 3 und $l = 2$ mit 5 Kugelflächenfunktionen, insgesamt also 9 linear unabhängige Funktionen. Allgemein gibt es zur Hauptquantenzahl n gerade n^2 linear unabhängige Funktionen.

Für viele Erscheinungen der Atomphysik ist ferner die ungefähre Verteilung der Absolutwertquadrate dieser Funktionen wichtig. Hier ist es aber schwer, sich einen zutreffenden Überblick zu verschaffen, insbesondere über die Richtungsabhängigkeit, weil jede Linearkombination von Eigenfunktionen zum gleichen Eigenwert wieder eine Eigenfunktion ist. Es gibt daher eine unendliche Mannigfaltigkeit von Eigenfunktionen mit verschiedener Intensitätsverteilung. Welche von ihnen in einem speziellen Fall realisiert ist, hängt von äußeren Einflüssen ab. Wenn sich das betrachtete Atom z.B. in einem Gitter befindet, hängt das von der Symmetrie der Umgebung im Kristall ab. Das wird in vielen Büchern über Atomphysik übersehen. Dort sind oft viele nette Bildchen über die Verteilung von $|u|^2$ wiedergegeben, für welche stets das Vorliegen der Normalform der Kugelflächenfunktionen $P_l^{|m|}(\cos\vartheta)\exp(im\varphi)$ vorausgesetzt wird. Ob diese wirklich auftritt oder ob eine andere Linearkombination die "richtige" ist, hängt von dem störenden Einfluß der Umgebung ab und kann durch Störungsrechnung ermittelt werden. In Kristallen tritt in der Regel nicht die Normalform der Kugelflächenfunktion auf.

Beim H-Atom gibt es sogar Eigenfunktionen, bei denen die Verteilung von $|u|^2$ nicht symmetrisch zum Kern ist. Alle Funktionen mit geradem l sind invariant gegen einen Vorzeichenwechsel von x,y und z, haben also gegenüber der Inversion am Kern gerade Parität. Die Funktionen mit ungeradem l haben ungerade Parität. Da es aber beim H-Atom zum gleichen Eigenwert Funktionen mit geradem und ungeradem l gibt, lassen sich dort auch Eigenfunktionen mit gemischter Parität bilden.

Um sich nicht in der Vielfalt der Erscheinungen zu verlieren, soll hier nur die Verteilung der Funktionen zu gegebenen Werten von n und l und nur einem Wert von m, nämlich $m = l$ diskutiert werden. Bei ihnen hat der Drehimpulsvektor die größte z-Komponente, die bei gegebenem l möglich ist. Das bedeutet, diese Zustände entsprechen im Teilchenbild den Bahnen in der $x-y$-Ebene, bei denen der Drehimpulsvektor $\vec{L}$ in Richtung der z-Achse liegt. Quantenmechanisch ist $\vec{L}$ mit einer gewissen Unschärfe um diese Richtung verteilt. Die Zustandsfunktionen mit kleinerem m-Wert können im Prinzip aus der einen mit $m = l$ durch eine räumliche Drehung erzeugt werden (vgl. § 26). Da man aber verschieden gedrehte Funktionen überlagern kann, sieht man ihnen das in der Regel nicht an. Die Funktionen mit $m = l$ haben die einfache Gestalt

$$u_{nlm}(r,\vartheta,\varphi) = C\, R_{n,l}(r)\, \frac{(x+iy)^l}{r^l} = C\, R_{n,l}(r) \sin^l\vartheta \exp(il\varphi) \tag{7}$$

Besonders einfach sind die Funktionen mit dem kleinsten Wert $n = l+1$ zu gegebenem l. Diese entsprechen den Bohrschen Kreisbahnen. Aus zwei Gründen ist aber die Energie dieser Zustände größer als nach der Bohrschen Theorie. Erstens ist, wie bereits erwähnt, das Quadrat des Drehimpulses infolge der Unbestimmtheit seiner Richtung größer als das Quadrat der maximalen Komponente, und daher ist auch der Radius des Kreises, auf welchem die Fliehkraft gleich der Anziehungskraft ist, größer als nach der Bohrschen Rechnung. Nach Bohr beträgt dieser Radius $r = l^2 a_0$, nach der Quantenmechanik ist er dagegen $r = l(l+1)a_0$. Die Tiefe des Minimums von $U(l,r)$ an dieser Stelle ist deshalb nach der Quantenmechanik auch geringer. Es liegt bei der Energie $E = -E_0/[l(l+1)]$, während Bohr mit $-E_0/l^2$ rechnete. Zweitens ist im Zustand mit minimaler Energie bei gegebenem Drehimpuls die Wellenfunktion wegen des Unbestimmtheitsprinzips nicht am Minimum von $U(l,r)$ konzentriert, sondern mit einer gewissen Unbestimmtheit von r darum verteilt. Daher liegt das Minimum der Energie, genau wie beim harmonischen Oszillator, um eine gewisse Nullpunktsenergie höher als dieses Minimum.

Beide Effekte zusammen bewirken, daß der kleinste Energie-Eigenwert zu gegebenem l gerade auf denjenigen Wert fällt, den Bohr für eine um 1 größere Quantenzahl des Drehimpulses berechnete.

Man kann also sagen: Die Eigenwerte der Energie in den Zuständen, die den Bohrschen Kreisbahnen entsprechen, müssen alle gegenüber der Bohrschen Theorie um eine Nummer heraufgerückt werden. Dafür kommt aber in der Skala unten ein neuer Wert hinzu, den Bohr nicht in Betracht zog, nämlich der Zustand mit $l = 0$, d.h. mit verschwindendem Drehimpuls. Ihm entspricht im Partikelmodell eine Bahn längs des Radiusvektors, welche mitten durch den Kern hindurchführt, denn nur auf solchen ist die Flächengeschwindigkeit bzw. der Drehimpuls gleich null. Wenn man die Teilchen für undurchdringlich hält, sollte es in der Tat solche Bahnen nicht geben. Heute wissen wir, daß es keine solche Undurchdringlichkeit gibt. Quantenmechanisch besteht in der Regel eine von null verschiedene Wahrscheinlichkeit, 2 Teilchen am gleichen Ort anzutreffen.

Fügt man also zu den von Bohr betrachteten Kreisbahnen noch den Zustand mit $l = 0$ hinzu, so erhält man für die Gesamtheit der Energie-Eigenwerte gerade wieder das volle Bohrsche Ergebnis. Man kann mit einem gewissen Recht sagen, daß sich demnach in der Bohrschen Theorie 3 Fehler gerade gegenseitig kompensieren, nämlich der wegen der fehlenden Richtungsunbestimmtheit zu kleine Wert von L^2, das Fortlassen der Nullpunktsenergie der Radialbewegung und die Nichtbeachtung von Zuständen mit dem Drehimpuls null. Alle diese Erscheinungen konnte Bohr natürlich bei Aufstellung seiner Theorie im Jahre 1914 nicht kennen. Umso mehr muß man seine damalige Leistung bewundern.

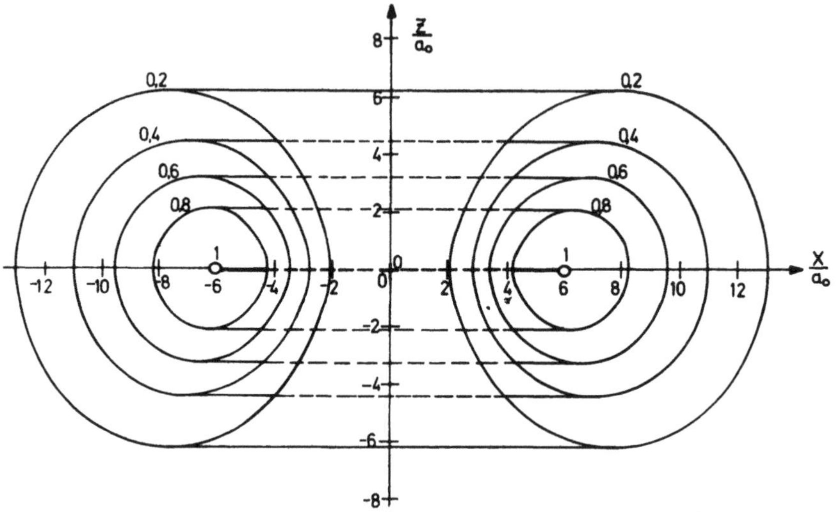

Abb.15. Die Verteilung von $|u|^2$ in der x-z-Ebene für die Wellenfunktion mit den Quantenzahlen n = 3, l = m = 2. Die Verteilung ist rotationssymmetrisch um die z-Achse. Die Zahlenwerte an den Kurven sind gleich dem Verhältnis von $|u|^2$ zum Maximalwert.

Die Behauptung, daß die Zustände mit $n = l+1$ gerade den Kreisbahnen entsprechen, sei durch eine Darstellung der Verteilung von $|u|^2$ in der x-z-Ebene für den Zustand $l = 2, n = 3$ belegt (Abb.15). Den gesamten Verlauf von $|u|^2$ erhält man daraus, indem man die gezeichneten Kurven um die z-Achse rotieren läßt. Man sieht, daß das Maximum von $|u|^2$ auf einem Kreisring in der x-y-Ebene um den Nullpunkt mit dem Radius $r = 6a_0$ erreicht wird. Das ist gerade, nach Korrektur des Wertes von L^2 gegenüber der Bohrschen Rechnung, der Radius der zugehörigen Kreisbahn. Die Welle ist also im wesentlichen in einem torusförmigen Gebiet um diese Kreisbahn herum ungleich null. Sie läuft darin mit konstanter Winkelgeschwindigkeit um. Das sieht man sofort, wenn man (7) durch den Zeitfaktor ergänzt. Dann lautet die Wellenfunktion zu $l = 2, n = 3, m = 2$

$$\psi_{322}(\vec{r},t) = C r^2 \exp\left(-\frac{r}{3a_0}\right) \sin^2\vartheta \, \exp 2i\left(\varphi + \frac{E_0}{18\hbar}t\right) . \tag{8}$$

Die Flächen konstanter Phase laufen also in Richtung abnehmender φ mit der Winkelgeschwindigkeit $E_0/(18\hbar)$ um.

Die Wellenfunktionen mit $n > l+1$ entsprechen den Ellipsenbahnen des Teilchenbildes. Diese wurden von Sommerfeld[1] in die Bohrsche Theorie eingeführt. Der Zusammenhang mit ihnen ist aber nicht unmittelbar ersichtlich, weil in den betrachteten quantenmechanischen Zuständen keine Richtung in der x-y -Ebene ausgezeichnet ist. Sie entsprechen also eigentlich nicht einer einzelnen Ellipsenbahn, sondern der Gesamtheit aller Ellipsen zur gleichen Energie, zum gleichen Drehimpulsbetrag und zur gleichen z-Komponente L_z. Diese gehen aus einer Ellipsenbahn durch eine Drehung um die z-Achse hervor.

Außerdem ist in den stationären Zuständen kein Zeitpunkt physikalisch ausgezeichnet. Wenn man aber von einem Teilchen nur weiß, daß es sich irgendwie auf einer der Bahnen dieser Schar bewegt, kann man auch nur eine Wahrscheinlichkeit dafür angeben, es in einem Intervall der Radien anzutreffen, und nur diese Wahrscheinlichkeit ist sinnvoll mit der quantenmechanischen Wahrscheinlichkeitsdichte $|u|^2$ zu vergleichen.

Für den Spezialfall $n = 10,\ l = 4$ ist dieser Vergleich in Abb. 16 dargestellt. Die mit "Welle" bezeichnete Funktion stellt die durch $d\xi$ dividierte quantenmechanische Wahrscheinlichkeit dar, das Teilchen

1) A.Sommerfeld, Sitzungsberichte der Münchner Akademie (1915) S.425 und 459 und (1916) S.131; Ann.d.Phys. 51 (1916) S.1 und 125

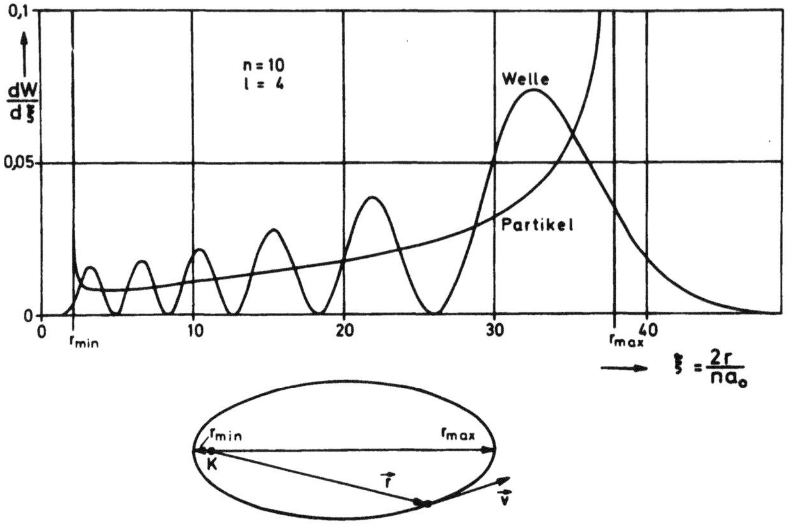

Abb.16. Die radiale Wahrscheinlichkeitsverteilung in dem stationären Zustand mit den Quantenzahlen n = 10,l = 4 im Vergleich zu der entsprechenden Verteilung für die Bewegung eines Teilchens mit der gleichen Energie und dem gleichen Drehimpuls. Die Ellipse unter der Abbildung zeigt die Bahn des Teilchens im halben Maßstab.

in dem Intervall $d\xi$ des reduzierten Radius $\xi = 2r/na_0$ zu finden. Die mit "Partikel" bezeichnete Kurve ist dieselbe Größe für eine Schar von Ellipsen zur gleichen Energie und zum gleichen Drehimpulsbetrag. Die Form dieser Ellipse ist unter der Abbildung (im halben Abszissenmaßstab) dargestellt.

Wie man sieht, gilt hier qualitativ das gleiche wie beim harmonischen Oszillator (vgl. Abb.8): Der maximale und minimale Radius des Teilchens auf der Ellipse bilden für die Welle Flächen, an denen sie reflektiert wird. In den stationären Zuständen bildet sich zwischen ihnen eine stehende Welle aus. Außerdem dringt die Welle ein wenig in die für ein Teilchen unerreichbaren Gebiete $r > r_{max}$ und $r < r_{min}$ ein. Da im Zwischengebiet die Größe des Radialimpulses und daher nach de Broglie auch die Wellenlänge von r abhängt, ändert sich dort die Amplitude der stehenden Welle mit r. Der Mittelwert von $|u|^2$ über eine Wellenlänge stimmt jedoch nahezu mit der Aufenthaltswahrscheinlichkeit des Teilchens überein. Der Umstand, daß die Extrema der Wellenfunktion für $n > l+1$ mit wachsendem Radius dem Betrage nach anwachsen, hängt also mit dem Umstand zusammen, daß das Teilchen wegen der Konstanz der Flächengeschwindigkeit die Abschnitte der Ellipse mit relativ großem r wesentlich langsamer durchläuft, also bei relativ großen Radien relativ lange verweilt.

Erläuterungen und Ergänzungen zu Kapitel II

§ 7a. Die Kugelflächenfunktionen

Die regulären Lösungen $y(\vartheta,\varphi)$ der Differentialgleichung

$$\frac{1}{\sin\vartheta}\frac{\partial}{\partial\vartheta}\left(\sin\vartheta\frac{\partial y}{\partial\vartheta}\right) + \frac{1}{\sin^2\vartheta}\frac{\partial^2 y}{\partial\varphi^2} + \lambda y = 0 \tag{1}$$

kann man wie jede reguläre Funktion von φ mit der Periode 2π in eine Fourierreihe entwickeln:

$$y(\vartheta,\varphi) = \sum_{m=-\infty}^{+\infty} C_m(\vartheta)\exp(im\varphi) . \tag{2}$$

Setzt man das in (1) ein, so erhält man auch links eine Summe der Form (2), bei der lediglich die Koeffizienten $C_m(\vartheta)$ durch gewisse, aus den $C_m(\vartheta)$ durch Differentiationen und Multiplikationen hervorgehende Ausdrücke ersetzt sind. Da diese Summe für alle φ verschwinden soll, muß jeder Koeffizient einzeln verschwinden. Das bedeutet mit anderen Worten, daß jeder Summand in (2) einzeln die Differentialgleichung (1) erfüllt. Für die C_m ergibt sich dabei die Differentialgleichung

$$\frac{1}{\sin\vartheta}\frac{d}{d\vartheta}\left(\sin\vartheta\frac{dC_m}{d\vartheta}\right) + \left(\lambda - \frac{m^2}{\sin^2\vartheta}\right)C_m = 0. \tag{3}$$

Diese totale Differentialgleichung nimmt durch die Substitution $\cos\vartheta = \xi$ die Form an

$$\frac{d}{d\xi}\left[(1-\xi^2)\frac{dC_m}{d\xi}\right] + \left[\lambda - \frac{m^2}{1-\xi^2}\right]C_m = 0. \tag{4}$$

Sie hat an den Punkten $\xi = \pm 1$ singuläre Stellen. Um das Verhalten der Lösungen an der Stelle $\xi = +1$ zu erfassen, macht man den Ansatz

$$C_m = (1-\xi)^\alpha\left[1 + a_1(1-\xi) + \dots\right] \tag{5}$$

Aus dem Koeffizientenvergleich ergibt sich beim Einsetzen, daß C_m nur dann Lösung von (4) ist, wenn $\alpha^2 = m^2/4$ ist. Eine bei $\xi = +1$ endliche Lösung erhält man nur für $\alpha = +|m|/2$. Dasselbe ergibt sich für $\xi = -1$. Eine an beiden Stellen endliche Lösung muß also die folgende Form haben:

$$C_m = (1-\xi^2)^{\frac{|m|}{2}} \cdot D_m(\xi). \tag{6}$$

Darin darf die Funktion $D_m(\xi)$ an den Stellen $\xi = \pm 1$ nicht zu stark unendlich werden.

Für $D_m(\xi)$ erhält man die Differentialgleichung

$$(1-\xi^2)\frac{d^2D_m}{d\xi^2} - 2(|m|+1)\xi\frac{dD_m}{d\xi} + (\lambda - |m| - m^2)D_m = 0. \tag{7}$$

Einsetzen der Potenzreihe

$$D_m = \sum_{\nu=0}^{\cdots} b_\nu \xi^\nu \tag{8}$$

führt auf die Rekursionsformel

$$(\nu+2)(\nu+1)\,b_{\nu+2} = [(\nu+|m|+1)(\nu+|m|) - \lambda]\,b_\nu\,. \tag{9}$$

Die Koeffizienten b_0 und b_1 bleiben unbestimmt. Die übrigen werden durch diese Formel eindeutig festgelegt. Die zu b_0 proportionale Lösung ist in ξ gerade, die zu b_1 proportionale ist ungerade.

Wenn $\lambda = l(l+1)$ mit ganzzahligem $l \geq |m|$ ist, so bricht die eine dieser Reihen nach dem Glied $\nu = l - |m|$ ab. Dann erhält man also eine Polynom-Lösung von (7) und damit eine für alle ϑ endliche Lösung $C_m(\vartheta)$ von (3). Die nicht abbrechenden Potenzreihen für $D_m(\xi)$ liefern keine für alle ϑ regulären Lösungen. Auf den Beweis dieser Aussage sei hier verzichtet. Wenn λ nicht einen der genannten Ausnahmewerte annimmt, gibt es also keine für alle ϑ regulären Lösungen von (3).

Die Polynom-Lösung von (7) ist ein Vielfaches der $(l + |m|)$-ten Ableitung von $(\xi^2 - 1)^l$. Das kann man leicht auf dem folgenden Wege beweisen: $f(\xi) = (\xi^2 - 1)^l$ erfüllt die Differentialgleichung

$$(1-\xi^2)\frac{d^2 f}{d\xi^2} + 2(l-1)\xi\frac{df}{d\xi} + 2lf = 0. \tag{10}$$

Durch $(l + |m|)$-faches Differenzieren geht diese Gleichung in die Gleichung (7) mit $\lambda = l(l+1)$ für die $(l + |m|)$-te Ableitung von $f(\xi)$ über. Da diese Differentialgleichung nur eine bis auf einen Faktor eindeutig bestimmte Polynomlösung besitzt, muß diese bis auf einen konstanten Faktor mit dem genannten Polynom übereinstimmen.

In der mathematischen Literatur verwendet man für diese Funktionen die folgenden Bezeichnungen:

Das Polynom

$$P_l(\xi) = \frac{1}{2^l \cdot l!}\frac{d^l}{d\xi^l}(\xi^2 - 1)^l \tag{11}$$

wird l-tes Legendresches Polynom genannt. Der Faktor wurde bei ihm so gewählt, daß

$$P_l(1) = 1 \tag{12}$$

ist. Die Funktion

$$P_l^{|m|}(\xi) = (-1)^m (1-\xi^2)^{\frac{|m|}{2}} \frac{d^{|m|}}{d\xi^{|m|}} P_l(\xi) \tag{13}$$

bezeichnet man als eine zugeordnete Legendresche Kugelfunktion 1. Art. Die hier nicht betrachteten Kugelfunktionen 2. Art sind bei $\xi = \pm 1$ singulär. Mit $\xi = \cos\vartheta$ lautete die obige Funktion auch

$$P_l^{|m|}(\cos\vartheta) = (-1)^m \sin^{|m|}\vartheta \left[\frac{d^{|m|}}{d\xi^{|m|}} P_l(\xi)\right]_{\xi=\cos\vartheta}. \tag{14}$$

Sie hat also auf der Einheitskugel bei $\vartheta = 0$ und $\vartheta = \pi$ eine $|m|$-fache Nullstelle.

Die normierten Kugelflächenfunktionen $|l,m\rangle$, bei denen also das Integral des Absolutwertquadrates über die Einheitskugel gleich 1 ist, lauten dann

$$|l,m\rangle = \sqrt{\frac{2l+1}{4\pi}} \sqrt{\frac{(l-|m|)!}{(l+|m|)!}} P_l^{|m|}(\cos\vartheta) \exp(im\varphi) . \tag{15}$$

Das kann man durch Umschreiben des Integrals über die Einheitskugel in ein Integral über ξ von -1 bis +1 und längere Rechnerei mit vielen partiellen Integrationen mit Hilfe der genannten Formeln (13) und (14) elementar nachrechnen.

Zwischen den Kugelfunktionen für verschiedene Indizes l und m und ihren Ableitungen bestehen zahlreiche Verknüpfungsformeln, in denen in der Regel drei Funktionen mit verschiedenen Indizes vorkommen. Aus der Gesamtheit dieser in zahlreichen Formelsammlungen zusammengestellten Beziehungen sei hier nur auf eine hingewiesen, die für die später zu berechnenden Auswahlregeln wichtig ist: Das Produkt aus $\cos\vartheta$ und der Kugelflächenfunktion $|l,m\rangle$ läßt sich als Linearkombination aus $|l+1,m\rangle$ und $|l-1,m\rangle$ mit konstanten Koeffizienten schreiben. Das Produkt aus $\sin\vartheta \exp(i\varphi)$ und $|l,m\rangle$ läßt sich entsprechend als Linearkombination von $|l+1, m+1\rangle$ und $|l-1, m+1\rangle$ schreiben. Das Produkt aus $\sin\vartheta \exp(-im\varphi)$ und $|l,m\rangle$ ist gleich der analogen Linearkombination von $|l+1, m-1\rangle$ und $|l-1, m-1\rangle$. Diese Beziehungen erlauben in Verbindung mit den Orthogonalitäts- und Normierungsbeziehungen eine einfache Berechnung der Matrixelemente der Koordinaten.

§ 8a. Die potentielle Energie der Fliehkraft

Die Bewegungsgleichungen für einen Massenpunkt in einem kugelsymmetrischen Kraftfeld erhält man in Polarkoordinaten am einfachsten mit Hilfe der Lagrangeschen Gleichungen 2. Art. Die Lagrange-Funktion $L = E_{kin} - E_{pot}$ lautet in Polarkoordinaten r, ϑ, φ

$$L = \frac{m}{2}(\dot{r}^2 + r^2\dot{\vartheta}^2 + r^2\sin^2\vartheta\,\dot{\varphi}^2) - E_{pot}(r). \tag{1}$$

Die Koordinate φ ist zyklisch. Daher ist der zugehörige verallgemeinerte Impuls konstant:

$$p_\varphi = \frac{\partial L}{\partial \dot{\varphi}} = \frac{\partial E_{kin}}{\partial \dot{\varphi}} = m r^2 \sin^2\vartheta\,\dot{\varphi} = konst. \tag{2}$$

Die Bewegungsgleichung für die Koordinate ϑ lautet:

$$\frac{d}{dt}\left(\frac{\partial L}{\partial \dot{\vartheta}}\right) - \frac{\partial L}{\partial \vartheta} = \frac{d}{dt}(m r^2 \dot{\vartheta}) - m r^2 \sin\vartheta \cos\vartheta\,\dot{\varphi}^2 = 0. \tag{3}$$

Eliminiert man hier $\dot{\varphi}$ mittels (2) und multipliziert mit $2mr^2\dot{\vartheta}$, so nehmen beide Summanden die Form einer vollständigen Ableitung nach der Zeit an:

$$\frac{d}{dt}(m^2 r^4 \dot{\vartheta}^2) + \frac{d}{dt}\left(\frac{p_\varphi^2}{\sin^2\vartheta}\right) = 0. \tag{4}$$

Das führt auf den Erhaltungssatz

$$m^2 r^4 \dot{\vartheta}^2 + \frac{p_\varphi^2}{\sin^2\vartheta} = m^2 r^4 (\dot{\vartheta}^2 + \sin^2\vartheta\,\dot{\varphi}^2) = \vec{L}^2 = konst. \tag{5}$$

Diese Größe ist gleich dem Quadrat des Drehimpulsvektors $\vec{L} = [\vec{r} \times \vec{p}]$.

Die Bewegungsgleichung für r lautet nun

$$\frac{d}{dt}\left(\frac{\partial L}{\partial \dot{r}}\right) - \frac{\partial L}{\partial r} = \frac{d}{dt}(m\dot{r}) - mr(\dot{\vartheta}^2 + \sin^2\vartheta\,\dot{\varphi}^2) + \frac{dE_{pot}(r)}{dr} = 0. \quad (6)$$

Nach Einführung der Konstanten $\vec{L}^2$ lautet sie

$$m\ddot{r} = -\frac{d}{dr}\left(E_{pot}(r) + \frac{\vec{L}^2}{2mr^2}\right), \quad (7)$$

also genauso wie bei einer Bewegung auf einer Geraden, sofern man zu $E_{pot}(r)$ die potentielle Energie der Fliehkraft $\vec{L}^2/(2mr^2)$ hinzufügt.

§ 8b. Berechnung des Radialanteils der stationären Wellenfunktionen

Zur Vereinfachung der Schreibarbeit werde in (§8;3) und (§8;4) die dimensionslose Koordinate

$$\varrho = \frac{r}{a_0} \quad \left(a_0 = \frac{4\pi\varepsilon_0\hbar^2}{me^2}\right) \quad (1)$$

und die dimensionslose Energiegröße

$$\varepsilon = -\frac{E}{E_0} \quad \text{mit} \quad E_0 = \frac{1}{2}\frac{e^2}{4\pi\varepsilon_0 a_0} = \frac{me^4}{2(4\pi\varepsilon_0\hbar)^2} \quad (2)$$

eingeführt. Dann lautet (§8;3)

$$\frac{d^2v}{d\varrho^2} + \left(\frac{2}{\varrho} - \frac{l(l+1)}{\varrho^2} - \varepsilon\right)v = 0. \quad (3)$$

Zu dieser Umformung wird in manchen Büchern gesagt, hier würden solche Einheiten eingeführt, daß a_0 und E_0 gleich 1 würden. Das ist ein irreführender Unsinn, denn durch keine Änderung der Einheiten kann die Länge a_0 und die Energie E_0 zu einer Zahl gemacht werden. Alle Größen, also auch a_0 und E_0, bleibem beim Übergang zu anderen Einheiten unverändert. Die obige Rechnung zeigt, was eigentlich gemeint ist. Man sieht, man kann die gewünschte Vereinfachung in 3 Zeilen auch ohne Benutzung einer derartigen, in sich widerspruchsvollen Ausdrucksweise erreichen.

Für sehr große Radien ϱ kann man in grober Näherung die Terme mit $1/\varrho$ und $1/\varrho^2$ in der Klammer von (3) vernachlässigen und erhält

$$\frac{d^2 v}{d\varrho^2} = \varepsilon v \tag{4}$$

mit der allgemeinen Lösung

$$v = C_1 \exp(-\sqrt{\varepsilon}\,\varrho) + C_2 \exp(+\sqrt{\varepsilon}\,\varrho)\,. \tag{5}$$

Im Bereich negativer Energien, also positiver ε, muß sich jede quadratintegrierbare Lösung so wie der erste Term verhalten.

Zur Untersuchung des Verhaltens von v an der anderen singulären Stelle $\varrho = 0$ macht man den Ansatz

$$v = \varrho^\alpha (1 + a_1\varrho + a_2\varrho^2 + \ldots\ )\,. \tag{6}$$

Einsetzen in (3) und Nullsetzen des Koeffizienten mit der niedrigsten Potenz von ϱ liefert

$$\alpha(\alpha - 1) = l(l+1)\,, \tag{7}$$

also

$$\alpha = l + 1 \qquad \text{oder} \qquad \alpha = -l\,. \tag{8}$$

Da $\alpha = -l$ keine bei $\varrho = 0$ verschwindende Lösung liefert, auch nicht für $l = 0$, kommen als Eigenfunktionen nur Funktionen der folgenden Form in Frage:

$$v = \varrho^{l+1} \exp(-\sqrt{\varepsilon}\,\varrho) \cdot P(\varrho)\,. \tag{9}$$

Darin muß $P(\varrho)$ bei $\varrho = 0$ endlich bleiben und darf für $\varrho \to \infty$ nicht stärker als die e-Potenz $\exp(+\sqrt{\varepsilon}\varrho)$ gegen unendlich gehen. Einsetzen in (3) liefert

$$\varrho \frac{d^2P}{d\varrho^2} + 2(l+1-\sqrt{\varepsilon}\varrho)\frac{dP}{d\varrho} + 2(1-\sqrt{\varepsilon}(l+1))P = 0 \qquad (10)$$

Diese Differentialgleichung führt mit dem Potenzreihenansatz

$$P = \sum_{\nu=0}^{\cdots} b_\nu \varrho^\nu \qquad (11)$$

auf die Rekursionsformel

$$(\nu+1)(\nu+2l+2)\, b_{\nu+1} = 2\left[\sqrt{\varepsilon}(\nu+l+1) - 1\right] b_\nu . \qquad (12)$$

Ist $\sqrt{\varepsilon} = 1/n$ mit ganzzahligem $n \geq (l+1)$, so bricht diese Potenzreihe nach dem Glied mit b_{n-l-1} ab. Dann ist also eine der Lösungen von (10) ein Polynom $(n-l-1)$-ten Grades. Bei allen Potenzreihen $P(\varrho)$, die nicht abbrechen, gilt für sehr große ν angenähert $(\nu+1)\, b_{\nu+1} \approx 2\sqrt{\varepsilon}\, b_\nu$. Das ist aber die Rekursionsformel für die Koeffizienten der Potenzreihe für $\exp(+2\sqrt{\varepsilon}\varrho)$. Danach ist zu vermuten, daß bei allen Lösungen mit nicht abbrechender Potenzreihe für $P(\varrho)$ die Funktion $V(\varrho)$ nicht quadratintegrierbar ist, was eine sorgfältigere Analyse bestätigt.

Die einfachsten Lösungen für $V(\varrho)$ kann man mit Hilfe der Rekursionsformel (2) leicht hinschreiben. Verfügt man über den konstanten Faktor so, daß $\int_{\varrho=0}^{\infty} V^2(\varrho)\, d\varrho = 1$ ist, so lauten sie

$$\begin{aligned} n = 1, l = 0: &\quad V_{10}(\varrho) = 2\varrho \exp(-\varrho), \\ n = 2, l = 0: &\quad V_{20}(\varrho) = \frac{1}{\sqrt{2}}\varrho\left(1-\frac{\varrho}{2}\right)\exp\left(-\frac{\varrho}{2}\right), \\ n = 2, l = 1: &\quad V_{21}(\varrho) = \frac{1}{2\sqrt{6}}\varrho^2 \exp\left(-\frac{\varrho}{2}\right), \end{aligned} \qquad (13)$$

$$n = 3, l = 0: \quad V_{30}(\varrho) = \frac{2}{3\sqrt{3}}\,\varrho\left(1 - \frac{2\varrho}{3} + \frac{2\varrho^2}{27}\right)\exp\left(-\frac{\varrho}{3}\right),$$

$$n = 3, l = 1: \quad V_{31}(\varrho) = \frac{8}{27\sqrt{6}}\,\varrho^2\left(1 - \frac{\varrho}{6}\right)\exp\left(-\frac{\varrho}{3}\right), \qquad (13)$$

$$n = 3, l = 2: \quad V_{32}(\varrho) = \frac{4}{81\sqrt{30}}\,\varrho^3\exp\left(-\frac{\varrho}{3}\right).$$

Man kann für diese Funktionen auch allgemeine Formelausdrücke angeben. Mit der Abkürzung

$$\xi = \frac{2\varrho}{n} \qquad (14)$$

wird das Polynom $P(\varrho)$ identisch mit der $(2l+1)$-ten Ableitung des $(n+l)$-ten Laguerreschen Polynoms. Das k-te Laguerresche Polynom wird definiert durch

$$L_k(\xi) = \exp\xi\,\frac{d^k}{d\xi^k}\left(\xi^k\exp(-\xi)\right) = k!\sum_{j=0}^{k}\binom{k}{j}\frac{(-\xi)^j}{j!}\,. \qquad (15)$$

Damit erhält man für das Polynom in (9)

$$P_{n,l}(\xi) = C\,\frac{d^{2l+1}}{d\xi^{2l+1}}L_{n+l}(\xi) = D\sum_{\nu=0}^{n-l-1}\binom{n+l}{\nu+2l+1}\frac{(-\xi)^\nu}{\nu!}\,. \qquad (16)$$

Die Richtigkeit dieser Formel kann man leicht nachprüfen, indem man in (10) statt ϱ die Variable ξ einführt und die obige Formel einsetzt. Die Berechnung derjenigen Konstanten D, welche auf $\int_0^\infty V^2(\varrho)\,d\varrho = 1$ führt, erfordert eine längere, aber elementare Rechnung. Das Ergebnis lautet:

$$V_{n,l}(\varrho) = \frac{2^{l+1}}{n^{l+2}}\sqrt{\frac{(n-l-1)!}{(n+l)!}}\,\varrho^{l+1}\exp\left(-\frac{\varrho}{n}\right)\cdot\sum_{\nu=0}^{n-l-1}\binom{n+l}{\nu+2l+1}\frac{1}{\nu!}\left(-\frac{2\varrho}{n}\right)^\nu. \qquad (17)$$

Fragen und Aufgaben zu Kapitel II

Fragen

1) Wie lautet die Formel für die Wellenlängen der Linien der Lyman-Serie, ausgedrückt durch die Rydbergkonstante und eine laufende Quantenzahl n?
2) Warum und wie hängt die Rydbergkonstante von der Masse des Kerns ab?
3) Wieviel linear unabhängige Kugelflächenfunktionen gibt es zur Drehimpulsquantenzahl l ?
4) Welche Werte haben die Eigenwerte des Operators L_z zur z-Komponente des Drehimpulses für Eigenfunktionen mit der Drehimpulsquantenzahl l ?
5) Wie hängt eine Eigenfunktion von L_z vom Azimutalwinkel φ ab ?
6) Warum ist quantenmechanisch das Quadrat des Drehimpulses grösser als das Quadrat des Maximalwertes einer Drehimpulskomponente ?
7) Wie hängt die Wellenfunktion des Grundzustandes im H-Atom von der Richtung ab ?
8) Wie lautet die potentielle Energie zur Fliehkraft bei gegebenem Betrag $|\vec{L}|$ des Drehimpulses ?
9) Warum war die Bohrsche Berechnung der Energie der Elektronenbewegung auf einer Kreisbahn mit der Drehimpulsquantenzahl l fehlerhaft ?
10) Wieviel Nullflächen hat eine reelle Wellenfunktion im H-Atom zu einem stationären Zustand mit der Hauptquantenzahl n im Endlichen ?
11) Gibt es im H-Atom stationäre Zustände mit gemischter Parität ?
12) Welche der folgenden Formeln für die Abhängigkeit der Wellenfunktion eines stationären Zustandes vom Radius r ist im Bereich großer Radien richtig (bis auf eine Potenz von r) ?
    a) prop. $\exp(-nr/a_0)$ b) prop. $\exp(-r^2/a_0^2)$
    c) prop. $\exp(-r/na_0)$ d) prop. $\exp(-r^2/n^2a_0^2)$
13) Proportional zu welcher Potenz von r ist die Wellenfunktion eines stationären Zustandes im H-Atom bei kleinen Radien ?
14) Wie groß ist das Quadrat des Drehimpulses in einem stationären Zustand mit den Quantenzahlen n , l , m ?
15) Welche Werte von l kommen unter den stationären Zuständen zur Hauptquantenzahl n vor ?
16) Wie lautet die allgemeinste Kugelflächenfunktion zu $l = 1$?
17) Welche der folgenden Aussagen darüber, warum Elektronen in den Atomen nicht den Kern stürzen, ist richtig ?
    a) Die Fliehkraft hält der Anziehungskraft das Gleichgewicht ?
    b) Bei zu starker Konzentration der Elektronenwelle um den Kern nimmt die mittlere kinetische Energie $\overline{p^2/2m}$

stärker zu als die potentielle Energie abnimmt.

c) In kleinen Abständen stoßen die Kerne die Elektronen ab.

18) Wieviel linear unabhängige Wellenfunktionen gibt es im H-Atom insgesamt in Zuständen mit der Hauptquantenzahl n ?

Aufgaben

1) Wie groß ist der mittlere Abstand des Elektrons vom Kern im H-Atom im Zustand mit den Quantenzahlen $n = 2$ und $l = 1$? Bei welchem Radius erreicht die Wellenfunktion des Zustandes ihr Maximum ? Wie groß ist der Radius der Bohrschen Kreisbahn in einem Zustand mit der gleichen Drehimpulsquantenzahl ?

2) Wie groß ist der Radius, den der Kern infolge der Mitbewegung in dem in Aufg. 1 genannten Zustand beschreibt ? Dabei werde mit Massenpunkten gerechnet, die sich auf Kreisbahnen bewegen, aber mit dem quantenmechanisch richtigen Wert des Drehimpulses. Wie groß ist das Verhältnis des Radius der Kernbewegung zum Kernradius $R = 3 \cdot 10^{-13}\,cm$?

3) Wie groß ist die Teilchendichte $|\psi|^2$ der Elektronen im Kern des Wasserstoffatoms im Grundzustand ? Wie groß ist das Verhältnis dieser Dichte zur mittleren Dichte der Elektronen in Wasser ? (Dichte des Wassers $\rho = 1\,g/cm^3$, 10 Elektronen pro Molekül)

4) In einem Zustand mit kugelsymmetrischer Wellenfunktion genügt das Produkt aus r und der Wellenfunktion derselben Schrödingergleichung wie bei eindimensionaler Bewegung. Wie groß muß die Tiefe eines kugelsymmetrischen Potentialtopfes mindestens sein, damit es überhaupt einen kugelsymmetrischen stationären Zustand mit negativer Energie gibt ? Man versuche mit Hilfe dieser Formel abzuschätzen, wie tief zahlenmäßig ein solcher Potentialtopf mit einem dem Kernradius gleichen Radius von $R = 3 \cdot 10^{-13}\,cm$ sein müßte ?

5) Die Kugelflächenfunktionen, die nicht vom Azimutalwinkel φ abhängen, sind Polynome von $\xi = \cos\vartheta$ (Legendresche Polynome). Sie sind zueinander orthogonal, wenn man unter dem skalaren Produkt das Integral über ξ von -1 bis $+1$ versteht. Die ersten 5 dieser Polynome sollen durch Orthogonalisierung der Potenzen von ξ nach dem Verfahren von E. Schmidt berechnet werden (vgl. § 5). Über die Konstante werde so verfügt, daß die Funktionen bei $\xi = +1$ den Wert $+1$ annehmen.

Kapitel III. Die Struktur der Elektronenhüllen und die Einelektronenspektren

Inhalt

Der Spin und das Pauliprinzip in seiner einfachsten Form für stationäre Zustände werden erläutert. Im Partikelmodell kann man den Spin der Elektronen als Eigendrehimpuls infolge einer Rotation der Teilchen um eine Schwerpunktachse mit der Drehimpulsquantenzahl $1/2$ deuten. Der Betrag des Spindrehimpulses beträgt $\sqrt{1/2(1/2+1)}\,\hbar = \sqrt{3}\,\hbar/2$. Bei einer Messung einer Komponente des Spindrehimpulses erhält man einen der Werte $\pm\hbar/2$. Aus jeder Wellenfunktion des Ortsvektors $\vec{r}$ gehen bei Berücksichtigung der Variablen s zur Spinorientierung zwei linear unabhängige Wellenfunktionen von $\vec{r}$ und s hervor. Diese aus den Spektren abgelesenen Tatsachen werden durch den Stern-Gerlach-Versuch als richtig bestätigt. Wenn man einen stationären Zustand eines Mehrelektronensystems näherungsweise durch Angabe von Wellenfunktionen für die Einzelelektronen beschreibt, kommt nach dem Pauliprinzip jeder Einelektronenzustand nur einmal vor.

Die Wellenfunktionen von stationären Zuständen der einzelnen Elektronen in Mehrelektronensystemen können angenähert durch Integration der Schrödingerschen Eigenwertgleichung für das Feld der Atomkerne und der mittleren Ladungsverteilung der anderen Elektronen berechnet werden. In Atomen hängen die zugehörigen Energieeigenwerte nicht mehr wie im H-Atom nur von der Hauptquantenzahl n ab, sondern auch von der Drehimpulsquantenzahl l. Bei festem n nimmt die Energie mit abnehmendem l ab, weil die Wellenfunktion mit abnehmendem Drehimpuls stärker in den Atomrumpf eindringt, in welchem die potentielle Energie kleiner ist als bei einer Punktladung mit der gleichen Gesamtladung wie der Atomrumpf.

Alle Zustände mit gleichem n bilden eine Elektronenschale. Die $2(2l+1)$ Zustände zu einem festen Wertepaar von n und l bezeichnet man als eine Unterschale. Der Wert von l wird meist durch Angabe des zugehörigen Termsymbols gekennzeichnet nach dem Schema: s zu $l=0$, p zu $l=1$, d zu $l=2$, f zu $l=3$ usw.

Man beschreibt die Energiewerte der Einzelelektronen oft durch Angabe einer effektiven Hauptquantenzahl $n^* = n - \delta$ oder einer effektiven Kernladungszahl $Z^* = Z - \sigma$. Der Termdefekt δ und die Abschirmkonstante σ werden durch die folgende Gleichung definiert:

$$E(n,l) = -\frac{Rhc}{(n-\delta)^2} = -\frac{Rhc}{n^2}(Z-\sigma)^2. \quad (1)$$

Die Messungen ergeben, daß beim Leuchtelektron eines Alkaliatoms der Termdefekt δ nur wenig von n abhängt, aber mit abnehmendem l stark zunimmt. Die Abschirmkonstante σ wird vor allem beim Vergleich der Energiewerte zu den gleichen Quantenzahlen in isoelektronischen Reihen benutzt, d.h. bei verschiedenen Atomen und Ionen mit der gleichen Elektronenzahl. Bei ihnen nimmt σ mit wachsender Ordnungszahl Z langsam ab.

Da δ bei kleinen Werten von l mit wachsendem Z größer als 1 wird, ändert sich manchmal die Reihenfolge der Energiewerte mit der Ordnungszahl. Beim Kalium liegt deshalb der 4s-Term tiefer als der 3d-Term. Der Einfluß dieser Umkehr auf die Struktur der Elektronenhülle im Grundzustand und die Anordnung der Atome im periodischen System wird erörtert.

Für die Spektren der Alkaliatome ist der Umstand wichtig, daß im Bereich des ultravioletten, sichtbaren und infraroten Lichts nahezu nur solche Linien emittiert werden, bei denen der oszillierende Anteil der Ladungsverteilung in nichtstationären Zuständen ein elektrisches Dipolmoment besitzt. Das führt auf die Auswahlregel $\Delta l = \pm 1$. Die daraus folgende Serienstruktur der Alkalispektren wird dargelegt. Ferner wird der Einfluß der Wechselwirkung zwischen dem magnetischen Spinmoment und der Bahnbewegung der Elektronen behandelt. Er bewirkt eine kleine Aufspaltung aller Terme mit $l \neq 0$ in zwei dicht beieinander liegende Terme. Das bezeichnet man als Feinstruktur. Die Aufspaltung nimmt mit wachsendem n und l rasch ab. Sie erleichtert die Einordnung beobachteter Spektrallinien, da sie in den verschiedenen Serien charakteristische Unterschiede aufweist.

Die Röntgenspektren in Emission und Absorption werden gedeutet. Bei der Absorption eines Lichtquants werden im Röntgengebiet gebundene Elektronen aus der Elektronenhülle herausgeworfen. Daher tritt ein kontinuierliches Absorptionsspektrum auf. Im allgemeinen nimmt der Absorptionskoeffizient mit wachsender Frequenz ab. An einigen Stellen, den sog. Absorptionskanten, steigt er dagegen nahezu unstetig an, weil von diesen Frequenzen an die Elektronen einer Unterschale zur Absorption beizutragen beginnen. Die Emissionslinien entstehen beim Übergang eines gebundenen Elektrons in einen tieferen Zustand, welcher vorher durch Elektronenstoß oder durch Absorption eines Röntgenlichtquants frei gemacht wurde. Die Zahl der Emissionslinien in diesem Bereich ist daher endlich. Ihre Frequenzen sind gleich den Differenzen zwischen den Frequenzen zweier Absorptionskanten.

§ 9. Das Pauli-Prinzip und der Spin

Die Ergebnisse über die stationären Zustände des Elektrons im Wasserstoff-Atom machen zugleich die Struktur der Elektronenhüllen schwererer Atome qualitativ verständlich. Man kann nämlich bei Atomen mit vielen Elektronen in erster Näherung so rechnen, als ob sich jedes Elektron unabhängig von den anderen in einem mittleren Kraftfeld bewegt, welches von der Ladung des Kerns und der mittleren Ladungsverteilung der anderen Elektronen herrührt. Da aber bei Abwesenheit äußerer Felder keine Richtung im Raum bevorzugt ist, darf man das mittlere Kraftfeld als kugelsymmetrisch annehmen. Daher bleibt vieles, was für das H-Atom gilt, in schwereren Atomen qualitativ richtig.

Zwei neue Gesichtspunkte kommen aber hinzu, nämlich das Pauli-Prinzip und der Spin. Pauli[1)] hat das nach ihm benannte Prinzip im Jahre 1925 aus den Gesetzmäßigkeiten der Atomspektren abgelesen. In einer ersten vorläufigen Form, die nur für stationäre Zustände gilt, kann es folgendermaßen ausgesprochen werden:

Jeder stationäre Zustand eines Einzelelektrons kann nur von einem Elektron eingenommen werden.

Betrachtet man also die Elektronen in einem Atom als unabhängig voneinander, so befinden sie sich alle in verschiedenen stationären Zuständen. Dabei aber darf man nicht die stationären Zustände einfach mit den nur vom Ortsvektor abhängigen, linear unabhängigen Eigenfunktionen der Energie eines Elektrons im mittleren Kraftfeld

---

1) W.Pauli, Nobelpreisträger(1900-1958), Zs.f.Phys.31(1925) S.765

identifizieren, sondern muß auch noch den Spin berücksichtigen. Das Vorhandensein eines Elektronenspins wurde ebenfalls im Jahre 1925 von Goudsmit und Uhlenbeck[1] aus den Atomspektren erschlossen. Analog zu den in § 7 besprochenen Eigenschaften des Bahndrehimpulses kann man seine Eigenschaften folgendermaßen ausdrücken:

Jedes Elektron besitzt einen Eigendrehimpuls mit der Quantenzahl $1/2$. *Bei einer Messung einer Komponente des Spindrehimpulses erhält man stets einen der Werte* $\pm\hbar/2$. *Das Quadrat des Spindrehimpulses beträgt* $1/2\,(1/2+1)\,\hbar^2 = 3\hbar^2/4$. *Entsprechend dem Gesetz, daß zu einem Zustand mit der Drehimpulsquantenzahl* l *gerade* $(2l+1)$ *linear unabhängige Wellenfunktionen existieren, die auseinander durch eine räumliche Drehung hervorgehen, kann man die Gesamtheit der Spinorientierungen eines Elektrons quantenmechanisch durch die Linearkombinationen von nur* $(2\cdot 1/2+1) = 2$ *linear unabhängigen Funktionen der Spinkoordinaten beschreiben.*

Die Spinkoordinaten sollen im folgenden kurz mit s bezeichnet werden. Auf die Bedeutung von s kommt es dabei gar nicht an. Modellmäßig stellt man sich den Elektronenspin meist als Wirkung einer Rotation des Elektrons um seinen Schwerpunkt vor. Die Analogie zur Bewegung der Planeten liegt dabei auf der Hand. Der in § 7 betrachtete Drehimpuls $\vec{L} = [\vec{r}\times\vec{p}]$, welcher von der Bewegung des Elektrons als Ganzem mit dem Impuls $\vec{p}$ herrührt, wird als Bahndrehimpuls bezeichnet. Er entspricht bei den Planeten dem Drehimpuls, welcher in den Keplerschen Gesetzen vorkommt und gleich $2m$ mal der Flächengeschwindigkeit ist. Der Spindrehimpuls ent-

1) S.Goudsmit und G.E.Uhlenbeck, Naturwiss. 13 (1925) S.953; Nature (1926) S.264

spricht in diesem Bild dem Drehimpuls der Drehung der Planeten um ihre Achse. Dieser Drehimpulsanteil ist dem Betrage nach konstant und kann daher modellmäßig durch einen Einheitsvektor in Spinrichtung vollständig beschrieben werden.

Man kann sich unter s im Prinzip diesen Einheitsvektor vorstellen, aber notwendig ist das nicht. Bezeichnet man zwei irgendwie ausgewählte linear unabhängige Spinfunktionen mit $\alpha(s)$ und $\beta(s)$, so hat die allgemeinste in der Quantenmechanik vorkommende Spinfunktion eines Elektrons die Form $c_1\alpha(s) + c_2\beta(s)$. In alle quantenmechanischen Berechnungen gehen dann nur die beiden komplexen Konstanten c_1 und c_2 ein, nicht die Bedeutung von s.

Aus jeder Funktion $u(\vec{r})$ des Ortsvektors eines Elektrons entstehen nun durch Hinzufügen der Faktoren $\alpha(s)$ und $\beta(s)$ zwei linear unabhängige Funktionen des Koordinatenquadrupels x, y, z, s. Solange kein Magnetfeld vorhanden ist, enthält der Hamilton-Operator für ein Elektron keinen Operator-Anteil, der auf s einwirkt. Wenn daher $u(\vec{r})$ eine Eigenfunktion von H ist, sind es auch $u(\vec{r})\alpha(s)$ und $u(\vec{r})\beta(s)$. Alle früheren Angaben über die Zahl der Eigenfunktionen zu einer Hauptquantenzahl n sind daher bei Berücksichtigung des Spins zu verdoppeln, und das ist bei der Anwendung des Pauli-Prinzips wichtig.

Ein schlüssiger Beweis für die Richtigkeit der obigen Aussagen über den Spin ergibt sich natürlich erst aus der Gesamtheit der Beobachtungen der Spektren. Bei der Aufstellung ihrer Hypothese im Jahre 1925 stützten sich Goudsmit und Uhlenbeck aber stark auf das Resultat des Stern-Gerlach-Versuches, welcher erstmalig im Jahre

1921 durchgeführt wurde. Deshalb soll dieser Versuch hier kurz geschildert werden.

Der Versuch von Stern und Gerlach[1] kann als eine Messung des magnetischen Moments von Atomen angesehen werden. Bei jedem geladenen Körper entsteht mit einer Drehbewegung zugleich ein zum Drehimpuls proportionales magnetisches Moment. In einem inhomogenen Magnetfeld wirkt darauf eine Kraft. Das ist bei einem elektrischen Dipolmoment in einem inhomogenen elektrischen Feld sofort anschaulich verständlich. Der einfachste elektrisch neutrale Körper mit einem elektrischen Dipolmoment besteht aus zwei entgegengesetzt gleichen Punktladungen. In einem inhomogenen Feld erfahren diese nicht genau entgegengesetzt gleiche Kräfte. Daher ist die resultierende Kraft ungleich null und zur Ableitung der Feldstärke nach dem Ort proportional. Man kann mit Hilfe des Energiesatzes beweisen, daß das für jeden Körper gelten muß, welcher in einem Feld ein Drehmoment erfährt, also auch für Körper mit einem magnetischen Moment in einem inhomogenen magnetischen Feld.

Stern und Gerlach erzeugten nun einen Atomstrahl, welcher durch ein stark inhomogenes Magnetfeld senkrecht zur Strahlrichtung lief. Sie erzeugten dieses Feld mit einem Magneten, dessen einer Polschuh die Form einer Schneide hatte, welcher einer Furche in dem anderen Polschuh gegenüberstand (vgl. Abb.17). Nach den Annahmen der älteren Quantenmechanik, welche zur Zeit der ersten Ausführung dieses Experiments allein bekannt waren, sollte jeder Drehimpulsvektor und daher auch das magnetische Moment nur bestimmte Orientierungen in einem Mag-

1) O.Stern, Nobelpreisträger (geb.1888), Zs.f.Phys. 7(1921) S.249; W.Gerlach und O.Stern, Zs.f.Phys. 8(1921) S.110; ebd. 9(1922) S. 349 und 352

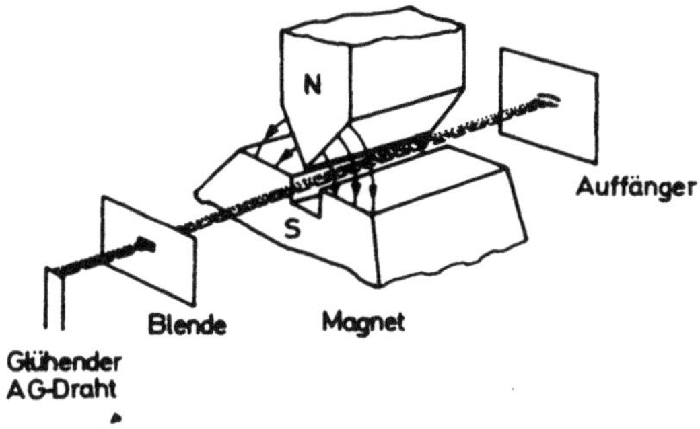

Abb. 17. Der Magnet bei dem Versuch von Stern und Gerlach und der Atomstrahl zwischen den Polschuhen (schematisch).

netfeld annehmen können. Man meinte damals, daß jedes Atom beim Hineinlaufen in das Magnetfeld momentan in eine dieser Lagen "springt". Wenn die Elektronenhülle der Atome nun einen Drehimpuls mit der Quantenzahl $l \neq 0$ besitzt, sollte dementsprechend ein Atomstrahl in mehrere Teilstrahlen aufspalten. Man erwartete nach der Bohrschen Theorie für das Wasserstoff-Atom sowie für alle anderen einwertigen Atome im Grundzustand eine Drehimpulsquantenzahl $l = 1$ und damit eine Aufspalung in $(2l+1) = 3$ Teilstrahlen. Stern und Gerlach fanden im Jahre 1921 an Silber-Atomstrahlen eine solche Aufspaltung, aber nur in 2 Teilstrahlen. Dasselbe fand man später auch an Wasserstoff-Atomstrahlen.

Erst nach der Entdeckung des Elektronenspins und der Entdeckung der Wellenmechanik von Schrödinger im Jahre 1926 wurde endgültig klar, daß in diesen Fällen der Bahndrehimpuls verschwindet und nur das magnetische Spinmoment beobachtet wird. Damit aber wurde zugleich auch das

Problem des "Springens" aufgeklärt. Wenn man nämlich mit dem Teilchenmodell die Zeitdauer abschätzt, bis der Vektor des magnetischen Moments in eine der ausgezeichneten Lagen einpendelt, so gelangt man zu wesentlich größeren Zeiten, als das Atom zum Durchlaufen des Magneten benötigt.

Heute rechnen wir diesen Widerspruch zu der Fülle der Erscheinungen, in denen das Partikelmodell versagt. Dazu gehört auch das Auftreten von Interferenzen an Teilchenstrahlen und das Paradoxon des Hindurchtretens eines Teilchens durch zwei Spalte, welches in Bd.I, § 34, diskutiert wurde. Im Wellenmodell besteht diese Schwierigkeit nicht. Eine Elektronenwelle beschreibt man bei Berücksichtigung des Spins als eine Überlagerung von zwei Wellen zu verschiedener Spinorientierung. Im inhomogenen Magnetfeld werden nur diese Teilwellen räumlich getrennt. Je nach der Orientierung des Magnetfeldes werden dabei die Wellen in verschiedener Weise in Komponenten zerlegt, genauso wie man mathematisch eine mehrkomponentige Wellenfunktion in verschiedener Weise in linear unabhängige Teilwellen zerlegen kann.

Dasselbe findet beim Licht bei der Aufspaltung eines Lichtstrahles in Teilstrahlen mit verschiedener Polarisationsrichtung statt. Da beim Licht fast ausschließlich das Wellenmodell benutzt wird, ist es dort niemals als Schwierigkeit empfunden worden, daß bei einem einzelnen Lichtquant die Polarisationsrichtung auch nicht momentan in eine der zulässigen Schwingungsrichtungen des Polarisators "springen" kann.

§ 10. Die stationären Zustände des Leuchtelektrons in den Alkali-Atomen

Aus dem Pauli-Prinzip unter Berücksichtigung des Spins ergibt sich das folgende Schema für den Aufbau der Elektronenhüllen im Grundzustand der leichten Atome: Beim H-Atom befindet sich im Grundzustand das eine Elektron in dem Zustand mit den Quantenzahlen $n = 1, l = 0$. Dieser hat eine kugelsymmetrische Ladungsverteilung und keinen Bahndrehimpuls. Die Orientierung des Spins ist bei Abwesenheit eines Magnetfeldes unbestimmt. Beim He-Atom mit der Ordnungszahl $Z = 2$ befindet sich im Grundzustand das 2. Elektron im gleichen Niveau $n = 1, l = 0$, hat aber eine zum ersten Elektron entgegengesetzte Spinorientierung. Beide Elektronen zusammen haben also weder einen Bahndrehimpuls noch einen Spindrehimpuls.

Bringt man bei einem Lithium-Atom mit der Ordnungszahl $Z = 3$ die drei Elektronen seiner Hülle nacheinander in die Nähe des Kerns und wartet jedes Mal den Übergang bis in den Grundzustand ab, so gehen die beiden ersten Elektronen wiederum in den Zustand $n = 1, l = 0$ über. Das dritte aber findet dort wegen des Pauli-Prinzips keinen Platz mehr, sondern bleibt in einem Zustand mit $n = 2$. Es ist daher wesentlich lockerer an den Kern gebunden als die beiden anderen und wird unter dem Einfluß der Nachbaratome in Molekülen und Festkörpern sehr viel leichter abgetrennt. Das ist der atomphysikalische Grund für die Einwertigkeit des Lithiums.

Bei Fortführung dieser Überlegungen findet man, daß beim Ne-Atom mit $Z = 10$ im Grundzustand auch alle stationären Zustände mit $n = 2$ besetzt sind, denn zu dieser Hauptquantenzahl gehören mit Berücksichtigung des Spins gerade $2n^2 = 8$ Zustände. Beim Na-Atom mit $Z = 11$ tritt also wieder ein besonders locker gebundenes Elektron auf, welches sich im Grundzustand in einem stationären Zustand mit $n = 3$ befindet. Bei den Absorptions- und Emissionsvorgängen von sichtbarem Licht ändert sich nur der Bewegungszustand dieses 11., äußersten Elektrons. Dieses nennt man deshalb das Leuchtelektron. Die übrigen 10 fester gebundenen Elektronen in den Zuständen mit $n = 1$ und $n = 2$ werden als die Elektronen des Atomrumpfes bezeichnet. Die Näherung, ihren Einfluß auf die Bewegung des Leuchtelektrons durch ein zeitlich konstantes, kugelsymmetrisches elektrisches Feld zu erfassen, ist in diesem Falle besonders gut.

Für alle weiteren Überlegungen ist nun der Umstand wichtig, daß die potentielle Energie des Leuchtelektrons im Feld des Atomrumpfes und des Kerns in großem Abstand mit demjenigen im H-Atom identisch ist und in kleineren Abständen dann in Richtung auf stärker negative Werte hin abweicht. Das ergibt sich unmittelbar aus dem Durchflutungsgesetz der Elektrostatik, welches besagt, daß das Flächenintegral der Normalkomponente der elektrischen Feldstärke $\vec{E}$ über eine geschlossene Fläche nach Multiplikation mit ε_0 gleich der gesamten umschlossenen Ladung Q ist:

$$\varepsilon_0 \oint E_n dS = Q . \tag{1}$$

In einem kugelsymmetrischen Feld hat $\vec{E}$ die Richtung des Radiusvektors. Bei Integration über eine Kugelfläche mit dem Radius r um das Symmetriezentrum ist daher die Normalkomponente E_n konstant gleich dem Betrag von $\vec{E}$.

Daher ergibt sich in diesem Fall

$$|\vec{E}| = \frac{Q(r)}{4\pi\varepsilon_0 r^2} \ . \qquad (2)$$

Wenn nun der Radius r größer ist als der gesamte Atomrumpf, ist die umschlossene Ladung $Q(r)$ gleich der Ladung des Kerns Ze, vermindert um die negative Gesamtladung des Atomrumpfes, also beim Natrium gleich $11e - 10e = e$, genauso wie beim H-Atom. Daher ist auch die potentielle Energie des Leuchtelektrons für große Radien die gleiche, sofern man sie in beiden Fällen im Unendlichen gleich null setzt.

In kleineren Abständen umschließt die Kugelfläche zwar noch die ganze Ladung Ze des Kerns, aber nicht mehr die ganze Ladung des Atomrumpfes, und daher ist dort $Q(r)$ größer als e. Die potentielle Energie nimmt

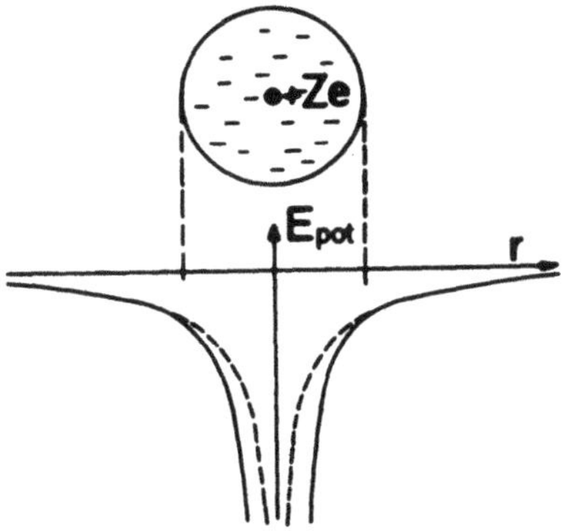

Abb.18.
Die potentielle Energie des Leuchtelektrons im Feld des oben angedeuteten Atomrumpfes (qualitativ). Die gestrichelte Kurve gilt für eine Punktladung $+e$ im Kern.

daher mit abnehmendem Radius im Innern des Atomrumpfes stärker ab als beim H-Atom und wird dort stärker negativ (vgl.Abb.18). Für einen Radius, der nur wenig größer als der Kernradius ist, umfaßt die Kugel zwar immer noch die gesamte Kernladung Ze, aber dann liegt fast die gesamte Ladung der Elektronenhülle außerhalb. In diesem Bereich ist die potentielle Energie des Leuchtelektrons nahezu gleich $-\frac{11e^2}{4\pi\varepsilon_0}\cdot\frac{1}{r}$ plus einem positiven Term, der für $r\to 0$ endlich bleibt und gleich dem Beitrag aller Rumpfelektronen zusammen zur potentiellen Energie im Mittelpunkt ist. Für so kleine Radien ist also die potentielle Energie des Leuchtelektrons dem Betrage nach nahezu 11mal so groß wie beim H-Atom.

Daraus folgt nun: Die Energiewerte aller stationären Zustände des Leuchtelektrons eines einwertigen Atoms liegen tiefer als diejenigen des H-Atoms zur gleichen Hauptquantenzahl n, und zwar umso mehr, je kleiner die Quantenzahlen n und l sind. Um das zu begründen, macht man in der Eigenwertgleichung, genauso wie in § 7, den Ansatz

$$u(\vec{r}) = R(r)Y(\vartheta,\varphi)\,. \tag{3}$$

Dann erhält man für $v(r) = rR(r)$ dieselbe Gleichung wie (§8;3), nämlich

$$-\frac{\hbar^2}{2m}\frac{d^2v}{dr^2} + U(l,r)v = E\cdot v \tag{4}$$

mit der effektiven potentiellen Energie

$$U(l,r) = \frac{\hbar^2 l(l+1)}{2mr^2} + E_{pot}(r)\,. \tag{5}$$

Der einzige Unterschied ist der, daß $E_{pot}(r)$ nicht gleich $-e^2/(4\pi\varepsilon_0 r)$ ist, sondern im Innern des Atomrumpfes davon in Richtung auf stärker negative Werte hin abweicht.

Nach den Ausführungen in § 3 und 4 hängt nun die Grösse der Eigenwerte vor allem von dem Verlauf von $U(l,r)$ in demjenigen Bereich ab, in welchem $E > U(l,r)$ ist, denn in den anderen Bereichen mit $E < U(l,r)$ klingt die Welle mit wachsendem Abstand von der Bereichsgrenze rasch gegen null ab. Bei großem l liegt aber der ganze Atomrumpf in dem Bereich, in welchem die potentielle Energie der Fliehkraft $\hbar^2 l(l+1)/(2mr^2)$ größer als $|E_{pot}(r)|$, also $U(l,r)$ positiv ist. Solange in dem ganzen Bereich mit negativen Werten von $U(l,r)$ die potentielle Energie $E_{pot}(r)$ mit derjenigen des H-Atoms übereinstimmt, sind auch alle negativen Eigenwerte praktisch mit denen des H-Atoms identisch.

Nur bei kleinerem l, insbesondere wenn der Drehimpuls so klein ist, daß das Minimum von $U(l,r)$ im Innern des Atomrumpfes liegt, macht sich die Verringerung der potentiellen Energie bemerkbar. Da dann das Minimum von $U(l,r)$ bei tieferen Energiewerten als beim H-Atom liegt, sind auch die Eigenwerte niedriger.

Das wirkt sich umso stärker aus, je kleiner die Hauptquantenzahl ist. Denn bei relativ großen Werten von n, also großen Werten der Energie, erstreckt sich die Wellenfunktion bis zu ziemlich großen Radien, wo sich der Einfluß des Atomrumpfes nicht mehr bemerkbar macht. Ausserdem ist dort die Amplitude der Wellenfunktion besonders groß, wie durch Abb. 16 und die Ausführungen auf S.121 dargelegt wurde. Die Änderung der potentiellen Energie in einem räumlichen Teilgebiet wirkt sich aber relativ umso weniger auf den Eigenwert aus, je geringer das Integral über das Absolutwertquadrat der Wellenfunktion über dieses Teilgebiet ist. Auf Grund dieser Regel ist also zu erwarten, daß die Eigenwerte des Leuchtelektrons in einem Alkali-Atom bei großem l von denen des

H-Atoms fast gar nicht abweichen und bei kleinerem l umso mehr zu negativen Werten hin verschoben sind, je kleiner n ist.

Eine quantitative Begründung dieser Aussage erfordert längere numerische Rechnungen. Solche wurden in der Zeit von 1928 bis etwa 1940 von D.R. Hartree und dessen Sohn W. Hartree[1] für viele Atome ausgeführt, und zwar nach folgendem Schema: Zunächst wurde der Verlauf von $E_{pot}(r)$ geschätzt. Dann wurde dafür durch numerische Integration von (4) der Verlauf von $V(r)$ berechnet, und zwar nicht nur für das Leuchtelektron, sondern auch für die Rumpfelektronen, wenn auch mit einem anderen, für sie passenden Verlauf der potentiellen Energie. Mit den erhaltenen Wellenfunktionen wurde die potentielle Energie, für jedes Elektron gesondert, auf Grund der erhaltenen Ladungsverteilung der anderen Elektronen berechnet und damit die ganze Rechnung wiederholt, bis sich die Ergebnisse der früheren Rechnung reproduzierten. Wenn das der Fall ist, bezeichnet man diese Rechnung als "self-consistent" (mit sich selbst verträglich).

Diese Methode lieferte zwar einen wesentlichen Beitrag zur Bestimmung der Struktur der Elektronenhüllen, aber keine voll befriedigenden Ergebnisse über die Energien, weil die Annahme von unabhängig bewegten Elektronen keine sehr gute Näherung ist. Die weiteren Überlegungen hier sollen sich deshalb direkt auf die gemessenen Energiewerte stützen und nicht auf theoretische Ergebnisse.

1) Eine Übersicht über die zahlreichen Arbeiten und Ergebnisse findet sich in: Landolt-Börnstein, Zahlenwerte und Funktionen aus Physik, Chemie und Astronomie, Geophysik und Technik, 6.Aufl., I. Band: Atom- und Molekularphysik, 1. Teil: Atome und Ionen, S. 276

Das wichtigste allgemeine Ergebnis von Theorie und Messung ist der Umstand, daß die Energie der stationären Zustände des Leuchtelektrons nicht mehr von der Hauptquantenzahl n allein abhängt, sondern auch noch von der Nebenquantenzahl l, aber nicht von der magnetischen Quantenzahl m. Denn diese bestimmt gewissermaßen nur die Orientierung der Elektronenbahn im Raum, und davon hängt die Energie bei kugelsymmetrischer potentieller Energie und bei Abwesenheit äußerer Felder nicht ab.

Daher erscheint es angebracht, hier eine Bezeichnung einzuführen, die oft auch schon beim H-Atom benutzt wird, dort aber noch keine volle Berechtigung besitzt. Die Zustände mit den verschiedenen Werten der Drehimpulsquantenzahl l kennzeichnet man durch Buchstabem, entsprechend der folgenden Tabelle 3:

Tabelle 3: Die Symbole zu den Drehimpulsquantenzahlen

Quantenzahl l	$l = 0$	$l = 1$	$l = 2$	$l = 3$	$l = 4$	$l = 5$
Symbol	s	p	d	f	g	h

Die ersten 4 Symbole s, p, d, f sollten ursprünglich gewisse Eigenschaften der mit diesen Zuständen zusammenhängenden Spektrallinien zum Ausdruck bringen (vgl. § 12). Die weiteren Buchstaben von f an wurden einfach alphabetisch gewählt.

Beim H-Atom kann man strenggenommen noch nicht von s- und p-Zuständen usw. sprechen. Dort besitzen diese in der bisher betrachteten Näherung, bei Vernachlässigung der magnetischen und relativistischen Effekte, die gleichen Energieeigenwerte. Dann aber ist die Auszeichnung bestimmter Linearkombinationen mit der Form $R(r)Y(\vartheta,\varphi)$ nicht berechtigt. Eine geringfügige Störung kann das Auftreten anderer Funktionen bewirken, denen keine bestimmte Quantenzahl l zugeordnet werden kann. Erst bei den Alkali-Atomen ist es sinnvoll, die kugelsymmetrischen s-Zustände von den p- und d-Zuständen begrifflich zu unterscheiden.

Eine Übersicht über die Lage der Energiewerte erhält man am besten durch Einführung der effektiven Hauptquantenzahl n^* durch die folgende Gleichung:

$$E(n,l) = -\frac{E_0}{n^{*2}} \tag{6}$$

Beim H-Atom ist n^* gleich der Hauptquantenzahl n. Bei den Alkali-Atomen ist n^* kleiner als n und keine ganze Zahl mehr. In Tabelle 4 sind die Termwerte $T(n,l) = -E(n,l)/hc$ einiger stationären Zustände des Leuchtelektrons des Na-Atoms sowie die zugehörigen n^*-Werte angegeben. Auf die kleine Aufspaltung der Termwerte der p-Zustände wird in § 12 eingegangen werden.

Man liest aus dieser Tabelle ab: Die Differenz zwischen der wirklichen Hauptquantenzahl n und n^* hängt nur wenig von n ab, dagegen sehr stark von l. Für eine Abschätzung der Eigenwerte ist daher die folgende Näherungsformel brauchbar:

$$E(n,l) = -\frac{E_0}{(n-\delta(l))^2}\,. \tag{7}$$

Tabelle 5 enthält die Werte der sog. "Termdefekte" $\delta(l)$ aller Alkali-Atome für die 4 kleinsten l-Werte.

Tabelle 4: Die Termwerte und die effektiven Quantenzahlen n^* der stationären Zustände des Leuchtelektrons im Na-Atom

s-Terme		n^*	p-Terme		n^*	d-Terme		n^*	f-Terme		n^*
3s	41449,00	1,626	$3p_{1/2}$	24492,83	2,116	3d	12276,18	2,990	---		
			$3p_{3/2}$	24475,65	2,117						
4s	15709,50	2,643	$4p_{1/2}$	11181,63	3,133	4d	6900,35	3,988	4f	6860,37	3,999
			$4p_{3/2}$	11176,14	3,133						
5s	8248,28	3,647	$5p_{1/2}$	6408,83	4,138	5d	4412,42	4,987	5f	4390,37	5,000
			$5p_{3/2}$	6406,34	4,139						
6s	5077,31	4,649	$6p_{1/2}$	4152,80	5,140	6d	3061,92	5,987	6f	3041,5	6,006
			$6p_{3/2}$	4151,30	5,141						
7s	3437,28	5,650	$7p_{1/2}$	2908,93	6,141						
			$7p_{3/2}$	2907,46	6,143						
8s	2480,65	6,651									

(Einheit aller Terme: cm^{-1})

Tabelle 5: Die Abweichung $n-n^*=\delta(l)$ der effektiven Quantenzahl von der wahren Hauptquantenzahl für einige Termfolgen der Alkali-Atome

	Li	Na	K	Rb	Cs
l = 0; s-Terme	0,40	1,35	2,18	3,14	4,06
l = 1; p-Terme	0,05	0,86	1,72	2,65	3,58
l = 2; d-Terme	0,00	0,013	0,24	1,33	2,47
l = 3; f-Terme	0,00	0,000	0,010	0,02	0,03

Die Formel (7) gilt selbstverständlich nicht entfernt so genau wie die Formel (§ 6;6) für das H-Atom. Bei kleinem n liefert sie in der Regel etwas zu kleine Termwerte, also etwas zu große Energien. Sie erfaßt lediglich in geschickter Weise die vorn begründete Aussage, daß die Verminderung der Eigenwerte vor allem von l abhängt und bei gegebenem kleinem l relativ umso geringer ist, je höher n ist.

Man beachte, daß n^* bei den s- und p-Termen wesentlich größer als 1 ist. In der Anfangszeit der Erforschung der Spektren hat man den Termen falsche Hauptquantenzahlen zugeordnet, welche leider unter dem Namen "konventionelle" Quantenzahlen auch heute noch manchmal benutzt werden. Der Grundzustand des Leuchtelektrons wurde damals bei allen Alkali-Atomen mit $n=1$ bezeichnet. Dann ist der Termdefekt dem Betrage nach kleiner als 1 und hat das falsche Vorzeichen. Die Ursache für sein Auftreten wird dadurch weitgehend verdeckt.

§ 11. Die Grobstruktur der Elektronenhülle

In groben Zügen läßt sich der Aufbau der Elektronenhülle eines Atoms in einem stationären Zustand durch die Angabe der Quantenzahlen n und l der besetzten Zustände kennzeichnen. Die Zahl l ersetzt man dabei meist durch den zugehörigen Buchstaben. Die Anzahl der Elektronen wird wie eine Potenz angefügt. Die Gesamtheit dieser Angaben bezeichnet man oft als Konfiguration. Der Grundzustand des H-Atoms hat also die Konfiguration $(1s)^1$ und der des Heliums $(1s)^2$. Die Gesamtheit der Zustände mit der gleichen Hauptquantenzahl nennt man eine Elektronenschale. Auch diese kennzeichnet man häufig mit Buchstaben, aber zum Unterschied von der Nebenquantenzahl durch große Buchstaben, K für $n = 1$, L für $n = 2$ usw. in alphabetischer Reihenfolge. Diese Bezeichnung wird vorzugsweise bei den Röntgenspektren der schweren Elemente benutzt, wenn diese Schalen vollständig oder fast vollständig besetzt sind.

Die Zustände einer Schale mit fester Drehimpulsquantenzahl heißen Unterschale. Die L-Schale hat zwei Unterschalen, $2s$ und $2p$. Von diesen liegt die $2s$-Schale energetisch tiefer, weil in ihr die Elektronen tiefer in den Atomrumpf eindringen, welcher in diesem Fall nur von den Elektronen der $1s$-Schale gebildet wird. Der Grundzustand des Li-Atoms hat daher die Konfiguration $(1s)^2(2s)^1$, derjenige des Be $(Z = 4)$ $(1s)^2(2s)^2$. Da die $2s$-Unterschale mit 2 Elektronen voll besetzt ist, hat der Grundzustand des nächsten Elements im periodischen System, des Bor $(Z = 5)$, die Konfiguration $(1s)^2(2s)^2(2p)^1$. Beim Ne $(Z = 10)$ ist im Grundzustand auch die $2p$-Unterschale voll besetzt: Konfiguration: $(1s)^2(2s)^2(2p)^6$. Das nächste Elektron befindet sich, wie bereits in § 10 erörtert wurde, beim Na im Grundzustand im $3s$-Niveau.

Die Fortsetzung geht zunächst genauso weiter. Die Grundkonfiguration des Mg $(Z = 12)$ ist $(1s)^2(2s)^2(2p)^6(3s)^2$, diejenige des Al $(Z = 13)$ $(1s)^2(2s)^2(2p)^6(3s)^2(3p)^1$ usw. bis hin zum Ar $(Z = 18)$: $(1s)^2(2s)^2(2p)^6(3s)^2(3p)^6$. Beim nächsten Atom aber geschieht etwas besonderes: Das letzte Elektron des Kalium-Atoms $(Z = 19)$ besetzt im Grundzustand kein Niveau der $3d$-Unterschale, sondern eines der $4s$-Unterschale. Die Ursache ist der Termdefekt: Bei den s-Termen des Kaliums beträgt dieser nach Tabelle 5 $\delta(0) = 2{,}18$, bei den d-Termen dagegen nur etwa $\delta(2) = 0{,}24$. Die effektive Hauptquantenzahl $n^* = n - \delta(l)$ ist also beim $4s$-Term $n^* = 1{,}82$ und beim $3d$-Term $n^* = 2{,}76$. Da n^* nach (§10;6) unmittelbar mit der Energie zusammenhängt, ist also das $4s$-Niveau des Kaliums energetisch tiefer als sein $3d$-Niveau.

Beim Ca $(Z = 20)$ ist es noch genauso. Seine Grundkonfiguration lautet $(1s)^2(2s)^2(2p)^6(3s)^2(3p)^6(4s)^2$. Dann aber wird beim nächsten Atom im Grundzustand nicht die Schale $n = 4$ weiter aufgefüllt, sondern zunächst die $3d$-Schale (vgl. Tabelle 6). Beim Sc $(Z = 21)$ ist die Konfiguration der letzten 3 Elektronen im Grundzustand nicht $(4s)^2(4p)^1$, sondern $(3d)^1(4s)^2$. Beim Fortschreiten im periodischen System wird jetzt sozusagen die Besetzung der $3d$-Schale nachgeholt. Daher kommt es, daß erst die 4. Reihe des periodischen Systems 18 Elemente enthält, was man den Quantenzahlen nach bereits bei der 3. Reihe erwarten sollte, denn die M-Schale mit $n = 3$ kann maximal $2n^2 = 18$ Elektronen aufnehmen.

Tabelle 6: Die Konfiguration des Grundzustandes einiger Atome

	Chem. Symbol	Ordnungszahl	K	L		M			N				
				Zahl der Elektronen in den Unterschalen									
			1s	2s	2p	3s	3p	3d	4s	4p	4d	5s	5p
1.R.	H	1	1										
	He	2	2										
2.Reihe	Li	3	2	1									
	Be	4	2	2									
	B	5	2	2	1								
	C	6	2	2	2								
	N	7	2	2	3								
	O	8	2	2	4								
	F	9	2	2	5								
	Ne	10	2	2	6								
3.Reihe	Na	11	2	2	6	1							
	Mg	12	2	2	6	2							
	Al	13	2	2	6	2	1						
	...	...	..	..	..	..	..						
	Ar	18	2	2	6	2	6						
4. Reihe	K	19	2	2	6	2	6		1				
	Ca	20	2	2	6	2	6		2				
	Sc	21	2	2	6	2	6	1	2				
	Ti	22	2	2	6	2	6	2	2				
	V	23	2	2	6	2	6	3	2				
	Cr	24	2	2	6	2	6	5	1				
	Mn	25	2	2	6	2	6	5	2				
	Fe	26	2	2	6	2	6	6	2				
	Co	27	2	2	6	2	6	7	2				
	Ni	28	2	2	6	2	6	8	2				
	Cu	29	2	2	6	2	6	10	1				
	Zn	30	2	2	6	2	6	10	2				
	Ga	31	2	2	6	2	6	10	2	1			
	Ge	32	2	2	6	2	6	10	2	2			
	...	...	..	..	..	..	..	..	..	..			
	Kr	36	2	2	6	2	6	10	2	6			
5.Reihe	Rb	37	2	2	6	2	6	10	2	6		1	
	Sr	38	2	2	6	2	6	10	2	6		2	
	Y	39	2	2	6	2	6	10	2	6	1	2	
	...	...	..	..	..	..	..	..	..	..	..	..	
	X	54	2	2	6	2	6	10	2	6	10	2	6

Zugleich ist das die Ursache für den Umstand, daß die Atome in der Mitte der 4. Reihe des periodischen Systems in verschiedenen Verbindungen eine verschiedene Wertigkeit aufweisen. Da in den Elementen Cr, Mn, Fe, Co und Ni das $3d$-Niveau energetisch nur wenig von dem $4s$-Niveau verschieden ist, hängt die Verteilung der Elektronen auf diese Niveaus von dem relativ kleinen Einfluß der Nachbarschaft ab. Die chemische Bindung wird jedoch im wesentlichen von den außen liegenden $4s$-Elektronen bewirkt. Die weiter innen im Atom liegenden $3d$-Elektronen tragen nur wenig und mehr indirekt dazu bei.

Die Frage, bei welchem Element im periodischen System die Besetzung einer vorher unbesetzten Unterschale beginnt, kann ungefähr auch aus spektroskopischen Ergebnissen erschlossen werden, indem man die Verschiebung der Energiewerte einzelner Zustände mit der Ordnungszahl Z untersucht. Das geschieht in den sogenannten isoelektronischen Reihen. Darunter versteht man eine Folge von Atomen und Ionen mit gleicher Elektronenzahl, aber verschiedener Kernladungszahl Z .

Zum Vergleich der Lage eines Energieniveaus in den verschiedenen Ionen einer solchen Reihe führt man zweckmäßig die sogenannte effektive Ordnungszahl Z_{eff} ein. Da nach (§ 6;6) die Energie eines stationären Zustandes mit der Hauptquantenzahl n in der Umgebung eines Z-fach geladenen nackten Kerns durch $E(n) = - E_0 Z^2/n^2$ gegeben ist, schreibt man den Term in der Form

$$T(n,l)hc = - E(n,l) = \frac{E_0}{n^2} \cdot Z_{eff}^2 \qquad (1)$$

und berechnet aus dem gemessenen Wert von $T(n,l)$ die Größe Z_{eff} . Man pflegt dann

$$Z_{eff} = Z - \sigma \tag{2}$$

zu setzen und nennt σ die Abschirmungszahl. Für ein Elektron in einem Zustand, dessen Wellenfunktion nur außerhalb des Bereiches der Rumpfelektronen wesentliche Werte annimmt, sollte σ gleich der Zahl der Elektronen im Rumpf sein und daher innerhalb einer isoelektronischen Reihe einen konstanten Wert haben. Für Elektronen, die etwas in den Atomrumpf eindringen, ist σ kleiner und ein wenig von der Größe der Kernladungszahl Z abhängig. Sie ändert sich aber viel weniger als Z selbst.

Als Beispiel dafür sind in Tabelle 7 die σ-Werte einiger Energieniveaus des Leuchtelektrons in der isoelektronischen Reihe mit 11 Elektronen angegeben. In ihr sind die Termwerte vom Na-Atom bis hin zum 15-fach ionisierten Eisen gemessen worden. Beim $4d$-Term ist σ überall fast gleich der Zahl 10 der Rumpfelektronen. Beim $3s$-Term sinkt σ von $9{,}16$ beim Na bis $8{,}00$ beim $Fe^{(15+)}$, also nur um etwa 13 % seines Anfangswertes, während Z auf das 2,5-fache, nämlich von 11 bis 26 anwächst und der Termwert selbst auf etwa das 1000-fache.

Selbstverständlich ist es nicht streng richtig, anzunehmen, daß die Abschirmkonstante σ für das äußerste Elektron eines Ions den gleichen Wert hat wie für ein Elektron in demselben Niveau im Innern eines neutralen Atoms der gleichen Ordnungszahl. Letztere ist vielmehr größer. Denn die Termwerte hängen ja von der Energie zur Überführung des betrachteten Elektrons von seinem stationären Zustand bis ins Unendliche ab. Auf ein Elektron in großem Abstand von einem Ion wirkt aber eine größere Anziehungskraft als im gleichen Abstand von einem neutra-

Tabelle 7: Die Abschirmkonstante σ für einige stationären Zustände des Leuchtelektrons in Atomen und Ionen mit 11 Elektronen

(Ist T der Termwert, so gilt $Z - \sigma = n\sqrt{T/R}$. R = Rydbergkonstante)

Atom Ion	Z	σ für die Terme 3s	3p	4s	4d
Na	11	9.16	9.58	9.48	9.995
Mg^{+}	12	8.84	9.35	9.26	9.982
Al^{2+}	13	8.66	9.20	9.11	9.954
Si^{3+}	14	8.53	9.10	9.02	9.922
P^{4+}	15	8.43	9.02	8.95	9.891
S^{5+}	16	8.35	8.95	8.89	9.862
Cl^{6+}	17	8.30	8.91	8.83	9.828
Ar^{7+}	18	8.25	8.86	8.79	9.812
K^{8+}	19	8.21	8.80	8.75	9.781
Ca^{9+}	20	8.18	8.80	8.71	9.773
Sc^{10+}	21	8.14	8.75	8.70	9.76
Ti^{11+}	22	8.10	8.76	8.69	9.74
V^{12+}	23	8.07	8.72	8.65	9.73
Cr^{13+}	24	8.04	8.67	8.61	9.72
Mn^{14+}	25	8.00	8.67	8.60	9.70
Fe^{15+}	26	8.00	8.63	8.60	9.68

len Atom gleicher Ordnungszahl. Daher ist beim Ion die Abtrennarbeit, also auch Z_{eff} größer. Mit anderen Worten: Auch die äußeren Elektronen, deren Wellenfunktionen im wesentlichen bei größeren Radien liegen als die des betrachteten Niveaus, tragen zur Abschirmungskonstanten σ bei. Ihr Einfluß ist aber kleiner als der eines Elektrons, das sich in geringerem Abstand vom Kern befindet als das in dem betrachteten Niveau.

In erster grober Näherung kann man aber trotzdem so rechnen, als ob σ in allen Atomen und Ionen mit besetzten inneren Schalen ungefähr den gleichen Wert hat. Dann versteht man sofort die Ursache für die erwähnte Tatsache, daß sich die energetische Reihenfolge des $4s$-und $3d$ -Zustandes beim Fortschreiten vom Kalium zu Atomen höherer Ordnungszahl umkehrt. Die Formeln für die Termwerte lauten nämlich $T(4s) = R(Z-\sigma_{4s})^2/16$ und $T(3d) = R(Z-\sigma_{3d})^2/9$. Wegen $\sigma_{4s} < \sigma_{3d}$ ist bei kleinem Z der Termwert des $4s$ -Zustandes grösser als der des $3d$ -Zustandes, und das gilt auch noch beim Kalium. Bei großem Z unterscheiden sich aber die Zähler in den obigen Ausdrücken nur relativ wenig, und daher überwiegt der Einfluß des größeren Nenners bei dem Term mit der größeren Hauptquantenzahl. Dann ist $T(3d)$ größer, d.h. die Energie des $3d$ -Niveaus ist niedriger. Allgemein gilt also: Mit wachsender Ordnungszahl wird die Abweichung der Termwerte von dem Wert RZ^2/n^2 relativ immer kleiner, und daher stellt sich dabei stets die beim H-Atom vorhandene Ordnung der Energiewerte ein.

Dieselbe Erscheinung, die hier an den Atomen der 4. Reihe des periodischen Systems erörtert wurde, zeigt sich erneut in den höheren Reihen. In der 5. Reihe wird bei Rb und Sr im Grundzustand bereits die Schale mit

$n = 5$ teilweise besetzt. Dann aber, beginnend beim Yttrium, wird die Besetzung der $4d$-Schale nachgeholt. Beim Xenon ist die 1., 2. und 3. Schale voll besetzt, die 4. Schale bis $l = 2$, , die 5. bis $l = 1$. . In der 6. Reihe des periodischen Systems liegen die Verhältnisse noch komplizierter. Beim La beginnt zwar die Besetzung der $5d$-Schale, aber sie wird beim Ce nicht fortgesetzt. Dann wird erst die Besetzung der bisher unbesetzten $4f$-Schale nachgeholt. Daher haben die sog. seltenen Erden mit den Ordnungszahlen $Z = 59$ bis $Z = 71$ alle fast die gleichen chemischen Eigenschaften, denn bei ihnen gilt in noch viel stärkerem Maße das, was oben von den Atomen mit unvollständig besetzter $3d$-Schale gesagt wurde. Die Elektronenhüllen unterscheiden sich nur durch eine verschieden starke Auffüllung der im Innern der Elektronenhülle liegenden $4f$-Unterschale, und dadurch wird die verschieden große Kernladung nach außen abgeschirmt. Die äußere Elektronenhülle hat daher bei ihnen allen im wesentlichen den gleichen Aufbau, und daher sind auch ihre chemischen Eigenschaften einander so ähnlich.

Diese Betrachtungen bilden ein gutes Beispiel dafür, wie man mit wenigen atomtheoretischen Daten eine große Anzahl von chemischen und physikalischen Eigenschaften der Materie qualitativ verständlich machen kann. Als weiteres Beispiel sei noch kurz das Atomvolumen erwähnt. Darunter versteht man den Quotienten aus Volumen und Atomzahl des betrachteten Elements am absoluten Nullpunkt im kristallisierten Zustand. Dieses ist bei den Alkalimetallen besonders groß und nimmt von da ab mit wachsender Ordnungszahl rasch ab. Das liegt daran, daß die Ausdehnung der Elektronenhülle immer dann besonders groß ist, wenn ein Elektron in eine bisher unbesetzte äußere Schale eintritt. Von da an wächst das Z_{eff}

dieses Zustandes mit wachsendem Z rasch an, und das bewirkt bei jeder Schale eine Abnahme ihrer Ausdehnung. Nach der Bohrschen Theorie nimmt ja auch der Radius a_n der n-ten Kreisbahn um einen Z-fach geladenen Kern proportional zu $1/Z$ ab (vgl. § 6;4 und 6). Alle quantitativen Aussagen erfordern jedoch sehr umfangreiche Rechnungen und führen auf der bisher betrachteten Grundlage nur zu begrenzten Erfolgen. Trotzdem darf man daraus wohl schließen, daß die hier entwickelten Vorstellungen den Sachverhalt im wesentlichen richtig erfassen.

§ 12. Das Spektrum des Na-Atoms

In den vorigen Paragraphen wurden mehrfach die gemessenen Termwerte der Leuchtelektronen von Atomen und Ionen benutzt, ohne zu erläutern, wie man diese bestimmt. Das soll jetzt am Beispiel des Na-Atoms nachgeholt werden. Aus den Spektren folgen unmittelbar nur die Differenzen der Termwerte. Nach dem von Ritz[1] bereits 1908 aufgestellten Kombinationsprinzip lassen sich die Wellenzahlen $\tilde{\nu}_{jk}$ aller Spektrallinien als Differenzen einer kleineren Anzahl von Termwerten T_j schreiben:

$$\tilde{\nu}_{jk} = \frac{1}{\lambda_{jk}} = T_j - T_k . \qquad (1)$$

Dieses Gesetz, welches heute in der Regel theoretisch begründet wird (vgl. § 2) und mit der Bohrschen Frequenzbedingung (§ 1;1) identisch ist, wurde also in Wirklichkeit schon vor Entstehung der Bohrschen Theorie aus den Beobachtungen erschlossen. Aber nur im Falle des H-Atoms

1) W.Ritz, Phys.Zs. 9(1908) S.521, Gesammelte Werke, Paris(1911)S.162

ist seine Gültigkeit ohne weiteres ersichtlich. Dort kann man nämlich feststellen, daß die Differenz der Frequenzen zweier beliebiger Spektrallinien in der gleichen Serie stets wiederum als Frequenz einer Spektrallinie in einer anderen Serie vorkommt. Das ist aber mit (1) identisch, wenn man als plausibel unterstellt, daß bei allen Linien einer Serie der eine Term übereinstimmt.

Bei anderen Substanzen ist das nicht so einfach. Man kann zwar beim Na-Atom auch ähnlich wie beim H-Atom die Linien zu Serien zusammenfassen (vgl. S.176), in denen alle Linien einen Term gemeinsam haben, aber die Frequenzdifferenz zwischen zwei Linien einer Serie tritt dort niemals wieder als Frequenz einer Linie auf. Tatsächlich kommen nämlich nicht alle Differenzen von Termwerten als Wellenzahlen von Linien vor. Das ist nur beim H-Atom der Fall und liegt daran, daß bei diesem Atom - und nur bei diesem - zu allen Energieeigenwerten außer dem des Grundzustandes Wellenfunktionen mit verschiedenen Werten von l gehören. Wenn das nicht der Fall ist, beobachtet man in der Regel nur solche Linien, bei denen die Differenz der l-Werte der beiden Terme gleich 1 ist:

$$\Delta l = l_j - l_k = \pm 1 . \qquad (2)$$

Die Kenntnis dieser Auswahlregel ist für die Analyse der Spektren wichtig.

Außerdem ist dafür die Untersuchung der Feinstruktur der Linien von Vorteil, weil diese gewissermaßen die einzelnen Terme individuell kennzeichnet. Unter Feinstruktur versteht man experimentell die Tatsache, daß fast alle Spektrallinien bei Untersuchung in Spektralapparaten mit genügend hoher Auflösung aus Gruppen von zwei oder mehr Linien erscheinen. Theoretisch bezeichnet man aber nicht jede solche Aufspaltung als Feinstruktur, sondern nur diejenige, welche von der magnetischen Wechselwirkung der Spinmomente mit der Bahnbewegung der Elektronen herrührt.

Daneben gibt es noch zwei weitere Ursachen für solche Aufspaltungen. Bei allen Elementen, die aus mehreren Isotopen bestehen, stimmen die Frequenzen der Spektrallinien der verschiedenen Isotope wegen ihrer verschiedenen Masse und ihres verschiedenen Kernvolumens nicht genau überein. Bei leichten Elementen ist der erste Effekt der größere, bei schweren der zweite. Außerdem besitzen alle Atomkerne mit ungerader Protonen- oder Neutronenzahl ein magnetisches Moment, welches ebenfalls eine kleine Aufspaltung der Spektrallinien bewirkt. Diese beiden von den Atomkernen herrührenden Effekte bezeichnet man als Hyperfeinstruktur. Diese sollen hier nicht behandelt werden.

A. Die Feinstrukturaufspaltung

Die exakte Theorie der Feinstruktur erfordert die Hilfsmittel der relativistischen Quantenmechanik und kann hier nicht gebracht werden. Zur groben Abschätzung der Effekte genügt aber die folgende primitive Modellrechnung auf der Grundlage der Bohrschen Theorie mit punktförmig angenommenen, auf Kreisbahnen mit dem Radius a umlaufenden Elektronen. Für einen Beobachter, der sich mit dem Elektron mitbewegt, beschreibt dann der Atomkern scheinbar auch eine Kreisbahn mit dem gleichen Radius a . Er wird im gleichen Sinne wie das Elektron bei der wirklichen Bewegung durchlaufen. Bei einem Kern mit der Ordnungszahl Z entspricht diese Bewegung einem Kreisstrom, dessen Stromstärke I gleich Ze mal der

Umlaufsfrequenz $v/(2\pi a)$ ist:

$$I = Ze \cdot \frac{v}{2\pi a} = \frac{Ze}{2\pi m a^2} \cdot |\vec{L}| \qquad (3)$$

Nach dem Biot-Savartschen Gesetz erzeugt dieser Strom am Orte des Elektrons, also im Kreismittelpunkt, ein Magnetfeld, bei welchem der Betrag der Induktion bis auf den Faktor $\mu_0/(4\pi)$ gleich der Stromstärke mal der Kreislänge, dividiert durch das Quadrat des Abstandes a ist, also

$$|\vec{B}| = \frac{\mu_0}{4\pi} \frac{I \cdot 2\pi a}{a^2} = \frac{\mu_0 I}{2a} = \frac{\mu_0 Ze}{4\pi m a^3} |\vec{L}| . \qquad (4)$$

Die Richtung dieses Feldes stimmt, wie man in Abb. 19 erkennt, mit der Richtung des Bahndrehimpulsvektors $\vec{L}$ des Elektrons überein.

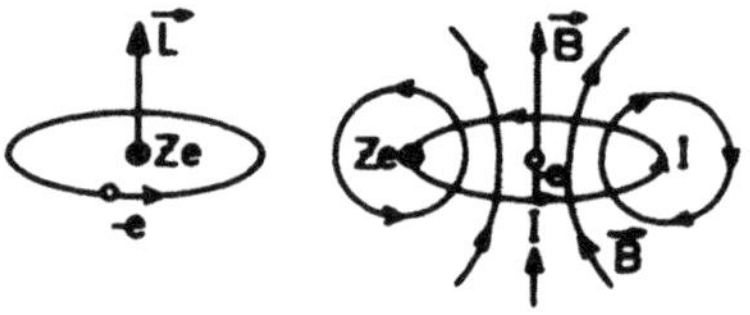

Abb. 19.
Zur Deutung der Feinstruktur. Links: Die Bewegung des Elektrons auf einer Bohrschen Kreisbahn. Rechts: Die scheinbare Bewegung des Kerns für einen Beobachter, der sich mit dem Elektron mitbewegt, und das davon herrührende Magnetfeld $\vec{B}$.

In stationären Zuständen hat das mittlere Spinmoment wegen der Spinquantenzahl $s = 1/2$ entweder die Richtung von $\vec{L}$ bzw. von $\vec{B}$ oder die entgegengesetzte Richtung. Da beim Elektron wie bei jedem negativ geladenen rotierenden Körper der Vektor des magnetischen Moments dem Spindrehimpuls entgegengerichtet ist, sind in dem energetisch tieferen Zustand, in welchem das magnetische Moment in Feldrichtung steht, Spindrehimpuls und Bahndrehimpuls einander entgegengerichtet. Definiert man das magnetische Moment $\vec{\mu}$ so, daß das Drehmoment des Magnetfeldes gleich dem Vektorprodukt aus $\vec{\mu}$ und seiner Induktion $\vec{B}$ ist, so ist die Energiedifferenz der beiden Zustände gleich $2|\vec{\mu}|\cdot|\vec{B}|$.

Die Größe des magnetischen Spinmomentes beträgt nahezu ein Bohrsches Magneton, und dieses beträgt bei dieser Definition

$$\mu_B = \frac{e\hbar}{2m} \quad . \tag{5}$$

Damit ergibt sich für die Energieaufspaltung $(\varepsilon_0\mu_0 = 1/c^2)$

$$\Delta E = 2\mu_B|\vec{B}| = \frac{Ze^2\hbar}{4\pi\varepsilon_0 m^2c^2}\cdot\frac{|\vec{L}|}{a^3} \, . \tag{6}$$

Gegen diese Rechnung lassen sich mit Recht Bedenken geltend machen. An dem Ergebnis ist aber richtig, daß die Aufspaltung nur auftritt, wenn der Drehimpuls nicht verschwindet, und daß sie bei gegebenem Wert von $\vec{L}$ proportional zur reziproken dritten Potenz des Abstandes Kern-Elektron ist. Allgemein tritt das Produkt aus der elektrischen Feldstärke am Orte des Elektrons mal seiner Geschwindigkeit auf. In Wirklichkeit sind natürlich diese Größen nach den quantenmechanischen Methoden zu mitteln. Die größte Feinstrukturaufspaltung erwartet man demnach im $2p$-Zustand. Mit wachsenden Quantenzahlen n und l nimmt sie rasch ab.

Setzt man zur Abschätzung ihrer Größenordnung für ein Elektron im $2p$-Zustand an einem Z-fach geladenen Kern $|\vec{L}| = \hbar$ und $a = a_0/Z$ (a_0 = Bohrscher Radius $= 4\pi\varepsilon_0\hbar^2/(me^2)$, vgl. § 6;6), so findet man

$$\Delta E = 2Z^4\alpha^2 E_0. \tag{7}$$

Darin ist E_0 die Ionisierungsenergie des H-Atoms, $E_0 = me^4/(32\pi^2\varepsilon_0^2\hbar^2)$ und α die Feinstrukturkonstante

$$\alpha = \frac{e^2}{4\pi\varepsilon_0\hbar c} = \frac{1}{137{,}036}. \tag{8}$$

Diese dimensionslose Konstante trat in der Physik zum ersten Mal in Arbeiten von Sommerfeld[1] bei der Berechnung der relativistischen Korrekturen an der Bohrschen Theorie auf. Sie ist gleich dem Verhältnis von Elektronengeschwindigkeit zu Lichtgeschwindigkeit auf der energetisch tiefsten Bohrschen Kreisbahn im H-Atom. Dieser Umstand macht deutlich, daß die Feinstruktur eng mit relativistischen Erscheinungen verknüpft ist. Die einzig einwandfreie Grundlage für Elektronenspin und Feinstruktur bildet die auf der Diracschen Wellengleichung beruhende relativistische Quantenmechanik.

Die Größenordnung der Feinstrukturaufspaltung beträgt nach (7) beim Wasserstoff wegen $\alpha \approx 10^{-2}$ etwa das 10^{-4}-fache der Termwerte. Sie steigt aber mit wachsendem Z stark an. Bei den Röntgenspektren erreicht sie große Werte. Auf den oben berechneten Zahlenfaktor ist kein Wert zu legen. Die unzulässige Transformation auf ein beschleunigt bewegtes Koordinatensystem verursacht[2] einen fehlerhaften Faktor 2. Auch läßt sich aus der obigen Rechnung nicht klar erkennen, wie man die quantenmechanische Mittelung über die Unbestimmtheit der Richtung von $\vec{L}$ und des Radius auszuführen hat.

1) A.Sommerfeld, Münchner Ber. (1915) S.425 und 459; (1916) S.131; Ann.d.Phys. 51(1916) S.1
2) H. Thomas, Nature 107 (1926) S.514

Da beim Na alle Terme außer den s-Termen in zwei Feinstrukturniveaus aufgespalten sind, bezeichnet man das Na-Spektrum als ein Dublett-Spektrum. Wenn man diese Eigenschaft an den Termsymbolen hervorheben will, pflegt man den Index 2 oben links anzufügen. Die einzelnen Feinstrukturniveaus kennzeichnet man durch Angabe der Quantenzahl j des Gesamtdrehimpulses unten rechts. Diese kann beim Na die Werte $j = l - 1/2$ und $j = l + 1/2$ annehmen. Die beiden p-Terme des Na mit der größten, am Leuchtelektron vorkommenden Feinstrukturaufspaltung tragen also bei vollständiger Angabe die Symbole $3\,{}^2p_{1/2}$ und $3\,{}^2p_{3/2}$. Der erste von beiden ist energetisch tiefer, hat also den größeren Termwert (vgl. Tab. 4, S. 151).

An Atomen mit mehreren Leuchtelektronen kann der Spindrehimpuls auch höhere Werte annehmen. Bei 2 Elektronen mit parallelem Spindrehimpuls beträgt die Spinquantenzahl $s = 1$. Bei ihnen können die Terme in 3 Feinstrukturniveaus aufspalten. Deshalb spricht man in diesem Fall von einem Triplett-Spektrum. Allgemein ist die sog. Multiplizität beim Vorliegen der Spinquantenzahl s gleich $(2s+1)$. Die hier auftretende Spinquantenzahl s, die beim Spindrehimpuls die gleiche Rolle spielt wie l beim Bahndrehimpuls, darf nicht verwechselt werden mit dem Termsymbol s für die kugelsymmetrischen Zustände ohne Bahndrehimpuls und auch nicht mit der Kurzbezeichnung s für die Spinkoordinaten oder den Einheitsvektor in Spinrichtung in den spinabhängigen Wellenfunktionen.

B. Die Auswahlregeln

Bei Emission und Absorption von ultraviolettem, sichtbarem und infrarotem Licht an Atomen beobachtet man fast ausschließlich nur diejenigen Linien, deren Terme sich in der Nebenquantenzahl um ± 1 unterscheiden. Die Ursache dafür war lange Zeit unklar und wurde deshalb etwas sybillinisch als ein "Übergangsverbot" für andere "Elektronensprünge" bezeichnet. Das Wellenmodell macht hier den Sachverhalt anschaulich völlig klar. Stellt man sich die Ladung des Elektrons in dem durch die Wellenfunktion $\psi(\vec{r},t)$ bezeichneten Zustand mit einer zu $|\psi|^2$ proportionalen Dichte kontinuierlich verteilt vor, so tritt nach § 2 in dem Zustand, welcher aus der Überlagerung der stationären Zustände u_j und u_k entsteht, ein mit der Kreisfrequenz $\omega_{jk} = (E_j - E_k)/\hbar$ oszillierender Anteil der Ladungsdichte auf, dessen Amplitude proportional zu $|u_j^* u_k|$ ist. Aber nicht jede solche Ladungsverteilung bewirkt auch die Emission einer Lichtwelle der Kreisfrequenz ω_{jk}. Das sei zunächst an drei Beispielen erläutert.

Als erstes Beispiel sei der Übergang zwischen zwei s-Zuständen betrachtet. In diesem Fall sind u_j und u_k und daher auch $u_j^* u_k$ kugelsymmetrisch verteilt. Daher ist auch das von dem oszillierenden Ladungsanteil erzeugte elektrische Feld kugelsymmetrisch und hat überall die Richtung des Radiusvektors. In großem Abstand hängt die Feldstärke nach (§ 10; 2) nur von der Gesamtladung ab, und diese hat wegen des Satzes von der Erhaltung der Ladung keinen oszillierenden Anteil. In diesem Fall tritt also exakt keinerlei Ausstrahlung auf.

Man kann das auch als eine Folge der Orthogonalität der Wellenfunktionen ansehen. Der oszillierende Anteil $\varrho_\sim$ von ϱ hat bei der Überlagerung von u_j und u_k nach (§ 2;3) die Form

$$\varrho_\sim = c_j^* c_k u_j^*(\vec{r}) u_k(\vec{r}) \exp i \frac{E_j - E_k}{\hbar} t + c_j c_k^* u_j(\vec{r}) u_k^*(\vec{r}) \exp i \frac{E_k - E_j}{\hbar} t. \tag{9}$$

Bei Integration dieses Ausdruckes über den ganzen Raum erhält man neben den Zeitfaktoren das Integral $\iiint u_j^*(\vec{r}) u_k(\vec{r}) d^3x = \langle u_j | u_k \rangle$ und sein konjugiert-komplexes $\langle u_k | u_j \rangle$. Beide verschwinden nach (§5;28). Der oszillierende Anteil der Ladung insgesamt ist also stets gleich null. Bei kugelsymmetrischer Verteilung bestimmt aber diese Gesamtladung allein das Strahlungsfeld, und daher verschwindet dieses.

Als zweites Beispiel sei der Übergang von einem p-Zustand in einen s-Zustand betrachtet, etwa der von $2p$ nach $1s$. In Abb. 20 sind die Kurven konstanten Wertes von $u_{2p}^* u_{1s}$ in der x-z-Ebene dargestellt für den Fall, daß die Wellenfunktionen des H-Atoms vorliegen und der p-Zustand die Quantenzahlen $l = 1, m = 0$ besitzt. Dann sind nämlich die Wellenfunktionen reell und rotationssymmetrisch um die z-Achse. Man erkennt, daß in diesem Spezialfall die oszillierende Ladungsverteilung diejenige eines Dipols aus zwei Ladungswolken mit entgegengesetztem Vorzeichen ist. Die Ladungsmittelpunkte liegen auf der positiven und negativen z-Achse. Aus der Größe des elektrischen Dipolmomentes kann man mit den Formeln für die elektromagnetische Ausstrahlung eines Hertzschen Dipols die Stärke der Ausstrahlung leicht ausrechnen und damit abschätzen, in welcher Zeit das Atom etwa seine Anregungsenergie emittiert. Man findet Zeiten der Größenordnung 10^{-8} bis 10^{-10} sek.

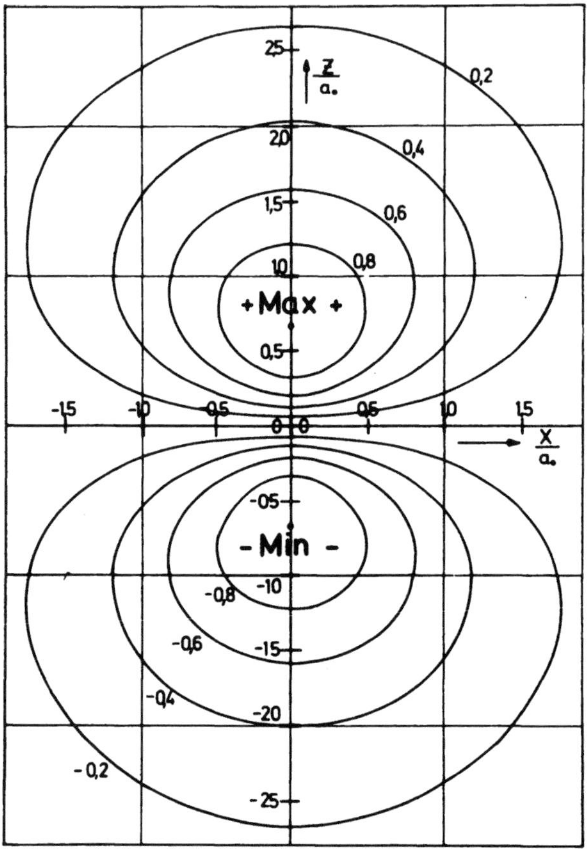

Abb.20.
Kurven konstanten Wertes des Produktes $u_{1s}\,u_{2p}$ der Wellenfunktionen des Wasserstoffatoms in der x-z-Ebene.
Von den drei Funktionen des $2p$ -Niveaus wurde die reelle Funktion mit $m = 0$ ausgewählt. Die Zahlenwerte an den Kurven sind die Quotienten aus $u_{1s}\,u_{2p}$ und dem Maximalwert.

Streng läßt sich das allerdings mit den bisher behandelten Formeln der Quantenmechanik nicht begründen, denn bisher wurde die Rückwirkung des selbst erzeugten Strahlungsfeldes auf die Elektronenwelle vernachlässigt. In die Schrödingergleichung (§ 2;9) wurde vielmehr nur die potentielle Energie des Kernfeldes eingesetzt, nicht die des elektromagnetischen Feldes der Elektronenwelle.

Da man bei der strengen Berechnung dieses Effektes die Quantennatur der elektromagnetischen Strahlung berücksichtigen muß, ist das ein Problem der Quantenelektrodynamik, die in diesem Buch nicht behandelt wird. Die oben angedeutete halbklassische Rechnung liefert aber qualitativ richtige Ergebnisse. Diejenigen Übergänge, bei denen die Ladungsverteilung $u_j^* u_k$ wie in dem betrachteten Beispiel ein Dipolmoment besitzt, werden also intensiv ausgestrahlt und führen zu einem relativ raschen Übergang des Atoms in den Grundzustand. Das sind die sog. "erlaubten" Übergänge.

Als drittes Beipiel werde die Überlagerung eines s-Zustandes und eines d-Zustandes betrachtet, und zwar diejenige des $1s$-Zustandes des H-Atoms mit einem $3d$-Zustand mit reeller Wellenfunktion, und zwar

$$u_{3d} = \frac{2}{81\sqrt{2\pi}}\,\frac{xy}{a_0^{7/2}}\,\exp\left(-\frac{r}{3a_0}\right). \tag{10}$$

Das ist eine normierte Überlagerung der beiden Wellenfunktionen mit den Quantenzahlen $n = 3, l = 2$ und $m = \pm 2$. Die in Abb. 21 dargestellten Kurven konstanten Wertes des Produktes $u_{1s} u_{3d}$ in der x-y-Ebene zeigen das typische Bild eines Quadrupols mit 4 paarweise entgegengesetzten Ladungswolken auf den Ecken eines Quadrates mit der Kantenlänge $a = 3a_0/\sqrt{2}$.

Die Intensität seiner Ausstrahlung läßt sich leicht durch Zurückführung auf diejenige eines Dipols abschätzen. Die beiden Ladungswolken bei positivem x erzeugen, als Dipol zusammengefaßt, auf der x-Achse in großem Abstand ein Strahlungsfeld, bei welchem die y-Komponente der elektrischen Feldstärke einer Formel der folgenden Gestalt genügt:

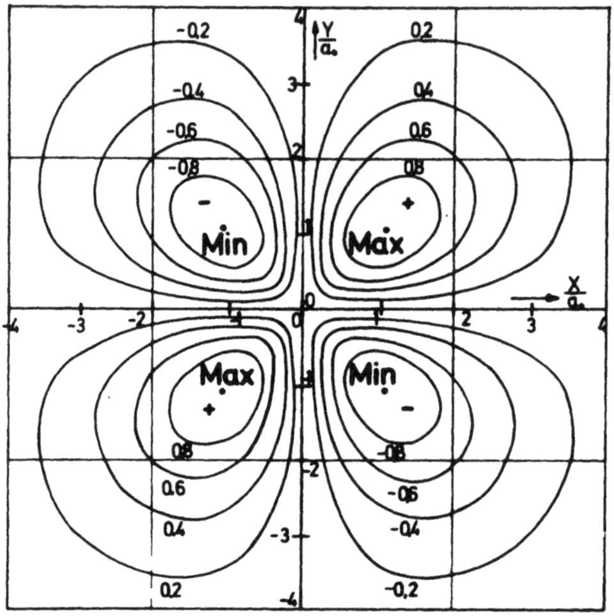

Abb.21. Kurven konstanten Wertes des Produktes $u_{1s}\, u_{3d}$ der Wellenfunktionen des Wasserstoffatoms in der x-y -Ebene. Von den 5 Wellenfunktionen u_{3d} wurde die reelle Funktion prop. xy ausgewählt, welche proportional zur Differenz der Funktionen mit den Quantenzahlen $m = \pm 2$ ist. Die Zahlenwerte an den Kurven sind gleich dem Quotienten aus $u_{1s}\, u_{3d}$ und dem Maximalwert dieses Produktes an dem Punkt $x = y = 3a_0/\sqrt{8}$.

$$E_y = \frac{C}{x - a/2} \cos\left[k\left(x - \frac{a}{2}\right) - \omega t + \gamma\right]. \qquad (11)$$

Die anderen beiden Ladungswolken bei negativem x erzeugen dann das Feld

$$E_y = -\frac{C}{x + a/2} \cos\left[k\left(x + \frac{a}{2}\right) - \omega t + \gamma\right]. \qquad (12)$$

Entwickelt man die beiden Ausdrücke nach Potenzen von a, so kann man bei $x \gg a$ alle Glieder mit einer höheren als der ersten Potenz von a vernachlässigen. Bei der Addition heben sich dann die Summanden ohne a fort. Von den beiden in a linearen Gliedern rührt einer davon her, daß die beiden Nenner in (11) und (12) etwas verschieden sind. Dieser unterscheidet sich von (11) im wesentlichen nur durch den Faktor a/x, und dieser ist für $x \gg a$ verschwindend klein.

Der andere, in a lineare Summand kommt von dem a im Argument des Kosinus her und lautet

$$E_{y\,Quad} = ka \frac{c}{x} \sin\left[kx - \omega t + \gamma\right]. \tag{13}$$

Er unterscheidet sich von (11) außer durch eine Phasenverschiebung um $\pi/2$ vor allem durch den Faktor $ka = 2\pi a/\lambda$. Dieser hängt nicht von der Entfernung ab. Er gibt an, um welchen Faktor sich der Größenordnung nach das Feld eines Quadrupols von demjenigen eines Dipols gleicher Abmessungen und Ladungsgrößen unterscheidet. Bei Atomem liegt a in der Größenordnung des Atomdurchmessers, also etwa $a \approx 1 \text{Å}$. Die Wellenlänge des sichtbaren Lichtes beträgt dagegen rund $\lambda \approx 5000 \text{Å}$. Der Faktor ka hat also die Größenordnung 10^{-3}. Da die Intensität der Strahlung dem Quadrat der Feldstärke proportional ist, hat demnach die Quadrupolstrahlung eines Atoms eine rund 10^{-6} mal geringere Intensität als die Dipolstrahlung. Diese Spektrallinien kann man daher neben Linien zu Übergängen mit nichtverschwindendem Dipolmoment nicht beobachten.

Diese Betrachtungen veranschaulichen wohl genügend den Umstand, daß man eine Spektrallinie zu dem Übergang vom Zustand u_j nach u_k nur dann beobachtet, wenn das Dipolmoment der zu $u_j^* u_k$ proportionalen Ladungsverteilung nicht verschwindet. Die x-Komponente dieses Dipolmomentes ist proportional zu dem Absolutwert des Integrals

$$\iiint u_j^*(\vec{r})\, x\, u_k(\vec{r})\, d^3x = \langle u_j | X | u_k \rangle = X_{jk}. \tag{14}$$

Die hier auftretende Größe $X_{jk} = \langle u_j | X | u_k \rangle$ bezeichnet man als ein Matrixelement des Operators X = Multiplizieren mit der Koordinate x (vgl. § 19). Die Übergänge $j \rightarrow k$, bei denen X_{jk}, Y_{jk} und Z_{jk} alle drei verschwinden, sind im emittierten Strahlungsfeld im allgemeinen nicht zu beobachten.

Das ist aber gleichbedeutend mit der Bedingung $\Delta l = l_j - l_k = \pm 1$. Wenn nämlich die Funktion $u_k(\vec{r})$ in obigen Integralen die Kugelflächenfunktion $Y_{l,m}$ enthält, so entstehen beim Multiplizieren mit $x = r\sin\vartheta(e^{i\varphi} + e^{-i\varphi})/2$, $y = r\sin\vartheta(e^{i\varphi} - e^{-i\varphi})/2i$ oder $z = r\cos\vartheta$ Funktionen mit den folgenden richtungsabhängigen Faktoren $Y_{l,m}\cos\vartheta$, $Y_{l,m}\sin\vartheta\, e^{i\varphi}$ und $Y_{l,m}\sin\vartheta\, e^{-i\varphi}$. Diese sind aber, wie man in den Mathematikbüchern[1] nachlesen kann (vgl. § 7a), gleich Linearkombinationen der Kugelflächenfunktionen mit einem um 1 höheren und tieferen Wert von l. Alle Kugelflächenfunktionen sind aber Eigenfunktionen der hermitischen Operatoren L^2 und L_z mit den Eigenwerten $l(l+1)\hbar^2$ bzw. $m\hbar$. Zwei Kugelflächenfunktionen $Y_{l,m}$, die sich wenigstens in einem der Indizes l oder m unterscheiden, sind daher als Eigenfunktionen eines hermitischen Operators zu verschiedenen Eigenwerten zueinander orthogonal. Also verschwinden alle die Integrale X_{jk}, Y_{jk} und Z_{jk} bei

1) vgl. § 7, S. 102

Integration über die Winkelkoordinaten, wenn nicht $l_j = l_k \pm 1$ ist.

Die Regel $\Delta l = \pm 1$ bezeichnet man als die Auswahlregel für Dipolstrahlung. Man beachte, daß sie nur für die Lichtemission von geladenen Teilchen gilt, die sich in einem kugelsymmetrischen Kraftfeld bewegen, denn sonst haben die Eigenfunktionen der Energie nicht die Form $R(r) Y_{l,m}(\vartheta, \varphi)$. Auch in diesem Fall gilt sie nur, wenn die Wellenlänge der Strahlung groß gegen die Abmessungen des Strahlers ist. Sie ist also für die ultraviolette und sichtbare Ausstrahlung der Elektronenhüllen von Atomen erfüllt und auch für Röntgenstrahlen, weil diese von den inneren, sehr viel kleineren Elektronenschalen emittiert werden, aber nicht mehr von der sehr viel kurzwelligeren γ-Strahlung der Atomkerne. Bei ihnen beobachtet man gelegentlich, daß Quadrupolstrahlung oder noch höhere Multipolstrahlung überwiegt.

Die Auswahlregel wird manchmal auch bei sichtbarem Licht durchbrochen, wenn es nämlich keine erlaubten Übergänge von einem angeregten Niveau zu einem tieferen Niveau gibt. Solche Niveaus nennt man metastabil. In ihnen können sich unter Umständen so viele Atome ansammeln, daß die geringe Intensität der Ausstrahlung durch die große Anzahl der angeregten Atome kompensiert wird. Das ist aber nur dann möglich, wenn der Übergang in den Grundzustand nicht durch andere Prozesse herbeigeführt wird, z.B. durch Atom- oder Elektronenstoß oder Zusammenstoß mit der Gefäßwandung. Für diese Prozesse gilt die genannte Auswahlregel nicht.

Daher sind solche Übergänge von metastabilen Zuständen zu tieferen Niveaus unter irdischen Bedingungen selten zu beobachten, wohl aber manchmal in den stark verdünnten Gasen im Weltenraum, wo die Zeit zwischen zwei Zusammenstößen eine Sekunde oder länger betragen kann. Daher kommt es, daß man einige solcher "verbotenen" Linien im Nordlicht beobachten kann.

Die bisher für die Emission begründete Auswahlregel gilt aber unverändert auch für Absorption elektromagnetischer Wellen. Eine Lichtwelle wird nämlich von einem Körper nur dann absorbiert, wenn in ihm eine oszillierende Ladungsverteilung gleicher Frequenz entstehen kann, welche durch die Welle zu stärkerer Amplitude angefacht wird. In einer kugelsymmetrischen Ladungsanordnung ist das nie der Fall, solange die Wellenlänge der einfallenden Welle groß gegen den Atomdurchmesser ist, denn dann wird eine Verstärkung der Raumladungsschwingung auf der einen Seite des Atoms stets durch eine Schwächung auf der anderen Seite kompensiert. Dasselbe gilt für eine Raumladungsschwingung mit der Symmetrie eines Quadrupols. Wird der eine Dipol in solcher Phase getroffen, daß seine Schwingung verstärkt wird, so wird der andere ebenso stark geschwächt. Nur wenn die oszillierende Ladungsverteilung ein Dipolmoment besitzt, kann sie zu verstärkter Schwingung angefacht werden und dabei Energie absorbieren.

C. Die Serien

Die Kenntnis der Auswahlregeln und der Gesetze der Feinstruktur ermöglicht die Analyse des Na-Spektrums in einfacher Weise. In Absorption beobachtet man an Na-Metalldampf eine Serie von Linien, deren langwelligste das Dublett der Na-D-Linie mit den Wellenlängen $\lambda = 5890\,\text{Å}$ und $\lambda = 5896\,\text{Å}$ bildet. Im Ultravioletten häufen sich die Linien dieser Serie und gehen an der

Seriengrenze bei der Wellenlänge $\lambda = 2413$ Å ohne Intensitätssprung in eine kontinuierliche Absorption über. Diese Linien bezeichnet man als die Hauptserie (engl. principal series). Ihr englischer Name gab Anlaß zur Bezeichnung der variablen Serienterme mit dem Buchstaben p. Der Name D-Linie für das erste Linienpaar stammt von Fraunhofer, welcher diese Linie als vierte dunkle Linie im Sonnenspektrum entdeckte. Er bezeichnete diese Linien, vom Roten beginnend, mit großen lateinischen Buchstaben. Sie rühren von der Absorption der kühleren Sonnenatmosphäre in dem kontinuierlichen Spektrum der heißeren, tieferen Sonnenschichten her. Da Na-Salze sehr verbreitet sind, werden alle Gasflammen durch das Licht dieser Linie gelb gefärbt, sobald man irgendeinen nicht ganz sauberen Gegenstand hineinbringt.

Alle Linien der Hauptserie des Na sind Dubletts. Die Frequenzdifferenz nimmt mit wachsender Liniennummer n rasch ab. Da der Ausgangsterm in Absorption in einem gewöhnlichen Gas bei allen Linien der Grundzustand sein muß, kann deshalb die Feinstruktur in diesem Fall nur von den angeregten Termen herrühren. Der Grundzustand ist dagegen einfach, also ein s-Zustand mit $l = 0$. Wegen der Auswahlregel sind daher die angeregten Terme der Hauptserie p-Terme mit $l = 1$.

Die Wellenzahl der Seriengrenze muß, nach Multiplikation mit hc, gleich der Ionisierungsarbeit des Na-Atoms sein, was man durch deren unabhängige Messung nachprüfen kan. Die Hauptquantenzahlen kann man aus den Spektren nicht entnehmen. Daher kommt es, daß sie anfänglich falsch gewählt wurden. Erst seit der Entdeckung des Pauli-Prinzips und Aufklärung der Grobstruktur der Elektronenhüllen weiß man, daß der Grundzustand des Leuchtelektrons im Na ein Zustand mit $n = 3$ ist. Die vollständige spektroskopische Bezeichnung der Linien der Hauptserie in Absorption lautet also

$$\begin{aligned} 3\,^2s_{1/2} &\rightarrow n\,^2p_{3/2} \\ 3\,^2s_{1/2} &\rightarrow n\,^2p_{1/2} \end{aligned} \qquad (15)$$

Diese Zuordnung kann man noch weiter prüfen durch Messung der Aufspaltung im Magnetfeld (Zeeman-Effekt). Dabei spaltet jeder Term in $(2j+1)$ Terme auf (anomaler Zeeman-Effekt), der höhere Term $p_{1/2}$ des p-Dubletts also in zwei und der tiefere $p_{3/2}$ in vier Terme. Das spiegelt sich auch im Intensitätsverhältnis wider. Von den beiden D-Linien ist die kurzwellige doppelt so intensiv als die langwelligere.

In Emission beobachtet man außer den Linien der Hauptserie noch Linien mehrerer weiterer Serien. Das widerspricht scheinbar dem Kirchoffschen Gesetz, wonach der Quotient aus dem Emissionsvermögen und dem Absorptionsvermögen unabhängig von den Eigenschaften der Körper gleich dem Emissionsvermögen des schwarzen Körpers ist. Das gilt aber natürlich nur dann, wenn das Emissionsvermögen und das Absorptionsvermögen im gleichen Zustand gemessen wird. Beim Na wird aber der Absorptionskoeffizient an Metalldampf gemessen, welcher praktisch keine angeregten Atome enthält, die Emission dagegen an Gasentladungen oder heißen Flammen, in welchen durch Elektronenstoß oder Molekülstoß viele angeregte Atome erzeugt werden. Wenn man die Absorption an einer Gasentladung mißt, findet man auch andere Linien als die der Hauptserie in Absorption. Nur muß man bei einer solchen Messung natürlich das Eigenleuchten ausschalten. Das gelingt durch Verwendung einer Lichtquelle mit periodisch wechselnder Lichtintensität und Messung des durchgelassenen Lichtes mit einer Photozelle, aus deren Strom man nur den Wechselstromanteil der gleichen Frequenz ausfiltert.

Von den Spektrallinien des Na, die man in Emission außer der Hauptserie beobachtet, bestehen die Linien der ersten Nebenserie aus lauter Dubletts mit der gleichen Wellenzahldifferenz, und diese stimmt mit derjenigen der Na-D-Linie überein. Bei dieser Serie ist also der konstante Term der $3p$-Term. Dazu paßt, daß sich die Wellenzahl der doppelten Seriengrenze, wo das Linienspektrum in ein kontinuierliches Spektrum übergeht, von derjenigen der Hauptserie gerade durch die Wellenzahl der beiden D-Linien unterscheidet.

Außerdem gibt es eine zweite Nebenserie mit derselben doppelten Seriengrenze, deren Linien aber eine weitere kleinere Feinstrukturaufspaltung neben der in der ganzen Serie konstanten Aufspaltung aufweisen. Die letztere erscheint wegen des zu geringen Auflösungsvermögens der Spektralapparate oft nur als eine Linienverbreiterung und gab den Anlaß dazu, die zweite Nebenserie als diffuse Nebenserie zu bezeichnen. Im Gegensatz dazu heißt die erste Nebenserie auch scharfe Nebenserie. Von diesen Beinamen stammt die Bezeichnung s für die Terme mit $l = 0$ und d für diejenigen mit $l = 2$. Zusammen mit den Auswahlregeln folgt aus diesen Ergebnissen, daß die erste Nebenserie durch Übergänge von s-Termen ins $3p$-Niveau hervorgerufen wird, die zweite Nebenserie durch Übergänge von d-Termen ins $3p$-Niveau. Ausführlich lautet also die Kennzeichnung dieser Serien

$$\begin{aligned} &\text{1. Nebenserie} \quad n\,^2s_{1/2} \rightarrow 3\,^2p_{3/2,\,1/2} \\ &\text{2. Nebenserie} \quad n\,^2d_{5/2,\,3/2} \rightarrow 3\,^2p_{3/2,\,1/2}\,. \end{aligned} \qquad (16)$$

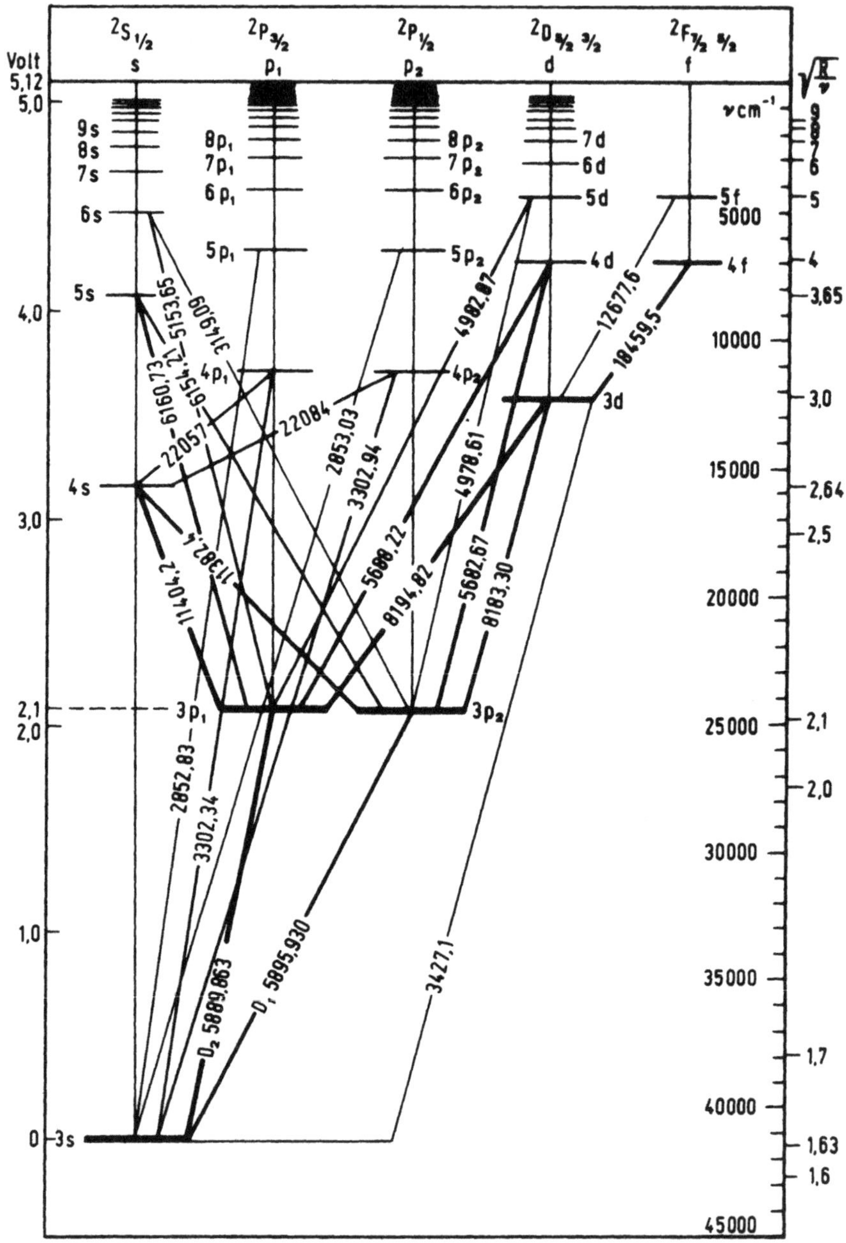

Abb.22. Das Termschema des Na-Atoms (entnommen aus: W.Grotrian, Graphische Darstellung der Spektren von Atomen und Ionen mit ein, zwei und drei Valenzelektronen, Bd.II, Berlin 1928).

Genaue Wellenlängenmessungen an den Linien dieser Serien und denen der Hauptserie liefern also die Werte aller s-, p- und d-Terme.

Eine weitere Serie von Linien im Infraroten, die gelegentlich den Beinamen "fundamental" trägt, wird von den Übergängen von nf nach $3d$ erzeugt und liefert die Termwerte der f-Zustände. Die Ergebnisse pflegt man graphisch in einem Termschema zusammenzustellen, in welchem nach unten die Termwerte, nach oben also die negativen Energiewerte der stationären Zustände aufgetragen sind und in verschiedenen Kolonnen nebeneinander die s-, p-, d-Zustände usw. (vgl. Abb. 22). Dieses Beispiel macht hoffentlich hinreichend deutlich, wie man durch Kombination von Meßergebnissen mit theoretischen Abschätzungen das Zustandekommen der Spektrallinien deuten kann und damit eine Fülle von quantitativen Angaben über die Energiewerte der stationären Zustände der äußersten Elektronen in den Atomen und Ionen gewinnt.

§ 13. Die Röntgenspektren

Die elektromagnetische Strahlung im Wellenlängenbereich von etwa 50 Å bis herab zu etwa 1/100 Å nennt man Röntgenstrahlung oder - vor allem in den angelsächsischen Ländern - X-Strahlung. Eine scharfe Abgrenzung gegenüber der kurzwelligen γ-Strahlung ist nicht auf Grund der Wellenlänge möglich, sondern nur auf Grund des Entstehungsprozesses. γ-Strahlen entstehen in den Atomkernen. Röntgenstrahlen entstehen beim Auftreffen von Elektronen mit einer Energie von einigen keV bis zu etwa 300 keV auf die Antikathode einer Röntgenröhre auf Grund von Prozessen in der Elektronenhülle der Atome.

Dabei sind zwei ganz verschiedene Entstehungsprozesse zu unterscheiden. Die von den einfallenden Elektronen selbst emittierte Strahlung bezeichnet man als Bremsstrahlung. Deren Frequenz ist kontinuierlich verteilt bis hin zu einer Grenfrequenz ω_{max}, die nur von der Energie der einfallenden Elektronen bzw. von der von ihnen durchfallenen Spannung U abhängt (vgl. Bd.I,§29C) nach der Gleichung

$$\hbar\omega_{max} = eU \; . \tag{1}$$

Sie entsteht vor allem bei der Ablenkung der Elektronen durch das Feld der Atomkerne. Dabei wird wie bei jeder beschleunigten Bewegung eines geladenen Körpers Strahlung emittiert, durch deren Rückwirkung die Elektronen abgebremst werden.

Die charakteristische Röntgenstrahlung entsteht dadurch, daß die einfallenen Elektronen einige Elektronen aus den inneren Schalen der Elektronenhüllen der Atome durch Elektronenstoß herauswerfen. In dem entstandenen Ion kann dann ein Elektron einer energetisch höheren Schale unter Strahlungsemission in das frei gewordene Niveau übergehen, was vorher wegen des Pauli-Prinzips nicht möglich war. In dieser Strahlung treten nur diskrete Frequenzen auf, welche von den Energien der Elektronenniveaus in der betrachteten Substanz abhängen und daher für das Material der Antikathode charakteristisch sind. Wenn man von Röntgen-Emissionsspektren spricht, meint man in der Regel nur dieses charakteristische Linienspektrum.

Experimentell kann man also die Bremsstrahlung und die charakteristische Röntgenstrahlung durch ihre verschiedene Frequenzabhängigkeit unterscheiden. In Abb.23

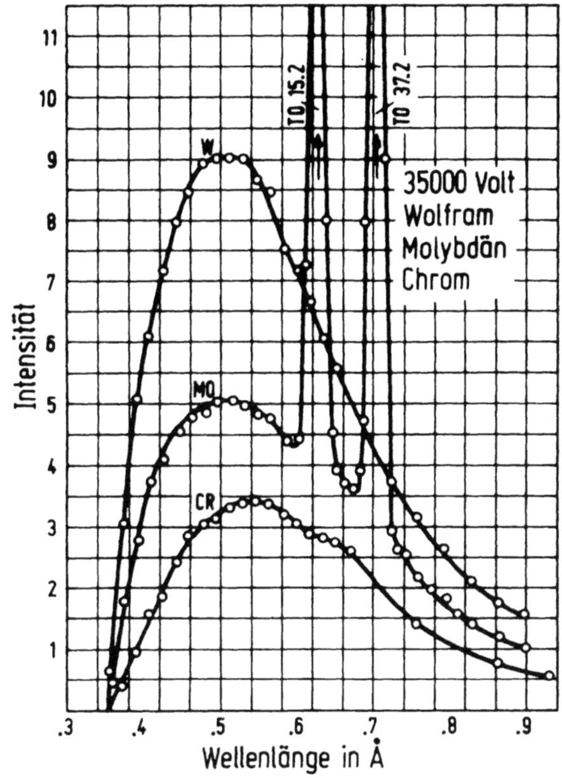

Abb.23.
Das Röntgenemissionsspektrum von Wolfram, Molybdän und Chrom. (Nach C.T.Urey, Phys.Rev. 11(1918),S.401).

bildet die Bremsstrahlung den kontinuierlichen Untergrund; die charakteristische Strahlung besteht aus den überlagerten Linien.

Unter dem Röntgen-Absorptionsspektrum versteht man die Abhängigkeit des Absorptionskoeffizienten μ von der Frequenz im Bereich der Röntgenstrahlen. μ nimmt fast überall monoton mit wachsender Frequenz ab. Nur an einigen, von der Art der Atome abhängigen Stellen steigt μ steil, nahezu unstetig an. Diese Stellen bezeichnet man als Absorptionskanten. Die so verschiedene Frequenzabhängigkeit des Emissions- und Absorptionsspektrums widerspricht nicht dem Kirchhoffschen Gesetz (vgl. S. 178), weil die beiden Prozesse in ganz verschiedenen Körpern ablaufen. Die Absorption von Röntgenstrahlen erfolgt an den nicht angeregten Atomen im Verband eines Festkörpers oder einer Flüssigkeit. Die charakteristische Strahlung wird von Ionen dieser Substanz ausgesandt, welche durch Abtrennung eines inneren Elektrons in einen hoch angeregten Zustand versetzt wurden.

Das Absorptionsspektrum und das der charakteristischen Strahlung läßt sich qualitativ gut unter der Näherungsannahme verstehen, daß sich die Elektronen unabhängig voneinander in einem mittleren Feld bewegen. Als erstes soll hier das Absorptionsspektrum diskutiert werden. Die Elektronen einer bestimmten Schale können zur Absorption nur dann beitragen, wenn die Energie $\hbar\omega$ der einfallenden Lichtquanten ausreicht, sie auf ein vorher unbesetztes Elektronenniveau zu heben. Bei den stark gebundenen Elektronen der K - und L-Schale ($n=1$ und $n=2$) genügt aber eine relativ geringe Überschreitung der dazu notwendigen Mindestenergie, um die Elektronen ganz aus dem Atom herauszuwerfen. Beim Kupfer ist z.B. zur Abtrennung eines Elektrons der K-Schale eine Energie von etwa 8932 eV notwendig. Die Bindungsenergie der äußersten Elektronen des Atoms beträgt aber nur 7,7 eV. Bei freien Cu-Atomen sollte demnach der Beitrag der K-Elektronen zur Absorption sich im Auftreten einiger Linien im Intervall zwischen 8925 und 8932 eV und einer kontinuierlichen Absorption bei höherer Lichtquantenenergie äußern. Dieser überlagert sich die kontinuierliche Absorption durch Anregung der anderen, lockerer gebundenen Elektronen.

Tatsächlich beobachtet man aber auch in diesem schmalen Frequenzbereich keine Absorptionslinien. Das liegt daran, daß die Absorption praktisch niemals an Gasen und Dämpfen, sondern nur an Festkörpern und Flüssigkeiten beobachtet wird. Infolge des Einflusses der benachbarten Atome entstehen in diesen Substanzen aus den Energieniveaus der angeregten Elektronen breite Energiebänder, die eine kontinuierliche Absorption mit einer unübersichtlichen Frequenzabhängigkeit verursachen. Infolgedessen steigt der Absorptionskoeffizient für Röntgenstrahlung in Abhängigkeit von der Frequenz beim Erreichen der Mindestanregungsenergie steil an und fällt danach, von einigen Schwankungen abgesehen, allmählich kontinuierlich wieder ab (vgl. Abb. 24).

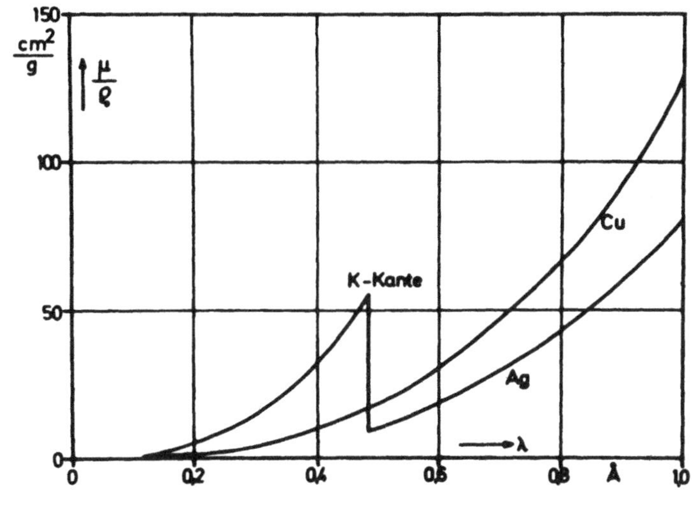

Abb. 24. Der Absorptionskoeffizient μ dividiert durch die Dichte ϱ für Cu und Ag im Wellenlängenbereich bis 1 Å. Die K-Absorptionskante von Ag liegt bei 0.485 Å, diejenige von Cu bei 1.38 Å. (Nach K. Schulz, Ann.d.Phys.27 (1936) S.1).

Dieser Wiederabfall läßt sich durch den Hinweis verständlich machen, daß die Stärke des Absorptionskoeffizienten ebenso wie die in § 12 betrachtete Intensität der Emissionslinien dem Absolutwertquadrat des Integrals $\langle u_j | X | u_k \rangle = \iiint u_j^* x u_k d^3x$ proportional ist. Wenn nun die Energie des angeregten Zustandes ein mehrfaches der Anregungsenergie beträgt, ändert sich die Wellenfunktion $u_j(\vec{r})$ des angeregten Zustandes mit dem Ort sehr viel rascher als die Funktion $u_k(\vec{r})$ des Ausgangszustandes, denn die de-Broglie-Wellenlänge des angeregten Elektrons ist dann dementsprechend kürzer. Der Integrand in dem obigen Integral wechselt daher in dem allein wesentlichen Integrationsvolumen umso häufiger sein Vorzeichen, je höher die Anregungsenergie ist. Daher nimmt der Wert des Integrals mit wachsender Anregungsenergie ab.

Auf Grund dieser Vorstellungen vom Zustandekommen der Absorptionskanten läßt sich also die Energie der tief liefenden Elektronenschalen aus der Frequenz der Absorptionskanten entnehmen. Die Frequenz der K-Kante der verschiedenen Elemente läßt sich, entsprechend der Hauptquantenzahl $n = 1$ dieser Schale, durch eine Formel der folgenden Bauart gut interpolieren (vgl. §11;1):

$$\tilde{\nu}_K = R(Z - \sigma_K)^2 . \qquad (2)$$

Wie Tabelle 8 zeigt, ändert sich die Abschirmzahl σ_K in dieser Formel verhältnismäßig langsam mit der Ordnungszahl Z. Bei kleinem Z nimmt σ_K mit wachsender Ordnungszahl etwas zu. Das liegt an der mit Z anwachsenden Anzahl der Elektronen in den äußeren Schalen (vgl. S.159). Das Absinken von σ_K bei Ordnungszahlen über $Z = 50$ liegt daran, daß die obige Formel auf den Ergebnissen der Bohrschen Theorie beruht und

Tabelle 8. Die Abschirmungszahlen einiger Röntgen-Terme.

Z	σ_K 1s	σ_{LI} 2s	σ_{LII} $2p_{1/2}$	σ_{LIII} $2p_{3/2}$
Mg 12	2,21	-	8,2	8,2
Ca 20	2,75	-	9,83	9,88
Cu 29	3,28	-	12,23	12,41
Sr 38	3,56	12,42	13,70	14,12
Ag 47	3,65	13,40	14,74	15,56
Ba 56	3,50	13,96	15,30	16,68
Dy 66	2,98	14,30	15,72	18,08
W 74	2,49	14,24	15,66	19,16
Hg 80	1,79	13,86	15,26	19,80
U 92	-0,07	11,92	13,42	20,88

nicht die relativistische Massenveränderlichkeit berücksichtigt. Bei Ordnungszahlen der Größenordnung 100 ist die kinetische Energie der Elektronen in der K-Schale vergleichbar mit ihrer Ruheenergie. Dann ist die Darstellung der Wellenzahlen mit Termformeln der Form (2) nicht mehr sinnvoll.

Die Absorptionskante der L-Schale $(n = 2)$ ist dreifach, denn erstens besteht die L-Schale aus 2 Unterschalen mit den Drehimpulsquantenzahlen $l = 0$ und $l = 1$, und zweitens ist bei den Elektronen der $2p$-Unterschale bei einem Teil der Elektronen das Spinmoment dem Bahndrehimpuls parallel, bei einem anderen Teil antiparallel. Man pflegt die drei Kanten in der Reihenfolge zunehmender Frequenz mit L_I, L_{II} und L_{III} zu bezeichnen. L_I rührt von den $2s$-Elektronen her, L_{II} von den $2p_{1/2}$-Elektronen und L_{III} von den $2p_{3/2}$-Elektronen. Der Grund für diese energetische Reihenfolge wurde in § 12 erörtert.

Man kann die Wellenzahlen der L-Kanten in groben Zügen mit Interpolationsformeln der Form

$$\tilde{\nu}_L = \frac{R}{4}(Z - \sigma_L)^2 \tag{3}$$

darstellen. Die Abschirmzahlen σ_L sind naturgemäß größer als bei der K-Schale; σ_L ist bei L_I kleiner als bei L_{II} und L_{III}, weil die $2s$-Elektronen tiefer in die K-Schale eindringen als die $2p$-Elektronen. Die Aufspaltung zwischen der L_{II}- und L_{III}-Kante wächst mit zunehmender Ordnungszahl Z sehr viel stärker an als die Frequenz der Kanten selbst, weil diese "Feinstrukturaufspaltung" nach (§ 12;7) der 4. Potenz einer effektiven Ordnungszahl proportional ist.

Das charakteristische Emissionsspektrum ist nun leicht zu verstehen. Wenn durch Absorption von Licht mit grösserer Lichtquantenenergie als derjenigen der K-Kante oder durch Stoß von einfallenden Elektronen entsprechender Energie ein Elektron aus der K-Schale herausgeworfen wurde, können alle Elektronen aus höheren besetzten Niveaus in das $1s$-Niveau herunterspringen. Dabei werden soviele Linien des charakteristischen Spektrums emittiert, wie es darunter erlaubte Übergänge gibt, also genau so viele wie besetzte p-Niveaus. Die Gesamtheit dieser Linien bezeichnet man als die K-Serie. Alle haben eine größere Wellenlänge als die K-Kante und werden gleichzeitig angeregt, sobald die Energie der anregenden Elektronen oder Lichtquanten diejenige der K-Kante überschreitet.

Die langwelligste und zugleich stärkste Linie der K-Serie, welche als K_α- Linie bezeichnet wird, ist ein Dublett, welches dem Übergang von der $2p$-Schale zur K-Schale entspricht. Die Wellenzahlen der beiden Linien sind gleich der Differenz der Wellenzahlen der L_{II} bzw. L_{III}-Kante und der K-Kante. Die Differenz der Wellenzahlen der L_I - und der K-Kante tritt nicht unter den Wellenzahlen der Emissionslinien auf, weil der Übergang von 2s nach 1s "verboten" ist.

Die nächste Linie der K-Serie, die K_β-Linie, entspricht dem Übergang von $3p$ nach $1s$. Sie sollte auch ein Dublett sein, aber dessen Aufspaltung ist schon so klein, daß sie mit der bei Röntgenstrahlen erreichbaren Auflösung nicht beobachtet werden kann. Bei Elementen mit $Z < 20$, also bei leichteren Elementen als dem Calcium, gibt es keine weiteren Linien in der K-Serie.

Die genannten Zusammenhänge zwischen den Wellenzahlen der Linien und der Absorptionskanten bildeten natürlich bei der ersten Erforschung der Röntgenspektren in der Zeit nach 1916 wichtige Stützen für die Deutung. Man beachte aber, daß die Frequenzen der Emissionslinien wesentlich genauer gemessen werden können als diejenigen der Absorptionskanten, weil die letzteren ein wenig von den Nachbaratomen in den verwendeten Substanzen beeinflußt werden und daher in verschiedenen chemischen Verbindungen etwas verschieden sind. Da in Wirklichkeit der Absorptionskoeffizient an der Kante zwar ziemlich steil aber nicht unstetig ansteigt, läßt sich auch die Lage der Kante gar nicht ganz genau festlegen.

Natürlich kann man die Abhängigkeit der Wellenzahlen der Emissionslinien von Z ebenso wie die der Absorptionskanten mit Interpolationsformeln der Gestalt (2) und (3) erfassen. Das ist bei den Linien der K-Serie von Moseley[1] sogar schon vor ihrer atomtheoretischen Deutung gemacht worden. Moseley fand, daß die Wurzeln aus den Wellenzahlen der K-Linien nahezu linear von Z abhängen. Für die K_α-Linie gilt mit einer von Z nur schwach abhängigen Abschirmkonstanten s

$$\sqrt{\frac{\tilde{\nu}_{K\alpha}}{R}} = \sqrt{\frac{3}{4}}(Z-s). \tag{4}$$

Dieses rein experimentell gefundene Moseleysche Gesetz stellte erstmalig deutlich die wichtige Aussage heraus, daß die Röntgenspektren sich nicht wie die Spektren im sichtbaren Bereich und die chemischen Eigenschaften periodisch mit Z ändern, sondern von Z monoton abhängen. Darin liegt wohl der sicherste Nachweis für den Umstand, daß die Röntenspektren innere Eigenschafen der Elektronenhüllen widerspiegeln, nicht solche der äußersten besetzten Elektronenschalen.

Die Abschirmkonstante s in (4) ist wesentlich kleiner als σ_K und σ_L. Sie ist ungefähr gleich 1. Das ist anschaulich verständlich, weil sie ein Maß für die Abschirmung der Kernladung in dem kernnahen Bereich der Elektronenhülle zwischen der K- und der L-Schale darstellt, nicht wie σ_K und σ_L ein Maß für die mittlere Abschirmung auf dem Weg von der betrachteten Schale bis ins Unendliche.

---

1) H.G.J. Moseley, Phil. Mag. 26 (1913) S. 1024 und 27 (1914) S.703.

Fragen und Aufgaben zu Kapitel III

Fragen

1) Wie groß ist die Drehimpulsquantenzahl zum Elektronenspin?
2) Wieviel linear unabhängige Wellenfunktionen der Spinvariablen eines Elektrons gibt es?
3) Wie lautet das Pauli-Prinzip für stationäre Zustände?
4) Was wird im Stern-Gerlach-Versuch gemessen?
5) In wieviele Teilstrahlen spaltet ein Atomstrahl aus Ag- oder H-Atomen im Stern-Gerlach-Versuch auf und warum sind es so viele?
6) Wieviele Teilstrahlen würden bei einem Stern-Gerlach-Versuch mit He-Atomen auftreten?
7) Was bedeuteten die Buchstaben s,p,d,f,g... in der Symbolik der Atomspektren?
8) Was versteht man unter einer K-, L- und M-Schale in der Elektronenhülle?
9) Wieviele Elektronen können in einem Atom maximal in die Schalen mit den Hauptquantenzahlen $n = 2$ und $n = 3$ eintreten und wie verteilen sie sich auf die Unterschalen?
10) Ordnen Sie die folgenden Unterschalen in die richtige Reihenfolge nach wachsender Energie in den Atomen mit einer Ordnungszahl $Z < 19$: (2s),(2p),(1s),(3p),(1p),(3s),(3d),(4s).
11) Was versteht man unter der effektiven Hauptquantenzahl?
12) Was versteht man unter der effektiven Kernladungszahl?
13) Welche Auswahlregel gilt für die Emission sichtbaren Lichtes von den Elektronenhüllen der Atome und warum gilt sie?
14) Warum gilt für die γ-Strahlung der Atomkerne keine Auswahlregel für die Änderung der Drehimpulsquantenzahl?
15) Was versteht man unter der Feinstruktur und unter der Hyperfeinstruktur?
16) In wieviele Niveaus spaltet das 3s- und 3p-Niveau im Na-Atom infolge der Feinstrukturwechselwirkung auf?
17) Wieviele Röntgenemissionslinien enthält die K-Serie des Röntgenspektrums von K(Z =19)? (Dabei soll von dem störenden Einfluß der Umgebung in Festkörpern abgesehen werden, welcher eine Durchbrechung der Auswahlregel bewirken kann.)
18) Enthält das Absorptionsspektrum für Röntgenstrahlen auch Absorptionslinien?
19) Welche Übergänge faßt man im Spektrum des Na-Atoms zur Hauptserie zusammen?
20) Wie verhält sich die Feinstruktur-Aufspaltung der Linien der Hauptserie im Na-Spektrum mit wachsender Liniennummer?
21) Welche Übergänge rechnet man zur "scharfen" Nebenserie im Spektrum des Na-Atoms?

22) Wie ändert sich die Größe der Feinstruktur-Aufspaltung der Linien der "scharfen" Nebenserie im Na-Spektrum?

Aufgaben

1) Ein Stromkreis hat das magnetische Moment IS (I = Stromstärke, S = Fläche). Man berechne daraus das magnetische Moment für ein auf einer Kreisbahn umlaufendes Elektrom im Atom und zeige, daß es proportional zum Drehimpuls ist. Seine maximale Komponente in gegebener Richtung in einem Zustand mit der Drehimpulsquantenzahl l ist gleich $\mu_B l$. Wie lautet die Formel für das durch diese Gleichung definierte Bohrsche Magneton μ_B?

2) Bei einem Stern-Gerlach-Versuch möge der benutzte Magnet eine Polschuhlänge von l = 5 cm haben. Die Inhomogenität seines Magnetfeldes längs des Atomstrahls sei $dB/dz = 10^{-3}$ Voltsek/cm^3. Wie groß ist die Beschleunigung senkrecht zum Atomstrahl aus Ag-Atomen infolge der Kraft auf ihr magnetisches Moment der Größe μ_B ? Welche Ablenkung erfahren die Ag-Atome durch diese Kraft auf dem Auffangschirm, der 20 cm vom Ende des Magneten angebracht sei? Für die Geschwindigkeit werde dabei die mittlere thermische Geschwindigkeit $\sqrt{\overline{v^2}} = \sqrt{3kT/M}$ (M = Atommasse) eingesetzt. Die Temperatur sei die des Schmelzpunktes von Ag, 960° C; Atomgewicht von Ag = 107,9.

3) Die Wellenlänge der 1. Linie der Lyman-Serie des Wasserstoffs beträgt $\lambda = 1216$ Å . Welche Abschätzung ergibt sich daraus für die Wellenlänge der K_α -Linie des Röntgenspektrums des Pt (Ordnungszahl Z = 78). Dabei werde angenommen, daß die Abschirmzahl s unabhängig von Z gleich 1 sei. (Zum Vergleich: Die gemessenen Werte der Wellenlängen der Linien des K_α -Dubletts betragen 0,185 Å und 0,190 Å).

Kapitel IV. Die quantenmechanischen Mittelwerte

Inhalt

Die normierte Wellenfunktion $\psi(\vec{r})$ eines Partikels wird als Wahrscheinlichkeitsamplitude gedeutet, d.h. $|\psi(\vec{r})|^2 d^3x$ ist die Wahrscheinlichkeit, das Teilchen in dem kleinen Volumen d^3x zu finden. Schreibt man die Formeln der Fouriertransformation in der folgenden symmetrischen Form

$$\psi(\vec{r}) = \frac{1}{\sqrt{2\pi\hbar}^3}\iiint_{\vec{p}} \varphi(\vec{p}) \exp\left(\frac{i}{\hbar}\vec{p}\cdot\vec{r}\right) d^3p \; ; \; \varphi(\vec{p}) = \frac{1}{\sqrt{2\pi\hbar}^3}\iiint_{\vec{r}} \psi(\vec{r}) \exp\left(-\frac{i}{\hbar}\vec{p}\cdot\vec{r}\right) d^3x, \quad (1)$$

so bedeutet $|\varphi(\vec{p})|^2 d^3p$ die Wahrscheinlichkeit, bei einer Messung des Impulses einen Wert des kleinen Intervalles d^3p des Impulsraumes zu finden.

Daraus folgt, daß sich alle Aussagen über die Wahrscheinlichkeitsverteilung des Ortes und des Impulses sowie die Mittelwerte über alle Funktionen des Ortes oder des Impulses durch skalare Produkte der folgenden Form ausdrücken lassen:

$$\overline{a} = \langle\psi|A|\psi\rangle = \iiint_{\vec{r}} \psi^*(\vec{r}) A \psi(\vec{r})\, d^3x \quad (2)$$

Darin bedeutet A einen hermitischen Operator. Der Ortsfunktion $f(\vec{r})$ wird der Operator F = "Multiplizieren mit $f(\vec{r})$ " zugeordnet, der x-Komponente des Impulses der Operator $P_x = \frac{\hbar}{i}\cdot\frac{\partial}{\partial x}$ usw. Diese Ersetzungsvorschrift kann auch auf Funktionen des Ortes und des Impulses zugleich verallgemeinert werden, aber dann ist sie wegen der Nichtvertauschbarkeit der Operatoren zu den Orts- und Impulskomponenten nicht eindeutig. Die Forderung der Hermitizität schränkt diese Mehrdeutigkeit jedoch praktisch ausreichend ein.

Die Operatoren P_x und X genügen der Heisenbergschen Vertauschungsrelation

$$P_x X - X P_x = \frac{\hbar}{i}. \quad (3)$$

P ist mit Y und Z vertauschbar. Entsprechendes gilt für die anderen Komponenten. Aus diesen Beziehungen und der Schrödingergleichung allein ergeben sich die folgenden Aussagen:

1) Die Mittelwerte genügen den kanonischen Gleichungen

$$\frac{d\overline{x}}{dt} = \overline{\frac{\partial H}{\partial p_x}} \; ; \quad \frac{d\overline{p_x}}{dt} = -\overline{\frac{\partial H}{\partial x}} \; . \tag{4}$$

2) Im kräftefreien Fall wächst die Streuung $S_x = \overline{(x - \overline{x})^2}$ jeder Koordinate mit der Zeit über alle Grenzen.

3) Die strenge Form des Unbestimmtheitsprinzips

$$\overline{(x - \overline{x})^2} \cdot \overline{(p_x - \overline{p_x})^2} \geq \hbar^2/4 . \tag{5}$$

4) Die Eigenwerte des Operators $\mathbf{A}$ zu einer Größe $a(\vec{r}, \vec{p})$ sind die einzig möglichen Meßergebnisse einer Messung.

Speziell möge $\mathbf{A}$ ein diskretes Eigenwertspektrum mit den normierten Eigenfunktionen $|i\rangle$ und den Eigenwerten a_i besitzen und ein kontinuierliches Spektrum mit den uneigentlichen Eigenfunktionen $|\mu\rangle$ und den Eigenwerten $a(\mu)$. Die Entwicklung einer normierten Funktion $|\psi\rangle$ nach Eigenfunktionen von $\mathbf{A}$ habe also die folgende Gestalt:

$$|\psi\rangle = \sum_i |i\rangle\langle i|\psi\rangle + \int_\mu |\mu\rangle\langle\mu|\psi\rangle \, d\mu \, . \tag{6}$$

Dann bedeutet $|\langle i|\psi\rangle|^2$ die Wahrscheinlichkeit, bei einer Messung von a den nichtentarteten Eigenwert a_i zu erhalten. Ein Wert des Intervalles $a_u < a < a_o$ des kontinuierlichen Spektrums tritt mit der Wahrscheinlichkeit $\int\limits_{a_u < a(\mu) < a_o} |\langle\mu|\psi\rangle|^2 d\mu$ auf.

Da alle Aussagen nur skalare Produkte enthalten, kann man $\psi(\vec{r})$ durch jedes andere mathematische Hilfsmittel ersetzen, welches den Wert der skalaren Produkte auszurechnen erlaubt. Statt der Ortsfunktion $\psi(\vec{r})$ kann man insbesondere auch die Impulsfunktion $\varphi(\vec{p})$ benutzen. An die Stelle des Operators $\mathbf{X}$ tritt dann der Operator $\mathbf{X}' = -\frac{\hbar}{i}\frac{\partial}{\partial p_x}$ und an die Stelle von $\mathbf{P}_x$ der Operator $\mathbf{P}_x'$ = "Multiplizieren mit p_x ". Das bezeichnet man als einen Übergang von der Ortsdarstellung zur Impulsdarstellung. Zu jeder meßbaren Größe gibt es eine passende Darstellung, in welcher der Operator zu dieser Größe eine Multiplikation bedeutet.

Besitzt eine Größe das vollständige Orthogonalsystem von Eigenfunktionen $|i\rangle$ $(i = 1, 2, \ldots \infty)$, so ist $|\psi\rangle$ in der zugehörigen Darstellung durch die Folge der Koeffizienten $c_i = \langle i|\psi\rangle$ gegeben. Irgendein Operator $\mathbf{H}$ ist dann durch eine Matrix $\overleftrightarrow{H}$ mit den Koeffizienten $H_{ik} = \langle i|\mathbf{H}|k\rangle$ gegeben. Sein Mittelwert im Zustand $|\psi\rangle$ ist gleich der quadratischen Form $\overline{H} = \sum\limits_{i,k=1}^{\infty} c_i^* H_{ik} c_k$. Die Berechnung der Eigenwerte und Eigenfunktionen ist in dieser Darstellung gleichwertig der Aufgabe, eine unitäre Matrix $\overleftrightarrow{U}$ zu finden, so daß $\overleftrightarrow{U}^+\overleftrightarrow{H}\,\overleftrightarrow{U}$ eine Diagonalmatrix wird (Hauptachsentransformation). Die Spalten von $\overleftrightarrow{U}$ sind die Koeffizienten der Eigenfunktionen. Die Elemente der Diagonalmatrix sind die Eigenwerte von $\mathbf{H}$.

§ 14. Das Ziel der allgemeinen Formulierung der Quantenmechanik

Nachdem in den vorhergehenden Kapiteln die Struktur der Elektronenhülle der Atome behandelt wurde, soweit sie sich mit der Näherungsannahme von unabhängig voneinander bewegten Elektronen verstehen läßt, soll nun der allgemeine Formalismus der Quantenmechanik entwickelt werden. Seine wichtigste Aufgabe besteht darin, den Widerspruch zwischen dem Partikelmodell und dem Wellenmodell in mathematisch konsistenter Weise mit Hilfe von Wahrscheinlichkeitsaussagen zu überbrücken. Die Experimente zeigen, daß beide Modelle das Verhalten der Elektronen teilweise richtig wiedergeben, ihm aber auch teilweise widersprechen.

Im Wellenmodell werden die Elektronen als ein kontinuierlich verteiltes Medium angesehen, dessen elektrische Raumladungsdichte proportional dem Absolutwertquadrat $|\psi|^2$ einer Wellenfunktion ist. Dieses Modell erklärt nicht nur die Entstehung von Elektroneninterferenzen (vgl. Bd.I, § 31), sondern auch das Vorkommen vieler strahlungsloser, sog. stationärer Zustände in den Atomen und das Auftreten der Differenzen der Schwingungsfrequenzen der stationären Zustände im emittierten Licht (vgl. § 2).

Das Partikelmodell, in welchem die Elektronen als Massenpunkte angesehen werden, erklärt den Umstand, daß in Elektronenzählern niemals Bruchteile von Elektronen gemessen wurden. Auf Grund des Wellenmodells sollte man das erwarten, weil bei Elektronenwellen eine Wellengruppe im kräftefreien Fall beliebig weit auseinanderläuft (vgl. § 17). In einem Strahl energiereicher Elektronen findet man - in Übereinstimmung mit dem Partikelmodell, aber im Widerspruch zum Wellenmodell - in Zählrohrbatterien keine Koinzidenzen außer den zufälligen, wenn die Zählrohre in Bewegungsrichtung nebeneinander stehen, wohl aber, wenn sie hintereinander von den Elektronen durchlaufen werden können (vgl. Bd. I, § 34). Nach dem Unbestimmtheitsprinzip lassen sich die beiden Modelle nur dadurch miteinander vereinen, daß man sich auf Wahrscheinlichkeitsaussagen über die Ergebnisse künftiger Messungen beschränkt (vgl. Bd. I, § 37 und 38).

Hier soll nun zunächst gezeigt werden, daß in der Quantenmechanik alle Aussagen über meßbare Größe mit Hilfe von skalaren Produkten der Form $\langle\psi|\mathbf{A}\psi\rangle$ mit gewissen hermitischen Operatoren $\mathbf{A}$ und normierten Zustandsfunktionen $|\psi\rangle$ ausgedrückt werden können. Diese Integrale werden als quantenmechanische Mittelwerte oder auch als die Erwartungswerte der zu dem Operator $\mathbf{A}$ gehörenden physikalischen Größe bezeichnet. Auch die Wahrscheinlichkeit, daß die Messung irgendeiner Größe ein Ergebnis innerhalb eines bestimmten Intervalles liefert, kann auf diese Form gebracht werden. Aus der Formel für diese Wahrscheinlichkeit ergibt sich, daß die Eigenwerte die einzig möglichen Meßergebnisse sind, denn sie verschwindet, wenn das betrachtete Intervall keinen Eigenwert enthält (§ 18).

Wenn sich nun, wie behauptet, alles experimentell Nachprüfbare durch skalare Produkte ausdrücken läßt, ist es bei der Quantenmechanik des Massenpunktes grundsätzlich nicht mehr gerechtfertigt, den Ortsfunktionen $|\psi\rangle$ bei der Beschreibung des Zustandes den Vorzug zu geben, wenn das auch aus Gründen der Zweckmäßigkeit weitgehend geschieht. Man kann skalare Produkte auch durch viele andere, mathematisch gleichwertige Hilfsmittel ausdrükken. Das wird in § 19 gezeigt werden. Alle diese verschiedenen "Darstellungen" der Quantenmechanik enthalten demnach überflüssiges mathematisches Beiwerk, welches für die Quantenmechanik im Prinzip entbehrlich ist.

Der wesentliche Inhalt der Quantenmechanik kommt erst heraus, wenn man nach dem Vorbild von Dirac davon abstrahiert. Das wird in Kap. V geschehen. Nachdem dann an einigen Beispielen das Umgehen mit abstrakten "Elementen des Hilbertraumes" und den auf sie wirkenden Operatoren geübt worden ist, soll in Kap. VI und VII gezeigt werden, daß die Quantisierung des Wellenmodells zu derselben Quantenmechanik führt wie das Partikelmodell. Ohne Benutzung der abstrakten Form der Quantenmechanik dürfte diese komplizierte Rechnung kaum durchführbar sein. Bei Benutzung einer speziellen Darstellung müßte man nämlich mit Funktionen von unendlich vielen, physikalisch bedeutungslosen Variablen und mit Volumenintegralen über unendlich-dimensionale Räume oder ähnlich komplizierten mathematischen Gebilden rechnen.

Die Einsicht, daß das Partikelmodell und das Wellenmodell auf dieselbe Quantenmechanik führen, darf man wohl als die wichtigste Erkenntnis der Quantenmechanik überhaupt bezeichnen. Natürlich kann man nicht erwarten, daß sie sich aus den Beobachtungen zwangsläufig ergibt. Vielmehr muß man, von den grundlegenden Erfahrungstatsachen ausgehend, zahlreiche zwar oft naheliegende, aber niemals zwingend notwendige Annahmen und Verallgemeinerungen einführen. Einem nicht sehr kritisch eingestellten Leser mag das Ganze zwar als eine scheinbar logisch zu entwickelnde Gedankenkette erscheinen, aber hier soll dieser Eindruck nicht erweckt werden. Die innere Konsistenz der Beziehungen und die vielfachen Übereinstimmungen mit der Erfahrung bilden für die Physiker heute zwar eine sehr starke Stütze für die Überzeugung, daß die abstrakte Quantenmechanik die Natur richtig beschreibt, aber wirklich beweisen läßt sich das nicht.

§ 15. Die Mittelwerte von Ort und Impuls

Die Grundlage aller Wahrscheinlichkeitsaussagen der Quantenmechanik eines Elektrons ist die folgende, von Born[1] stammende Annahme:

Ist $\psi(\vec{r})$ *die normierte Wellenfunktion des betrachteten Elektronenzustandes, so ist*

$$dW = |\psi(\vec{r})|^2 d^3x \tag{1}$$

die Wahrscheinlichkeit, das Elektron bei einer Messung des Ortes in dem kleinen Volumenelement d^3x *zu finden.*

Da die Summe aller Wahrscheinlichkeiten gleich 1 sein muß, ist diese Deutung nur möglich, wenn

$$\iiint_{-\infty}^{+\infty} |\psi(\vec{r})|^2 d^3x = \langle\psi|\psi\rangle = 1 \tag{2}$$

ist, wenn also $|\psi\rangle$ normiert ist.

Da die de-Broglie-Beziehung einer ebenen Welle mit dem Ausbreitungsvektor $\vec{k}$ den Impuls $\vec{p} = \hbar\vec{k}$ zuordnet, kann man durch Berechnung der relativen Intensität der verschiedenen, im Fourierintegral der Wellenfunktion enthaltenen ebenen Wellen entsprechende Aussagen über die Wahrscheinlichkeit für das Vorkommen des Impulsvektors eines Volumenelements des Impulsraumes machen. Nach

1) M. Born, Nobelpreisträger (1882-1970): Zs.f.Phys. 38 (1926)S.803, Naturwiss. 15 (1927) S.238.

Einführung der Impulskomponenten an Stelle der Komponenten von $\vec{k}$ im Fourierintegral und Abspaltung eines geeigneten Faktors kann man das Fouriersche Integraltheorem auf die folgende, symmetrische Gestalt bringen (vgl. Bd. I, § 40):

$$\psi(\vec{r}) = \frac{1}{\sqrt{(2\pi\hbar)^3}} \iiint\limits_{p_x,p_y,p_z=-\infty}^{+\infty} \varphi(\vec{p}) \exp\left(\frac{i}{\hbar}\vec{p}\cdot\vec{r}\right) d^3p \,, \tag{3a}$$

$$\varphi(\vec{p}) = \frac{1}{\sqrt{(2\pi\hbar)^3}} \iiint\limits_{x,y,z=-\infty}^{+\infty} \psi(\vec{r}) \exp\left(-\frac{i}{\hbar}\vec{p}\cdot\vec{r}\right) d^3x. \tag{3b}$$

Diese symmetrische Schreibweise hat zur Folge, daß zu einem normierten $\psi(\vec{r})$ auch ein normiertes $\varphi(\vec{p})$ gehört. Falls (2) erfüllt ist, gilt auch

$$\iiint\limits_{p_x,p_y,p_z=-\infty}^{+\infty} |\varphi(\vec{p})|^2 \, d^3p = 1. \tag{4}$$

(Beweis siehe Bd. I, § 40a).

In Erweiterung der obigen, wahrscheinlichkeitstheoretischen Deutung der ψ -Funktion kann man daher erklären:

Die Wahrscheinlichkeit, bei der Messung des Impulses eines Elektrons in einem Zustand mit der Wellenfunktion $\psi(\vec{r})$ *bzw. seiner Fouriertransformierten* $\varphi(\vec{p})$ *einen Wert des kleinen Intervalles* d^3p *des Impulsraumes zu finden, beträgt*

$$dW' = |\varphi(\vec{p})|^2 \, d^3p. \tag{5}$$

Aus diesen Ansätzen ergeben sich nun leicht die Mittelwerte einer Funktion $f(\vec{r})$ des Ortes und einer Funktion $g(\vec{p})$ des Impulses, nämlich

$$\overline{f(\vec{r})} = \iiint\limits_{x,y,z=-\infty}^{+\infty} f(\vec{r})\, dW = \iiint\limits_{x,y,z=-\infty}^{+\infty} f(\vec{r})\, |\psi|^2 d^3x \tag{6}$$

und

$$\overline{g(\vec{p})} = \iiint\limits_{p_x,p_y,p_z=-\infty}^{+\infty} g(\vec{p})\, dW' = \iiint\limits_{p_x,p_y,p_z=-\infty}^{+\infty} g(\vec{p})\, |\varphi(\vec{p})|^2 d^3p. \tag{7}$$

Diese Mittelwerte sollte man bei wiederholter Messung der Größen $f(\vec{r})$ und $g(\vec{p})$ in dem gleichen durch $\psi(\vec{r})$ gegebenen Zustand bei Mittelung über die verschiedenen Meßergebnisse erhalten. Was der Mittelwert einer Größe ist, die sowohl von $\vec{r}$ als auch von $\vec{p}$ abhängt, ist hiernach nicht erklärt. Darauf soll später eingegangen werden.

Wie jetzt gezeigt werden soll, kann man alle diese Integrale als skalare Produkte der Form $\langle\psi|\mathsf{A}\psi\rangle$ mit geeigneten Operatoren A schreiben. Dabei soll unter einem skalaren Produkt in Verallgemeinerung von (§ 5;6) das folgende Volumenintegral

$$\langle\psi_1|\psi_2\rangle = \iiint\limits_{x,y,z=-\infty}^{+\infty} \psi_1^*(\vec{r})\, \psi_2(\vec{r})\, d^3x \tag{8}$$

verstanden werden. Das gilt eigentlich nur für das Modell eines einzelnen Massenpunktes. Die Verallgemeinerung auf andere Modelle ist aber naheliegend und wird später erörtert werden.

Der Mittelwert der Ortsfunktion $f(\vec{r})$ hat unmittelbar die verlangte Gestalt, wenn man den Operator

$$\mathsf{F} \qquad \text{"Multiplizieren mit } f(\vec{r})\text{ "} \tag{9}$$

einführt. Damit lautet (6)

$$\overline{f(\vec{r})} = \langle \psi | F \psi \rangle \tag{10}$$

Bei einer reellen Funktion $f(\vec{r})$ ist es natürlich gleichgültig, ob man den ersten oder den zweiten Faktor im skalaren Produkt mit $f(\vec{r})$ multipliziert:

$$\begin{aligned} \langle \psi | F \psi \rangle &= \iiint \psi^*(\vec{r}) \left(f(\vec{r}) \psi(\vec{r}) \right) d^3x \\ &= \iiint \left(f(\vec{r}) \psi(\vec{r}) \right)^* \psi(\vec{r})\, d^3x = \langle F \psi | \psi \rangle . \end{aligned} \tag{11}$$

Zu reellen Funktionen $f(\vec{r})$ gehören also hermitische Operatoren F (vgl. § 5;3). Um diese hermitische Symmetrie deutlicher hervortreten zu lassen, setzt man oft zwischen den Operator F und die Funktion, auf die er wirkt, noch einen senkrechten Strich:

$$\langle \psi | F \psi \rangle = \langle \psi | F | \psi \rangle , \tag{12}$$

so daß der Operator in der Mitte zwischen den beiden Funktionen steht, auf die er wahlweise angewandt werden kann. Bei nichthermitischen Operatoren kommt es dagegen darauf an, auf welchen Faktor der Operator wirkt. Deshalb soll diese Schreibweise mit zwei senkrechten Strichen fortan nur bei hermitischen Operatoren verwendet werden.

Von den zahlreichen denkbaren Mittelwerten von Ortsfunktionen interessieren in der Quantenmechanik praktisch nur wenige. Dazu gehört vor allem der Mittelwert einer Koordinate, z.B. der x-Koordinate

$$\overline{x} = \langle \psi | X | \psi \rangle , \tag{13}$$

und der Mittelwert ihres Quadrates

$$\overline{x^2} = \langle\psi|X^2|\psi\rangle = \langle X\psi|X\psi\rangle, \tag{14}$$

sowie die aus ihnen gebildete Streuung S_x der x-Koordinate, der Mittelwert von $(x-\overline{x})^2$

$$\begin{aligned} S_x &= \iiint\limits_{-\infty}^{+\infty}(x-\overline{x})^2|\psi|^2\,d^3x \\ &= \langle\psi|X^2|\psi\rangle - 2\overline{x}\langle\psi|X|\psi\rangle + \overline{x}^2 = \overline{x^2} - \overline{x}^2. \end{aligned} \tag{15}$$

Die Streuung ist ein Maß für das Quadrat der Ausdehnung des durch $\psi(\vec{r})$ gegebenen Wellenpakets in x-Richtung. Die erste Schreibweise von S_x in (15) als Volumenintegral über einen reell-positiven Integranden läßt unmittelbar erkennen, daß S_x stets positiv ist, also

$$\overline{x^2} \geq \overline{x}^2. \tag{16}$$

Die Wahrscheinlichkeit W, das Elektron in einem gewissen Gebiet $\mathcal{G}$ des Ortsraumes zu finden, ist nach (1) gleich dem Integral von $|\psi|^2$ über dieses Gebiet:

$$W = \iiint\limits_{\vec{r}\text{ über }\mathcal{G}}|\psi|^2\,d^3x\,. \tag{17}$$

Das ist die mathematisch strenge Formulierung der Wahrscheinlichkeitsaussage (1). In der vorn gegebenen Formulierung läßt sich kaum exakt angeben, was ein genügend kleines Volumenelement d^3x ist.

Der Ausdruck (17) ist offenbar der Mittelwert der unstetigen Ortsfunktion

$$w(\vec{r}) = \begin{cases} 1, & \text{falls der Endpunkt von } \vec{r} \text{ in } \mathfrak{G} \text{ liegt,} \\ 0 & \text{sonst.} \end{cases} \tag{18}$$

Zu ihr gehört der Operator W = "Multiplizieren mit $w(\vec{r})$" und damit

$$\overline{w} = \iiint\limits_{-\infty}^{+\infty} \psi^* w(\vec{r})\, \psi \, d^3x = \langle \psi | \mathsf{W} | \psi \rangle. \tag{19}$$

Bei den Mittelwerten von Impulsfunktionen ist die Umformung auf die Gestalt von skalaren Produkten etwas schwieriger. Bei der x-Komponente des Impulses

$$\overline{p_x} = \iiint\limits_{p_x, p_y, p_z = -\infty}^{+\infty} \varphi^*(\vec{p})\, p_x\, \varphi(\vec{p})\, d^3p \tag{20}$$

setzt man zu diesem Zweck zunächst nur für den einen Faktor $\varphi^*(\vec{p})$ den Ausdruck (3b) ein und vertauscht dann die Reihenfolge der Integrationen:

$$\begin{aligned} \overline{p_x} &= \iiint\limits_{p_x, p_y, p_z = -\infty}^{+\infty} \frac{1}{\sqrt{(2\pi\hbar)^3}} \iiint\limits_{x,y,z=-\infty}^{+\infty} \psi^*(\vec{r}) \exp\left(+\frac{i}{\hbar}\vec{p}\cdot\vec{r}\right) d^3x \cdot p_x \varphi(\vec{p})\, d^3p \\ &= \iiint\limits_{x,y,z=-\infty}^{+\infty} \psi^*(\vec{r}) \left\{ \frac{1}{\sqrt{(2\pi\hbar)^3}} \iiint\limits_{p_x, p_y, p_z = -\infty}^{+\infty} \varphi(\vec{p})\, p_x \exp\left(+\frac{i}{\hbar}\vec{p}\cdot\vec{r}\right) d^3p \right\} d^3x. \end{aligned} \tag{21}$$

Vergleich mit (3a) zeigt, daß jetzt in der geschweiften Klammer die partielle Ableitung von $\psi(\vec{r})$ nach x mal $\hbar/i$ steht, also

$$\overline{p_x} = \iiint\limits_{x,y,z=-\infty}^{+\infty} \psi^*(\vec{r}) \frac{\hbar}{i} \frac{\partial \psi(\vec{r})}{\partial x}\, d^3x. \tag{22}$$

Das ist offensichtlich ein skalares Produkt mit dem Operator

$$P_x = \frac{\hbar}{i}\frac{\partial}{\partial x} . \tag{23}$$

Also gilt

$$\overline{p_x} = \langle\psi|P_x|\psi\rangle . \tag{24}$$

Nach demselben Schema kann man die folgende Formel beweisen:

$$\overline{p_x^2} = \iiint\limits_{p_x,p_y,p_z=-\infty}^{+\infty} p_x^2|\varphi(\vec{p})|^2 d^3p = \langle\psi|P_x^2|\psi\rangle . \tag{25}$$

Genauso kann man den Mittelwert jedes Polynoms $g(\vec{p})$ von p_x, p_y und p_z in ein Integral über den Ortsraum und einem mit $\psi(\vec{r})$ gebildeten Integranden umwandeln. In ihm tritt dann der Operator $G = g(\vec{P})$ auf, welcher durch Ersetzen der Impulskomponenten p_x, p_y, p_z durch die Operatoren $P_x = \frac{\hbar}{i}\frac{\partial}{\partial x}, P_y = \frac{\hbar}{i}\frac{\partial}{\partial y}, P_z = \frac{\hbar}{i}\frac{\partial}{\partial z}$ aus $g(\vec{p})$ hervorgeht:

$$\overline{g(\vec{p})} = \langle\psi|G|\psi\rangle . \tag{26}$$

Diese Methode versagt aber bei der Berechnung der Wahrscheinlichkeit w', für den Vektor des Impulses einen Wert des Gebietes $\mathcal{G}'$ im Impulsraum zu erhalten, denn dabei muß man den Mittelwert der Impulsfunktion $w'(\vec{p})$ bilden, welche im Gebiet $\mathcal{G}'$ gleich 1 ist und außerhalb null, und das ist kein Polynom. In diesem

Fall muß man im Grunde bei der Formel (7) stehen bleiben. Es läßt sich aber zeigen, daß diese auch als skalares Produkt mit einem geeigneten Operator geschrieben werden kann. Dazu führt man als Abkürzung die folgende, von dem Parameter $\vec{p}$ abhängige Ortsfunktion ein

$$|\vec{p}\rangle = \frac{1}{\sqrt{(2\pi\hbar)^3}} \exp\left(+\frac{i}{\hbar}\vec{p}\cdot\vec{r}\right) . \tag{27}$$

Das ist eine uneigentliche, nicht normierbare Eigenfunktion der Operatoren P_x, P_y und P_z, denn sie wird durch Anwendung dieser Operatoren bis auf die Faktoren p_x, p_y oder p_z reproduziert. Mit ihrer Hilfe lautet (3b)

$$\varphi(\vec{p}) = \langle\vec{p}|\psi\rangle \tag{28}$$

und daher (3a)

$$\psi(\vec{r}) = \iiint\limits_{\vec{p}} |\vec{p}\rangle\langle\vec{p}|\psi\rangle \, d^3p . \tag{29}$$

Diese Formel besagt, daß

$$\iiint\limits_{\vec{p}} |\vec{p}\rangle\langle\vec{p}| \, d^3p = 1 \tag{30}$$

die zu den Operatoren P_x, P_y und P_z gehörende Zerlegung der Einheit darstellt (vgl. § 5). Anwendung des Operators P_x auf (29) liefert

$$P_x|\psi\rangle = \iiint\limits_{\vec{p}} |\vec{p}\rangle \, p_x \langle\vec{p}|\psi\rangle \, d^3p . \tag{31}$$

Daher kann man auch schreiben

$$P_x = \iiint_{\vec{p}} |\vec{p}\rangle\, p_x \langle\vec{p}|\; d^3p . \tag{32}$$

In dieser Schreibweise ist eine Verallgemeinerung auf beliebige Funktionen des Impulses möglich. Der Operator zu einer beliebigen Funktion $g(\vec{p})$ lautet

$$G = \iiint_{\vec{p}} |\vec{p}\rangle\, g(\vec{p}) \langle\vec{p}|\; d^3p . \tag{33}$$

Sein Mittelwert lautet

$$\overline{g(\vec{p})} = \langle\psi|G|\psi\rangle = \iiint_{\vec{p}} \langle\psi|\vec{p}\rangle\, g(\vec{p}) \langle\vec{p}|\psi\rangle\; d^3p . \tag{34}$$

Mit (28) ergibt sich, daß der zweite Ausdruck in (34) mit (7) identisch ist. Durch die Einführung des durch (33) definierten Operators G hat $\overline{g(\vec{p})}$ die Form eines skalaren Produktes angenommen bzw. wie man an der zweiten Schreibweise in (34) erkennt, eines Ausdruckes, der nur skalare Produkte enthält. Dieses Verfahren läßt sich verallgemeinern und wird in den späteren Paragraphen wiederholt vorkommen.

Nebenbei sei bemerkt, daß die hier vorgenommene Umformung aller Integrale über den Impulsraum in Integrale über den Ortsraum mit einem von $\psi(\vec{r})$ abhängigen Integranden ebenso gut umgekehrt ausgeführt werden kann. Man kann auch alle Integrale über den Ortsraum entsprechend in Integrale über den Impulsraum mit einem von $\vec{p}$ abhängigen Integranden transformieren. Alle in letzteren vorkommenden Operatoren wirken dann auf Impulsfunktionen. Das ist ein erstes Beispiel für die allgemeine Transformationstheorie, die in § 19 ausführlich behandelt werden soll.

§ 16. Das Theorem von Ehrenfest

P. Ehrenfest[1] zeigte 1927, daß die quantenmechanischen Mittelwerte auf Grund der Schrödingergleichung den Gesetzen der klassischen Mechanik genügen. Das sei als Übung zum Umgang mit Mittelwerten für das Beispiel eines Massenpunktes hier vorgerechnet. Zunächst ergibt sich aus (§15;13) und (§ 15;24) durch Differentiation nach der Zeit

$$\frac{d\bar{x}}{dt} = \langle \frac{\partial\psi}{\partial t} | X | \psi \rangle + \langle \psi | X | \frac{\partial\psi}{\partial t} \rangle, \tag{1}$$

$$\frac{d\bar{p}_x}{dt} = \langle \frac{\partial\psi}{\partial t} | P_x | \psi \rangle + \langle \psi | P_x | \frac{\partial\psi}{\partial t} \rangle. \tag{2}$$

Nun werde die Schrödingergleichung eingesetzt:

$$i\hbar \frac{\partial}{\partial t} |\psi\rangle = H|\psi\rangle = \frac{1}{2m}(P_x^2 + P_y^2 + P_z^2)|\psi\rangle + E_{pot}(\vec{r})|\psi\rangle. \tag{3}$$

Dabei beachte man, daß man skalare Faktoren vor das skalare Produkt ziehen kann, aber beim 1. Faktor mit dem konjugiert-komplexen Wert (vgl. § 5; 8). Ferner kann man ausnutzen, daß H hermitisch ist, also für beliebige Funktionen $|\psi_1\rangle$ und $|\psi_2\rangle$ die Gleichung $\langle \psi_1 | H \psi_2 \rangle = \langle H\psi_1 | \psi_2 \rangle$ erfüllt. Das ergibt

1) P. Ehrenfest, Zs.f.Phys. 45 (1927) S. 455.

$$\frac{d\bar{x}}{dt} = \frac{i}{\hbar}\langle\psi|HX - XH|\psi\rangle \tag{4}$$

und

$$\frac{d\bar{p}_x}{dt} = \frac{i}{\hbar}\langle\psi|HP_x - P_xH|\psi\rangle. \tag{5}$$

Entsprechend findet man für die zeitliche Ableitung des Mittelwertes $\bar{a}$ einer beliebigen Größe mit dem Operator A

$$\frac{d\bar{a}}{dt} = \frac{i}{\hbar}\langle\psi|HA - AH|\psi\rangle. \tag{6}$$

Die Größe $(HA - AH)$ bezeichnet man als den Kommutator der Operatoren H und A. Oft schreibt man ihn in der Form

$$(HA - AH) = [H,A]. \tag{7}$$

Die Gleichung (6) besagt in Worten: Die zeitliche Ableitung des Mittelwertes einer Größe ist nach der Quantenmechanik gleich dem $i/\hbar$ -fachen des Mittelwertes des Kommutators aus dem Hamiltonoperator und dem der Größe zugeordneten Operator.

In dieser Form gilt diese im folgenden noch oft zu benutzende Regel allerdings nur, wenn in der Definition der betreffenden Größe die Zeit nicht explizit vorkommt. Sonst ist in (6) noch der Mittelwert der Größe $\partial A/\partial t$ hinzuzufügen, also der Mittelwert der Ableitung nach der explizit in der Definition des Operators vorkommenden Zeit.

Wenn die Operatoren H und A vertauschbar sind, d. h., wenn es bei ihrer Anwendung auf die Reihenfolge nicht ankommt, verschwindet der Kommutator (7), und dann ist der Mittelwert der zugehörigen Größe zeitlich konstant. Die Vertauschbarkeit eines Operators mit dem Hamiltonoperator ist die quantenmechanische Form für die klassische Aussage, daß diese Größe zeitlich konstant ist, also eine Erhaltungsgröße ist. Wenn z.B. der betrachtete Massenpunkt keine Kraft in x-Richtung erfährt, hängt $E_{pot}(x)$ nicht von x ab, und dann sind die Operatoren E_{pot} = "Multiplizieren mit $E_{pot}(x)$ " und $\mathsf{P}_x = \frac{\hbar}{i}\frac{\partial}{\partial x}$ miteinander vertauschbar. Da andererseits bei allen genügend oft differenzierbaren Funktionen auch P_x , P_y und P_z miteinander vertauschbar sind, ist dann der gesamte Operator H mit P_x vertauschbar und $\overline{p_x}$ daher konstant.

Im allgemeinen Fall findet man

$$(\mathsf{H}\mathsf{P}_x-\mathsf{P}_x\mathsf{H})|\psi\rangle = E_{pot}(\vec{r})\,\frac{\hbar}{i}\frac{\partial\psi}{\partial x} - \frac{\hbar}{i}\frac{\partial}{\partial x}\big(E_{pot}(\vec{r})\psi\big) \qquad (8)$$

$$= -\frac{\hbar}{i}\,\frac{\partial E_{pot}(\vec{r})}{\partial x}\cdot\psi$$

und damit

$$\frac{d\overline{p_x}}{dt} = -\langle\psi|\,\frac{\partial E_{pot}(\vec{r})}{\partial x}\,|\psi\rangle = -\overline{\frac{\partial E_{pot}(\vec{r})}{\partial x}}\,. \qquad (9)$$

Da $-\partial E_{pot}(\vec{r})/\partial x$ die x-Komponente der Kraft ist, besagt diese Gleichung zusammen mit den entsprechend abzuleitenden Gleichungen für die anderen Komponenten:

Die zeitliche Änderung des Mittelwertes des Impulsvektors ist gleich dem Mittelwert des Vektors der Kraft.

Das ist der erste Teil des Ehrenfestschen Theorem.

Man beachte dabei, daß der Mittelwert der Kraft auch verschwinden kann, wenn die Kraft selbst nicht überall im Bereich der Elektronenwelle verschwindet. Das ist z.B. bei einer Wellenfunktion der Fall, die kugelsymmetrisch um den Kern eines Atoms herum verteilt ist. Obwohl es in der Umgebung eines solchen Kerns keinen Punkt gibt, in welchem die Kraft verschwindet, ist der Mittelwert der Kraft gleich null, die Welle also im Gleichgewicht.

Die Gleichung (4) für die zeitliche Änderung von $\overline{x}$ ist noch leichter auszuwerten als die vorhergehende Gleichung. Da es gleichgültig ist, ob man eine Funktion erst mit x multipliziert und dann mit $E_{pot}(\vec{r})$ oder umgekehrt, sind X und $\mathsf{E}_{pot}(\vec{r})$ miteinander vertauschbar. Desgleichen ist X mit P_y und P_z vertauschbar, da x bei der Ableitung nach y und z als konstant behandelt wird. Daher folgt

$$\begin{aligned}(\mathsf{HX}-\mathsf{XH})|\psi\rangle &= \frac{1}{2m}(\mathsf{P}_x^2\mathsf{X}-\mathsf{X}\mathsf{P}_x^2)|\psi\rangle \\ &= \frac{1}{2m}\left(\frac{\hbar}{i}\right)^2\left(\frac{\partial^2}{\partial x^2}(x\psi) - x\,\frac{\partial^2\psi}{\partial x^2}\right) \\ &= \frac{1}{2m}\left(\frac{\hbar}{i}\right)^2 2\,\frac{\partial\psi}{\partial x} = \frac{\hbar}{im}\mathsf{P}_x|\psi\rangle,\end{aligned} \tag{10}$$

also

$$\frac{d\overline{x}}{dt} = \frac{1}{m}\langle\psi|\mathsf{P}_x|\psi\rangle = \frac{\overline{p_x}}{m}. \tag{11}$$

Diese Gleichung, zusammen mit den entsprechenden Gleichungen für die anderen Komponenten, besagt:

Für die Mittelwerte der Komponenten von $\vec{p}$ *und* $\vec{r}$ *gilt die klassische Gleichung* $\vec{p} = m\,d\overline{\vec{r}}/dt$.

Das ist der zweite Teil des Theorems von Ehrenfest.

Diese Beziehungen machen deutlich, daß die Schrödingergleichung (3) die quantenmechanische Form der Bewegungsgleichung eines Massenpunktes darstellt und nicht etwa die Bewegungsgleichung einer Welle. Denn aus ihr folgen für die Mittelwerte die Bewegungsgleichungen des Massenpunktes. Die Einführung der ψ-Funktion ist nur das mathematische Hilfsmittel, um diese Bewegungsgesetze den Forderungen des Unbestimmtheitsprinzips anzupassen. Auf die Unterschiede zwischen der Wahrscheinlichkeitsamplitude ψ und der Wellenfunktion des Wellenmodells wurde im übrigen bereits in Bd. I, § 40 und 41 ausführlich eingegangen.

Um das wesentliche an der obigen Rechnung besser herauszuarbeiten, sei sie hier noch ein wenig umgeformt. Es soll gezeigt werden, daß es dabei auf die spezielle Bedeutung der Operatoren X und P_x gar nicht ankommt, sondern nur auf die Heisenbergsche Vertauschungsrelation

$$\mathsf{P}_x \mathsf{X} - \mathsf{X} \mathsf{P}_x = \frac{\hbar}{i} \tag{12}$$

und die Vertauschbarkeit von X mit P_y und P_z sowie die entsprechenden Beziehungen für die anderen Komponenten des Ortsvektors.

Da diese Vertauschungsrelation für die ganze Quantenmechanik fundamental wichtig ist, sei ihre Bedeutung hier noch einmal erläutert. Sie besagt: Wenn man auf irgendeine Zustandsfunktion erst den Operator X und dann den Operator P_x anwendet, danach dieselben Operatoren in umgekehrter Reihenfolge und dann die Resultate voneinander subtrahiert, dann ergibt sich dasselbe, wie wenn man die Zustandsfunktion mit $\hbar/i$ multipliziert.

In dieser Form hat die Gleichung (12) einen einfachen Sinn. Sie wäre jedoch unsinnig bzw. enthielte einen inneren Widerspruch, wenn man in irrtümlicher Weise X und P_x für physikalische Größen hält, was früher manchmal vorkam (vgl. S.213). Es wäre richtiger, zu sagen, sie enthält eine fast triviale Aussage der Differentialrechnung in ungewöhnlicher Schreibweise. Denn wenn man wie bisher unter X den Operator "Multiplizieren mit x" versteht und unter P_x den Operator $\frac{\hbar}{i}\frac{\partial}{\partial x}$, so lautet die Gleichung (12) bei Anwendung auf $\psi(\vec{r})$ ausgeschrieben:

$$\frac{\hbar}{i}\frac{\partial}{\partial x}(x\psi(\vec{r})) - x\frac{\hbar}{i}\frac{\partial}{\partial x}(\psi(\vec{r})) = \frac{\hbar}{i}\psi(\vec{r}). \tag{13}$$

Aus zwei Gründen wurde hier die obige Schreibweise (12) und nicht die vertrautere Schreibweise (13) benutzt. Erstens werden in den späteren Paragraphen viele andere mathematische Operatoren auftreten, welche den gleichen Vertauschungsrelationen genügen. Die Verwendung der Operatorschreibweise erlaubt es dann also, alle aus der Beziehung (12) folgenden weiteren Gleichungen unverändert zu übernehmen.

Teilweise kann diese Transformation auf andere Operatoren hier schon klargemacht werden. Wenn man in § 15 in den Ausdrücken (§ 15; 6 und 7) für die Mittelwerte der Funktionen $f(\vec{r})$ und $g(\vec{p})$ nicht in dem zweiten die Fourieramplitude $\varphi(\vec{p})$ durch die Wellenfunktion $\psi(\vec{r})$ ausdrückt, sondern umgekehrt in dem ersten Ausdruck die Wellenfunktion $\psi(\vec{r})$ durch ihre Fourieramplitude $\varphi(\vec{p})$, so gehen die Ausdrücke in Integrale über $\vec{p}$ über, in denen statt X der Operator $X' = -\frac{\hbar}{i}\frac{\partial}{\partial p_x}$ auftritt und statt P_x der Operator P_x' = "Multiplizieren mit p_x". Diese auf Impulsfunktionen anwendbaren

Operatoren erfüllen die gleiche Vertauschungsrelation.

Wie in § 19 näher ausgeführt werden soll, gibt es viele verschiedene "Darstellungen" der Quantenmechanik, in denen die den meßbaren Größen zugeordneten Operatoren jeweils ganz verschiedene Bedeutung haben. Die Operatorenbeziehungen der Gestalt (12) sind aber allen Darstellungen gemeinsam. In der ausgeschriebenen Form (13) gilt diese Beziehung dagegen nur für die sog. Ortsdarstellung, in welcher der Zustand durch eine Wellenfunktion $\psi(\vec{r})$ dargestellt wird.

Der zweite Grund für die Bevorzugung der Operatorschreibweise (12) ist der, daß man in der Anfangszeit der Quantenmechanik, als man die Bedeutung der vorkommenden mathematischen Gebilde noch nicht immer klar durchschaute, häufig mit Gleichungen dieser Gestalt rechnete, ohne zwischen den physikalischen Größen des Modells und ihren hermitischen Operatoren deutlich zu unterscheiden. Damals nannte man nach Dirac die ersteren manchmal "c-Zahlen", die letzteren dagegen "q-Zahlen", ohne zu beachten, daß beides keine Zahlen und ganz verschiedene mathematische Gebilde sind. Wenn man aber unter X und P_x Zahlen versteht, ist die Gleichung (12) falsch. Infolge dieser Verwechslung der Operatoren mit Zahlen wurde die Gleichung (12) früher gelegentlich sogar als ein Musterbeispiel für die Unsinnigkeit der ganzen Quantenmechanik hingestellt.

Um solche Mißverständnisse zuverlässig auszuschliessen, wurde hier die Operatorschreibweise so eingeführt, daß der Unterschied zwischen den physikalischen Größen und den ihnen zugeordneten hermitischen Operatoren besonders deutlich hervortritt. Später (vgl. § 27) wird sich zeigen, daß bei geeigneter Umformung der quantenmechanischen Gleichungen viele Beziehungen zwischen diesen Operatoren, nicht nur die zwischen ihren Mittelwerten, genauso lauten wie bei den Modellgrößen. Dadurch wird verständlich, warum man sie in der Anfangszeit manchmal verwechselte.

Jetzt soll gezeigt werden, daß aus (12) und den entsprechenden Beziehungen für die Operatoren zu den anderen Komponenten für ziemlich allgemeine Hamiltonoperatoren, also auch für viel allgemeinere Modelle als dem bisher allein betrachteten Massenpunkt, die Gültigkeit der klassischen Bewegungsgleichungen für die quantenmechanischen Mittelwerte folgt. Dazu beweist man zunächst durch vollständige Induktion, daß die Beziehung

$$\frac{i}{\hbar}(P_x^n X - X P_x^n) = n P_x^{n-1} \tag{14}$$

für alle ganzzahligen $n>0$ gilt. Für $n=1$ ist diese Gleichung mit (12) identisch. Wenn sie aber für ein n bewiesen worden ist, folgt aus ihr durch "Multiplikation" von links mit P_x und durch "Multiplikation" von (12) mit P_x^n von rechts und Addition

$$\begin{aligned}\frac{i}{\hbar}(P_x^{n+1} X - X P_x^{n+1}) &= \frac{i}{\hbar} P_x (P_x^n X - X P_x^n) + \frac{i}{\hbar}(P_x X - X P_x) P_x^n \\ &= n P_x^n + P_x^n = (n+1) P_x^n ,\end{aligned} \tag{15}$$

also die Gleichung (14) für ein um 1 höheres n. Man beachte hierbei, daß die "Multiplikation" zweier Operatoren ihre Anwendung nacheinander bedeutet, und zwar stets zuerst den rechts stehenden Operator.

Die obige Gleichung (14) besagt, daß bei $A = P_x^n$ für jedes ganzzahlige $n>0$ auf Grund der Heisenbergschen Vertauschungsrelation (12) die Bildung des Kommutators $[A,X]$ mit X verbunden mit der Multiplikation mit $i/\hbar$ einer partiellen Ableitung nach P_x gleichwertig ist. Da nun X mit P_y, P_z und allen Funktionen von X, Y und Z vertauschbar ist, kann man die Formel (14) für verschiedene n mit beliebigen Funktionen dieser weiteren Operatoren multiplizieren und linear kombinieren und erhält so für ein beliebiges Polynom H endlichen Grades in P_x

$$\frac{i}{\hbar}[H,X] = \frac{i}{\hbar}(HX - XH) = \frac{\partial H}{\partial P_x}\,. \qquad (16)$$

In analoger Weise ergibt sich

$$\frac{i}{\hbar}(P_x X^n - X^n P_x) = n X^{n-1}. \qquad (17)$$

Denn für $n = 1$ ist diese Gleichung mit (12) identisch, und aus ihr ergibt sich für beliebiges n, analog zu (15),

$$\begin{aligned}\frac{i}{\hbar}(P_x X^{n+1} - X^{n+1} P_x) &= \frac{i}{\hbar}(P_x X^n - X^n P_x)X + \frac{i}{\hbar}X^n(P_x X - X P_x)\\ &= n X^n + X^n = (n+1)X^n,\end{aligned} \qquad (18)$$

also dieselbe Gleichung wie (17) für ein um 1 höheres n. Für jeden Hamiltonoperator, der als Polynom in X geschrieben werden kann, gilt daher

$$\frac{i}{\hbar}[P_x, H] = \frac{i}{\hbar}(P_x H - H P_x) = \frac{\partial H}{\partial X}\,. \qquad (19)$$

Mit Hilfe dieser Beziehungen (16) und (19) kann man die Gleichungen (4) und (5) in der Form schreiben und

$$\frac{d\overline{x}}{dt} = \overline{\frac{\partial H}{\partial p_x}} \tag{20}$$

$$\frac{d\overline{p_x}}{dt} = -\overline{\frac{\partial H}{\partial x}} \tag{21}$$

Für die anderen Komponenten lauten die Gleichungen natürlich entsprechend. Sie besagen:

Aus der Heisenbergschen Vertauschungsrelation (12) folgt für jeden Hamiltonoperator, der als Polynom in den Operatoren der Koordinaten und Impulskomponenten geschrieben werden kann, die Gültigkeit der kanonischen Gleichungen für die Mittelwerte.

Da man mit physikalisch ausreichender Genauigkeit jede Funktion durch ein Polynom approximieren kann, ist die Beschränkung auf Polynome physikalisch nicht einschneidend. Man kann diesen Satz in der Physik praktisch als allgemein gültig ansehen. Er gewährleistet, daß in der Quantenmechanik bei Gültigkeit der Heisenbergschen Vertauschungsrelationen die Gesetze der klassichen Mechanik in makroskopischer Näherung gültig bleiben. Deshalb werden diese Relationen in der Regel bei der Quantisierung eines klassischen Modells als gültig vorausgesetzt (vgl. § 23).

§ 17. Das Zerfließen eines Wellenpakets.

Der Umstand, daß ein Wellenpaket bei Elektronen im kräftefreien Feld mit der Zeit beliebig weit auseinanderfließt, zeigt am deutlichsten, daß das Wellenmodell das Verhalten der Elektronen nicht vollständig richtig beschreibt. Diese Erscheinung war seiner Zeit einer der wichtigsten Gründe, weshalb man die in § 15 geschilderte

Deutung der Wellenfunktion als Wahrscheinlichkeitsamplitude für den Aufenthalt des Elektronenpartikels einführte. Ihre Ursache liegt darin, daß nach de Broglie die Frequenz ω der Elektronenwelle quadratisch vom Betrag des Ausbreitungsvektors $\vec{k}$ abhängt (vgl. Bd.I, § 33;2). Daher ist die Gruppengeschwindigkeit $g = d\omega/dk$ (vgl. Bd.I, § 32) eine lineare Funktion von $\vec{k}$. Der Anteil eines Wellenpakets, welcher aus den ebenen Wellen mit einem größeren $|\vec{k}|$ als dem Mittelwert gebildet wird, schreitet also schneller fort als der Anteil aus den ebenen Wellen mit kleinerem $|\vec{k}|$. Für elektromagnetische Wellen im Vakuum, bei denen ω linear von $\vec{k}$ abhängt, gilt das nicht.

Der exakte Nachweis für das Zerfließen eines Wellenpakets bei Elektronenwellen läßt sich mit den im vorigen Paragraphen entwickelten Hilfsmitteln leicht erbringen, indem man zeigt, daß die Streuung

$$S_x = \overline{(x - \overline{x})^2} = \overline{x^2} - \overline{x}^2 \tag{1}$$

einer Koordinate x beim Fehlen äußerer Kräfte mit der Zeit über alle Grenzen wächst. Dieser Nachweis soll hier in solcher Weise erbracht werden, daß man seinen Zusammenhang mit der Heisenbergschen Vertauschungsrelation (§ 16;12) deutlich erkennt. Dadurch soll aufs Neue demonstriert werden, daß diese Relationen als Grundlage aller quantenmechanischen Aussagen aufgefaßt werden können.

Wenn die potentielle Energie verschwindet, ist der Hamiltonoperator mit P_x vertauschbar und daher $\overline{p}_x$ wegen (§ 16;5) konstant. Aus (§ 16;11) ergibt sich deshalb durch Integration über die Zeit

$$\overline{x} = \frac{\overline{p_x}}{m} t + \alpha \tag{2}$$

(α = Integrationskonstante).

Für die zeitliche Änderung von $\overline{x^2}$ findet man mit (§ 16;6)

$$\frac{d\overline{x^2}}{dt} = \frac{i}{\hbar} \langle \psi | H X^2 - X^2 H | \psi \rangle . \tag{3}$$

Von H ist nur der Summand $P_x^2/2m$ nicht mit X und X^2 vertauschbar. Daher erhält man

$$\begin{aligned} \frac{i}{\hbar}[H, X^2] &= \frac{i}{2m\hbar}(P_x^2 X^2 - X^2 P_x^2) \\ &= \frac{i}{2m\hbar}(P_x^2 X - X P_x^2) X + \frac{i}{2m\hbar} X (P_x^2 X - X P_x^2) \end{aligned} \tag{4}$$

und damit unter Benutzung von (§ 16;14)

$$\frac{i}{\hbar}[H, X^2] = \frac{1}{m}(P_x X + X P_x) , \tag{5}$$

also

$$\frac{d\overline{x^2}}{dt} = \frac{1}{m} \langle \psi | P_x X + X P_x | \psi \rangle . \tag{6}$$

Diese Gleichung für die quantenmechanischen Mittelwerte entspricht der folgenden Gleichung für die Koordinaten eines Massenpunktes:

$$\frac{dx^2}{dt} = 2x \frac{dx}{dt} = \frac{1}{m} 2x p_x . \tag{7}$$

Man liest daraus ab, daß der Größe $2xp_x$ in der Quantenmechanik der Operator $P_xX + XP_x$ zugeordnet ist. Das entspricht einerseits der Regel, daß man den Operator zu einer Modellgröße durch Ersetzen der Koordinaten und Impulskomponenten durch die zugehörigen Operatoren erhält. Andererseits aber tritt hier die Besonderheit auf, daß xp_x nicht einfach den Operator P_xX oder XP_x besitzt, sondern das arithmetische Mittel dieser beiden, voneinander verschiedenen Operatoren. Das ist deshalb notwendig, weil P_xX und XP_x keine hermitischen Operatoren darstellen, wohl aber (P_xX+XP_x) (vgl. § 5;20). Andere als hermitische Operatoren kommen als Operatoren zu beobachtbaren Größen nicht in Betracht, weil nur bei hermitischen Operatoren der Mittelwert stets reell ist (vgl. § 5;13). Das aber muß man für den Mittelwert einer meßbaren Größe immer fordern.

Nochmalige Differentiation von (6) nach t ergibt

$$\frac{d^2\overline{x^2}}{dt^2} = \frac{i}{m\hbar}\langle\psi|H(P_xX+XP_x) - (P_xX+XP_x)H|\psi\rangle. \tag{8}$$

Wieder ist hier nur der Summand $P_x^2/2m$ des Hamiltonoperators im kräftefreien Fall nicht mit (P_xX+XP_x) vertauschbar. Daher ergibt sich mit Benutzung von (§ 16;14)

$$\begin{aligned} &\frac{i}{\hbar}\{P_x^2(P_xX+XP_x) - (P_xX+XP_x)P_x^2\} \\ &\quad = \frac{i}{\hbar}\{P_x(P_x^2X-XP_x^2) + (P_x^2X-XP_x^2)P_x\} \\ &\quad = 4P_x^2, \end{aligned} \tag{9}$$

also

$$\frac{d^2\overline{x^2}}{dt^2} = \frac{2}{m^2}\overline{p_x^2}. \tag{10}$$

Da im kräftefreien Fall H auch mit P_x^2 vertauschbar ist, ist auch $\overline{p_x^2}$ zeitlich konstant. Daher erhält man aus (10) durch zweimalige Integration über t mit zwei Integrationskonstanten β und γ

$$\overline{x^2} = \frac{\overline{p_x^2}}{m^2}t^2 + \beta t + \gamma. \tag{11}$$

Setzt man das zusammen mit (2) in (1) ein, so erhält man mit den neuen Integrationskonstanten

$$\beta' = \beta - 2\alpha\overline{p_x}/m \qquad \text{und} \qquad \gamma' = \gamma - \alpha^2 \tag{12}$$

das Ergebnis

$$S_x = \frac{\overline{p_x^2} - \overline{p_x}^2}{m^2}t^2 + \beta' t + \gamma'. \tag{13}$$

Der Wert dieser Konstanten β' und γ' ergibt sich aus dem Anfangszustand.

Welchen Wert aber β' und γ' auch immer annehmen, nach genügend langer Zeit t überwiegt in (13) stets der erste, in t quadratische Summand, wenn nicht $\overline{p_x^2} - \overline{p_x}^2 = \overline{(p_x - \overline{p_x})^2}$ verschwindet. Das ist aber nach dem Unbestimmtheitsprinzip unmöglich. Dann müßte nämlich die Unschärfe von p_x verschwinden, und das ist nur möglich, wenn die Unschärfe von x, also auch S_x unendlich groß wäre.

Exakt ergibt sich die Richtigkeit dieses Schlusses aus der folgenden mathematisch strengen Formulierung des Unbestimmtheitsprinzips:

$$\overline{(x-\overline{x})^2} \cdot \overline{(p_x-\overline{p_x})^2} \geq \hbar^2/4 . \qquad (14)$$

Diese Gleichung folgt ebenfalls allein aus der Heisenbergschen Vertauschungsrelation (§ 16;12) und einigen allgemeinen Eigenschaften des skalaren Produkts. Der Beweis ist mit den hier entwickelten Hilfsmitteln relativ einfach zu erbringen und ist in den Ergänzungen (§ 17a) ausgeführt.

Bei jedem endlichen Wellenpaket mit endlichem S_x ist also nach (14) $S_{p_x} = \overline{(p_x - \overline{p_x})^2}$ ungleich null und positiv. Daher wächst S_x im kräftefreien Fall mit wachsender Zeit immer über alle Grenzen, d.h. das Wellenpaket dehnt sich in x -Richtung mit der Zeit beliebig weit aus. Für die anderen Richtungen gilt natürlich das gleiche.

§ 18. Die Operatoren zu beliebigen Größen

Für das Modell eines Massenpunktes läßt sich jede meßbare Größe f als Funktion der Komponenten des Ortsvektors und des Impulsvektors in der Form $f(x, y, z, p_x, p_y, p_z)$ schreiben. Unter Verallgemeinerung der in § 15 erläuterten Beziehungen ordnet man ihr in der Quantenmechanik einen Operator $f(\mathsf{X}, \mathsf{Y}, \mathsf{Z}, \mathsf{P}_x, \mathsf{P}_y, \mathsf{P}_z)$, indem man die Komponenten des Ortsvektors durch die Operatoren $\mathsf{X}, \mathsf{Y}, \mathsf{Z}$ = "Multiplizieren mit x, y bzw. z " ersetzt und p_x, p_y und p_z durch $\mathsf{P}_x = \frac{\hbar}{i}\frac{\partial}{\partial x}, \mathsf{P}_y = \frac{\hbar}{i}\frac{\partial}{\partial y}, \mathsf{P}_z = \frac{\hbar}{i}\frac{\partial}{\partial z}$. Man nimmt nun an, daß eine wiederholte Messung von f in demselben, durch die normierte Wellenfunktion $|\psi\rangle$ gegebenen Zustand im Mittel den Wert

$$\bar{f} = \langle\psi| f(X,Y,Z,P_x,P_y,P_z)|\psi\rangle \qquad (1)$$

liefert. Diese Aussage enthält die in § 15 erläuterten Aussagen über die Wahrscheinlichkeitsverteilung der Orte und Impulse. Sie ist eine sinngemäße Verallgemeinerung davon, welche sich an der Erfahrung bewährt hat.

Sie enthält aber eine Schwierigkeit: Die Ersetzungsvorschrift ist nicht eindeutig, nicht einmal dann, wenn $f(\vec{r},\vec{p})$ ein Polynom von x, y, z, p_x, p_y und p_z ist. Das wurde bereits im vorigen Paragraphen am Beispiel der Größe xp_x erörtert. In diesem Falle führte die Zusatzvorschrift, daß der Operator hermitisch sein sollte, auf den Operator $(P_xX+XP_x)/2$. Es ist zwar notwendig, daß der Operator zu einer reellen Funktion $f(\vec{r},\vec{p})$ hermitisch ist, weil sonst der Mittelwert nicht in allen Fällen reell ist, aber diese zusätzliche Bedingung reicht im allgemeinen nicht zur eindeutigen Festlegung des zugehörigen Operators aus.

Diese Mehrdeutigkeit der quantenmechanischen Operatoren hat tatsächlich eine tiefliegende Ursache und läßt sich nicht durch Aufstellung einfacher Regeln beheben. Wie sogleich erörtert werden soll, enthält die obige Wahrscheinlichkeitsdeutung der ψ-Funktion implizit die Aussage, daß der physikalische Zustand eines Körpers durch eine Messung mehr oder weniger verändert wird. Der Meßvorgang beeinflußt das Meßobjekt. Dieser Sachverhalt wurde vor Aufstellung der Quantenmechnik nie beachtet. Die obige quantenmechanische Aussage über die Mittelwerte enthält zugleich eine quantitative Aussage über das Mindestmaß der Rückwirkung einer Messung auf den Zustand, und daraus folgt, daß die Ergebnisse der Messung von zwei

Größen a und b mit nicht vertauschbaren Operatoren A und B von der Reihenfolge ihrer Durchführung abhängt, selbst dann, wenn der zeitliche Abstand der Messungen verschwindend klein ist, weil die Zustandsänderung bei der ersten Messung das Ergebnis der zweiten beeinflußt.

Deshalb kann man gar keine allgemein gültige, eindeutige Regel angeben, wie man die Operatoren zu bestimmten, am Modell erklärten Größen findet. Vielmehr müßte man dazu die praktisch benutzten Meßverfahren analysieren, weil in komplizierten Fällen die gemessene Größe gar nicht vollständig durch die zugehörige Funktion der Modellgrößen definiert ist. Zum Glück liegen die Verhältnisse aber praktisch nicht so schwierig, wie es hiernach erscheint. Bei fast allen vorkommenden Größen sind ihre Operatoren durch die genannten Regeln eindeutig bestimmt. Andere Fälle werden hier nicht behandelt werden, und deshalb soll diese Frage hier auch nicht weiter entfaltet werden.

Wenn A der Operator zu einer meßbaren Größe a ist, so ist nach (1) der Mittelwert $\overline{a}$ wiederholter Messungen von a im Zustand mit der normierten Wellenfunktion $|\psi\rangle$

$$\overline{a} = \langle\psi|A|\psi\rangle. \tag{2}$$

Der Mittelwert von a^2 ist entsprechend

$$\overline{a^2} = \langle\psi|A^2|\psi\rangle = \langle A\psi|A\psi\rangle. \tag{3}$$

Daraus folgt, daß die Wellenfunktion $|\psi\rangle$ eines Zustandes, in welchem die Messung von a stets exakt denselben reellen Wert λ liefert, notwendig eine Eigenfunktion von A mit dem Eigenwert λ sein muß. In diesem

Fall muß nämlich $\bar{a} = \lambda$ und $\overline{a^2} = \lambda^2$ sein. Die Beziehung $\overline{a^2} - \lambda\bar{a} = 0$ ist aber wegen (2) und (3) identisch mit

$$\langle A\psi - \lambda\psi | A\psi \rangle = 0. \tag{4}$$

Ferner ist die Gleichung $\bar{a} - \lambda = 0$ wegen der Hermitizität von A und der Normierung von $|\psi\rangle$ identisch mit

$$\langle A\psi - \lambda\psi | \psi \rangle = 0. \tag{5}$$

Multipliziert man die letztere Gleichung mit λ, indem man den zweiten Faktor im skalaren Produkt mit λ multipliziert, und subtrahiert sie von der vorhergehenden Gleichung, so erhält man

$$\langle A\psi - \lambda\psi | A\psi - \lambda\psi \rangle = 0. \tag{6}$$

Wenn man nun voraussetzt, daß $A\psi - \lambda\psi$ eine stetige Funktion des Ortes ist, folgt daraus

$$A\psi = \lambda \cdot \psi \tag{7}$$

Denn (6) besagt ja, daß das Volumenintegral über die stets positiv reelle Größe $|A\psi - \lambda\psi|^2$ verschwindet. Daher kann diese Größe höchstens in einem Teilgebiet mit dem Volumen null, also auf einzelnen Linien, Flächen oder Punkten ungleich null sein, nicht in dem übrigen Raum. Eine stetige Funktion muß aber unter diesen Bedingungen überall verschwinden. Die Stetigkeit ist in der Physik keine wesentliche Einschränkung, da alle physikalischen Größen nur bis auf einen physikalisch unwesentlichen, aber endlichen Fehler definiert sind. Daher kann man ohne Verlust der Allgemeinheit alle unstetigen Funktionen durch stetige Approximationen ersetzen.

Daraus folgt, daß die Eigenwerte von A die einzig möglichen Meßergebnisse einer exakten Messung von a sind. Denn wenn eine Messung von a exakt das Ergebnis λ lieferte, muß man aus Gründen der Konsistenz des Meßverfahrens fordern, daß eine unmittelbar darauf folgende zweite Messung derselben Größe mit Sicherheit dasselbe Ergebnis liefert. Also muß die Wellenfunktion unmittelbar nach der ersten Messung eine Eigenfunktion von A zum Eigenwert λ sein. Mit anderen Worten:

Durch die Rückwirkung des Meßinstruments auf das Meßobjekt wird bei einer exakten Messung einer seiner Eigenschaften a *die Wellenfunktion des untersuchten Körpers in eine Eigenfunktion des zugehörigen Operators* A *mit dem gemessenen Wert als Eigenwert verwandelt.*

Diese Aussage hält man heute in der Quantenmechanik allgemein für richtig. Man beachte aber den genauen Wortlaut. Man darf nicht einfach sagen, durch jede Messung von a werde die Zustandsfunktion in eine Eigenfunktion von A verwandelt. Bei obiger Rechnung wurde nämlich wiederholt vorausgesetzt, daß $|\psi\rangle$ eine normierte Eigenfunktion von A ist. Es gibt aber Operatoren, die gar keine normierbaren Eigenfunktionen besitzen, wenn man nicht irgendwelche künstlichen Randbedingungen einführt (vgl. § 5). Es gibt daher in diesen Fällen gar keine Zustände, in denen bei einer Messung der zugehörigen Größe ein Meßergebnis mit Sicherheit exakt erhalten wird. Ein Beispiel dafür ist der Impuls, bei welchem die Operatoren der Impulskomponenten nur die nicht normierbaren Eigenfunktionen $\frac{1}{\sqrt{(2\pi\hbar)^3}} \exp\left(\frac{i}{\hbar}\vec{p}\cdot\vec{r}\right)$ besitzen (vgl. § 15). Das bedeutet natürlich nicht, daß man den Impuls nicht messen könne, sondern nur, daß man ihn nicht exakt messen kann. Vor Aufstellung der Quantenmechanik hat man auf solche feinen Unterschiede niemals geachtet. Es war selbstverständlich auch früher jedem Physiker klar, daß jede Messung mit einem Fehler behaftet ist. Es wurde aber stillschweigend vorausgesetzt, daß man diesen Meßfehler im Prinzip beliebig klein machen könne. Daher glaubte man, so rechnen zu dürfen, als ob die Meßergebnisse exakt bekannt seien.

Die Quantenmechanik macht hier die folgende präzisere Aussage:

Wenn das Meßergebnis einer Messung der Größe a *in den Bereich des kontinuierlichen Eigenwertspektrums des zugehörigen Operators* $\mathbf{A}$ *fällt, ist eine exakte Messung nicht möglich. Im Bereich des diskreten Spektrums von* $\mathbf{A}$ *sind die Eigenwerte die einzig möglichen Meßergebnisse, und diese können durch eine Messung mit endlicher Ungenauigkeit exakt gemessen werden.*

Diese Aussage ergibt sich bei der Berechnung der Wahrscheinlichkeit w, bei einer Messung von a einen Wert des Intervalles $a_u < a \leq a_o$ zu finden. Diese Wahrscheinlichkeit ist gleich dem Mittelwert der Funktion

$$w(a) = \begin{cases} 1, & \text{falls } a_u < a \leq a_o, \\ 0 & \text{sonst.} \end{cases} \tag{8}$$

Da diese Funktion kein Polynom in a ist, kann man den zugehörigen Operator $\mathbf{W}$, ebenso wie in § 15, nur mit Hilfe der zu $\mathbf{A}$ gehörenden Zerlegung der Einheit aufstellen. Hier sei angenommen, daß $\mathbf{A}$ einerseits die normierten, zueinander orthogonalen Eigenfunktionen

$|1\rangle, |2\rangle, |3\rangle \ldots |i\rangle$.. besitzt mit den Eigenwerten a_1, $a_2, a_3, \ldots\ a_i, \ldots$ und außerdem nichtnormierbare, uneigentliche Eigenfunktionen $|\mu\rangle$, welche von dem kontinuierlich veränderlichen Parameter μ abhängen und bei Anwendung des Operators A bis auf den Faktor $a(\mu)$ reproduziert werden. Die Entwicklung von $|\psi\rangle$ nach Eigenfunktionen von A soll also die folgende Form haben:

$$|\psi\rangle = \sum_i |i\rangle\langle i|\psi\rangle + \int_\mu |\mu\rangle\langle\mu|\psi\rangle d\mu . \tag{9}$$

Das ist zwar nicht die allgemeinste Form der in der Quantenmechanik vorkommenden Entwicklungen, aber sie ist allgemein genug, um im folgenden das wesentliche hervortreten zu lassen.

Anwendung des Operators A auf (9) liefert

$$A|\psi\rangle = \sum_i |i\rangle a_i \langle i|\psi\rangle + \int_\mu |\mu\rangle a(\mu) \langle\mu|\psi\rangle d\mu . \tag{10}$$

Bei nochmaliger Anwendung tritt statt a_i bzw. $a(\mu)$ einfach das Quadrat a_i^2 bzw. $a^2(\mu)$ auf. Daraus folgt als Verallgemeinerung die folgende Definition für den Operator G zu einer beliebigen Funktion $g(a)$:

$$G|\psi\rangle = \sum_i |i\rangle g(a_i) \langle i|\psi\rangle + \int_\mu |\mu\rangle g(a_\mu) \langle\mu|\psi\rangle d\mu . \tag{11}$$

Mit Hilfe dieser Formel erhält man bei Anwendung des Operators W zu der durch (8) definierten unstetigen Funktion $w(a)$ den folgenden Ausdruck:

$$W|\psi\rangle = w(A)|\psi\rangle = \sum_{a_u < a_i \leq a_o} |i\rangle\langle i|\psi\rangle + \int_{a_u < a(\mu) < a_o} |\mu\rangle\langle\mu|\psi\rangle d\mu . \tag{12}$$

Für die Wahrscheinlichkeit $\overline{w}$ bei einer Messung von a einen Wert des Intervalles $a_u < a \leq a_o$ zu finden, also für den Mittelwert des Operators W, erhält man daher bei Beachtung der Beziehungen $\langle\psi|i\rangle = \langle i|\psi\rangle^*$ und $\langle\psi|\mu\rangle = \langle\mu|\psi\rangle^*$

$$\overline{w} = \langle\psi|W|\psi\rangle = \sum_{a_u < a_i \leq a_o} |\langle i|\psi\rangle|^2 + \int_{a_u < a(\mu) < a_o} |\langle\mu|\psi\rangle|^2 d\mu . \quad (13)$$

Diese Gleichung besagt:

1) Wenn das Intervall $a_u < a \leq a_o$ keinen der diskreten Eigenwerte a_i umfaßt und auch nicht in den Bereich der Werte fällt, welche $a(\mu)$ durchläuft, ist die Wahrscheinlichkeit null. Andere Ergebnisse als die Eigenwerte des diskreten und kontinuierlichen Spektrums der Eigenwerte von A können also bei einer Messung von a als Meßergebnis nicht auftreten.

2) Wenn das Intervall $a_u < a \leq a_o$ nur einen der diskreten Eigenwerte umfaßt und nicht in den Bereich der Werte $a(\mu)$ des Integrals fällt, ist die Wahrscheinlichkeit für das Auftreten dieses Meßergebnisses von der Intervallbreite unabhängig. Dann kann man trotz ungenauer Messung ein genaues Ergebnis erhalten. Die Ungenauigkeit der Messung muß nur geringer sein als der Abstand der nächsten benachbarten Eigenwerte. Wenn der gemessene Eigenwert nicht entartet ist, also nur bei einem Index i auftritt, ist die Wahrscheinlichkeit für das Auftreten dieses Meßergebnisses im Zustand mit der Wellenfunktion $|\psi\rangle$ gleich $|\langle i|\psi\rangle|^2$. Fallen die Eigenwerte mehrerer Summanden zusammen, so ist sie gleich der Summe dieser Ausdrücke $|\langle i|\psi\rangle|^2$ über die Eigenfunktionen $|i\rangle$ mit gleichem Eigenwert.

3) Wenn das Intervall von $a_u < a \leq a_o$ keinen der diskreten Eigenwerte enthält, aber in den Bereich des kontinuierlichen Spektrums $a(\mu)$ fällt, ist die Wahrscheinlichkeit für das Auftreten dieses Meßergebnisses gleich dem Integral über $|\langle\mu|\psi\rangle|^2$ über das zugehörige Intervall des Parameters μ. Versucht man in diesem Fall ein genaues Meßergebnis zu erreichen, indem man das Intervall bis auf null verengt, so geht die Wahrscheinlichkeit gegen null. Das ist jedenfalls dann richtig, wenn $|\langle\mu|\psi\rangle|^2$ eine integrable Funktion von μ ist. Das aber muß man fordern, weil $|\psi\rangle$ normiert sein sollte. Aus (9) folgt nämlich

$$\langle\psi|\psi\rangle = \sum_i |\langle i|\psi\rangle|^2 + \int_\mu |\langle\mu|\psi\rangle|^2 d\mu = 1. \tag{14}$$

Das Integral über $|\langle\mu|\psi\rangle|^2$ muß also existieren und endlich sein, ja, es muß sogar ≤ 1 sein.

Diese Überlegungen machen deutlich, daß man der klassischen Physik stets eine heute als falsch erkannte Annahme stillschweigend zugrundegelegt hat, nämlich die, daß alle meßbaren Größen im Prinzip beliebig genau gemessen werden können und daß die Meßergebnisse zugleich ein Kontinuum von Werten innerhalb gewisser Grenzen annehmen können. Nach den Aussagen der Quantenmechanik widerspricht sich das. Ein genaues Meßergebnis ist nur in den Fällen zu erreichen, in denen nach den Gesetzen der Quantenmechanik die Meßergebnisse diskret liegen, wenn also der zur Meßgröße gehörende Operator $\mathbf{A}$ ein diskretes Eigenwertspektrum hat. Wenn dagegen die möglichen Meßergebnisse ein Kontinuum bilden, wenn bei $\mathbf{A}$ ein kontinuierliches Eigenwertspektrum mit uneigentlichen Eigenfunktionen vorliegt, ist ein genaues Meßresultat physikalisch unmöglich.

Man beachte, daß hierbei immer nur von den Ergebnissen einer Messung von a gesprochen wurde, nicht von den Werten, welche die Größe a an dem betrachteten Körper "wirklich" annimmt. Auf den ersten Blick scheint es sinnvoll zu sein, dazwischen zu unterscheiden, also etwa anzunehmen, daß sich die Größe a "in Wirklichkeit" stetig ändert, daß aber bei der Messung infolge der Rückwirkung des Meßinstrumentes unter Unständen nur diskrete Meßergebnisse auftreten können. Diese Unterscheidung liegt nahe, weil im bürgerlichen Leben ähnliches vorkommt, z.B. bei der Feststellung des Alters am Fahrkartenschalter. Für die Fahrpreise ist nur wichtig, ob die betreffende Person weniger als 4 Jahre alt ist, zwischen 4 und 10 Jahren oder älter. Man kann sagen, dort sind nur diese 3 diskreten Meßergebnisse für das Alter möglich. In diesem Fall kann man gewissermaßen das unstetig veränderliche Fahrpreisalter von dem wirklichen, stetig veränderlichen Alter unterscheiden.

In der Quantenmechanik hat solch eine Unterscheidung keinen Sinn. Es gibt außer den hier betrachteten Meßverfahren keine anderen, mit denen man die "wirklichen" Werte der Größen feststellen könnte. Wir können in der Physik nur Aussagen darüber machen, was wir wissen, nicht darüber, was womöglich dahinter verborgen ist und nicht festgestellt werden kann. Wenn man z.B. beobachtet, daß sich Elektronen bei gewissen Erscheinungen wie Partikel verhalten und bei anderen wie Wellen, so ist es sinnlos zu fragen, was das Elektron "in Wirklichkeit" sei. Die hierbei hinter den meßbaren Größen vermutete, den gewohnten Vorstellungen besser entsprechende "Wirklichkeit" ist eine völlig unwirkliche Phantasievorstellung, welche nicht beobachtbar ist, also gerade nicht "wirkt".

Zum Abschluß dieser Überlegungen werde noch einmal die Frage aufgegriffen, wie der Meßvorgang die Wellenfunktion $|\psi\rangle$ verändert. Nach einer Messung, bei der für a ein Wert des Intervalles $a_u < a \leq a_o$ gefunden wurde, muß die neue, durch das Meßgerät erzeugte normierte Wellenfunktion $|\psi'\rangle$ die Größe $\overline{w}' = \langle\psi'|\mathbf{W}|\psi'\rangle$ zu 1 machen, weil eine Wiederholung der Messung mit Sicherheit dasselbe Ergebnis liefern muß. Nun ist aber $\overline{w}'$ nach (13) im Zustand mit der Wellenfunktion $|\psi'\rangle$ gleich einer Summe über die stets positiv reellen Größen $|\langle i|\psi'\rangle|^2$ plus dem Integral über $|\langle\mu|\psi'\rangle|^2$, soweit die a_i bzw. $a(\mu)$ im Intervall $a_u < a \leq a_o$ liegen. Bei einem normierten $|\psi'\rangle$ ist aber nach (14) die Summe über alle $|\langle i|\psi'\rangle|^2$ und das Integral über alle $|\langle\mu|\psi'\rangle|^2$ zusammen gleich 1. Beides kann nur übereinstimmen, wenn alle $|\langle i|\psi'\rangle|^2$ bzw. $|\langle\mu|\psi'\rangle|^2$, bei denen a_i bzw. $a(\mu)$ nicht in dem Intervall $a_u < a \leq a_o$ liegen, verschwinden. Nach der Messung ist demnach die Wellenfunktion $|\psi'\rangle$ gleich einer Linearkombination derjenigen Funktionen $|i\rangle$, deren Eigenwerte im Intervall $a_u < a_i \leq a_o$ liegen, bzw. gleich einem Integral über ein Vielfaches derjenigen $|\mu\rangle$, bei denen $a_u < a(\mu) < a_o$ ist.

Das ist gleichbedeutend mit der Aussage: Nach der Messung ist die Wellenfunktion $|\psi'\rangle$ eine Eigenfunktion von $\mathbf{W}$ zum Eigenwert 1. Aus dem Vergleich von (12) und (9) erkennt man nämlich, daß der Operator $\mathbf{W}$ in der Entwicklung (9) einfach alle Summanden unterdrückt, bei denen der zugehörige Eigenwert a_i bzw. $a(\mu)$ nicht im Intervall $a_u < a \leq a_o$ liegt. Eine Wellenfunktion $|\psi'\rangle$, bei der alle Koeffizienten $\langle i|\psi'\rangle$ und $\langle\mu|\psi'\rangle$ zu den Eigenfunktionen mit Eigenwerten außerhalb dieses

Intervalls verschwinden, wird also durch W nicht verändert.

Zugleich folgt daraus, daß die zweimalige Anwendung von W dasselbe Ergebnis liefert wie einmalige:

$$\mathsf{W}^2 = \mathsf{W}, \tag{15}$$

denn das zweimalige Weglassen ein und desselben Teiles der Entwicklung nach Eigenfunktionen ergibt dasselbe wie einmaliges. W ist also ein Projektionsoperator (vgl. § 5).

Man beachte, daß hier keine Aussage darüber gemacht wurde, in welcher Weise sich die Koeffizienten $\langle i|\psi\rangle$ und $\langle\mu|\psi\rangle$ der Eigenfunktionen mit Eigenwerten innerhalb des Intervalls $a_u < a \leq a_o$ ändern. Das ist grundsätzlich unmöglich. Man kann zwar vermuten, daß sich bei einer einwandfreien Messung das Verhältnis dieser Koeffizienten nicht ändert, aber zwingend ist das nicht.

Das entspricht durchaus den Verhältnissen der klassischen Physik. Dort wird im allgemeinen vermutet, daß man bei einer Messung den Zustand des Meßobjektes nicht verändert, aber sicher ist das nicht. Man kann durchaus beim Messen des Volumens einer Teetasse den Henkel abbrechen. Man hofft nur, daß es nicht passiert. Die Quantenmechanik lehrt, daß bei einer Messung mit dem Ergebnis, daß a im Intervall $a_u < a \leq a_o$ liegt, die Wellenfunktion mindestens so geändert wird, daß sie nach der Messung Eigenfunktion des zugehörigen Wahrscheinlichkeitsoperators W mit dem Eigenwert 1 ist. Nur wenn diese Messung mit der geringstmöglichen Störung durchgeführt wird, ändert sich der Zustand im übrigen nicht, d.h. dann bleibt das Verhältnis der Koeffizienten

$\langle i|\psi\rangle$ und $\langle\mu|\psi\rangle$, die nicht zu null gemacht werden, unverändert.

§ 19. Transformationstheorie

Bei den bisherigen Betrachtungen zur Quantenmechanik des Massenpunktes wurde der Zustand stets durch eine Funktion $\psi(\vec{r}) = |\psi\rangle$ seiner Ortskoordinaten beschrieben. Wie in den letzten 4 Paragraphen gezeigt wurde, lassen sich aber alle Aussagen über meßbare physikalische Größen durch skalare Produkte der Form

$$\langle\psi|\mathsf{A}|\psi\rangle = \iiint\limits_{-\infty}^{+\infty} \psi^*(\vec{r})\,\mathsf{A}\,\psi(\vec{r})\,d^3x \tag{1}$$

mit irgendwelchen, auf Ortsfunktionen wirkenden hermitischen Operatoren A ausdrücken.

Daraus folgt aber, daß die Beschreibung des Zustandes mit Hilfe von Ortsfunktionen weitgehend willkürlich ist. Wenn sich alle Funktionen $\psi(\vec{r})$ durch irgendwelche anderen mathematischen Hilfsmittel φ umkehrbar eindeutig ausdrücken lassen, sich also, mathematisch gesprochen, auf sie abbilden lassen, so muß sich auch das skalare Produkt $\langle\psi_2|\psi_1\rangle$ aus 2 Wellenfunktionen ψ_1 und ψ_2 durch ihre mathematischen Abbilder φ_1 und φ_2 ausdrücken lassen. Ferner: Ist A ein Operator, der ψ_1 in ψ_2 verwandelt, also $\psi_2 = \mathsf{A}\psi_1$, so wird dadurch mittelbar auch eine Beziehung zwischen ihren Abbildern φ_1 und φ_2 hergestellt, d.h. dadurch wird ein Operator A' im Bildraum der φ definiert. Im folgenden sollen einige solche Transformationen in andere Räume betrachtet werden, weil sie für viele quantenmechanische Rechnungen nützlich sind.

A. Transformation in den Impulsraum

Als erstes Beispiel sei die Transformation auf die Fouriertransformierte $\varphi(\vec{p})$ betrachtet, weil diese Rechnung im Grunde schon in § 15 enthalten ist. In diesem wie in allen folgenden Fällen braucht nur gezeigt zu werden, wie man ein skalares Produkt aus zwei Ortsfunktionen und irgendeinen hermitischen Operator umrechnet.

Sind $\varphi_1(\vec{p})$ und $\varphi_2(\vec{p})$ die durch (§ 15;3b) gegebenen Fourieramplituden von $\psi_1(\vec{r})$ und $\psi_2(\vec{r})$, so gilt

$$\langle\psi_2|\psi_1\rangle = \iiint\limits_{x,y,z=-\infty}^{+\infty} \psi_2^*(\vec{r})\,\psi_1(\vec{r})\,d^3x = \iiint\limits_{p_x,p_y,p_z=-\infty}^{+\infty} \varphi_2^*(\vec{p})\,\varphi_1(\vec{p})\,d^3p. \tag{2}$$

Das ergibt sich durch dieselbe Umformung wie in § 15 bei der Umrechnung des Mittelwerts von p_x, nur muß man in der umgekehrten Richtung transformieren. Man setzt etwa für $\psi_2^*(\vec{r})$ im ersten Integral den Ausdruck (§ 15;3a) ein und vertauscht die Reihenfolgen der Integrationen:

$$\begin{aligned}\langle\psi_2|\psi_1\rangle &= \iiint\limits_{x,y,z=-\infty}^{+\infty} \frac{1}{\sqrt{(2\pi\hbar)^3}} \iiint\limits_{p_x,p_y,p_z=-\infty}^{+\infty} \varphi_2^*(\vec{p}) \exp\left(-\frac{i}{\hbar}\vec{p}\cdot\vec{r}\right) d^3p \cdot \psi_1(\vec{r})\,d^3x \\ &= \iiint\limits_{p_x,p_y,p_z=-\infty}^{+\infty} \varphi_2^*(\vec{p}) \cdot \frac{1}{\sqrt{(2\pi\hbar)^3}} \iiint\limits_{x,y,z=-\infty}^{+\infty} \psi_1(\vec{r}) \exp\left(-\frac{i}{\hbar}\vec{p}\cdot\vec{r}\right) d^3x\, d^3p \\ &= \iiint\limits_{p_x,p_y,p_z=-\infty}^{+\infty} \varphi_2^*(\vec{p})\,\varphi_1(\vec{p})\,d^3p.\end{aligned} \tag{3}$$

Der Operator $P_x = \frac{\hbar}{i}\frac{\partial}{\partial x}$ bewirkt bei Anwendung auf das Fourierintegral (§ 15;3a) bei Differentiation unterm Integralzeichen einen zusätzlichen Faktor p_x. Ihm entspricht also im Fourierraum der Operator $P_x' =$

"Multiplizieren mit p_x ". Davon wurde in § 15 bei der Umrechnung der Mittelwerte über Impulsfunktionen ausgegangen. Das Abbild X' des Operators X ="Multiplizieren mit x " im Ortsraum findet man fast ebenso einfach durch Anwendung auf das Fourierintegral von $\psi_1(\vec{r})$ und partielle Integration:

$$X\psi_1(\vec{r}) = \frac{1}{\sqrt{(2\pi\hbar)^3}} \iiint\limits_{p_x,p_y,p_z=-\infty}^{+\infty} \varphi_1(\vec{p}) \cdot x \cdot \exp\left(\frac{i}{\hbar}\vec{p}\cdot\vec{r}\right) d^3p$$

$$= \frac{1}{\sqrt{(2\pi\hbar)^3}} \iiint\limits_{p_x,p_y,p_z=-\infty}^{+\infty} \varphi_1(\vec{p}) \frac{\hbar}{i}\frac{\partial}{\partial p_x}\left(\exp\left(\frac{i}{\hbar}\vec{p}\cdot\vec{r}\right)\right) d^3p \tag{4}$$

$$= \frac{1}{\sqrt{(2\pi\hbar)^3}} \iiint\limits_{p_x,p_y,p_z=-\infty}^{+\infty} \left(-\frac{\hbar}{i}\frac{\partial\varphi_1}{\partial p_x}\right) \exp\left(\frac{i}{\hbar}\vec{p}\cdot\vec{r}\right) d^3p$$

Der ausintegrierte Teil wurde hier bei der partiellen Integration über p_x natürlich weggelassen, weil $\varphi_1(\vec{p})$ im Unendlichen verschwinden muß, wenn das Normierungsintegral endlich ist. Wenn also $\psi_2(\vec{r}) = X\,\psi_1(\vec{r})$ ist, gilt für die zugehörigen Fourieramplituden $\varphi_2(\vec{p}) = -\frac{\hbar}{i}\frac{\partial\varphi_1}{\partial p_x}$, d.h. das Abbild von X ist

$$X' = -\frac{\hbar}{i}\frac{\partial}{\partial p_x} \quad . \tag{5}$$

Das läßt sich leicht so fortsetzen. Zu allen Polynomen aus den Operatoren X, Y, Z, P_x, P_y, P_z findet man ihre Abbilder im Impulsraum, indem man sie unter Beachtung der Reihenfolge durch $X' = -\frac{\hbar}{i}\frac{\partial}{\partial p_x}$, $Y' = -\frac{\hbar}{i}\frac{\partial}{\partial p_y}$, $Z' = -\frac{\hbar}{i}\frac{\partial}{\partial p_z}$ und P_x' = "Multiplizieren mit p_x " usw. ersetzt. Das skalare Produkt im Ortsraum geht in ein ebenso gebautes Integral über den gesamten Impulsraum über. Alle Rechnungen, die bisher mit Ortsfunktionen durchgeführt wurden, lassen sich auf diese Weise in entsprechende Rechnungen mit Impulsfunktionen übersetzen.

Z.B. wurden in § 4 die Eigenwerte des Hamiltonoperators zum harmonischen Oszillator durch Aufsuchen der quadratintegrierbaren Lösungen der folgenden Eigenwertgleichung berechnet:

$$-\frac{\hbar^2}{2m}\frac{d^2u}{dx^2} + \frac{m\omega_0^2}{2}x^2\cdot u = E\cdot u . \tag{6}$$

Stattdessen hätte man auch die folgende Differentialgleichung für die Fourieramplitude $v(p)$ der Ortsfunktion $u(x)$ betrachten können:

$$\frac{1}{2m}p^2\cdot v - \frac{m\omega_0^2}{2}\hbar^2\frac{d^2v}{dp^2} = E\cdot v . \tag{7}$$

Bis auf die Bezeichnung ist das dieselbe Differentialgleichung. Wenn dagegen wie beim H-Atom die potentielle Energie kein Polynom der Koordinaten ist, wird die entsprechende Transformation auf Impulsfunktionen recht kompliziert. Nur aus diesem technischen Grund ist das Rechnen mit Ortsfunktionen zu bevorzugen.

Im Prinzip handelt es sich dabei nur um zwei verschiedenen Beschreibungsweisen derselben Beziehungen. In der Quantenmechanik pflegt man stattdessen von verschiedenen Darstellungen zu sprechen. Man kennzeichnet eine Darstellung durch Angabe derjenigen Größen, deren Operatoren in einfachen Multiplikationen bestehen. Bisher wurde demnach ausschließlich mit der Ortsdarstellung gerechnet. Hier wurde die Umrechnung in die Impulsdarstellung erläutert. Dabei wurde jedoch noch nicht ausgeführt, wie man Operatoren umrechnet, die nicht durch Polynome aus den $\mathsf{X}, \mathsf{Y}, \mathsf{Z}$ und $\mathsf{P}_x, \mathsf{P}_y, \mathsf{P}_z$ ausgedrückt werden können. Darauf soll später eingegangen werden.

B. Transformation in eine Matrix-Darstellung

Jetzt soll die Transformation der Ortsdarstellung in die Darstellung zu einer Größe betrachtet werden, deren Operator ein diskretes Eigenwertspektrum besitzt bzw. ein vollständiges System $|1\rangle, |2\rangle, |3\rangle, \ldots |j\rangle, \ldots$ von normierten und orthogonalen Eigenfunktionen. Ein Beispiel dafür ist die Energie des harmonischen Oszillators. Jedes quadratintegrierbare $|\psi\rangle$ soll also in folgender Form dargestellt werden können:

$$|\psi\rangle = \sum_{j=1}^{\infty} |j\rangle\langle j|\psi\rangle . \tag{8}$$

Die zugehörige Zerlegung der Einheit lautet

$$\sum_{j=1}^{\infty} |j\rangle\langle j| = \mathbf{1} . \tag{9}$$

In diesem Fall ist $|\psi\rangle$ durch eine unendliche Folge von Koeffizienten $\langle j|\psi\rangle$ gegeben. Für das skalare Produkt $\langle\psi_1|\psi_2\rangle$ erhält man durch Anschreiben des obigen Ausdruckes für $|\psi_2\rangle$ und skalare Multiplikation mit $|\psi_1\rangle$ als erstem Faktor

$$\langle\psi_1|\psi_2\rangle = \sum_{j=1}^{\infty} \langle\psi_1|j\rangle\langle j|\psi_2\rangle = \sum_{j=1}^{\infty} \langle j|\psi_1\rangle^{*}\langle j|\psi_2\rangle . \tag{10}$$

Dieser Ausdruck hat genau die Gestalt des hermitischen skalaren Produktes zweier Vektoren, welches bereits in Bd. I, § 16;22 betrachtet wurde. Der Index j zählt die Komponenten $c_j = \langle j|\psi_1\rangle$ und $d_j = \langle j|\psi_2\rangle$ der "Vektoren" $|\psi_1\rangle$ und $|\psi_2\rangle$ ab. Der Ausdruck (10) unterscheidet sich von dem entsprechenden Ausdruck für gewöhnliche Vektoren nur dadurch, daß hier unendlich viele Komponenten auftreten. Die Ähnlichkeit des Aufbaues dieser Formeln ist auch der mathematische Grund dafür, weshalb die Eigenschaften des hier betrachteten skalaren Produkts $\langle\psi_1|\psi_2\rangle$ mit denen des in Bd. I, § 16 betrachteten skalaren Produkts von komplexen Vektoren mit endlich vielen Komponenten so weitgehend übereinstimmen (vgl. § 5 und Bd. I, § 16). Deshalb hat man auch für beide Gebilde den gleichen Namen skalares Produkt gewählt.

Diese Analogie wird im folgenden noch oft hervortreten. An dieser Stelle zeigt sich außerdem der Vorteil der Diracschen Schreibweise und Beachtung der Regel, daß man bei einer Entwicklung wie in (8) den Entwicklungskoeffizienten $\langle j|\psi\rangle$ hinter die Entwicklungsfunktion $|j\rangle$ schreibt. Dann sieht (8) wie eine Trivialität aus. Scheinbar wurde einfach der durch (9) gegebene Faktor $\mathbf{1}$ vor das $|\psi\rangle$ geschrieben. Natürlich ist das nicht wirklich der Fall, weil $\langle j|\psi\rangle$ kein gewöhnliches Produkt aus 2 Zahlenfaktoren $\langle j|$ und $|\psi\rangle$ ist. Man kann aber oft formal so rechnen, als ob das der Fall wäre. Dafür ist (10) ein weiteres Beispiel. Dort wurde scheinbar nur der Faktor $\mathbf{1}$ in der Form (9) zwischen die Faktoren $\langle\psi_1|$ und $|\psi_2\rangle$ geschrieben.

Wenn man nun die Übertragung eines Operators A in die neue Darstellung vollzieht, läuft die Rechnung formal nach derselben Regel ab. Anwendung des Operators A auf (8) liefert unter Voraussetzung, daß die Summation und die Anwendung des Operators in der Reihenfolge vertauscht werden dürfen,

$$\mathsf{A}|\psi\rangle = \sum_{j=1}^{\infty} \mathsf{A}|j\rangle\langle j|\psi\rangle. \qquad (11)$$

Die k-te Komponente des Vektors $\mathsf{A}|\psi\rangle$ lautet daher

$$\langle k|\mathsf{A}|\psi\rangle = \sum_{j=1}^{\infty} \langle k|\mathsf{A}|j\rangle\langle j|\psi\rangle. \qquad (12)$$

Für den Mittelwert von A im Zustand $|\psi\rangle$ erhält man daraus mit Hilfe von (10)

$$\langle\psi|\mathsf{A}|\psi\rangle = \sum_{k=1}^{\infty}\langle\psi|k\rangle\langle k|\mathsf{A}|\psi\rangle = \sum_{j,k=1}^{\infty}\langle\psi|k\rangle\langle k|\mathsf{A}|j\rangle\langle j|\psi\rangle. \tag{13}$$

Die letzte Form in dieser Gleichung entsteht formal aus der ersten links durch zweimaliges Zwischenschalten der $\mathbf{1}$ in den Ausdruck auf der linken Seite.

Die Gleichung (12) besagt, daß der Operator A in dieser Darstellung durch eine Matrix mit den Komponenten $\langle k|\mathsf{A}|j\rangle$ gegeben ist. Meist schreibt man bei ihr die Nummern k und j unten als Indizes an: $\langle k|\mathsf{A}|j\rangle = A_{kj}$. Bezeichnet man die Komponenten von $|\psi\rangle$ mit $c_j = \langle j|\psi\rangle$ und diejenigen von $\mathsf{A}|\psi\rangle$ mit $d_k = \langle k|\mathsf{A}|\psi\rangle$, so lautet (12)

$$d_k = \sum_{j=1}^{\infty} A_{kj}\, c_j \tag{14}$$

und (13)

$$\bar{a} = \langle\psi|\mathsf{A}|\psi\rangle = \sum_{j,k=1}^{\infty} c_k^* A_{kj}\, c_j\,. \tag{15}$$

Das ist die übliche Schreibweise für das Produkt einer Matrix (A_{kj}) mit einem Vektor (c_j) (vgl. Bd.I,§16;28 und 29) und für die quadratische Form dieser Matrix (vgl. Bd. I, §16;8). In der Schreibweise (12) und (13) sind diese Formeln zweifelsfrei leichter zu behalten, weil sie scheinbar nur den Faktor $\mathbf{1}$ einschalten. Das ist wohl auch der Grund, weshalb sich diese Schreibweise in der Physik zunehmend einzubürgern scheint.

Die weiteren Rechnungen benötigen nun fast keine Erläuterungen mehr. Hier sei nur darauf hingewiesen, daß die Hermitizität einer Matrix, also in der üblichen

Schreibweise die Gleichung $A_{kj} = A_{jk}^*$ (vgl. Bd.I, § 16;33) in der Diracschen Schreibweise bei Beachtung der hermitischen Symmetrie des skalaren Produkts (§ 5;7) unmittelbar mit der Definition (§ 5;10) identisch ist:

$$\langle k|A|j\rangle = \langle A|j\rangle|k\rangle^* = \langle j|A|k\rangle^* \tag{16}$$

Für das Matrixelement eines Operatorenproduktes $\mathbf{AB}$ erhält man

$$\langle k|AB|j\rangle = \sum_{l=1}^{\infty} \langle k|A|l\rangle\langle l|B|j\rangle, \tag{17}$$

also das gewöhnliche Matrizenprodukt der Matrizen zu $\mathbf{A}$ und $\mathbf{B}$. Jede Beziehung zwischen Operatoren kann man in dieser Weise in eine Matrixgleichung übersetzen.

Als Beispiel sei das an der Heisenbergschen Vertauschungsrelation durchgeführt:

$$P_x X - X P_x = \frac{\hbar}{i} . \tag{18}$$

Anwendung dieser Gleichung auf $|m\rangle$ und Bildung des skalaren Produktes von $|n\rangle$ mit dem Resultat liefert unter Zwischenschaltung der $\mathbf{1}$

$$\sum_{j=1}^{\infty}\{\langle n|P_x|j\rangle\langle j|X|m\rangle - \langle n|X|j\rangle\langle j|P_x|m\rangle\} = \frac{\hbar}{i}\langle n|m\rangle = \frac{\hbar}{i}\delta_{nm}. \tag{19}$$

Abgesehen von der Schreibweise steht diese Gleichung fast genauso in der Arbeit von Born und Jordan[1]) aus dem Jahre 1925, in welcher diese Verfasser die kurz zuvor

1) M.Born und P.Jordan, Zs.f.Phys. 34 (1925) S.858.

von Heisenberg[1] veröffentlichten neuen Überlegungen zur Quantenmechanik auf Matrizen umschrieben. Selbstverständlich war damals nicht bekannt, daß diese Gleichung etwas mit der vorn geschilderten wahrscheinlichkeitstheoretischen Deutung der Quantenmechanik und dem Unbestimmtheitsprinzip zu tun hat. Implizit ist diese Beziehung natürlich auch in den etwas später veröffentlichten Arbeiten von Schrödinger[2] enthalten, nämlich in Form der Differentiationsregel (§ 16;13)., was Schrödinger kurz nach Erscheinen seiner ersten Arbeiten erkannte[3].

C. Übergang von einer Matrixdarstellung zu einer anderen

Jetzt soll ein zweites vollständiges Orthogonalsystem betrachtet werden, dessen Funktionen zum Unterschied von denen des vorigen Abschnittes mit griechischen Buchstaben gekennzeichnet werden soll. Die zugehörige Zerlegung der Einheit soll also folgende Form haben:

$$\sum_{\mu=1}^{\infty} |\mu\rangle\langle\mu| = \mathbf{1}. \tag{20}$$

Nun sollen die Zahlenfolgen $c_j = \langle j|\psi\rangle$ und Matrixelemente $A_{jk} = \langle j|A|k\rangle$, welche die Zustandsfunktionen $|\psi\rangle$ und einen Operator A im vorher betrachteten System kennzeichneten, in die des neuen umgerechnet werden.

Zunächst findet man leicht die Formel zur Berechnung der neuen Koeffizienten $c'_\mu = \langle\mu|\psi\rangle$ aus den alten $\langle j|\psi\rangle$ durch Einschalten der $\mathbf{1}$ in der Form (9)

1) W.Heisenberg, Nobelpreisträger (1901-1976), Zs.f.Phys.33 (1925) S.879

2) E. Schrödinger, Ann.d.Phys.(IV) Bd.79(1926) S.361 und 489

3) E. Schrödinger, Ann.d.Phys.(IV) Bd.79(1926) S.734

$$\langle\mu|\psi\rangle = \sum_{j=1}^{\infty}\langle\mu|j\rangle\langle j|\psi\rangle \tag{21}$$

und ebenso die Umkehrformel

$$\langle j|\psi\rangle = \sum_{\mu=1}^{\infty}\langle j|\mu\rangle\langle\mu|\psi\rangle. \tag{22}$$

Faßt man die skalaren Produkte $\langle j|\mu\rangle$ als Matrixelemente einer Umformungsmatrix $\overleftrightarrow{U}$ auf, also

$$U_{j\mu} = \langle j|\mu\rangle, \tag{23}$$

so sind die dazu konjugiert-komplexen Matrixelemente $\langle\mu|j\rangle$ diejenigen der dazu adjungierten Matrix $\overleftrightarrow{U}^{+}$, denn nach Bd. I, § 16;30, erhält man deren Matrixelemente durch Vertauschen der Indizes und Übergang zum konjugiert-komplexen:

$$U^{+}_{\mu j} = U^{*}_{j\mu} = \langle j|\mu\rangle^{*} = \langle\mu|j\rangle. \tag{24}$$

Man überzeugt sich übrigens leicht, daß der Übergang von einer Matrix zu ihrer adjungierten genau dem durch (§ 5;14) erklärten Übergang von einem Operator zu seinem adjungierten in der hier benutzten Matrixschreibweise entspricht:

$$A^{*}_{jk} = \langle j|\mathrm{A}|k\rangle^{*} = \langle \mathrm{A}^{+}|j\rangle|k\rangle^{*} = \langle k|\mathrm{A}^{+}|j\rangle = A^{+}_{kj} \tag{25}$$

Die durch (23) erklärte Matrix $\overleftrightarrow{U}$ ist unitär, denn aus der Orthogonalität und Normierung der $|\mu\rangle$ folgt

$$\delta_{\mu\nu} = \langle\mu|\nu\rangle = \sum_j\langle\mu|j\rangle\langle j|\nu\rangle = \sum_j U^{+}_{\mu j}U_{j\nu} = (\overleftrightarrow{U}^{+}\overleftrightarrow{U})_{\mu\nu}. \tag{26}$$

(vgl. Bd. I, § 16, 36 und 37). Die Gleichung (21) besagt demnach, daß man die neuen Komponenten $c'_\mu = \langle\mu|\psi\rangle$ von $|\psi\rangle$ durch Multiplikation der Matrix $\overleftrightarrow{U}^+$ mit dem Vektor aus den alten Komponenten $c_j = \langle j|\psi\rangle$ erhält. (22) liefert die umgekehrte Transformation mit der Matrix $\overleftrightarrow{U}$

Für die Matrixelemente $D'_{\mu\nu} = \langle\mu|\mathsf{D}|\nu\rangle$ irgendeines Operators D im neuen Orthogonalsystem erhält man

$$\langle\mu|\mathsf{D}|\nu\rangle = \sum_{j,k} \langle\mu|j\rangle\langle j|\mathsf{D}|k\rangle\langle k|\nu\rangle \tag{27}$$

oder

$$D'_{\mu\nu} = \sum_{jk} U^+_{\mu j} D_{jk} U_{k\nu} \, . \tag{28}$$

Dieselbe Gleichung war schon in Bd. I, §16;42, bei der Betrachtung einer Koordinatentransformation bei den Eigenschwingungen eines Gitters aufgestellt worden. In abgekürzter Form kann sie, genau wie in Bd. I, folgendermaßen geschrieben werden:

$$\overleftrightarrow{D}' = \overleftrightarrow{U}^+ \overleftrightarrow{D} \overleftrightarrow{U} . \tag{29}$$

Nur ein Unterschied ist zu beachten: In Bd. I handelte es sich um endliche Matrizen, hier um unendliche. Bei mathematisch strenger Behandlung würde das erhebliche Unterschiede bedingen, weil hier eine Fülle von Konvergenzschwierigkeiten auftreten können. Man müßte eigentlich immer prüfen, unter welchen Voraussetzungen man die bei obigen Rechnungen ständig vorgenommenen Vertauschungen der Summationsreihenfolgen und der Bildung von skalaren Produkten wirklich vornehmen darf. Hier soll über alle diese Fragen hinweggegangen werden mit der Bemerkung, daß diese Schritte bei genügender Einengung des benutzten

Funktionenkreises immer zulässig sind, ohne daß dadurch irgendetwas physikalisch Wesentliches verlorengeht.

Die durch (28) und (29) gegebene Transformation nennt man eine Ähnlichkeitstransformation, weil sie jede Gleichung zwischen Matrizen invariant läßt. Das ist hiernach selbstverständlich, weil sie ja nur den Übergang von einer Darstellung zu einer anderen vermittelt, ohne Änderung der dahinter stehenden Beziehung zwischen den Operatoren. Zugleich wird hierbei deutlich, daß man alle Transformationen von einer Darstellung zu einer anderen als eine Art Koordinatentransformation ansehen kann. Bei der anfangs betrachteten Transformation von Ortsfunktionen auf Impulsfunktionen wurde das nur deshalb verdeckt, weil in dem dort betrachteten unendlich-dimensionalen Funktionenraum die Koordinatenachsen nicht durch ganze Zahlen gekennzeichnet werden, sondern durch einen kontinuierlich veränderlichen Index, so daß statt der Summen Integrale auftreten.

Das soll nachher noch näher ausgeführt werden. Vorher soll noch der Zusammenhang dieser Transformationen mit der Aufgabe der Bestimmung der Eigenwerte und Eigenfunktionen aufgezeigt werden. Ein solcher Zusammenhang besteht allerdings nur, wenn der betrachtete Operator so wie der Hamiltonoperator des harmonischen Oszillators ein vollständiges System von normierten Eigenfunktionen besitzt. Die Eigenwertgleichung für die ν-te Eigenfunktion

$$H|\nu\rangle = E_\nu|\nu\rangle \tag{30}$$

führt man in die Matrixdarstellung des vorigen Abschnitts über, indem man beide Seiten mit $|k\rangle$ als erstem Faktor skalar multipliziert und zugleich links die Einheit in der Form (9) einfügt:

$$\langle k|\mathsf{H}|\nu\rangle = \sum_j \langle k|\mathsf{H}|j\rangle\langle j|\nu\rangle = E_\nu \langle k|\nu\rangle. \tag{31}$$

Diese Gleichung hat bis auf die Bezeichnung genau die Form der Gleichung Bd. I, §16;43, zur Bestimmung einer Eigenschwingung eines Gitters. Aus ihr ergibt sich durch Multiplikation mit $\langle\mu|k\rangle$ und Summation über k wegen (26)

$$\sum_{j,k} \langle\mu|k\rangle\langle k|\mathsf{H}|j\rangle\langle j|\nu\rangle = E_\nu\, \delta_{\mu\nu}. \tag{32}$$

Jetzt steht auf der linken Seite für H derselbe Ausdruck wie in (27) für D. Die linke Seite in obiger Gleichung stellt also das Matrixelement von H in der durch die Eigenfunktionen $|\mu\rangle$ gegebenen Darstellung dar. Rechts steht eine Matrix, die wegen des Faktors $\delta_{\mu\nu}$ nur auf der Hauptdiagonale von null verschiedene Elemente besitzt, eine sog. Diagonalmatrix. Die Aufgabe, die Eigenfunktionen zu bestimmen, ist also identisch mit dem Problem, eine solche unitäre Matrix $\overleftrightarrow{U}$ zu finden, daß eine Ähnlichkeitstransformation mit ihr auf eine Diagonalmatrix führt. Die Spalten dieser Matrix $\overleftrightarrow{U}$ bilden dann die Koeffizienten der Eigenfunktionen bei Entwicklung nach den Funktionen $|j\rangle$, die ursprünglich zur Aufstellung der Matrix von H benutzt wurden. Die Eigenwerte sind gleich den Diagonalelementen der erhaltenen Diagonalmatrix.

Diese Einsicht, daß das Problem der Bestimmung der Eigenwerte eines Operators einer Hauptachsentransformation seiner Matrix gleichwertig ist, hat praktisch allerdings geringe Bedeutung. Wie in § 19a gezeigt wird, lassen sich zwar beim harmonischen Oszillator auf diesem Wege die Eigenwerte der Energie direkt aus den algebraischen Beziehungen zwischen den Matrixelementen unter Benutzung einiger plausibler Zusatzannahmen berechnen. Aber im allgemeinen führt die Integration der entsprechenden Differentialgleichungen in der Ortsdarstellung leichter zum Ziel.

D. Übergang zu der Darstellung zu einem beliebigen Operator mit kontinuierlichem Eigenwertspektrum

Jetzt soll der Übergang zu einer Darstellung betrachtet werden, welche zu einem beliebigen Operator mit einem kontinuierlichen Eigenwertspektrum ohne diskrete Eigenwerte gehört. Ein spezielles Beispiel dafür bilden die Operatoren zu den Impulskomponenten. Wie aber sogleich deutlich werden wird, ist bei diesen manches anders als im allgemeinen Fall.

Die Zerlegung der Einheit, die zu dem jetzt betrachteten allgemeinen Operator gehört, möge folgende Form haben:

$$\int_{\lambda=-\infty}^{+\infty} |\lambda\rangle\langle\lambda| \, d\lambda = 1 . \tag{33}$$

Dann gilt

$$|\psi\rangle = \int_{\lambda=-\infty}^{+\infty} |\lambda\rangle\langle\lambda|\psi\rangle \, d\lambda \tag{34}$$

$|\psi\rangle$ wird also in dieser Darstellung durch die kontinuierlich von λ abhängigen skalaren Produkte $\langle\lambda|\psi\rangle$ gegeben. Aus (34) folgt

$$A|\psi\rangle = \int_{\lambda=-\infty}^{+\infty} A|\lambda\rangle\langle\lambda|\psi\rangle \, d\lambda . \tag{35}$$

Der Entwicklungskoeffizient $\langle\lambda'|\mathbf{A}|\psi\rangle$ der Funktion $\mathbf{A}|\psi\rangle$ lautet daher

$$\langle\lambda'|\mathbf{A}|\psi\rangle = \int_{\lambda=-\infty}^{+\infty} \langle\lambda'|\mathbf{A}|\lambda\rangle\langle\lambda|\psi\rangle \, d\lambda . \tag{36}$$

In dieser Darstellung wird also der Operator $\mathbf{A}$ durch die von zwei kontinuierlich veränderlichen Parametern λ und λ' abhängige Funktion $\langle\lambda'|\mathbf{A}|\lambda\rangle$ gegeben. Diese Funktion tritt in (36) als Integralkern auf. Das ist die allgemeine Form eines Operators in einer solchen Darstellung. Offensichtlich ist (36) die sinngemäße Verallgemeinerung der Formel (12), nur wird hier integriert statt summiert. Das gilt entsprechend für alle anderen Formeln. Deshalb sollen diese hier gar nicht angegeben werden. Es wiederholt sich alles, was in Abschnitt B und C steht, nur mit Integrationen an Stelle der Summationen.

Die Impuls- und Ortsdarstellung bildet in dieser Hinsicht eine Ausnahme, weil bei diesen alle Operatoren durch Multiplikationen und Differentiationen ausgedrückt werden können. Deshalb aber sind diese Darstellungen auch besonders wichtig, weil die Differentialrechnung die praktische Durchführung vieler Rechnungen erheblich erleichtert. Mit Integralgleichungen wäre vieles ziemlich umständlich. Nur um darauf hinzuweisen, daß eine solche Rechnung im Prinzip möglich wäre, seien hier die entsprechenden Formulierungen angegeben. In der Impulsdarstellung lautet (36)

$$\langle\vec{p}'|\mathbf{A}|\psi\rangle = \iiint_{p_x,p_y,p_z=-\infty}^{+\infty} \langle\vec{p}'|\mathbf{A}|\vec{p}\rangle\langle\vec{p}|\psi\rangle \, d^3p . \tag{37}$$

Speziell für den Operator X findet man mit (§ 15;27)

$$\langle \vec{p}' | \mathsf{X} | \vec{p} \rangle \overset{*}{=} \frac{1}{(2\pi\hbar)^3} \iiint\limits_{x,y,z=-\infty}^{+\infty} x \exp\left(\frac{i}{\hbar}(\vec{p}-\vec{p}')\cdot\vec{r}\right) d^3x \tag{38}$$

Für P_x ergibt sich

$$\langle \vec{p}' | \mathsf{P}_x | \vec{p} \rangle \overset{*}{=} p_x \langle \vec{p}' | \vec{p} \rangle \overset{*}{=} p_x \delta(\vec{p}'-\vec{p}). \tag{39}$$

Darin bedeutet $\delta(\vec{p}'-\vec{p})$ die dreidimensionale Diracsche Deltafunktion, welche durch die folgende Beziehung definiert wird:

$$\iiint\limits_{p_x',p_y',p_z'=-\infty}^{+\infty} \varphi(\vec{p}')\, \delta(\vec{p}'-\vec{p})\, d^3p' = \varphi(\vec{p}) \tag{40}$$

Nicht nur (39), sondern auch (38) ist als eine Distribution aufzufassen. Das in (38) vorkommende Integral konvergiert nicht. Wenn man dagegen diesen Ausdruck in (37) einsetzt und dann erst über $\vec{p}$ integriert, erhält man die Fourieramplitude von $x\psi(\vec{r})$.

Erläuterungen und Ergänzungen zu Kapitel IV

§ 17a. Beweis der Unbestimmtheitsrelation

Die Gleichung (§ 17;14) ergibt sich aus dem Umstand, daß das skalare Produkt der Funktion $(\mathrm{P}_x + i\alpha \mathrm{X} + \beta + i\gamma)|\psi\rangle$ mit sich selbst für beliebige reelle Konstanten α, β und γ stets positiv ist oder allenfalls gleich null, wenn diese Funktion verschwindet. Aus der Rechenregel (§ 5;8) für das Herausziehen von Faktoren aus dem skalaren Produkt ergibt sich dann nämlich

$$\langle(\mathrm{P}_x + i\alpha\mathrm{X} + \beta + i\gamma)\psi\,|\,(\mathrm{P}_x + i\alpha\mathrm{X} + \beta + i\gamma)\psi\rangle \geq 0. \tag{1}$$

oder

$$\begin{aligned}
&\langle \mathrm{P}_x\psi|\mathrm{P}_x\psi\rangle - i\alpha\langle \mathrm{X}\psi|\mathrm{P}_x\psi\rangle + \beta\langle\psi|\mathrm{P}_x\psi\rangle - i\gamma\langle\psi|\mathrm{P}_x\psi\rangle\\
&+ i\alpha\langle \mathrm{P}_x\psi|\mathrm{X}\psi\rangle + \alpha^2\langle \mathrm{X}\psi|\mathrm{X}\psi\rangle + i\alpha\beta\langle\psi|\mathrm{X}\psi\rangle + \alpha\gamma\langle\psi|\mathrm{X}\psi\rangle\\
&+ \beta\langle \mathrm{P}_x\psi|\psi\rangle - i\alpha\beta\langle \mathrm{X}\psi|\psi\rangle + \beta^2\langle\psi|\psi\rangle - i\beta\gamma\langle\psi|\psi\rangle\\
&+ i\gamma\langle \mathrm{P}_x\psi|\psi\rangle + \alpha\gamma\langle \mathrm{X}\psi|\psi\rangle + i\beta\gamma\langle\psi|\psi\rangle + \gamma^2\langle\psi|\psi\rangle \geq 0
\end{aligned} \tag{2}$$

Beachtet man, daß P_x und X hermitisch sind, so folgt für ein normiertes $|\psi\rangle$, also für $\langle\psi|\psi\rangle = 1$, durch paarweises Zusammenfassen von den beiden, bei Spiegelung an der Diagonalen des obigen Schemas miteinander vertauschten Summanden und Benutzung der Vertauschungsrelation (§ 16;12)

$$\overline{p_x^2} + \alpha\hbar + 2\beta\overline{p_x} + \alpha^2\overline{x^2} + 2\alpha\gamma\overline{x} + \beta^2 + \gamma^2 \geq 0. \tag{3}$$

Das gilt für alle α, β und γ. Setzt man nun $\beta = -\overline{p_x}$ und $\gamma = -\alpha\overline{x}$, so erhält man

$$(\overline{p_x^2} - \overline{p_x}^2) + \alpha^2(\overline{x^2} - \overline{x}^2) + \hbar\alpha \geq 0. \tag{4}$$

Nun kann man α so wählen, daß die rechte Seite ihr Minimum annimmt, also

$$\alpha = -\frac{\hbar}{2(\overline{x^2} - \overline{x}^2)}. \tag{5}$$

Da $S_x = \overline{x^2} - \overline{x}^2 = \iiint (x - \overline{x})^2 |\psi|^2 d^3x$ für keine reguläre, normierte Funktion ψ gleich null sein kann, ist dieses α stets endlich und eindeutig bestimmt. Dafür ergibt sich

$$(\overline{p_x^2} - \overline{p_x}^2) - \frac{\hbar^2}{4(\overline{x^2} - \overline{x}^2)} \geq 0 \tag{6}$$

oder nach Multiplikation mit der stets positiven Größe $(\overline{x^2} - \overline{x}^2)$

$$\overline{(p_x - \overline{p_x})^2} \cdot \overline{(x - \overline{x})^2} \geq \frac{\hbar^2}{4}. \tag{7}$$

§ 19a. Berechnung der Eigenwerte der Energie des harmonischen Oszillators mit Matrizen

Aus der Formel

$$H = \frac{1}{2m}P^2 + \frac{m\omega_0^2}{2}X^2 \tag{1}$$

für den Hamiltonoperator H des harmonischen Oszillators und der Vertauschungsrelation

$$PX - XP = \frac{\hbar}{i} \tag{2}$$

ergibt sich mit Hilfe der Beziehungen (§ 16;14 und 17)

$$\mathsf{H}\mathsf{X} - \mathsf{X}\mathsf{H} = \frac{\hbar}{im}\mathsf{P} \tag{3}$$

und

$$\mathsf{H}\mathsf{P} - \mathsf{P}\mathsf{H} = im\omega_0^2\hbar\mathsf{X}. \tag{4}$$

Diese Gleichungen werden jetzt, analog zu (§ 19;19), als Matrixgleichungen geschrieben, und zwar mit denjenigen Matrizen, welche mit den Eigenfunktionen von H als Entwicklungsfunktionen entstehen. Bezeichnet man diese Funktionen so wie in Abschnitt C von § 19 mit $|\mu\rangle$, so gilt also

$$\langle\nu|\mathsf{H}|\mu\rangle = E_\mu\delta_{\mu\nu}. \tag{5}$$

Damit folgt aus (3)

$$\begin{aligned}\frac{\hbar}{im}\langle\nu|\mathsf{P}|\mu\rangle &= \sum_\lambda\left\{\langle\nu|\mathsf{H}|\lambda\rangle\langle\lambda|\mathsf{X}|\mu\rangle - \langle\nu|\mathsf{X}|\lambda\rangle\langle\lambda|\mathsf{H}|\mu\rangle\right\}\\ &= (E_\nu - E_\mu)\langle\nu|\mathsf{X}|\mu\rangle\end{aligned} \tag{6}$$

und ebenso aus (4)

$$im\omega_0^2\hbar\langle\nu|\mathsf{X}|\mu\rangle = (E_\nu - E_\mu)\langle\nu|\mathsf{P}|\mu\rangle. \tag{7}$$

Multiplikation dieser Gleichungen ergibt

$$\omega_0^2\hbar^2\langle\nu|\mathsf{X}|\mu\rangle\langle\nu|\mathsf{P}|\mu\rangle = (E_\nu - E_\mu)^2\langle\nu|\mathsf{X}|\mu\rangle\langle\nu|\mathsf{P}|\mu\rangle. \tag{8}$$

Aus diesen letzten drei Gleichungen folgt: Entweder ist $|(E_\nu - E_\mu)| = \hbar\omega_0$ oder es ist sowohl $\langle\nu|\mathsf{X}|\mu\rangle = 0$ als auch $\langle\nu|\mathsf{P}|\mu\rangle = 0$.

Nun kann es nicht vorkommen, daß für ein festes ν und alle μ die Matrixelemente $\langle\nu|X|\mu\rangle$ und $\langle\nu|P|\mu\rangle$ verschwinden. Denn aus (2) ergibt sich die Gleichung

$$\langle\nu|PX-XP|\nu\rangle = \frac{\hbar}{i}\langle\nu|\nu\rangle = \frac{\hbar}{i} \tag{9}$$

oder

$$\sum_{\lambda}\left\{\langle\nu|P|\lambda\rangle\langle\nu|X|\lambda\rangle^{*} - \langle\nu|X|\lambda\rangle\langle\nu|P|\lambda\rangle^{*}\right\} = \frac{\hbar}{i}. \tag{10}$$

In dieser Gleichung wäre aber unter den genannten Annahmen die linke Seite gleich null, die rechte nicht. Also gibt es mindestens ein μ zu jedem ν, für welches $|E_\mu - E_\nu| = \hbar\omega_0$ ist.

Nun sei angenommen, daß alle Eigenwerte von H einfach sind, also jeder Eigenwert E_μ nur für einen Index μ auftritt. Ferner ergibt sich aus (1), daß alle Eigenwerte positiv sind. Denn in Matrizen gilt

$$\begin{aligned} E_\nu = \langle\nu|H|\nu\rangle &= \sum_{\lambda}\left\{\frac{1}{2m}\langle\nu|P|\lambda\rangle\langle\lambda|P|\nu\rangle + \frac{m\omega_0^2}{2}\langle\nu|X|\lambda\rangle\langle\lambda|X|\nu\rangle\right\} \\ &= \sum_{\lambda}\left\{\frac{|\langle\nu|P|\lambda\rangle|^2}{2m} + \frac{m\omega_0^2}{2}|\langle\nu|X|\lambda\rangle|^2\right\} \geq 0 \end{aligned} \tag{11}$$

Also muß es einen kleinsten Eigenwert E_0 geben, dem der Index $\nu = 0$ zugeordnet werde, und die übrigen liegen in äquidistanten Abständen der Größe $\hbar\omega_0$ darüber:

$$E_\mu = E_0 + \mu\cdot\hbar\omega_0 . \tag{12}$$

Damit ergibt sich nun aus (6) und (7)

$$\begin{aligned} \langle\nu|P|\nu+1\rangle &= -im\omega_0\langle\nu|X|\nu+1\rangle \\ \langle\nu|P|\nu-1\rangle &= im\omega_0\langle\nu|X|\nu-1\rangle . \end{aligned} \tag{13}$$

Die anderen Matrixelemente von P und X zum gleichen ersten Index ν verschwinden. Aus (10) folgt damit für $\nu \neq 0$

$$|\langle\nu|X|\nu+1\rangle|^2 - |\langle\nu|X|\nu-1\rangle|^2 = \frac{\hbar}{2m\omega_0} \tag{14}$$

und für $\nu = 0$

$$|\langle 0|X|1\rangle|^2 = \frac{\hbar}{2m\omega_0} \,. \tag{15}$$

Die beiden bisher benutzten Bedingungen, daß $|\nu\rangle$ Eigenfunktion von H und normiert ist, lassen noch einen Faktor vom Absolutbetrag 1 bei $|\nu\rangle$ unbestimmt. Über ihn kann man so verfügen, daß alle $\langle\nu|X|\nu+1\rangle$ reell und positiv sind. Dann muß auch $\langle\nu+1|X|\nu\rangle = \langle\nu|X|\nu+1\rangle^*$ reell und positiv sein. Damit ergibt sich aus (14) und (15)

$$\langle\nu|X|\nu+1\rangle = \langle\nu+1|X|\nu\rangle = \sqrt{\frac{\hbar}{2m\omega_0}}\sqrt{\nu+1} \tag{16}$$

und weiter aus (13)

$$\langle\nu|P|\nu+1\rangle = -\langle\nu+1|P|\nu\rangle = -i\sqrt{\frac{\hbar m\omega_0}{2}}\cdot\sqrt{\nu+1}\,. \tag{17}$$

Setzt man das in (11) für $\nu = 0$ ein, so ergibt sich

$$E_0 = \langle 0|H|0\rangle = \hbar\omega_0/2, \tag{18}$$

also

$$E_\mu = (\mu + \tfrac{1}{2})\hbar\omega_0 \,. \tag{19}$$

Das ist das aus § 4 und 4a bekannte Ergebnis. Ohne Zweifel ist diese Rechnung viel einfacher als die Methode der Integration der Schrödingergleichung. Sie benötigt nur die eine zusätzliche Annahme, daß alle Eigenwerte einfach sind und das System der Eigenfunktionen vollständig ist.

Fragen und Aufgaben zu Kapitel IV

Fragen

1) In einem Zustand mit der Wellenfunktion $\psi(\vec{r})$ ist $|\psi(\vec{r})|^2 d^3x$ nur unter gewissen Bedingungen gleich der Wahrscheinlichkeit, das betrachtete Teilchen im Volumen d^3x zu finden. Unter welchen?
2) Welche der folgenden Aussagen über die Größenart von $\psi(\vec{r})$ ist richtig? a) Reziprokes Volumen b) Wurzel aus einem reziproken Volumen c) Wurzel aus einer Länge d) Wurzel aus einer reziproken Länge.
3) Wie groß ist die Wahrscheinlichkeit, ein Teilchen mit der normierten Wellenfunktion $\psi(\vec{r})$ in dem Raum mit positiver x-Koordinate zu finden?
4) Wie groß ist die Wahrscheinlichkeit, ein Teilchen genau am Ort $\vec{r}$ zu finden?
5) Wie lautet die Formel für den Mittelwert von x^2 ?
6) Was ist richtig, a) $\overline{x^2} > \overline{x}^2$ oder b) $\overline{x^2} \leq \overline{x}^2$?
7) Wie lautet die Formel für $\overline{p_x^2}$ im Zustand mit der Wellenfunktion $\psi(\vec{r})$?
8) Welcher Zusammenhang besteht auf Grund des Ehrenfestschen Theorems zwischen $\overline{p_x}$ und $\overline{x}$?
9) Wie groß ist der mittlere Impuls $\overline{p_x}$ und seine zeitliche Änderung im Grundzustand des H-Atoms?
10) Wie groß ist der Kommutator von X mit den Operatoren zu a) p_x b) p_y c) $p_x p_y$ d) der kinetischen Energie?
11) Unter welchen Umständen können bei einer Messung der Energie des Elektrons im H-Atom alle Werte eines gegebenen Intervalls als Meßergebnis auftreten und wann nur diskrete?
12) Unter welchen Bedingungen ist der quantenmechanische Mittelwert einer Größe a in jedem Zustand konstant?
13) Wie lautet das Unbestimmtheitsprinzip mathematisch streng?
14) Was versteht man unter dem Matrixelement des Operators A in dem vollständigen Orthogonalsystem der Funktionen $|i\rangle$?
15) Welche Bedingung erfüllt das Matrixelement eines hermitischen Operators?
16) Was versteht man unter einer Ähnlichkeitstransformation einer Matrix?
17) Was versteht man unter einer Hauptachsentransformation einer Matrix?
18) Unter welchen Bedingungen treten die Eigenwerte eines Operators unter den Matrixelementen einer seiner Matrixdarstellungen auf?

Aufgaben

1) Berechnen Sie die Mittelwerte von r , r^2 und $1/r$ im Grundzustand des H-Atoms.

2) a) Berechnen Sie den Mittelwert des Quadrates der kinetischen Energie des Elektrons im Grundzustand des H-Atoms durch Auswertung des Integrals $\langle E_{kin}u|E_{kin}u\rangle$ in Polarkoordinaten.
(Rechenhilfe: Bei Anwendung auf eine kugelsymmetrische Funktion gilt $E_{kin}u = -\frac{\hbar^2}{2m}\frac{1}{r}\frac{d^2}{dr^2}(ru)$.)
b) Wenn man den obigen Mittelwert stattdessen aus dem Mittelwert $\langle u|E_{kin}^2 u\rangle$ mit der Wellenfunktion $u = C\exp(-r/a_0)$ bestimmt, erhält man ein falsches Ergebnis. Warum ist es falsch?
c) Wegen der endlichen Ausdehnung der Atomkerne gilt die Formel für das elektrostatische Potential einer Punktladung im H-Atom nicht bis zu beliebig kleinen Radien und daher auch die obige Formel für die Wellenfunktion des Grundzustandes nicht. Aus der Schrödingergleichung für den kugelsymmetrischen Grundzustand ergibt sich aber für einen beliebigen Verlauf der kugelsymmetrischen potentiellen Energie

$$\langle u|E_{kin}^2 u\rangle - \langle E_{kin}u|E_{kin}u\rangle = \frac{2\pi\hbar^2}{m}\int_{r=0}^{\infty}\frac{d}{dr}\left(u^2r^2\frac{dE_{pot}}{dr}\right)dr .$$

Man zeige mit Hilfe dieser Gleichung, daß der in a) benutzte Ausdruck für $\overline{E_{kin}^2}$ mit der in b) angegebenen Wellenfunktion in guter Näherung das exakte Ergebnis liefert, die in b) benutzte Formel dagegen nicht.

3) Ein Elektron mit der Energie E_{kin} = 100 keV fliegt durch das Gas einer Wilsonkammer. Jeder ionisierende Zusammenstoß kann dabei als Ortsmessung angesehen werden. Unmittelbar nach einem solchen Zusammenstoß möge die Wellenfunktion angenähert den Verlauf $\psi = C\exp(ikx)\cdot\exp\left(-\frac{x^2+y^2+z^2}{a^2}\right)$ mit a = 1000 Å besitzen. Wie ändert sich danach $S_y = \overline{y^2} - \overline{y}^2$ als Funktion der Zeit? Man zeige, daß unmittelbar nach dem Zusammenstoß $dS_y/dt = 0$ war? Wie groß ist $\sqrt{S_y}$, nachdem das Elektron nach dem Zusammenstoß 1 cm zurückgelegt hat? Vergleichen Sie diesen Wert mit der halben Breite des Beugungsbildes einer Elektronenwelle gleicher Energie in 1 cm Entfernung hinter einer Blende der Breite $2a$ = 2000 Å .

Kapitel V. Die abstrakte Formulierung der Quantenmechanik

Inhalt

Es wird gezeigt, daß man im Prinzip alle Aussagen der Quantenmechanik ohne Benutzung einer speziellen Darstellung mit abstrakten Elementen eines Hilbertraumes und durch Beziehungen zwischen Operatoren in ihm ausdrücken kann. Elemente des Hilbertraumes sind beliebige mathematische Dinge, welche folgenden Axiomen genügen: 1) Die Elemente können mit komplexen Zahlen multipliziert und addiert werden. 2) Aus je zwei Elementen läßt sich ein hermitisch-symmetrisches, positiv-definites skalares Produkt bilden. Wenn der Hilbertraum unendlich-dimensional ist, gilt außerdem: 3) Der Hilbertraum ist vollständig. 4) Die Dimension des Hilbertraumes ist abzählbar unendlich.

In der Quantenmechanik wird der Zustand eines Körpers durch einen Strahl im Hilbertraum bzw. durch ein normiertes Element auf ihm beschrieben. Jeder Messung entspricht ein Projektionsoperator W, welcher von dem Zustandselement alles wegnimmt, was nicht in den linearen Teilraum der Elemente zu dem Meßergebnis fällt. Wenn eine Messung im Zustand $|v\rangle$ den diskret liegenden, nichtentarteten Eigenwert a_i der gemessenen Größe mit dem normierten Eigenelement $|i\rangle$ ergab, ist der zugehörige Projektionsoperator durch

$$W|v\rangle = |i\rangle\langle i|v\rangle \qquad (1)$$

gegeben. Es wird gezeigt, wie man alle Operatoren durch solche Projektionsoperatoren und ihre Linearkombinationen ausdrücken kann und sie damit allein mit den im Hilbertraum erklärten Operationen definieren kann.

Zur Quantisierung eines Modells muß man erst seine Bewegungsgleichungen auf kanonische Gestalt bringen. Dann ersetzt man kanonisch-konjugierte Größen p_k, q_k durch selbstadjungierte Operatoren P_k, Q_k mit den Vertauschungsrelationen

$$P_j Q_k - Q_k P_j = [P_j, Q_k] = \frac{\hbar}{i}\delta_{jk} . \qquad (2)$$

An Beispielen wird gezeigt, wie aus diesen Beziehungen physikalische Ergebnisse ohne Benutzung einer Darstellung abgeleitet werden.

Beim linearen harmonischen Oszillator gelingt das durch Einführung der Operatoren B^+ und B mit der Vertauschungsrelation

$$B B^{+} - B^{+} B = 1 . \tag{3}$$

Sie erzeugen bzw. vernichten je ein Schwingungsquant. Die wiederholte Anwendung von B^{+} auf das Element zum Grundzustand liefert die Eigenelemente von $B^{+}B$ mit ganzzahligen Eigenwerten $n \geq 0$. Deren Linearkombinationen bilden den ganzen Hilbertraum.

Für eine eindimensionale Bewegung wird aus der Vertauschungsrelation von X und P abgeleitet, daß der Operator $T(a) = exp(-\frac{i}{\hbar}aP)$ eine Verschiebung um die Strecke a bewirkt, daß der Operator X zur Koordinate ein Kontinuum von Eigenwerten besitzt und daß das skalare Produkt $\langle x|\psi\rangle$ eines beliebigen Elementes $|\psi\rangle$ mit dem uneigentlichen Eigenelement $|x\rangle$ zu X die Eigenschaften der früher betrachteten Wellenfunktion besitzt.

Ferner werden die Eigenwerte einer Komponente L_z und des Quadrates L^2 des Drehimpulses aus den Vertauschungsrelationen abgeleitet. Es zeigt sich, daß außer den in § 7 erhaltenen Ergebnissen noch weitere Eigenwerte mit halbzahliger Drehimpulsquantenzahl j möglich sind. Die Eigenwerte von L^2 sind $j(j+1)\hbar^2$, diejenigen von L_z sind $j\hbar, (j-1)\hbar, \ldots -j\hbar$.

Wenn der Hamiltonoperator H eines Körpers nicht explizit von t abhängt, kann man die quantenmechanische Bewegungsgleichung

$$H|\psi(t)\rangle = i\hbar \frac{\partial}{\partial t}|\psi(t)\rangle \tag{4}$$

allgemein integrieren. Das Ergebnis ist

$$|\psi(t)\rangle = U(t-t_0)|\psi(t_0)\rangle \quad \text{mit} \quad U(t-t_0) = exp\left(-\frac{i}{\hbar}(t-t_0)H\right). \tag{5}$$

Der Operator $U(t)$ der zeitlichen Änderung vermittelt den Übergang zwischen den verschiedenen Bildern der Quantenmechanik. In dem bisher benutzten Schrödingerbild werden die Zustandselemente $|\psi(t)\rangle$ als zeitabhängig angenommen, die Operatoren dagegen als zeitunabhängig. Das Heisenbergbild verwendet dagegen zeitabhängige Operatoren $A_H(t)$, welche mit den zugehörigen, zeitunabhängigen Operatoren A_S des Schrödingerbildes durch

$$A_H(t) = U^{+}(t) A_S U(t) \tag{6}$$

verknüpft sind. Die Operatoren P_{kH}, Q_{kH} zu den Koordinaten und Impulsen genügen den kanonischen Gleichungen.

In zusammengesetzten Systemen benutzt man oft das Diracbild, in welchem sich die Zustandselemente nur ändern, solange die Wechselwirkung zwischen den Teilen des Systems wirksam ist. Alle anderen Zustandsänderungen sind in der Zeitabhängigkeit der Operatoren enthalten. Die allgemeine Integration der zugehörigen Bewegungsgleichung mit zeitabhängigem Hamiltonoperator und die Definition der Heisenbergschen S-Matrix wird behandelt.

§ 20. Der Hilbertraum

Der in § 19 erläuterte Umstand, daß es für alle Aussagen der Quantenmechanik viele verschiedene, mathematisch gleichwertige Darstellungen gibt, führt fast zwangsläufig auf das Problem, ob es eine von der Darstellung unabhängige Formulierung der quantenmechanischen Gesetze gibt. Diese Frage liegt insbesondere deshalb nahe, weil sich ja, wie auf S. 243 gezeigt wurde, verschiedene Matrixdarstellungen zueinander ähnlich verhalten wie Rechnungen mit Vektoren in verschiedenen orthogonalen Koordinatensystemen. Bei Vektoren ist das Rechnen mit Symbolen $\vec{a}, \vec{b}, ..$ für die Vektoren ohne Einführung eines Koordinatensystems seit langem üblich. Dabei führt man für die verschiedenen Operationen mit Vektoren, wie z.B. für das skalare Produkt abkürzende Schreibweisen wie $(\vec{a} \cdot \vec{b})$ ein, deren Bedeutungen im Prinzip auch ohne Benutzung eines Koordinatensystems erklärt werden können. Das Entsprechende ist auch in der Quantenmechanik möglich. Erstmalig wurde eine solche von der Darstellung abstrahierende Schreibweise von Dirac im Jahre 1928 eingeführt. Die komplizierteren Probleme der Quantenmechanik wie z.B. die in Kapitel VII behandelte Quantelung des Wellenmodells sind ohne Benutzung dieser vereinfachten Formulierung kaum zu bewältigen.

Die abstrakte Schreibweise der Quantenmechanik wurde in den vorangehenden Kapiteln schon durch die Benutzung des Diracschen Symbols $|\psi\rangle$ für die Wellenfunktion vorbereitet. An vielen der früher angegebenen Beziehungen ändert sich deshalb im folgenden nichts, bis auf das eine: $|\psi\rangle$ soll von jetzt ab nicht mehr unbedingt als eine Funktion des Ortes angesehen werden, sondern nur noch als ein Symbol für irgendein mathematisches "Ding", das den Zustand des betrachteten Körpers beschreibt. Wenn man so wie bisher nur die Quantenmechanik eines Massenpunktes betrachtet, kann $|\psi\rangle$ entweder die vom Ortsvektor abhängige Wellenfunktion bedeuten oder auch ihre Fourieramplitude, also eine Funktion des Impulsvektors des betrachteten Teilchens. Es kann auch ein Symbol für die Folge der Entwicklungskoeffizienten nach irgendeinem vollständigen Orthogonalsystem von Funktionen bedeuten. Darauf kommt es im folgenden nicht mehr an. Dadurch gewinnt man die nötige Freiheit zur Behandlung komplizierterer Körper, denn nun muß man nicht mehr von vornherein festlegen, welche Variablen den Zustand des betrachteten Modells bestimmen. Wichtig sind nur gewisse mathematische Eigenschaften, die alle diese Gebilde gemeinsamen haben.

Man kann das formal zu der einen Aussage zusammenfassen:

Die Zustandssymbole $|\psi\rangle$ *der Quantenmechanik bilden die Elemente eines Hilbertraumes.*

Dieser Satz besagt, daß die Zustandssymbole den folgenden vier Gruppen von Axiomen genügen:

1) Der Hilbertraum ist ein linearer Vektorraum, d.h.: Sind $|m\rangle, |n\rangle, |p\rangle \ldots$ Elemente des Hilbertraumes und $\alpha, \beta, \ldots$ komplexe Zahlen, so gibt es weitere Elemente des Hilbertraumes, die Summe $|m\rangle + |n\rangle$ aus $|m\rangle$ und $|n\rangle$ und das Produkt $\alpha|m\rangle$ oder $\beta|m\rangle$ des Elementes $|m\rangle$ mit der komplexen Zahl α oder β, und diese haben die folgenden Eigenschaften:

Die Addition ist kommutativ:

$$|m\rangle + |n\rangle = |n\rangle + |m\rangle. \tag{1}$$

Die Addition ist assoziativ:

$$|m\rangle + (|n\rangle + |p\rangle) = (|m\rangle + |n\rangle) + |p\rangle. \tag{2}$$

Die Multiplikation mit Zahlen ist assoziativ:

$$\alpha(\beta|m\rangle) = (\alpha\beta)|m\rangle. \tag{3}$$

Die Multiplikation mit Zahlen ist distributiv:

$$\alpha|m\rangle + \beta|m\rangle = (\alpha+\beta)|m\rangle \tag{4a}$$

und

$$\alpha(|m\rangle + |n\rangle) = \alpha|m\rangle + \alpha|n\rangle. \tag{4b}$$

Es gibt ein eindeutig bestimmtes Nullelement O mit den folgenden Eigenschaften

$$\mathsf{O} + |m\rangle = |m\rangle \tag{5}$$

und

$$0|m\rangle = \mathsf{O} \quad \text{für alle } |m\rangle \tag{6}$$

Das Nullelement O wird im folgenden der Einfachheit halber genauso bezeichnet wie die Zahl Null mit dem Zeichen 0 . Eine Verwechslung ist praktisch unmöglich, weil sich stets aus dem Zusammenhang ergibt, was gemeint ist. Z.B. wäre die Gleichung (5) sinnlos, wenn das Nullelement auf der linken Seite durch die Zahl 0 ersetzt würde, da eine Summe aus einem Element des Hilbertraumes und einer Zahl nicht erklärt ist. Desgleichen kann in (6) auf der linken Seite nicht das Nullelement gemeint sein, weil das einzig erklärte Produkt aus zwei Elementen des Hilbertraumes, das skalare Produkt, anders bezeichnet wird.

2) Im Hilbertraum existiert ein skalares Produkt, d.h. dem geordneten Paar von zwei Elementen $|m\rangle$ und $|n\rangle$ des Hilbertraumes ist eine komplexe Zahl $\langle m|n\rangle$ zugeordnet mit folgenden Eigenschaften: Das skalare Produkt ist hermitisch symmetrisch:

$$\langle m|n\rangle = \langle n|m\rangle^* . \tag{7}$$

Das skalare Produkt ist distributiv:

$$\langle m|(|n\rangle + |p\rangle) = \langle m|n\rangle + \langle m|p\rangle . \tag{8}$$

Wegen der hermitischen Symmetrie ergibt sich daraus auch die Distributivität für den Fall, daß der erste Faktor des skalaren Produktes eine Summe ist:

$$(\langle n| + \langle p|)|m\rangle = \langle n|m\rangle + \langle p|m\rangle . \tag{8a}$$

Das skalare Produkt ist assoziativ hinsichtlich der Multiplikation des zweiten Faktores mit einer komplexen Zahl:

$$\langle m|\alpha n\rangle = \alpha\langle m|n\rangle \tag{9}$$

Darin ist $|\alpha n\rangle = \alpha|n\rangle$.

Das skalare Produkt ist positiv definit:

$$\langle\psi|\psi\rangle \geq 0, \tag{10}$$

und

$$\langle\psi|\psi\rangle = 0 \qquad \text{nur, wenn} \qquad |\psi\rangle = 0, \tag{11}$$

also gleich dem Nullelement ist.

Eine Gesamtheit von Elementen, die nur der ersten Gruppe von Beziehungen (1) bis (6) genügt, heißt linearer Vektorraum; wenn auch noch die Beziehungen (7) bis (11) erfüllt sind, spricht man von einem unitären komplexen Raum. Damit die Elemente einen Hilbertraum bilden, müssen noch zwei weitere Axiome erfüllt sein. Bevor diese angegeben werden, seien einige Bemerkungen eingefügt und einige Hilfsbegriffe erklärt. In den obigen Gleichungen wird strenggenommen das Pluszeichen in zwei verschiedenen Bedeutungen benutzt. In (4a) und (8) bedeutete das Pluszeichen auf der linken Seite die kommutative Verknüpfung von zwei Elementen des Hilbertraumes, auf der rechten Seite dagegen die gewöhnliche Addition von zwei komplexen Zahlen. Ähnliches gilt für die Multiplikation. In (3) und (9) werden auf der linken Seite Elemente des Hilbertraumes mit komplexen Zahlen multipliziert; auf der rechten Seite dagegen werden komplexe Zahlen miteinander multipliziert. Trotz des wesentlichen Unterschiedes zwischen diesen Arten von Kombinationen zweier Elemente des Hilbertraumes oder komplexer Zahlen ist eine Verwechslung durch die Schreibweise praktisch ausgeschlossen. Man mache sich aber am Beispiel der Wellenfunktionen klar, daß ein Element des Hilbertraumes etwas viel komplizierteres ist als eine Zahl. Es kann eine Funktion bedeuten und wird praktisch niemals durch eine Zahl gegeben, sondern erfordert in der Regel unendlich viele Zahlenangaben.

Bei den physikalischen Anwendungen treten an die Stelle der komplexen Zahlen oft skalare physikalische Größen, also z.B. Längen, die Komponenten oder Beträge von Vektoren wie dem Impuls oder dem Drehimpuls, die Energie oder ähnliches. Die Umformulierung dieser Axiome auf solche Größen ist etwas umständlich und soll hier unterbleiben. Jede physikalische Größe geht durch Division mit einer Größe der gleichen Größenart in eine Zahl über. Die obigen Axiome gelten strenggenommen nur für diese Zahlen. Trotzdem sollen im folgenden alle Gleichungen unbedenklich als Größengleichungen geschrieben werden, wobei natürlich die einschränkende Bedingung zu beachten ist, daß alle Summanden einer Gleichung dieselbe Größenart besitzen müssen. Diese Bedingung macht die genannten Axiome bei Umformulierung auf physikalische Größen unnötig kompliziert, und deshalb wurde hier darauf verzichtet.

Man beachte bei den genannten Axiomen insbesondere, daß das skalare Produkt hermitisch symmetrisch ist, also gegen eine Vertauschung seiner Faktoren nicht invariant ist, sondern dabei in das konjugiert-komplexe übergeht. Das wird in der Diracschen Schreibweise dadurch zum Ausdruck gebracht, daß das Symbol $|\psi\rangle$ für ein Element des Hilbertraumes bei Verwendung als linker Faktor im skalaren Produkt umgekehrt wird. Es gibt mathematische Überlegungen, bei denen der Raum der $|\psi\rangle$, welche bei Dirac ket heißen, von dem Raum der $\langle\psi|$, den bra, unterschieden wird. Beim Hilbertraum sind diese beiden zueinander "dualen" Räume umkehrbar eindeutig einander zugeordnet, ähnlich wie die komplexen Zahlen umkehrbar eindeutig den dazu konjugiert-komplexen Zahlen zugeordnet sind. Die beiden Räume sollen deshalb hier nicht unterschieden werden. Es soll nur von dem einen Hilbertraum schlechthin gesprochen werden. Jedes Element des Hilbertraumes kann dann im skalaren Produkt entweder als 1. Faktor, als bra, oder als 2. Faktor, als ket, verwendet werden. In Gleichungen zwischen Elementen des Hilbertraumes werden sie immer so wie die ket geschrieben. Ein Zahlenfaktor beim ket kann nach (9) unmittelbar vors skalare Produkt gezogen werden. Aus der hermitischen Symmetrie ergibt sich, daß ein Zahlenfaktor beim bra mit dem konjugiert-komplexen Wert vorzuziehen ist:

$$\langle \alpha m | n \rangle = \alpha^* \langle m | n \rangle, \tag{12}$$

wobei wieder $|\alpha m\rangle = \alpha |m\rangle$ ist.

Im folgenden werden noch die folgenden Hilfsbegriffe benötigt:

a) Unter der Norm $\|\psi\|$ eines Elements $|\psi\rangle$ des Hilbertraumes versteht man die positiv-reelle Größe

$$\|\psi\| = \sqrt{\langle \psi | \psi \rangle}. \tag{13}$$

Bei einem normierten Element ist die Norm gleich 1. Nur bei dem Nullelement verschwindet die Norm.

b) Die n Elemente $|1\rangle, |2\rangle, \ldots |n\rangle$ heißen linear-unabhängig, wenn die Gleichung

$$\alpha_1 |1\rangle + \alpha_2 |2\rangle + \ldots \alpha_n |n\rangle = 0 \quad (= \text{Nullelement}) \tag{14}$$

nur für $\alpha_1 = \alpha_2 = \ldots = \alpha_n = 0$ erfüllt werden kann. Andernfalls sagt man, zwischen ihnen bestehe eine lineare Abhängigkeit.

c) Wenn es in einem Hilbertraum n linear unabhängige Elemente gibt, aber zwischen $(n + 1)$ Elementen immer eine lineare Abhängigkeit besteht, dann nennt man den Hilbertraum n-dimensional. Wenn sich dagegen beliebig viel linear-unabhängige Elemente finden lassen, nennt man ihn unendlich-dimensional. Diese Unterscheidung ist deshalb wichtig, weil sich bei einem endlich-dimensionalen Hilbertraum die beiden folgenden Axiome erübrigen. In ihn lassen sie sich aus den bisher genannten Axiomen ableiten. Normalerweise ist aber der Hilbertraum der physikalischen Körper unendlich-dimensional.

d) Eine unendliche Folge $|\psi_1\rangle, |\psi_2\rangle, \dots$ von Elementen eines Hilbertraumes besitzt den Grenzwert $|\psi\rangle$, wenn sich für jedes ε ($\varepsilon > 0$, reell) eine ganze Zahl $N(\varepsilon)$ finden läßt, so daß $\|\psi - \psi_n\| < \varepsilon$ für alle $n > N(\varepsilon)$ gilt. Hierbei wurde in einer wohl praktisch von selbst verständlichen Weise $|\psi - \psi_n\rangle$ als Abkürzung für $|\psi\rangle + (-1)|\psi_n\rangle$ geschrieben.

Mit diesen Hilfsbegriffen können nun leicht die letzten beiden Axiome des Hilbertraumes angegeben werden.

3) Der Hilbertraum ist vollständig, d.h. wenn eine unendliche Folge $|\psi_1\rangle, |\psi_2\rangle, |\psi_3\rangle, \dots$ von Elementen des Hilbertraumes im Cauchy-Sinne konvergent ist, besitzt sie einen Grenzwert. Konvergent im Cauchy-Sinn ist eine Folge, wenn sich zu jedem ε ($\varepsilon > 0$, reell) eine ganze Zahl $N(\varepsilon)$ so finden läßt, daß $\|\psi_j - \psi_k\| < \varepsilon$ für alle $j,k > N(\varepsilon)$ gilt.

Dieses Axiom kann man als die Forderung auffassen, gegebenenfalls für eine genügende Vervollständigung des Hilbertraumes zu sorgen. Der wesentliche Unterschied zwischen der oben genannten Konvergenzbedingung und der Konvergenz im Cauchy-Sinn ist ja, daß im ersten Fall das Vorkommen des Grenzwertes unter den Elementen des Hilbertraumes vorausgesetzt wurde, im zweiten Fall nicht. Man kann nun mathematisch beweisen, daß man durch geeignete Ergänzung des Hilbertraumes immer dafür sorgen kann, daß jede im Cauchy-Sinn konvergente Folge auch einen Grenzwert unter den Elementen des Hilbertraumes besitzt. Das ist ein ähnlicher Prozeß wie die Ergänzung der Menge der rationalen Zahlen durch Hinzufügen der irrationalen Zahlen zu der Menge der reellen Zahlen. Für das praktische Rechnen ist das bedeutungslos, da man jede irrationale Zahl mit beliebig kleinem Fehler durch eine rationale Zahl ersetzen kann. In ähnlichem Sinne ist auch dieses 3. Axiom für das praktische Umgehen mit dem Hilbertraum unwichtig. Es wurde hier nur erwähnt, um darauf hinzuweisen, daß alle Ausführungen dieses Buches einer Ergänzung bedürfen, um den Forderungen mathematischer Strenge zu genügen. Dieser mathematisch exakte Aufbau einer Theorie erfolgt praktisch, auch in der Mathematik, immer erst, wenn man von dem behandelten Gebiet schon sehr viel weiß, wenn man also von dem, was in diesem Buch ausgeführt wird, das meiste schon verstanden hat. Das in der Mathematik beliebte Vorgehen in umgekehrter Reihenfolge, nämlich eine mathematisch einwandfreie Entwicklung eines Gedankengebäudes vorzunehmen, bevor man mit seinen wesentlichen Zügen vertraut wurde, ist didaktisch unklug und entspricht nicht dem wirklichen Entstehungsprozeß einer Wissenschaft.

4) Die Dimension eines Hilbertraumes ist entweder endlich oder abzählbar unendlich. Der Inhalt dieses Axioms soll hier nicht in allgemeinster Form angegeben werden, sondern in derjenigen Form, wie er im folgenden meist verwendet wird: Wenn es in dem betrachteten Hilbertraum überhaupt unendlich viele, linear unabhängige Elemente gibt, so läßt sich stets mindestens eine unendliche Folge von orthogonalen und normierten Elementen $|j\rangle$ $(j = 1, 2, \ldots)$ finden, so daß sich jedes Element als eine nach diesen Elementen fortschreitende unendliche Reihe schreiben läßt in der Form

$$|\psi\rangle = \sum_{j=1}^{\infty} |j\rangle c_j . \tag{15}$$

Die Koeffizienten c_j bestimmen dann das Element $|\psi\rangle$ eindeutig. Das skalare Produkt von $|\psi\rangle$ mit sich selbst, welches ja nach (10) stets endlich ist, hat den Wert

$$\langle\psi|\psi\rangle = \sum_{j=1}^{\infty} |c_j|^2 . \tag{16}$$

Die Elemente des Hilbertraumes können also nach diesem Axiom stets durch Zahlenfolgen mit endlicher Summe ihrer Absolutwertquadrate dargestellt werden. In dieser Form als eine mathematische Theorie der quadratsummierbaren Zahlenfolgen wurde die Theorie des Hilbertraumes ursprünglich von Hilbert selbst entwickelt.

Hier wurden diese Axiome nur der Vollständigkeit halber alle wiedergegeben. Es soll nicht versucht werden, auf dieser Basis die in der Quantenmechanik verwendete Theorie mathematisch streng zu entwickeln. Dafür gibt es andere, mehr mathematisch eingestellte Bücher.[1] Wichtig ist aber für das richtige Verständnis der Physik, zu wissen, daß in der Quantenmechanik von den zur Zustandsbeschreibung benutzten Wellenfunktionen oder sonstigen mathematischen Hilfsmitteln im Prinzip keine anderen als die genannten Eigenschaften benutzt zu werden brauchen. Da es demnach in einer möglichst allgemein formulierten Quantenmechanik offen bleiben darf, ob die $|\psi\rangle$ Ortsfunktionen, Impulsfunktionen, Zahlenfolgen oder noch etwas anderes sind, muß es möglich sein, die vorkommenden Operatoren weder durch Differentiationen noch durch Matrizen auszudrücken, sondern allein durch die hier erklärten Bildungen von Linearkombinationen (Axiom 1) und skalaren Produkten (Axiom 2). Daß das tatsächlich der Fall ist, wird in den nächsten Paragraphen deutlich werden.

---

1) G. Ludwig: Die Grundlagen der Quantenmechanik. Berlin, Göttingen, Heidelberg 1954
J. von Neumann: Mathematische Grundlagen der Quantenmechanik. Berlin 1932

§ 21. Theorie des Meßprozesses

Jetzt soll gezeigt werden, wie man im Prinzip in der Quantenmechanik physikalische Aussagen über Zustandsänderungen machen kann, ohne von den dabei benutzten Elementen des Hilbertraumes andere als die in § 20 genannten Eigenschaften zu benutzen. Die $|\psi\rangle$ beschreiben dabei den Zustand des betrachteten Körpers. Diese "Abbildung" der Zustände auf den Hilbertraum geschieht nun aber in solcher Weise, daß zwei Elementen, die sich nur durch einen Faktor unterscheiden, demselben Zustand zugeordnet werden. Eine Menge von Elementen des Hilbertraumes, die sich nur durch einen Zahlenfaktor unterscheiden, bezeichnet man als einen Strahl im Hilbertraum. Diese Bezeichnung hat einen anschaulichen Sinn. Im Ortsraum liegen nämlich die Endpunkte aller Ortsvektoren, die sich nur durch einen reellen Zahlenfaktor unterscheiden, auf einer Geraden durch den Ursprung, also auf einem Ursprungsstrahl. Die Zustände eines Körpers entsprechen also in der quantenmechanischen Beschreibung eigentlich nicht den Elementen des Hilbertraumes, sondern seinen Strahlen.

Zur Kennzeichnung eines Strahles genügt die Angabe eines von null verschiedenen Elements auf ihm. Man wählt dazu normalerweise ein normiertes Element aus. Bei gegebenem Zustand ist dann bei diesem Element noch ein komplexer Faktor $\exp i\alpha$ vom Absolutbetrag 1 unbestimmt. Alle Formeln für meßbare Eigenschaften des betrachteten Körpers enthalten die Zustandselemente in solcher Form, daß sich die unbestimmte Phase α heraushebt.

Um Aussagen über Zustandsänderungen des betrachteten Körpers machen zu können, muß man zunächst seinen Anfangszustand messen. Durch die Messung einer Eigenschaft a mit dem Ergebnis, daß a im Intervall $a_u < a < a_o$ liegt, wird im allgemeinen das normierte Zustandselement $|v\rangle$ des Zustandes vor der Messung verändert, und zwar in solcher Weise, daß nach der Messung eine Linearkombination der Elemente derjenigen Strahlen vorliegt, auf denen a einen Wert des obigen Intervalles besitzt. Die anderen Anteile von $|v\rangle$ werden durch die Rückwirkung des Meßinstrumentes auf den untersuchten Körper zu null gemacht.

Dem entspricht in der Quantenmechanik die Anwendung eines von der Art der Messung und dem Intervall $a_u < a < a_o$ abhängigen Projektionsoperators W. Für ihn gilt

$$W^2 = W, \tag{1}$$

denn zweimaliges Nullsetzen des nicht zum Meßergebnis passenden Anteiles von $|v\rangle$ liefert dasselbe Ergebnis wie einmaliges. Die Wahrscheinlichkeit w, im Zustand $|v\rangle$ das Ergebnis $a_u < a < a_o$ zu erhalten, ist gleich dem Erwartungswert des Operators

$$w = \langle v|W|v\rangle. \tag{2}$$

Das ist, wie in § 18 gezeigt wurde, die sinngemäße Verallgemeinerung des Wahrscheinlichkeitsansatzes von Born (vgl. § 15). Ist $|n\rangle$ das normierte Zustandselement nach der Messung, so muß natürlich

$$\langle n|W|n\rangle = 1 \tag{3}$$

sein, denn eine Wiederholung der gleichen Messung unmittelbar nach der ersten Messung muß dasselbe Ergebnis mit

Sicherheit liefern.

Das ist gleichbedeutend mit der Aussage, daß $|n\rangle$ ein Eigenelement von $\mathbf{W}$ zum Eigenwert 1 ist. Denn mit Benutzung von (§ 20; 8 und 9) erhält man

$$\begin{aligned}\langle Wn - n|Wn - n\rangle = \langle Wn|Wn\rangle - \langle n|Wn\rangle \\ - \langle Wn|n\rangle + \langle n|n\rangle\end{aligned} \tag{4}$$

und daraus wegen $\langle n|n\rangle = 1$ bei Beachtung von (1) und (3) sowie der Hermitizität von $\mathbf{W}$

$$\begin{aligned}\langle Wn - n|Wn - n\rangle &= \langle n|W^2|n\rangle - 2\langle n|W|n\rangle + \langle n|n\rangle \\ &= 1 \quad - 2 \quad + 1 = 0.\end{aligned} \tag{5}$$

Also muß wegen (§ 20; 11) $\mathbf{W}|n\rangle - |n\rangle$ das Nullelement sein:

$$\mathbf{W}|n\rangle = |n\rangle. \tag{6}$$

Hinsichtlich der Frage, wie weit eine solche Messung den Zustand des betrachteten Körpers bestimmt, lassen sich im wesentlichen drei Fälle unterscheiden:
1. Fall: Es kann sein, daß der Eigenwert 1 von $\mathbf{W}$ einfach ist, d.h. der Teilraum der Eigenelemente zu diesem Eigenwert ist eindimensional. Alle Eigenelemente von $\mathbf{W}$ zum Eigenwert 1 unterscheiden sich dann von $|n\rangle$ nur durch einen Faktor. In diesem Fall wird der Zustand des betrachteten Körpers durch die eine Messung von a so vollständig bestimmt, wie das nach dem Unbestimmtheitsprinzip überhaupt möglich ist. Dieser Fall liegt z.B. bei der Messung der Energie eines linearen harmoni-

schen Oszillators vor, wenn das Meßintervall nur einen Eigenwert enthält. Dann ist der Operator W durch

$$W = |n\rangle\langle n| \tag{7}$$

gegeben. Anwendung auf $|v\rangle$ liefert

$$W|v\rangle = |n\rangle\langle n|v\rangle. \tag{8}$$

Die Wahrscheinlichkeit w, im Zustand $|v\rangle$ den im Intervall $a_u < a < a_o$ liegenden Eigenwert von A als Meßergebnis zu erhalten, beträgt

$$w = \langle v|W|v\rangle = \langle v|n\rangle\langle n|v\rangle = |\langle n|v\rangle|^2. \tag{9}$$

Diese Formel ist ein erstes Beispiel für alle folgenden Formeln, in denen die Operatoren durch Bildung von skalaren Produkten und Multiplikationen mit Zahlen in solcher Weise gegeben sind, daß meßbare Größen wie w sich bei Hinzufügen eines Faktors vom Absolutbetrag 1 zu $|v\rangle$ oder $|n\rangle$ nicht ändern.

2. Fall: Es kann sein, daß der Operator A der gemessenen Größe a ein kontinuierliches Spektrum besitzt und daß das Intervall $a_u < a < a_o$ in ihm liegt. Dann ist der Teilraum des Hilbertraumes, in welchem die Eigenelemente von W zum Eigenwert 1 liegen, immer unendlich-dimensional, gleichgültig, wie klein das Intervall $a_u < a < a_o$ ist, bzw. wie genau auch immer gemessen wurde. Aber es kommt vor, daß der Zustand bei genügend kleinem Intervall dann praktisch vollständig bestimmt wird. Das ist z.B. der Fall, wenn die uneigentlichen Eigenelemente des Kontinuums nur von einem skalaren Parameter k abhängen und zu gegebenem k nur ein uneigentliches Eigenelement gehört. Dieser Fall liegt beim Impuls

bei einer eindimensionalen Bewegung vor. Ist $|k\rangle$ das richtig normierte uneigentliche Eigenelement des Kontinuums, so gilt

$$A|k\rangle = a(k)|k\rangle. \tag{10}$$

Die $|k\rangle$ genügen der Orthogonalitäts- und Normierungsbedingung

$$\langle k'|k\rangle \overset{*}{=} \delta(k'-k). \tag{11}$$

Der Operator W zum Meßergebnis $a_u < a < a_o$ lautet

$$W = \int\limits_{a_u < a(k) < a_o} |k\rangle\langle k|\, dk. \tag{12}$$

Die Wahrscheinlichkeit, dieses Ergebnis im Zustand $|v\rangle$ zu erhalten, beträgt

$$w = \langle v|W|v\rangle = \int\limits_{a_u < a(k) < a_o} |\langle v|k\rangle|^2 dk. \tag{13}$$

Eine genaue Bestimmung des Zustandes ist in diesem Falle unmöglich, denn wenn man die Breite des Intervalls gegen null gehen läßt, geht auch w wegen null. Wenn der Meßfehler aber genügend klein ist, ist der Zustand nach der Messung praktisch genau bestimmt, obwohl man nur sagen kann, daß der Zustand $|n\rangle$ nach der Messung gleich irgendeinem Integral über die Elemente $|k\rangle$ des Intervalls $a_u < a(k) < a_o$ ist.

Wenn die betrachtete Größe nur ein kontinuierliches Spektrum besitzt, wie das beim Impuls bei eindimensionaler Bewegung der Fall ist, lautete der zugehörige Operator

$$A = \int_k |k\rangle a(k) \langle k| \, dk. \tag{14}$$

Seine Anwendung auf irgendein Element $|\psi\rangle$ liefert

$$A|\psi\rangle = \int_k |k\rangle a(k) \langle k|\psi\rangle \, dk. \tag{15}$$

Diese Beispiele mögen genügen, um deutlich zu machen, wie mit Hilfe der "Zerlegung der Einheit" alle Operatoren auf die Bildung von skalaren Produkten und Linearkombinationen von Elementen des Hilbertraumes zurückgeführt werden. Doch haben diese Formeln im Hinblick auf die mathematische Strenge einen bedenklichen Mangel: Die uneigentlichen Eigenelemente $|k\rangle$ gehören nicht zum Hilbertraum, denn wie (11) zeigt, ist das skalare Produkt von $|k\rangle$ mit sich selbst nicht endlich. (§ 20; 10) ist also nicht erfüllt.

Das ist aber tatsächlich nur ein Mangel der hier benutzten Schreibweise. Man kann alles so schreiben, daß die uneigentlichen Elemente nur im Integranden von Integralen vorkommen, und diese Integrale sind Elemente des Hilbertraumes, sofern das Absolutwertquadrat der Koeffizienten ein endliches Integral besitzt. In den mathematisch exakten Darstellungen bei J.v.Neumann oder Ludwig (vgl. S. 268) findet sich im wesentlichen derselbe Sachverhalt ohne explizite Verwendung uneigentlicher Elemente des Hilbertraumes ausgedrückt. Bei Verwendung geeigneter Darstellungen sind auch die uneigentlichen Elemente, wie in den früheren Paragraphen wiederholt ausgeführt wurde, durchaus reguläre Funktionen. Da sie in der

Physik in großem Umfang verwendet werden, wurden sie ebenso wie die Diracsche δ-Funktion hier trotz dieser mathematischen Bedenken benutzt.

Bevor auf den dritten, allgemeinsten Fall einer Messung des Anfangszustandes eingegangen wird, möge der betrachtete zweite Fall mit kontinuierlichen Meßergebnissen noch etwas erläutert werden. Er tritt insbesondere bei Streuversuchen auf. Bei diesen erzeugt man stets einen Einfallsstrahl von Teilchen mit möglichst einheitlicher Geschwindigkeit. Wenn man von den inneren Freiheitsgraden der einfallenden Teilchen absieht, ist ihr Zustand durch ihren Impuls $\mathfrak{p}$ bzw. durch den zugehörigen Ausbreitungsvektor $\vec{k} = \vec{p}/\hbar$ vollständig festgelegt. Es ist aber niemals möglich, einen Strahl aus Teilchen mit genau gleichem Impuls $\vec{p}$ zu erzeugen, denn dieser müßte nach dem Unbestimmtheitsprinzip unendlich breit sein. Mit anderen Worten: Der durch das uneigentliche Element $|\vec{k}\rangle$ des Hilbertraumes beschriebene Zustand tritt hier auch praktisch nicht auf. Man kann nur einen Zustand mit Teilchen eines kleinen, aber endlichen Intervalles im $\vec{k}$-Raum erzeugen. Die uneigentlichen Elemente sind zwar für das Rechnen bequem, aber physikalisch sinnvoll sind nur Integrale über sie.

An diesem Beispiel wird auch anschaulich deutlich, daß eine Messung der Anwendung eines Projektionsoperators entsprechen kann, denn die Apparate, mit denen man monochromatische Strahlen von einfallenden Teilchen erzeugt, haben praktisch gewisse Eigentümlichkeiten mit diesen Operatoren gemeinsam. Das sieht man besonders gut an dem Aufbau eines Monochromators zur Erzeugung eines Lichtstrahls einheitlicher Frequenz. In ihm wird das Licht zunächst spektral zerlegt. Dann wird durch eine Blende alles Licht außer demjenigen eines kleinen Frequenzintervalles ausgeblendet. Diese Blende wirkt genauso wie ein Projektionsoperator, denn zwei gleiche Blenden dicht hintereinander haben dieselbe Wirkung wie eine. Da das Licht den Austrittsspalt eines Monochromators in der Regel divergent verläßt, muß man zur Erzeugung eines Parallelstrahles noch eine Linse dahinter aufstellen, in deren Brennebene der Austrittsspalt liegt. Die Linsenfassung bestimmt dann - und zwar wieder durch Ausblendung - das Richtungsintervall, in welchem die $\vec{k}$-Vektoren des austretenden Lichtbündels liegen. Bei der Erzeugung eines Elektronenstrahles einheitlicher Energie und Richtung lassen sich die maßgebenden Blenden für das Richtungsintervall und das Energieintervall schwieriger aufzeigen, aber das Prinzip ist das gleiche. Zugleich wird deutlich, daß in diesem Fall eines Impulsvektors bzw. $\vec{k}$-Vektors mit kontinuierlichem Eigenwertspektrum die Intensität des erzeugten Strahles umso kleiner wird, je kleiner man die ausgeblendeten Intervalle macht. Scharfe Werte dieser Größen, wie sie dem uneigentlichen Zustand $|\vec{k}\rangle$ im Hilbertraum entsprechen, treten nur mit der Wahrscheinlichkeit bzw. Intensität null auf.

Bei anderen Messungen, insbesondere bei Messungen an makroskopischen Körpern, fällt die Projektionseigenschaft einer Messung nicht so ins Auge, weil die Rückwirkung des Meßinstrumentes auf den Zustand des untersuchen Körpers dabei in der Regel vernachlässigt werden kann. Sie wird nur in übertragenem Sinne deutlich. Man kann etwa den Hilbertraum als einen riesigen Fragebogen ansehen, in welchem nach allen möglichen Eigenschaften des Körpers gefragt wird. Die Messung entspricht dann dem Durchstreichen aller nicht in Frage kommender Antwortfelder (Nichtzutreffendes bitte streichen). Zweimaliges Durchstreichen bedeutet offenbar dasselbe wie einmaliges, und daher ist "Durchstreichen" auch ein Projektionsoperator.

3. Fall: Bei komplizierter zusammengesetzten Körpern genügt die Messung einer Größe im allgemeinen nicht, um den Zustand so vollständig zu bestimmen, wie das nach der Quantenmechanik möglich ist, um also durch Projektion exakt einen Strahl im Hilbertraum oder, wenn ein Kontinuum von möglichen Meßergebnissen vorliegt, wenigstens nahezu exakt einen Strahl auszusondern. Das Elektron im Wasserstoffatom ist dafür ein typisches Beispiel. Hat man etwa durch Messung der Energie den Wert $-E_0$ des Grundzustandes festgestellt, so kann der Zustand immer noch einer Linearkombination der beiden linear unabhängigen Zustandselemente des Spins entsprechen. Wurde bei der Energiemessung der Wert $-E_0/4$ des ersten angeregten Zustandes mit der Hauptquantenzahl $n = 2$ gefunden, so kann das Quadrat des Bahndrehimpulses noch die Werte 0 oder $2\hbar^2$ besitzen, entsprechend den Bahndrehimpulsquantenzahlen $l = 0$ und $l = 1$. Im Zustand mit $l = 1$ kann auch noch eine Linearkombination der $(2l + 1) = 3$ linear unabhängigen Zustandselemente zu verschiedenen Drehimpulsrichtungen vorliegen. Der Zustand ist in diesem Fall erst dann vollständig bestimmt, wenn außer der Energie der Betrag und die Richtung des Bahndrehimpulses sowie die Richtung des Spindrehimpulses gemessen wurde.

Wenn zur Bestimmung des Anfangszustandes mehrere Messungen nacheinander ausgeführt werden müssen, besteht natürlich die Möglichkeit, daß eine spätere Messung infolge der unvermeidlichen Rückwirkung des Meßinstruments auf das Meßobjekt das Resultat der ersten Messung ungültig macht. Bei der Erörterung des Unbestimmtheitsprinzips (vgl. Bd.I, Kap. IX) wurde das ja für die Orts- und Impulsmessung ausführlich erläutert. Wenn die x-Komponente des Ortsvektors mit einer Genauigkeit Δx gemessen wird, wird dadurch die vorher womöglich genau bekannte x-Komponente p_x des Impulses so unscharf, daß das Produkt $\Delta x \cdot \Delta p_x$ der Fehlerintervalle mindestens in der Größenordnung $\hbar$ liegt. Nur wenn so etwas nicht passiert, kann der Zustand durch mehrere Messungen nacheinander so vollständig wie möglich bestimmt werden.

Wenn zu der ersten Messung einer Größe a mit dem Meßergebnis $a_u < a < a_o$ der Projektionsoperator W_A gehört und zu der zweiten Messung einer Größe b mit dem Ergebnis $b_u < b < b_o$ der Projektionsoperator W_B, so ist das Resultat der ersten Messung nur dann noch nach der zweiten Messung gültig, wenn das normierte Zustandselement $|n\rangle$ nach beiden Messungen immer noch, genau wie nach der ersten Messung, Eigenelement von W_A mit dem Eigenwert 1 ist. Dann müssen also die beiden Gleichungen

$$W_A|n\rangle = |n\rangle \quad \text{und} \quad W_B|n\rangle = |n\rangle \tag{16}$$

beide zugleich erfüllt sein: $|n\rangle$ muß gemeinsames Eigenelement der beiden Projektionsoperatoren W_A und W_B zum Eigenwert 1 sein.

Es gibt Paare von Größen, bei denen für kein Meßergebnis derartige gemeinsame Eigenelemente der beiden Projektionsoperatoren existieren. Die Ortskoordinate und die zugehörige Impulskomponente ist dafür ein Beispiel. Es gibt Größen, bei denen es für einige Meßergebnisse gemeinsame Eigenelemente der Projektionsoperatoren gibt, für andere nicht. Ein Beispiel dafür ist die x- und y-Komponente des Drehimpulses. In einem Zustand, in welchem der Betrag des Drehimpulses verschwindet, ist jede Komponente mit Sicherheit gleich null. Bei nichtverschwindendem Drehimpulsbetrag gibt es dagegen keine Zustände, bei denen die Werte verschiedener Drehimpulskomponenten zugleich mit Sicherheit gewisse Werte annehmen.

Es gibt drittens Größen, bei denen es zu jedem Meßresultat derartige gemeinsame Eigenelemente ihrer Projektionsoperatoren gibt. Wenn bei diesen zugleich die Gesamtheit aller dieser gemeinsamen Eigenelemente mit dem Eigenwert 1 zu irgendwelchen Meßergebnissen der verschiedenen Größen ein vollständiges System von Elementen des Hilbertraumes bilden, nach denen man jedes Element entwickeln kann, dann kann man bei geeigneter Gestaltung des Meßprozesses stets erreichen, daß bei der Messung einer Größe das für die anderen vorher erhaltene Meßergebnis gültig bleibt. Solche Größen bezeichnet man als miteinander verträglich. Sie besitzen eine gemeinsame Zerlegung der Einheit, welche aus einer Summe von Projektionsoperatoren der Form $|j\rangle\langle j|$ mit zueinander orthogonalen und normierten Elementen $|j\rangle$ des Hilbertraumes und einem über einen oder mehrere Parameter zu erstreckenden Integral über entsprechende Ausdrücke mit uneigentlichen, orthogonalen Elementen bestehen kann. Die Projektionsoperatoren zu den verschiedenen Meßresultaten der verschiedenen Größen bestehen aus verschiedenen Teilen dieser Summen und Integrale.

Um sich hier nicht in zu allgemeinen Erörterungen zu verlieren, sei das an dem Beispiel eines Elektrons im H-Atom erläutert. In diesem Fall bilden die Energie, das Quadrat des Bahndrehimpulses, die z-Komponente des Bahndrehimpulses und die z-Komponente des Spindrehimpulses ein Quartett miteinander verträglicher Meßgrößen. Die zugehörigen normierten Zustandselemente $|n,l,m,s\rangle$ auf den Strahlen zu bestimmten Werten dieser 4 Größen werden durch 4 Quantenzahlen n, l, m, s gekennzeichnet. Die Hauptquantenzahl n wird allerdings nur bei negativen Energien verwendet. Bei positiven Energien kann man stattdessen den Betrag k des Ausbreitungsvektors benutzen. Die zugehörige Zerlegung der Einheit lautet

$$1 = \sum_{n=1}^{\infty}\sum_{l=0}^{n-1}\sum_{m=-l}^{+l}\sum_{s=-1}^{+1} |n,l,m,s\rangle\langle n,l,m,s| \\ + \sum_{l=0}^{\infty}\sum_{m=-l}^{+l}\sum_{s=-1}^{+1}\int_{k=0}^{\infty} |k,l,m,s\rangle\langle k,l,m,s|\, dk. \tag{17}$$

Den Projektionsoperator W_E zu einer Messung der Energie mit dem Ergebnis, daß E in einem bestimmten Intervall der Größe $E_u < E < E_o$ liegt, erhält man daraus bei negativen Energien durch Fortlassen der Integrale und aller Summanden mit denjenigen n, bei denen $-E_o/n^2$ ($E_o =$ Ionisierungsenergie des H-Atoms) nicht in dem Ergebnisintervall liegt. Das gilt allerdings nicht ganz streng, sondern nur bei Vernachlässigung der magnetischen Spin-Bahn-Wechselwirkung. Bei positiven Energien ist die Summe wegzulassen und das Integral nur über diejenigen k zu erstrecken, für welche $E = \hbar^2 k^2/2m_e$ in dem Ergebnisintervall liegt ($m_e =$ Elektronenmasse). Der Projektionsoperator W_{L^2} zum Quadrat des Bahndrehimpulses entsteht aus (17) durch Fortlassen aller Summanden und Integrale, bei denen $l(l+1)\hbar^2$ nicht in dem Ergebnisintervall liegt. Der Projektionsoperator W_{L_z} zur z-Komponente des Bahndrehimpulses enthält nur diejenigen Summanden und Integrale, bei denen $m\hbar$ im Ergebnisintervall liegt. Der Projektionsoperator zur z-Komponente s_z des Spindrehimpulses besteht aus den Summanden mit $s = +1$ oder $s = -1$,je nachdem, ob das Ergebnisintervall den Wert $+\hbar/2$ oder

$-\hbar/2$ der z-Komponente des Spindrehimpulses enthält.

Die zugehörigen Operatoren H, L^2, L_z und S_z zu diesen Größen entstehen aus (17) durch Multiplikation der einzelnen Summanden bzw. Integranden mit den zugehörigen Werten dieser Größen. Also gilt z.B. für den Hamilton-Operator, der zur Energie E gehört:

$$\begin{aligned} H = & \sum_{n=1}^{\infty} \sum_{l=0}^{n-1} \sum_{m=-l}^{+l} \sum_{s=-1}^{+1} |n,l,m,s\rangle \left(-\frac{E_0}{n^2}\right) \langle n,l,m,s| \\ & + \sum_{l=0}^{\infty} \sum_{m=-l}^{+l} \sum_{s=-1}^{+1} \int_{k=0}^{\infty} |k,l,m,s\rangle \frac{\hbar^2 k^2}{2m_e} \langle k,l,m,s|\, dk. \end{aligned} \tag{18}$$

Durch diese Formel wird die Anwendung des Operators H auf die Bildung von Skalarprodukten und Linearkombination von Elementen des Hilbertraumes zurückgeführt, wie das bei abstrakter Formulierung der Quantentheorie notwendig ist. Zugleich aber enthält sie implizit einen Hinweis auf die Beantwortung der Frage, wie man bei mathematisch strenger Entwicklung der Theorie feststellen kann, auf welche Elemente des Hilbertraumes man H anwenden darf. Die Zerlegung der Einheit ist selbstverständlich ein auf jedes Element anwendbarer Operator. Daher gilt das gleiche für alle Projektionsoperatoren, die ja nur aus Teilen des Einheitsoperators bestehen. Bei H dagegen ist die Anwendung nur zulässig, wenn die vorkommenden Summen und Integrale konvergieren, was nicht immer der Fall ist. Darauf kann hier aber nicht näher eingegangen werden.

Für L^2, L_z und S_z gelten entsprechende Formeln wie (18), nur mit $l(l+1)\hbar^2$ bzw. $m\hbar$ oder $s\hbar/2$ an Stelle der Faktoren $-E_0/n^2$ oder $\hbar^2 k^2/2m_e$. Daraus liest man sofort ab: Die 4 Operatoren H, L^2, L_z und S_z sind paarweise miteinander vertauschbar. Z.B. entstehen ja die beiden Operatoren L^2H und HL^2 beide aus (18) durch Hinzufügen des Faktors $l(l+1)\hbar^2 \cdot (-E_0/n^2)$ zu den Summanden der Summe und des Faktors $l(l+1)\hbar^2 \cdot \hbar^2 k^2/2m_e$ zum Integranden aller Integrale.

Es gilt also der folgende, wichtige Satz: Zu zwei miteinander verträglichen Meßgrößen, welche eine gemeinsame Zerlegung der Einheit besitzen, gehören zwei miteinander vertauschbare selbstadjungierte Operatoren. Man kann beweisen, daß auch die Umkehrung richtig ist: Zwei miteinander vertauschbare, selbstadjungierte Operatoren besitzen ein vollständiges System von gemeinsamen eigentlichen oder uneigentlichen Eigenelementen bzw. eine gemeinsame Zerlegung der Einheit. Der Beweis dieses Satzes soll hier nicht wiedergegeben werden. Das gehört zu dem Komplex von Fragen, die bei einem hier nicht angestrebten, mathematisch strengen Aufbau der Theorie behandelt werden müssen.

Die Vertauschbarkeit ihrer Operatoren ist also das mathematische Kennzeichen von Größen, deren Messungen miteinander verträglich sind. Physikalisch muß natürlich im Prinzip die Verträglichkeit oder Unverträglichkeit zweier Größen aus ihren Meßverfahren und dem Verhalten der Körper folgen, wie das in Bd. I für Koordinate und Impulskomponente erörtert wurde (Bd.I, Kap.IX). Wenn es aber gelungen ist, die physikalische Wirklichkeit durch den hier geschilderten quantenmechanischen Formalismus richtig wiederzugeben, kann man es an der genannten Eigenschaft der Operatoren ablesen. Größen mit nichtvertauschbaren Operatoren besitzen also mindestens für einige Meßergebnisse keine gemeinsamen invarianten Eigenelemente ihrer Projektionsoperatoren. Bei diesen macht also eine Messung der einen Größe ein vorher erhaltenes Meßergebnis der anderen wenigstens teilweise ungültig. Bei diesen gilt also ein verallgemeinertes Unbestimmtheitsprinzip.

§ 22. Die Integration der Bewegungsgleichung

Um vollständig zu zeigen, wie man im Prinzip in der Quantenmechanik physikalische Aussagen nur mit Hilfe der abstrakt gegebenen Elemente des Hilbertraumes machen kann, soll nun noch die Bewegungsgleichung integriert werden. Durch eine Messung zur Zeit t_0 sei etwa der Anfangszustand $|\psi_0\rangle$ festgestellt worden. Zur Bestimmung des Zustandselementes zur Zeit t muß die Bewegungsgleichung

$$\mathsf{H}|\psi\rangle = i\hbar\frac{\partial}{\partial t}|\psi\rangle \tag{1}$$

mit dem Anfangswert $|\psi\rangle = |\psi_0\rangle$ zur Zeit $t = t_0$ integriert werden. Wenn die zu H gehörende Zerlegung der Einheit bekannt ist, ist das sehr einfach. Um keine zu komplizierten Formeln schreiben zu müssen, sei angenommen, daß H etwas einfacher als in (§ 21; 18) aufgebaut ist. H möge die normierten und zueinander orthogonalen Eigenelemente $|j\rangle$ mit den Eigenwerten E_j besitzen ($j = 1,2,3,\ldots$) und außerdem nur eine einparametrige Schar von uneigentlichen Eigenelementen $|k\rangle$ mit den Eigenwerten $E(k)$. Die Verallgemeinerung auf kompliziertere Ausdrücke wie (§ 21; 18) ist dann trivial.

Die Entwicklung von $|\psi\rangle$ nach Eigenelementen von H laute also

$$|\psi\rangle = \sum_{j=1}^{\cdots} |j\rangle\langle j|\psi\rangle + \int_k |k\rangle\langle k|\psi\rangle dk. \tag{2}$$

Anwendung von H liefert die Gleichung

$$\mathsf{H}|\psi\rangle = \sum_{j=1}^{\cdots} |j\rangle E_j \langle j|\psi\rangle + \int_k |k\rangle E(k) \langle k|\psi\rangle dk. \tag{3}$$

Es sei angenommen, daß H nicht von der Zeit abhängt und daß daher auch alle Eigenelemente $|j\rangle$ und $|k\rangle$ sowie die Eigenwerte E_j und $E(k)$ unabhängig von t sind. Die zeitliche Ableitung von $|\psi\rangle$, multipliziert mit $i\hbar$, lautet dann

$$i\hbar\frac{\partial}{\partial t}|\psi\rangle = \sum_{j=1}^{\cdots} |j\rangle i\hbar\frac{d}{dt}\langle j|\psi\rangle + \int_k |k\rangle i\hbar\frac{d}{dt}\langle k|\psi\rangle dk. \tag{4}$$

Nach (1) müssen (3) und (4) einander gleich sein. Multipliziert man beide Ausdrücke skalar mit $\langle j'|$ und beachtet die Orthogonalität und Normierung

$$\langle j'|j\rangle = \delta_{j'j} \qquad \text{und} \qquad \langle j'|k\rangle = 0, \tag{5}$$

so erhält man

$$i\hbar\frac{d}{dt}\langle j'|\psi\rangle = E_{j'}\langle j'|\psi\rangle. \tag{6}$$

Multipliziert man stattdessen beide mit $\langle k'|$ und beachtet die Gültigkeit der Beziehung

$$\langle k'|k\rangle \mathrel{\hat=} \delta(k'-k) \qquad \text{bzw.} \quad \int_{k=-\infty}^{+\infty} f(k)\langle k'|k\rangle dk = f(k'), \tag{7}$$

so folgt analog

$$E(k')\langle k'|\psi\rangle = i\hbar\frac{d}{dt}\langle k'|\psi\rangle. \tag{8}$$

Die Gleichungen (6) und (8) sind offenbar beides einfache lineare, homogene Differentialgleichungen für die skalaren Produkte $\langle j'|\psi\rangle$ und $\langle k'|\psi\rangle$ als Funktionen der Zeit. Beachtet man die Anfangsbedingung $|\psi\rangle = |\psi_0\rangle$ für $t = t_0$, so lautet ihre Lösung

$$\langle j'|\psi\rangle = \langle j'|\psi_0\rangle \exp\left(-\frac{i}{\hbar}E_{j'}(t-t_0)\right)$$

und (9)

$$\langle k'|\psi\rangle = \langle k'|\psi_0\rangle \exp\left(-\frac{i}{\hbar}E(k')(t-t_0)\right).$$

Setzt man das in (2) ein, so erhält man

$$|\psi\rangle = \sum_{j=1}^{\cdots} |j\rangle \exp\left(-\frac{i}{\hbar}E_j(t-t_0)\right)\langle j|\psi_0\rangle$$
$$+ \int_k |k\rangle \exp\left(-\frac{i}{\hbar}E(k)(t-t_0)\right)\langle k|\psi_0\rangle dk. \qquad (10)$$

Damit ist $|\psi\rangle$ gefunden, falls $|\psi_0\rangle$ oder, genauer gesagt, falls die skalaren Produkte von $|\psi_0\rangle$ mit den eigentlichen und uneigentlichen Eigenelementen des Hamiltonoperators bekannt sind.

Man pflegt die obige Formel (10) meist kürzer in folgender Form zu schreiben:

$$|\psi(t)\rangle = U(t-t_0)|\psi_0\rangle \qquad (11)$$

Der Operator $U(t-t_0)$, der die Änderung des Zustandselementes in der Zeit $(t - t_0)$ wiedergibt, ist nach (10) gegeben durch

$$U(t-t_0) = \sum_{j=1}^{\cdots} |j\rangle \exp\left(-\frac{i}{\hbar}E_j(t-t_0)\right)\langle j|$$
$$+ \int_k |k\rangle \exp\left(-\frac{i}{\hbar}E(k)(t-t_0)\right)\langle k|\, dk. \qquad (12)$$

Das ist, entsprechend der in § 18 erläuterten Erklärung einer Funktion eines Operators identisch mit

$$U(t-t_0) = \exp\left(-\frac{i}{\hbar}(t-t_0)H\right). \tag{13}$$

Statt durch (12) kann man diesen Operator auch durch den folgenden, durch formale Reihenentwicklung aus (13) entstehenden Ausdruck erklären:

$$U(t-t_0) = 1 - \frac{i(t-t_0)}{\hbar}H + \left(-\frac{i(t-t_0)}{\hbar}\right)^2 \frac{1}{2!}H^2 + \ldots . \tag{14}$$

Diese Reihe hat natürlich nur dann einen Sinn, wenn man sie auf ein Element $|\psi_0\rangle$ anwendet und dabei eine konvergente Reihe entsteht. Anhand der Gleichung

$$\begin{aligned} |\psi(t)\rangle &= U(t-t_0)|\psi_0\rangle \\ &= |\psi_0\rangle - \frac{i(t-t_0)}{\hbar}H|\psi_0\rangle + \ldots + \frac{1}{n!}\left(-\frac{i(t-t_0)}{\hbar}\right)^n H^n|\psi_0\rangle + \ldots \end{aligned} \tag{15}$$

kann man auch direkt durch Einsetzen in (1) verifizieren, daß $|\psi(t)\rangle$ die Wellengleichung befriedigt.

$U(t-t_0)$ ist ein unitärer Operator (vgl.Bd.I, § 16), welcher ein skalares Produkt bei Anwendung auf beide Faktoren invariant läßt:

$$\langle U(t-t_0)\varphi_0|U(t-t_0)\psi_0\rangle = \langle\varphi_0|\psi_0\rangle. \tag{16}$$

Die Richtigkeit dieser Gleichung kann man direkt bestätigen, indem man entweder (10) mit dem entsprechenden Ausdruck für $|\varphi\rangle = U(t-t_0)|\varphi_0\rangle$ unter Beachtung der Orthogonalitätsrelationen (5) und (7) ausmultipliziert oder durch gliedweises Multiplizieren der Reihe (15) mit der entsprechenden Reihe für $|\varphi(t)\rangle$

Die Gleichung (16) ist gleichbedeutend mit der Aussage, daß der zu U adjungierte Operator U^{+} gleich dem reziproken Operator U^{-1} ist:

$$U^{+}U = 1 \qquad \text{oder} \qquad U^{+} = U^{-1}. \tag{17}$$

Auch das kann man direkt durch Ausmultiplizieren der Ausdrücke (12) oder (14) mit den entsprechenden Formeln für U^{+} nachrechnen. Da H hermitisch ist, erhält man den Ausdruck für U^{+} einfach, indem man dort i durch $-i$ ersetzt.

Damit ist das Prinzip des quantenmechanischen Verfahrens zur Gewinnung von physikalischen Aussagen mit Hilfe abstrakter Elemente des Hilbertraumes vollständig beschrieben. Es läßt sich folgendermaßen zusammenfassen: Man mißt zunächst, etwa zur Zeit t_0, den Zustand des betrachteten Körpers, indem man soviele miteinander verträgliche Messungen macht, daß als Zustand $|v\rangle$ nachher nur noch derjenige zu einem Strahl im Hilbertraum in Frage kommt bzw. bei kontinuierlich verteilten Meßergebnissen fast nur ein solcher Strahl. Diesen Anfangszustand beschreibt man durch Angabe eines normierten Elementes $|\psi_0\rangle = |v\rangle$ auf diesem Strahl. Dieses Element braucht nicht explizit durch irgendein mathematisches Gebilde zur Beschreibung des Hilbertraumes gegeben zu werden, sondern kann implizit oder abstrakt durch Angabe der Quantenzahlen oder Meßergebnisse bei der Messung des Anfangszustandes gekennzeichnet werden. Das darstellende normierte Zustandselement $|\psi\rangle$ zur späteren Zeit ist dann gegeben durch $|\psi\rangle = U(t-t_0)|\psi_0\rangle$. Die Quantenmechanik behauptet nun, daß in diesem Zustand bei Messung irgendeiner Größe a das Ergebnis $a_u < a < a_o$ mit der Wahrscheinlichkeit $w = \langle\psi|W|\psi\rangle$ auftritt. Dabei ist W der Projektionsoperator zu diesem Meßergebnis.

Die Anwendung aller Operatoren, insbesondere die aller U und W, verlangt nur die Bildung von Linearkombinationen von Elementen des Hilbertraumes und die Berechnung von skalaren Produkten aus je zwei solchen Elementen. Alle Rechnungen sind grundsätzlich ohne weiteres ausführbar, wenn man nur die Werte der skalaren Produkte zwischen den Eigenfunktionen der Operatoren aller vorkommenden Größen zu allen Eigenwerten kennt. Wie man diese Eigenwerte und skalaren Produkte durch abstrakte Rechnung bestimmen kann, wird in den nächsten Paragraphen erörtert werden.

§ 23. Die Quantisierung eines Modells.

Die Antwort auf die Frage, wie man die Eigenwerte der Operatoren zu irgendwelchen physikalischen Größen bestimmt, muß natürlich im Prinzip lauten: Letzten Endes, wenn auch vielleicht nur mittelbar, durch Experimente, denn deren Ergebnisse entscheiden in der Physik stets, was richtig und was falsch ist. Da die Eigenwerte in der Quantenmechanik die möglichen Meßresultate darstellen, wäre grundsätzlich ihre experimentelle Bestimmung durch sehr viele Messungen in verschiedenen Zuständen und Zusammenstellung der verschiedenen erhaltenen Ergebnisse möglich. So geht man aber in der Physik praktisch niemals vor, auch nicht bei der Entwicklung der für makroskopische Körper geltenden sog. klassischen Physik, erst recht nicht in der Atomphysik. Man sammelt nicht unbegrenzt Meßergebnisse, sondern versucht nach relativ wenigen Messungen durch Verallgemeinerung die allgemeingültigen Gesetze zu finden, deren Konsequenzen dann anhand erneuter Messungen auf ihre Richtigkeit geprüft werden.

In der Atomphysik geht man in der Regel bei der Suche nach den zu Grunde liegenden allgemeinen Gesetzen von irgendwelchen Modellvorstellungen aus, die man aus einigen wenigen Beobachtungen richtig zu erraten versucht, und zu ihnen fügt man gewisse Quantisierungsvorschriften. Ein typisches Beispiel dafür ist das Bohrsche Atommodell. Es geht, ebenso wie alle bisher in diesem Buch wiedergegebenen Überlegungen, von dem Modell des geladenen Massenpunktes für das Elektron aus. Viele Lehrbücher der Atomphysik benutzen bis heute nur dieses Modell, welches lediglich durch Hinzufügen des Spinmomentes etwas erweitert wird. Hier soll später auch noch das klassische Wellenmodell behandelt werden, um seine Gleichwertigkeit mit dem Teilchenmodell darzulegen.

Das Verfahren der Quantisierung, welches bei Bohr einfach in der Annahme der Werte $n\hbar$ für den Drehimpuls (n ganzzahlig) auf den Kreisbahnen bestand, enthält für den allgemeinen Fall wesentlich kompliziertere Vorschriften. Dazu muß man zur Vorbereitung die Bewegungsgleichungen des betrachteten Modells zunächst in kanonische Form bringen, d.h. man führt irgendwelche Lagekoordinaten q_k und die dazu kanonisch-konjugierten Impulse p_k in solcher Weise ein, daß die Bewegungsgleichungen mit einer Hamiltonfunktion $H(p_k, q_k)$ die folgende Gestalt annehmen (vgl. Bd. I, § 11):

$$\dot{p}_k = -\frac{\partial H}{\partial q_k}, \quad \dot{q}_k = \frac{\partial H}{\partial p_k}. \tag{1}$$

Bei der Quantisierung ersetzt man nun alle Größen p_k, q_k des Modells durch selbstadjungierte Operatoren P_k, Q_k im Hilbertraum. Jede Beziehung zwischen Größen des Modells geht dadurch in eine entsprechende Beziehung zwischen Operatoren über. Da es bei einem Produkt von Operatoren meist auf ihre Reihenfolge ankommt, bei den zugehörigen Größen des Modells aber nicht, sind diese Operatorenbeziehungen durch die entsprechenden Beziehungen am Modell nicht immer eindeutig gegeben. Bei Massenpunkten ist das aber bei allen wichtigen Größen der Fall, wenn man nur die q_k gleich den Ortskoordinaten in einem rechtwinkligen Koordinatensystem setzt. Die p_k sind dann die Komponenten des Impulsvektors $\vec{p} = m_e\vec{v}$ bzw. bei Vorhandensein eines Magnetfeldes die des kanonischen Impulses $\vec{p} = m_e\vec{v} - e\vec{A}$ (vgl. Bd.I, § 33; Elektronenladung = $-e$). In Fällen, wo das nicht zutrifft, muß man die richtigen Operatorenbeziehungen durch zusätzliche, auf experimentelle Ergebnisse gestützte Überlegungen zu finden suchen.

Zu den Operatorenbeziehungen, die sich aus dem Modellansatz ergeben, fügt man nun die Heisenbergsche Vertauschungsrelationen

$$P_j Q_k - Q_k P_j = \frac{\hbar}{i}\delta_{jk} \tag{2}$$

hinzu. Durch diese Beziehungen kommt die Plancksche Konstante $\hbar$ in die Theorie hinein. Diese Beziehungen bilden also das grundlegende, charakteristische Kennzeichen der Quantenmechanik.

Wie in den nächsten Paragraphen an einigen Beispielen gezeigt wird, ergeben sich aus ihnen und einigen wenigen Existenzannahmen über den Hilbertraum die Eigenwertspektren aller vorkommenden Größen und die Werte der skalaren Produktes aus zwei Eigenelementen. Der Umstand, daß die Eigenwerte in vielen Fällen diskret liegen, also nicht alle Werte als Meßergebnis der zugehörigen Größen auftreten können, ist wohl die auffälligste Abweichung von den Aussagen der klassischen Physik. Das Auftreten von Wahrscheinlichkeitsaussagen an Stelle von exakten Voraussagen ist damit eng verknüpft. Zu den genannten Quantisierungsvorschriften (2) tritt dann natürlich noch als weitere Abweichung von den klassischen Gesetzen des Modells der Übergang zur quantenmechanischen Bewegungsgleichung

$$H|\psi\rangle = i\hbar \frac{\partial}{\partial t}|\psi\rangle. \tag{3}$$

Dieser Unterschied zwischen der quantenmechanischen und klassischen Bewegungsgleichung ist aber geringer, als es hiernach erscheint. Wie in § 27 gezeigt werden wird, kann man mit Hilfe des Operators der zeitlichen Änderung $U(t-t_0)$ die quantenmechanische Bewegungsgleichung (3) auf eine formal sehr ähnliche Gestalt bringen wie (1).

Diese Vorschriften zum Übergang zur Quantenmechanik hält man heute weitgehend für allgemein gültig. Das fordert natürlich die Frage heraus, warum man gerade diese Gesetze und keine anderen verallgemeinert. Bisher war ja lediglich gezeigt worden, daß in einigen Fällen, insbesondere beim harmonischen Oszillator und dem H-Atom, also bei speziellen Bewegungen eines Massenpunktes, die daraus folgenden Aussagen über die Eigenwerte der Energie mit der Erfahrung übereinstimmen. Selbst in diesen Fällen war außerdem die Rechnung nur mit Hilfe der Ortsdarstellung durchgeführt worden. Der Nachweis, daß nur die obigen Vertauschungsrelationen außer den Modellannahmen dafür wesentlich sind, wird aber nachgeholt werden (§25).

Ferner werden später auch noch andere Fälle betrachtet werden, in denen sich diese Ansätze bewähren.

Darüberhinaus ist aber auch ein Hinweis auf allgemeinere Gesichtspunkte wichtig, welche für die Allgemeingültigkeit der Vertauschungsrelationen (2) für alle Modelle sprechen. In § 16 würde bereits gezeigt, daß aus diesen Beziehungen und der quantenmechanischen Bewegungsgleichung (3) die Aussage folgt, daß die quantenmechanischen Mittelwerte den klassischen Bewegungsgleichungen genügen. Das aber muß man von jeder atomphysikalischen Theorie verlangen, weil jeder Versuch einer Abänderung der grundlegenden atomphysikalischen Gesetze die vieltausendfach bewährten Gesetze der makroskopischen Physik unangetastet lassen muß.

Außerdem wird in Kap. VII gezeigt werden, daß diese Methode bei der Quantisierung des klassischen Wellenmodells der Elektronen auf dieselbe Quantenmechanik führt wie das Teilchenmodell. Diese Einsicht, daß diese Ansätze und die Einführung von Wahrscheinlichkeitsaussagen die beiden sich widersprechenden Modelle des Partikels und der Welle in mathematisch konsistenter Weise miteinander vereinen, darf man wohl als die wichtigste Erkenntnis der Quantenmechanik bezeichnen. Sie ist in ihrer vollen Tragweite bis heute anscheinend noch nicht von allen Physikern voll erfaßt worden. Denn sonst ist es kaum zu erklären, warum in den Lehrbüchern der Atomphysik das Partikelmodell so stark bevorzugt wird, obwohl sich sehr viele Erscheinungen mit Hilfe des Wellenmodells weit besser veranschaulichen lassen.

Die Quantisierung des Wellenmodells wird aber zugleich deutlich machen, daß man nichts in der Physik schematisch übernehmen darf. Ganz korrekt ist die obige

Aussage von der Allgemeingültigkeit der Heisenbergschen Vertauschungsrelationen nicht. Wenn man den Forderungen des Pauli-Prinzips Rechnung tragen will, muß man bei der Quantisierung des Wellenmodells eine Variante dieser Beziehungen benutzen, die der sog. Plusquantelung (§ 37). Man darf eben nie vergessen, daß alle physikalischen Gesetze, auch diejenigen, die man für völlig allgemeingültig hält, nur ein Versuch sind, die Gesamtheit der Naturerscheinungen zu erfassen. Neue Experimente können immer Abänderungen der Naturgesetze nötig machen. Sicherheit gibt es nur in der Gedankenwelt der Mathematik.

§ 24. Darstellungsfreie Behandlung des harmonischen Oszillators

Bei einem linearen harmonischen Oszillator mit dem selbstadjungierten Operator X zur Ortskoordinate und dem ebenfalls selbstadjungierten Operator P zur Impulskoordinate lautet der Hamiltonoperator

$$H = \frac{1}{2m} P^2 + \frac{m\omega_0^2}{2} X^2 . \tag{1}$$

Nur aus dieser Beziehung und der Heisenbergschen Vertauschungsrelation

$$PX - XP = \frac{\hbar}{i} \tag{2}$$

ergeben sich, wie jetzt gezeigt werden soll, die Eigenwerte von H . Zur Vereinfachung der Rechnung führt man zweckmäßig den folgenden, nichthermitischen Operator ein:

$$B = \sqrt{\frac{m\omega_0}{2\hbar}} \left(X + \frac{i}{m\omega_0} P \right) . \tag{3}$$

Nach (§ 5; 17) lautet der dazu adjungierte Operator

$$B^{+} = \sqrt{\frac{m\omega_0}{2\hbar}}\left(X - \frac{i}{m\omega_0}P\right). \tag{4}$$

Daraus folgt durch elementare Rechnung und Verwendung von (2)

$$BB^{+} - B^{+}B = 1 \tag{5}$$

und

$$H = \hbar\omega_0\left(B^{+}B + \frac{1}{2}\right). \tag{6}$$

Nun sei zunächst als Annahme eingeführt, daß H überhaupt normierte Eigenelemente besitzt, nicht nur uneigentliche Eigenelemente. $|a\rangle$ sei solch ein Eigenelement von H, mit welchem die Rechnung anfängt. Sein Eigenwert sei E:

$$H|a\rangle = E|a\rangle. \tag{7}$$

Dann ergibt sich aus (6) mit der Abkürzung

$$\lambda = \frac{E}{\hbar\omega_0} - \frac{1}{2} \tag{8}$$

die Beziehung

$$B^{+}B|a\rangle = \lambda|a\rangle. \tag{9}$$

Wendet man auf beide Seiten dieser Gleichung den Operator B an, so erhält man bei Beachtung der Linearität von B und Anwendung von (5)

$$B B^+ B|a\rangle = \lambda B|a\rangle = (B^+ B + 1) B|a\rangle \tag{10}$$

oder

$$B^+ B(B|a\rangle) = (\lambda - 1) B|a\rangle . \tag{11}$$

Diese Gleichung besagt: Wenn B auf $|a\rangle$ anwendbar ist, wenn also $B|a\rangle$ wieder ein Element des Hilbertraumes ist und außerdem von dem Nullelement verschieden ist, so ist auch $(\lambda - 1)$ Eigenwert von B^+B , und $B|a\rangle$ ist das zugehörige Eigenelement. Durch Hinzufügen eines geeigneten Faktors kann es auch normiert werden.

Dieses Verfahren kann man fortsetzen. Nochmalige Anwendung von B auf (11) liefert

$$B^+ B(B^2|a\rangle) = (\lambda - 2) B^2|a\rangle \tag{12}$$

und ebenso nach p Schritten

$$B^+ B(B^p|a\rangle) = (\lambda - p) B^p|a\rangle . \tag{13}$$

Man kann aber auf diesem Wege sicher nicht beliebig viele Eigenelemente von B^+B erzeugen, denn B^+B kann keine negativen Eigenwerte haben. Wenn nämlich $|b\rangle$ ein normiertes Eigenelement von B^+B ist mit dem Eigenwert λ' , also

$$B^+ B|b\rangle = \lambda'|b\rangle \tag{14}$$

erfüllt, erhält man durch skalare Multiplikation mit $\langle b|$ unter Benutzung der Beziehung (§ 5; 11)

$$\langle b|B^{+}B|b\rangle = \langle Bb|Bb\rangle = \lambda'\langle b|b\rangle = \lambda'. \tag{15}$$

Nach (§ 20; 10) ist aber

$$\lambda' = \langle Bb|Bb\rangle \geq 0. \tag{16}$$

Wenn also die wiederholte Anwendung von B auf $|a\rangle$ niemals aus dem Hilbertraum herausführt, muß nach endlich vielen Schritten, nämlich bevor $(\lambda - p)$ negativ wird, das Nullelement entstehen. Denn sonst könnte man durch Hinzufügen eines Normierungsfaktors aus dem Resultat ein normiertes Eigenelement von $B^{+}B$ zu einem negativen Eigenwert herstellen. Wenn $(n+1)$-fache Anwendung von B auf $|a\rangle$ zum ersten Mal das Nullelement liefert, wenn also $B^{n}|a\rangle \neq 0$, aber $B^{n+1}|a\rangle = 0$ ist, folgt aus (13) mit $p = n$

$$(\lambda - n)B^{n}|a\rangle = 0. \tag{17}$$

Durch skalare Multiplikation mit $B^{n}|a\rangle$ erhält man dann wegen $\langle B^{n}a|B^{n}a\rangle \neq 0$ die Aussage

$$\lambda = n. \tag{18}$$

Diese Gleichung besagt: Die einzig möglichen Eigenwerte von $B^{+}B$ sind die positiven ganzen Zahlen einschließlich der Null. Wegen (8) sind die Eigenwerte von H also die Größen

$$E = \hbar\omega_0 (n + \tfrac{1}{2}), \qquad n \geq 0, \text{ ganz} \tag{19}$$

(vgl. § 4).

Diese Rechnung hat aber bisher noch den Mangel, daß mehrere Zusatzannahmen gemacht werden mußten wie die, daß H überhaupt normierte Eigenelemente besitzt, daß B auf sie anwendbar ist usw. Das war nicht zu vermeiden, weil ja der Hilbertraum, in welchem die Operatoren B und B^+ erklärt sind, noch gar nicht festgelegt wurde. Solche grundlegenden Voraussetzungen sind in Wirklichkeit stets notwendig und wurden auch in der entsprechenden Rechnung in der Ortsdarstellung in § 4 implizit gemacht, u.a. durch die Annahme, daß alle benutzten Wellenfunktionen differenzierbar sind.

In abstrakter Formulierung geschieht dasselbe durch das folgende Postulat:

In dem betrachteten Hilbertraum gibt es nur ein bis auf einen Faktor vom Absolutbetrag 1 eindeutig bestimmtes normiertes Eigenelement $|0\rangle$ *von* B^+B *zum Eigenwert* 0 *. Auf dieses kann* B^+ *beliebig oft angewandt werden, ohne aus dem Hilbertraum herauszuführen.*

Dann gilt also

$$\langle 0|0\rangle = 1 \tag{20}$$

und

$$B^+B|0\rangle = 0. \tag{21}$$

Daraus folgt

$$\langle 0|B^+B|0\rangle = \langle B0|B0\rangle = 0, \tag{22}$$

also wegen (§ 20; 10)

$$B|0\rangle = 0. \tag{23}$$

Jetzt führt man zweckmäßig folgende Abkürzung ein:

$$|n\rangle = \frac{1}{\sqrt{n!}}(B^+)^n|0\rangle. \tag{24}$$

Dieses Element ist nämlich, wie sogleich gezeigt werden soll, ein normiertes Eigenelement von B^+B zum Eigenwert n. Für $n = 0$ ist das wegen (20) und (21) offenbar definitionsgemäß richtig. Für höhere n ergibt es sich durch vollständige Induktion. Wenn nämlich

$$B^+B|n\rangle = |n\rangle n \tag{25}$$

ist, gilt wegen (5)

$$B\,B^+|n\rangle = |n\rangle(n+1). \tag{26}$$

Daraus folgt durch Anwendung von B^+ auf beide Seiten

$$B^+B(B^+|n\rangle) = (n+1)(B^+|n\rangle). \tag{27}$$

Da $B^+|n\rangle$ der Definition (24) entsprechend ein Vielfaches von $|n+1\rangle$ ist, ist also auch $|n+1\rangle$ ein Eigenelement von B^+B zum Eigenwert $(n+1)$, wenn $|n\rangle$ es ist zum Eigenwert n. Da nach (24)

$$|n+1\rangle = \frac{1}{\sqrt{n+1}}B^+|n\rangle \tag{28}$$

gilt, folgt außerdem mit Hilfe von (25)

$$\begin{aligned}\langle n+1|n+1\rangle &= \frac{1}{n+1}\langle B^+n|B^+n\rangle = \frac{1}{n+1}\langle n|BB^+|n\rangle \\ &= \frac{1}{n+1}\langle n|B^+B+1|n\rangle = \langle n|n\rangle.\end{aligned} \tag{29}$$

Also ist auch $|n+1\rangle$ normiert, wenn $|n\rangle$ es ist.

Die Elemente $|n\rangle$ sind alle zueinander orthogonal, weil es Eigenelemente des hermitischen Operators B^+B zu verschiedenen Eigenwerten sind (vgl. § 5; 28). Sie sind also auch voneinander linear unabhängig. Aus ihnen kann man nun einen Hilbertraum aufbauen, der aus allen Linearkombinationen der $|n\rangle$ mit endlicher Norm besteht, also aus allen Elementen der Form

$$|\psi\rangle = \sum_{n=0}^{\infty} |n\rangle c_n \tag{30}$$

mit konvergenter Summe $\sum_{n=0}^{\infty} |c_n|^2$. Bei mathematisch strengem Aufbau müßte man nun nachweisen, daß das ein Hilbertraum ist. Dieser Beweis sei hier übergangen.

In diesem Hilbertraum gibt es offensichtlich Eigenelemente von H bzw. B^+B, nämlich die Elemente $|n\rangle$ selbst. Außerdem darf man in ihm B^+ und B beliebig oft auf ein $|n\rangle$ anwenden, ohne aus dem Hilbertraum herauszukommen. Denn definitionsgemäß gilt

$$B^+|n\rangle = |n+1\rangle\sqrt{n+1}. \tag{31}$$

Daraus ergibt sich weiterhin mit Hilfe von (5) und (26)

$$B|n+1\rangle = \frac{1}{\sqrt{n+1}} B B^+|n\rangle = \sqrt{n+1}\,|n\rangle. \tag{32}$$

Da X und P nach (3) und (4) Linearkombinationen von B und B^+ sind, darf man also auch X und P beliebig oft auf ein $|n\rangle$ anwenden, ohne aus dem Hilbertraum herauszugelangen. Damit sind also alle früher gemachten Existenzannahmen gerechtfertigt.

Man beachte aber, daß B und B^+ keineswegs auf alle Elemente des Hilbertraumes angewandt werden dürfen, z.B. nicht auf ein Element der Form (30) mit $c_n = 1/n^{3/4}$, weil dann nämlich ein Ausdruck der Form (30) mit nicht-konvergenter Summe $\sum_{n=0}^{\infty}|c_n|^2$ entstünde. Ferner sei darauf hingewiesen, daß die hier eingeführten Existenzannahmen für den Hilbertraum auch zum Teil durch andere Annahmen ersetzt werden können, ohne Widersprüche zu erzeugen. Z.B. kann man annehmen, daß es in dem betrachteten Hilbertraum zwei linear unabhängige Eigenelemente von B^+B zum Eigenwert 0 gibt. Dann bleiben alle mitgeteilten Gleichungen gültig, nur wäre jeder Eigenwert von B^+B entartet. Dann hätte man gewissermaßen zwei lineare harmonische Oszillatoren vorliegen.

Diese Rechnung über den harmonischen Oszillator ohne Benutzung einer Darstellung ist ein Musterbeispiel für den abstrakten Aufbau einer quantenmechanischen Theorie. Der Operator B^+, welcher ein Eigenelement von H zum Eigenwert $(n+1/2)\hbar\omega_0$ in eines mit einem um $\hbar\omega_0$ höheren Eigenwert verwandelt, wird als der Erzeugungsoperator für ein Schwingungsquant bezeichnet. B heißt entsprechend Vernichtungsoperator. Da man jedes elektromagnetische Strahlungsfeld in einem Hohlraum mit nichtabsorbierenden Wänden als eine Überlagerung von harmonischen Schwingungen darstellen kann, enthält diese Rechnung auch die Grundlage für die gesamte Quantenelektrodynamik. Bei der Quantelung des Wellenmodells in Kap.VII werden die hier abgeleiteten Beziehungen noch oft benutzt werden.

§ 25. Der Operator der räumlichen Verschiebung

In diesem Paragraphen soll aus der Heisenbergschen Vertauschungsrelation abgeleitet werden, daß die Operatoren des Ortes und des Impulses keine diskreten Eigenwerte haben können. Der Einfachheit halber werde dabei nur eine eindimensionale Bewegung betrachtet, also ein System, in welchem nur eine Ortskoordinate mit dem Operator X und nur ein Impulsoperator P vorkommt. In der folgenden Überlegung sollen außerdem in sehr "großzügiger" Weise allerlei Grenzübergänge durchgeführt werden, die sich in dieser Form kaum mathematisch streng rechtfertigen lassen, wohl aber auf anderem Wege.

Der entscheidende Schluß folgt aus der Vertauschungsrelation des Operators

$$T(a) = \exp\left(-\frac{i}{\hbar}aP\right) \tag{1}$$

mit dem Operator $G = g(X)$ zu der regulären Funktion $g(x)$ der x-Koordinate. Diese hat die folgende Form:

$$T(a)g(X) = g(X-a)T(a). \tag{2}$$

Das kann man auf folgende Weise zeigen: Zunächst folgert man aus

$$PX - XP = \frac{\hbar}{i} \tag{3}$$

durch vollständige Induktion

$$P^n X - XP^n = \frac{\hbar}{i} n P^{n-1}. \tag{4}$$

Das wurde bereits in § 16 gezeigt. Daraus folgt durch

Linearkombination für jedes Polynom $f(P)$

$$f(P)X - Xf(P) = \frac{\hbar}{i}\frac{df(P)}{dP}. \tag{5}$$

Durch Grenzübergang zu unendlichen Reihen erhält man daraus dieselbe Beziehung für alle Operatoren $f(P)$ zu analytischen Funktionen des Impulses, welche durch Potenzreihen in P definiert werden können. Zu diesen Operatoren gehört auch der Operator

$$\begin{aligned} T(a) &= exp\left(-\frac{i}{\hbar}aP\right) \\ &= 1 - \frac{ia}{\hbar}P + \frac{1}{2!}\left(-\frac{ia}{\hbar}\right)^2 P^2 + \ldots + \frac{1}{n!}\left(-\frac{ia}{\hbar}\right)^n P^n + \ldots \end{aligned} \tag{6}$$

Für ihn ergibt sich aus (5) die Gleichung

$$T(a)X - XT(a) = -aT(a) \tag{7}$$

oder in anderer Schreibweise

$$T(a)X = (X-a)T(a). \tag{8}$$

Daraus leitet man nun leicht dieselbe Beziehung für beliebige Potenzen von X her:

$$\begin{aligned} T(a)X^n &= (X-a)T(a)X^{n-1} = (X-a)^2 T(a)X^{n-2} \\ &= \ldots\ldots = (X-a)^n T(a). \end{aligned} \tag{9}$$

Das ist mit (2) identisch für den Fall, daß $g(X)$ eine Potenz ist. Durch Linearkombination solcher Gleichungen für verschiedene X ergibt sich daraus die Gültigkeit der Beziehung (2) für jedes Polynom von X und durch Grenzübergang auch für alle durch Potenzreihen darstellbaren analytischen Funktionen $g(X)$ des Operators X .

Um die Bedeutung des Operators $T(a)$ erkennen zu können, benötigt man weiterhin die Einsicht, daß $T(a)$ unitär ist:

$$T^{+}(a) = T^{-1}(a) \quad \text{oder} \quad T^{+}(a)T(a) = 1. \tag{10}$$

Da nämlich P hermitisch ist, erhält man den Ausdruck für $T^{+}(a)$ aus (6) einfach dadurch, daß man überall i durch $-i$ ersetzt. Das ist aber einem Ersetzen von a durch $-a$ gleichwertig. Also gilt

$$T^{+}(a) = T(-a). \tag{11}$$

Bei der Bildung des Produktes aus $T(-a)$ und $T(a)$ spielt es andererseits gar keine Rolle, daß P keine Zahl, sondern ein Operator ist, weil andere mit P nicht vertauschbare Operatoren in $T(a)$ nicht vorkommen. Genauso wie bei der gewöhnlichen e-Potenz ergibt sich daher durch Ausmultiplizieren der Reihen

$$T(-a)T(a) = T^{+}(a)T(a) = 1. \tag{12}$$

Die Operatorenbeziehung (2) läßt sich daher auch in folgender Form schreiben:

$$g(X) = T^{+}(a)\,g(X-a)T(a). \tag{13}$$

Bildet man nun den Mittelwert dieses Operators im Zustand $|\psi\rangle$, so erhält man

$$\begin{aligned} \langle\psi|g(X)|\psi\rangle &= \langle\psi|T^+(a)g(X-a)T(a)|\psi\rangle \\ &= \langle T(a)\psi|g(X-a)|T(a)\psi\rangle. \end{aligned} \tag{14}$$

Diese Gleichung besagt: Der Erwartungswert der Funktion $g(x)$ im Zustand $|\psi\rangle$ ist gleich dem Erwartungswert der Funktion $g(x-a)$ im Zustand $|T(a)\psi\rangle$.

Das kann man nun leicht auf Funktionen verallgemeinern, die außerdem von P abhängen. Da nämlich $T(a)$ als Funktion von P mit P vertauschbar ist, gilt auch

$$Pg(X) = T^+(a)Pg(X)T(a) \tag{15}$$

und somit

$$\langle\psi|Pg(X)|\psi\rangle = \langle T(a)\psi|Pg(X-a)|T(a)\psi\rangle. \tag{16}$$

Dieselbe Beziehung gilt auch für P^n an Stelle von P. Durch Linearkombination dieser Gleichungen für verschiedene n mit verschiedenen Funktionen $g(X)$ kann man sie dann auch für alle Polynome von P beweisen und durch Grenzübergang zu unendlichen Reihen auch für beliebige analytische Funktionen von P und X:

$$\langle\psi|f(P,X)|\psi\rangle = \langle T(a)\psi|f(P,X-a)|T(a)\psi\rangle. \tag{17}$$

Nun beachte man, daß die Funktion $f(p,x-a)$ aus $f(p,x)$ durch eine Verschiebung in x-Richtung um die Strecke a hervorgeht, ohne sonstige Änderung des Zustandes. Denn $f(p,x)$ hat an der Stelle $x=\xi$ denselben Wert wie $f(p,x-a)$ an der Stelle $x=\xi+a$. . Demnach besagt die obige Beziehung: Der quantenmechanische Mittelwert irgendeiner Funktion $f(p,x)$ im Zustand $|\psi\rangle$ ist identisch mit dem Mittelwert der durch eine Verschiebung aus $f(p,x)$ entstehenden Funktion $f(p,x-a)$ im Zustand $|T(a)\psi\rangle$. Das bedeutet, kürzer ausgedrückt: Der durch $|T(a)\psi\rangle$ dargestellte Zustand geht aus dem Zustand zu $|\psi\rangle$ durch eine Verschiebung um die Strecke a in x-Richtung hervor.

Daraus ergibt sich als erste Konsequenz, daß X ein Kontinuum von Eigenwerten haben muß, denn $T(a)$ würde aus einem Eigenelement von X mit dem Eigenwert λ ein Eigenelement zu dem Eigenwert $\lambda+a$ machen, und das gälte für jedes a. Die zu X gehörige Zerlegung der Einheit kann daher nur aus einem Integral über uneigentliche Eigenelemente bestehen, muß also die folgende Form besitzen:

$$|\psi\rangle = \int_{x=-\infty}^{+\infty} |x\rangle\langle x|\psi\rangle\, dx. \tag{18}$$

Darin bedeutet der Parameter x in dem uneigentlichen Eigenelement $|x\rangle$ den Eigenwert von X selbst.

Durch diese Gleichung (18) wird ein allgemeines, abstraktes Element $|\psi\rangle$ des Hilbertraumes durch die Funktion $\langle x|\psi\rangle$ der Ortskoordinate ausgedrückt. Dieses skalare Produkt hat, wie jetzt gezeigt werden soll, genau die Eigenschaften der Wellenfunktionen, die in den ersten 19 Paragraphen zur Darstellung des Zustandes benutzt wurden. Aus

$$X|x\rangle = x|x\rangle \tag{19}$$

folgt nämlich zunächst

$$X|\psi\rangle = \int_{x=-\infty}^{+\infty} |x\rangle\, x \langle x|\psi\rangle\, dx. \tag{20}$$

Wenn also $|\psi\rangle$ die Wellenfunktion $\langle x|\psi\rangle$ besitzt, hat $X|\psi\rangle$ die Wellenfunktion $x\langle x|\psi\rangle$. Der Operator X entspricht also in dieser Darstellung der Multiplikation mit x. Entsprechendes gilt für beliebige Funktionen der Koordinate.

Da $T(a)$ eine Verschiebung um a bewirkt, gilt ferner

$$T(a)|x\rangle = |x+a\rangle \tag{21}$$

und daher

$$T(a)|\psi\rangle = \int_{x=-\infty}^{+\infty} |x+a\rangle\langle x|\psi\rangle\, dx \tag{22}$$

Durch die Substitution $x+a = x'$ entsteht daraus die Gleichung

$$T(a)|\psi\rangle = \int_{x'=-\infty}^{+\infty} |x'\rangle\, \langle x'-a|\psi\rangle dx'. \tag{23}$$

Daraus läßt sich nun die Wirkung des Operators P auf die Wellenfunktion $\langle x|\psi\rangle$ ableiten. Aus (6) ergibt sich nämlich

$$P = \frac{\hbar}{i} \lim_{a\to 0} \frac{1 - T(a)}{a}. \tag{24}$$

Also folgt

$$P|\psi\rangle = \frac{\hbar}{i}\lim_{a\to 0}\int_{x'=-\infty}^{+\infty}|x'\rangle\frac{\langle x'|\psi\rangle - \langle x'-a|\psi\rangle}{a}\,dx'$$

$$= \int_{x'=-\infty}^{+\infty}|x'\rangle\frac{\hbar}{i}\frac{d}{dx'}\langle x'|\psi\rangle\,dx'. \qquad (25)$$

Wenn $|\psi\rangle$ die Wellenfunktion $\langle x|\psi\rangle$ besitzt, hat also $P|\psi\rangle$ die Wellenfunktion $\frac{\hbar}{i}\frac{d}{dx}\langle x|\psi\rangle$.

In dieser Weise kann man fortfahren und nachweisen, daß das skalare Produkt $\langle x|\psi\rangle$ alle Eigenschaften der Wellenfunktion einer eindimensionalen Bewegung eines Massenpunktes besitzt. Die Verallgemeinerung dieser Rechnungen auf eine Bewegung im Raum ist auch nicht schwierig. Mit anderen Worten: Man kann zeigen, daß alle in den ersten 19 Paragraphen dieses Buches aus den Wellenfunktionen abgeleiteten Aussagen aus den Axiomen des Hilbertraumes und den Beziehungen zwischen den selbstadjungierten Operatoren in ihm, insbesondere aus den Vertauschungsrelationen folgen. Diese Gesetze können also als die allgemeine Grundlage der Quantenmechanik angesehen werden. Aus ihnen ergeben sich die speziellen Eigenschaften der Wellenfunktion in der Ortsdarstellung und der anderen mathematischen Hilfsmittel zur Beschreibung des quantenmechanischen Zustandes in anderen Darstellungen. Die in den Paragraphen 20 bis 23 behandelten Aussagen, welche von der Darstellung unabhängig sind, enthalten das Wesentliche der Quantenmechanik.

Für die Weiterentwicklung der Quantenmechanik ist es außerordentlich wichtig, sich in dieser Weise von den Besonderheiten einer speziellen Darstellung zu lösen.

Solange man nur die Quantenmechanik von einem oder mehreren Massenpunkten betrachtet, kann man sich ohne Schwierigkeit auf die Ortsdarstellung beschränken, denn in diesem Falle ist die Beschreibung des Zustandes mit Wellenfunktionen von einem oder mehreren Ortsvektoren und die Bestimmung der Eigenwerte und Eigenfunktionen durch Lösung von Differentialgleichungen einfach und durchsichtig. Deshalb beschränken sich viele elementare Darstellung darauf und verschweigen, daß das eine sehr einseitige Betrachtungsweise ist. Wenn man aber wie in diesem Buch in Kap. VII die Quantisierung des Wellenmodells behandeln will, wäre diese Beschränkung schon recht hinderlich. Für die Quantenelektrodynamik und die relativistische Quantenmechanik wäre sie praktisch unmöglich. Wenn man daher die Gleichwertigkeit des Partikelmodells und des Wellenmodells in der Quantenmechanik wirklich verstehen will, ist es unerläßlich, sich mit dem Rechnen mit abstrakten Elementen des Hilbertraumes und den Operatoren in ihm vertraut zu machen.

§ 26. Der Drehimpuls

Als drittes Beispiel für die Berechnung der Eigenwerte aus den Vertauschungsrelationen sei der Drehimpuls betrachtet. Für das Modell eines Massenpunktes ist der Vektor des Drehimpulses durch $\vec{L} = [\vec{r} \times \vec{p}]$ gegeben. Die selbstadjungierten Operatoren L_x, L_y, L_z, die seinen Komponenten zugeordnet sind, erfüllen die Vertauschungsrelation

$$[L_x, L_y] = L_x L_y - L_y L_x = i\hbar L_z \tag{1}$$

und die beiden entsprechenden weiteren Gleichungen, die man aus der obigen durch zyklische Vertauschung von x, y und z erhält. Diese Beziehungen ergeben sich durch elementare Rechnung aus den Heisenbergschen Vertauschungsrelationen (§ 23; 2), wenn man für die Komponenten von $\vec{L}$ die Ausdrücke $L_x = YP_z - ZP_y$ usw. einsetzt. Abgekürzt kann man (1) zu der folgenden Vektorgleichung zusammenfassen:

$$[\vec{L} \times \vec{L}] = i\hbar \vec{L}. \tag{2}$$

Diese Vertauschungsrelationen hält man in der Physik für alle Arten des Drehimpulses für gültig, also auch für den Spindrehimpuls der Elektronen und der Nukleonen, und zwar aus folgendem Grund: Die Drehimpulsoperatoren hängen mit dem Operator zu einer Drehung im Hilbertraum in ähnlicher Weise zusammen wie der Operator P zum Impuls mit dem Operator $T(a)$ zu einer Verschiebung (vgl. § 25). Ist $D_z(\alpha)$ der Operator zu einer Drehung um die z-Achse im den Winkel α, so gilt

$$D_z(\alpha) = exp\left(-\frac{i}{\hbar}\alpha L_z\right). \tag{3}$$

Für einen Massenpunkt kann man das in einfacher Weise in der Ortsdarstellung als richtig erweisen. Macht man die z-Achse zur Polachse eines Polarkoordinatensystems und bezeichnet den Azimutalwinkel mit φ, so gilt in dieser Darstellung

$$L_z = \frac{\hbar}{i}\left(x\frac{\partial}{\partial y} - y\frac{\partial}{\partial x}\right) = \frac{\hbar}{i}\frac{\partial}{\partial\varphi}. \tag{4}$$

Entwickelt man nun (3) in eine Potenzreihe nach α, so erhält man bei Anwendung von $D_z(\alpha)$ auf $f(r,\vartheta,\varphi)$ die folgende Taylorreihe:

$$D_z(\alpha)f(r,\vartheta,\varphi) = f(r,\vartheta,\varphi) - \frac{\partial f}{\partial\varphi}\alpha + \frac{\partial^2 f}{\partial\alpha^2}\frac{\alpha^2}{2!} - \ldots = f(r,\vartheta,\varphi-\alpha). \quad (5)$$

Die Funktion $f(r,\vartheta,\varphi-\alpha)$ hat aber gerade an der Stelle $\varphi_1+\alpha$ denselben Wert wie $f(r,\vartheta,\varphi)$ an der Stelle φ_1, geht also aus $f(r,\vartheta,\varphi)$ durch eine Drehung um die Polachse $\vartheta = 0$ um den Winkel α hervor.

Wenn die Beziehung (3) für alle Körper und alle Arten des Drehimpulses gilt - und das nimmt man in der Physik an - so müssen auch alle Drehimpulsoperatoren denselben Vertauschungsrelationen (1) genügen, denn dann lassen sie sich aus den Gesetzen für die Zusammensetzung verschiedener Drehungen um verschiedene Achsen ableiten. Diese Gesetze müssen aber allgemein gelten, weil sie eine rein geometrische Beziehung zum Ausdruck bringen.

Für die Drehimpulsoperatoren ist es daher besonders wichtig, die Eigenwerte aus den Vertauschungsrelationen abzuleiten, denn damit gelangt man zu Ergebnissen, die auch für den Spin gelten, also zu Ergebnissen, die womöglich über die in § 7 für den Bahndrehimpuls abgeleiteten Aussagen hinausgehen.

Um Schreibarbeit zu sparen, sei fortan statt des Vektors $\vec{L}$ der Vektor $\vec{S} = \vec{L}/\hbar$ eingeführt:

$$S_x = \frac{L_x}{\hbar}; S_y = \frac{L_y}{\hbar}; S_z = \frac{L_z}{\hbar}; S^2 = \frac{L_x^2 + L_y^2 + L_z^2}{\hbar^2}. \quad (6)$$

Das bezeichnet man oft als einen Übergang zu solchen Einheiten, daß $\hbar = 1$ wird. Das ist aber eine recht irreführende Ausdrucksweise. In Wirklichkeit kann man die Naturkonstante $\hbar$ durch keinen Wechsel der Einheiten abändern und schon gar nicht zu der Zahl 1 machen (vgl. § 8b).

Ferner ist es zweckmäßig, die folgenden, nicht hermitischen Operatoren einzuführen:

$$S^{(+)} = \frac{L_x + iL_y}{\hbar}\,; \quad S^{(-)} = \frac{L_x - i L_y}{\hbar}\,. \tag{7}$$

Nach (§ 5; 17) sind sie zueinander adjungiert. Mit diesen Bezeichnungen ergeben sich aus den Vertauschungsrelationen (2) die folgenden Beziehungen:

$$[S^2, S_x] = [S^2, S_y] = [S^2, S_z] = 0\,, \tag{8}$$

$$[S^{(+)}, S_z] = -S^{(+)}\,, \quad [S^{(-)}, S_z] = S^{(-)} \tag{9}$$

und

$$[S^{(+)}, S^{(-)}] = 2S_z\,. \tag{10}$$

Ferner gilt

$$S^2 = S^{(-)}S^{(+)} + S_z^2 + S_z = S^{(+)}S^{(-)} + S_z^2 - S_z\,. \tag{11}$$

Die Gleichungen (8) besagen, daß die Operatoren zu allen Komponenten des Drehimpulses und daher auch die nur von ihnen abhängigen Operatoren D zu irgendwelchen Drehungen mit S^2 vertauschbar sind. Wenn man also irgendein Eigenelement $|\psi\rangle$ von S^2 einer Drehung D

unterwirft, bleibt es ein Eigenelement von S^2 zum gleichen Eigenwert, denn aus

$$S^2|\psi\rangle = \lambda|\psi\rangle \tag{12}$$

folgt

$$D\,S^2|\psi\rangle = S^2(D|\psi\rangle) = \lambda(D|\psi\rangle). \tag{13}$$

Diese Beziehung bedeutet anschaulich: Wenn man einen Körper einer Drehung unterwirft, ohne seinen Zustand sonst zu ändern, bleibt der Betrag seines Drehimpulsvektors unverändert - in der klassischen Mechanik eine Trivialität. Die Gesamtheit der Elemente, die man aus einem Eigenelement von S^2 durch Anwendung irgendwelcher Dreh operatoren und Linearkombination der erhaltenen Elemente herstellen kann, bilden einen linearen Teilraum innerhalb des Hilbertraumes des betrachteten Körpers. Die Anwendung der Operatoren S_x, S_y und S_z auf eines der Elemente dieses Teilraumes führt aus ihm nicht heraus. Denn wegen

$$\left(\frac{\partial D_z(\alpha)}{\partial\alpha}\right)_{\alpha=0} = -\frac{i}{\hbar}L_z = -iS_z \tag{14}$$

und den entsprechenden Beziehungen für S_x und S_y lassen sich diese Operatoren auch auf Drehungen und Linearkombinationen zurückführen. Es genügt deshalb, im folgenden nur einen solchen Teilraum zu betrachten, der nur Eigenelemente von S^2 mit dem gleichen Eigenwert enthält.

Aus den Beziehungen (9) ergibt sich die Bedeutung der Operatoren $S^{(+)}$ und $S^{(-)}$. Die Anwendung von $S^{(+)}$

auf ein Eigenelement von S_z erhöht dessen Eigenwert um 1. Wenn nämlich $|\psi_m\rangle$ ein solches Eigenelement mit dem Eigenwert m ist, wenn also

$$S_z|\psi_m\rangle = m|\psi_m\rangle \tag{15}$$

gilt, so ergibt sich bei Anwendung der ersten Operatorengleichung der Zeile (9) auf dieses Element

$$S^{(+)}S_z|\psi_m\rangle - S_z S^{(+)}|\psi_m\rangle = -S^{(+)}|\psi_m\rangle \tag{16}$$

oder

$$S_z(S^{(+)}|\psi_m\rangle) = (m+1)S^{(+)}|\psi_m\rangle. \tag{17}$$

Wenn also $S^{(+)}|\psi_m\rangle$ nicht gleich dem Nullelement ist, ist es ein Eigenelement von S_z zum Eigenwert $(m+1)$. Ebenso ergibt sich aus der zweiten Operatorengleichung (9)

$$S_z(S^{(-)}|\psi_m\rangle) = (m-1)S^{(-)}|\psi_m\rangle. \tag{18}$$

Wenn also $S^{(-)}|\psi_m\rangle$ nicht null ist, ist es Eigenelement von S_z zu einem um 1 niedrigeren Eigenwert.

Dabei wurde stillschweigend vorausgesetzt, daß $S^{(+)}$ und $S^{(-)}$ auf $|\psi_m\rangle$ anwendbar sind. Da sich auch $S^{(+)}$ und $S^{(-)}$ durch Drehungen, Differentiationen nach dem Drehwinkel und Linearkombinationen ausdrücken lassen, ist das plausibel, aber mathematisch nicht nachgewiesen. Bei mathematisch-strengem Aufbau muß man deshalb, ähnlich wie in § 24 beim harmonischen Oszillator, nachher durch Einführung geeigneter Voraussetzungen über die Eigenschaften der betrachteten Elemente die Erfüllung solcher Bedingungen sicherstellen. Hier soll darauf nicht näher eingegangen werden.

Aus den obigen Ausführungen ergibt sich nun die folgende Aussage: Wenn es in dem betrachteten Teilraum der Eigenelemente von S^2 zum Eigenwert λ überhaupt Eigenelemente von S_z gibt, so liegen ihre Eigenwerte äquidistant im Abstand 1. Denn alle Drehungen lassen sich auf die wiederholte Anwendung von S_z, $S^{(+)}$ und $S^{(-)}$ und Linearkombination zurückführen, und diese Operatoren lassen den Eigenwert eines Eigenelements von S_z entweder unverändert oder ändern ihn um ± 1.

Der nächste Schritt der Überlegungen besteht nun in dem Nachweis, daß diese Leiter äquidistanter Eigenwerte von S_z nach oben und unten begrenzt ist. Die Eigenwerte m müssen die Bedingung $+\sqrt{\lambda} \geq m \geq -\sqrt{\lambda}$ erfüllen. Klassisch ist das wiederum trivial, denn es besagt, daß der Wert einer Komponente eines Vektors nicht größer als die Wurzel aus dem Betragsquadrat und nicht kleiner als das negative davon werden kann. Quantenmechanisch ergibt es sich aus der ersten Beziehung (11) durch Bildung des Erwartungswertes mit einem normierten Eigenelement $|\psi_m\rangle$ von S_z. Das liefert

$$\langle\psi_m|S^2|\psi_m\rangle = \lambda = \langle\psi_m|S^{(-)}S^{(+)}|\psi_m\rangle + m^2 + m. \tag{19}$$

Da $S^{(-)}$ das adjungierte von $S^{(+)}$ ist, gilt

$$\langle\psi_m|S^{(-)}S^{(+)}|\psi_m\rangle = \langle S^{(+)}\psi_m|S^{(+)}\psi_m\rangle \geq 0, \tag{20}$$

also

$$\lambda \geq m^2 + m. \tag{21a}$$

Das wäre verletzt, wenn $m > +\sqrt{\lambda}$ wäre. Aus der 2. Beziehung (11) folgt ebenso

$$\lambda \geq m^2 - m \tag{21b}$$

Das wäre verletzt, wenn $m < -\sqrt{\lambda}$ wäre.

Nun ist die Berechnung der Eigenwerte einfach. Angenommen, $|\psi_{max}\rangle$ ist Eigenelement von S_z zum größten Eigenwert m_{max} der Leiter, so muß

$$S^{(+)}|\psi_{max}\rangle = 0 \tag{22}$$

sein, weil es sonst ein Eigenelement von S_z zu einem größeren Eigenwert gäbe. Damit aber folgt aus (19)

$$\lambda = m_{max}^2 + m_{max}. \tag{23}$$

Auf dieselbe Weise beweist man, daß für ein Eigenelement $|\psi_{min}\rangle$ zum kleinsten Eigenwert m_{min} von S_z

$$S^{(-)}|\psi_{min}\rangle = 0 \tag{24}$$

gilt, und damit folgt aus der 2. Operatorenbeziehung von (11)

$$\lambda = m_{min}^2 - m_{min}. \tag{25}$$

Gleichsetzen von (23) und (25) liefert

$$(m_{max} - m_{min} + 1)(m_{max} + m_{min}) = 0. \tag{26}$$

Daraus folgt

$$m_{max} = -m_{min}, \tag{27}$$

denn die erste Klammer in (26) kann wegen $m_{max} \geq m_{min}$ nicht verschwinden.

Man pflegt den Maximalwert m_{max} des Eigenwertes von S_z im Teilraum zu einem festen Eigenwert von S^2 mit j zu bezeichnen. Da $m_{max} - m_{min}$ eine ganze Zahl sein muß, gilt daher:

$$2j = \text{ ganze Zahl.} \tag{28}$$

j ist also entweder ganzzahlig oder ein ungerades Vielfaches von $1/2$. Letzteres bezeichnet man meist als halbzahlig. Demnach lautet das Ergebnis:

Die Eigenwerte von S^2 *sind gleich* $j(j+1)$ *mit ganzzahligem oder halbzahligem* j. *Die Eigenwerte von* S_z *in einem Teilraum mit gegebenem* j *haben die* $(2j+1)$ *Werte* $j, j-1, j-2, \ldots -j$, *sind also ganzzahlig oder halbzahlig, je nachdem, ob* j *ganzzahlig oder halbzahlig ist.*

An diesem Ergebnis ist besonders bemerkenswert, daß der Eigenwert von S^2, außer im Fall $j=0$, stets größer als das Quadrat des Maximalwertes der z-Komponente ist. Das bedeutet anschaulich, daß es nicht möglich ist, in irgendeinem Zustand den Drehimpulsvektor exakt in die z-Richtung zu drehen. Das liegt an der Nichtvertauschbarkeit von S_x, S_y und S_z. Ein Eigenelement $|\psi_m\rangle$ von S_z, dessen Eigenwert nicht null ist, kann nicht zugleich Eigenelement von S_x und S_y sein, denn dann wäre $(S_x S_y - S_y S_x)|\psi_m\rangle = 0$ und $S_z|\psi_m\rangle \neq 0$. Also wäre eine der Vertauschungsrelationen (2) verletzt. Andererseits verschwindet in einem solchen Zustand der Mittelwert von S_x und S_y, denn $S^{(+)}$ und $S^{(-)}$ verändern den Eigenwert von S_z, erzeugen also ein zu $|\psi_m\rangle$ orthogonales Eigenelement.

Also gilt

$$\langle \psi_m | S_x \pm i S_y | \psi_m \rangle = 0 \tag{29}$$

oder

$$\langle \psi_m | S_x | \psi_m \rangle = \langle \psi_m | S_y | \psi_m \rangle = 0 . \tag{30}$$

Schließlich ist

$$\langle \psi_m | S_x^2 + S_y^2 | \psi_m \rangle = \langle S_x \psi_m | S_x \psi_m \rangle + \langle S_y \psi_m | S_y \psi_m \rangle > 0 . \tag{31}$$

Denn dieser Ausdruck kann nur dann gleich null sein, wenn sowohl $S_x |\psi_m\rangle = 0$ als auch $S_y |\psi_m\rangle = 0$ ist. Daher ist der Mittelwert von S^2 in allen Eigenzuständen von S_z mit $m \neq 0$ größer als das Quadrat des Eigenwertes von S_z :

$$\overline{S^2} = \overline{S_x^2} + \overline{S_y^2} + \overline{S_z^2} > m^2 . \tag{32}$$

Das kann man als eine Art Unbestimmtheitsprinzip für die Drehimpulskomponenten ansehen. Man veranschaulicht diesen Sachverhalt am besten durch Zeichnung des Kegels, auf welchem die Vektoren $\vec{S}$ zu gegebenem Wert $S_z = m$ und $|\vec{S}| = \sqrt{j(j+1)}$ liegen müssen (vgl. Abb. 25). Jede Lage von $\vec{S}$ auf diesem Kegel tritt mit gleicher Wahrscheinlichkeit auf. Im Zustand mit maximaler z-Komponente hat der Kegel den kleinsten Öffnungswinkel mit der Größe $\vartheta = \arccos \sqrt{\frac{j}{j+1}}$. Schärfer kann man nach den Gesetzen der Quantenmechanik die Richtung eines Drehimpulsvektors durch Messung nicht bestimmen.

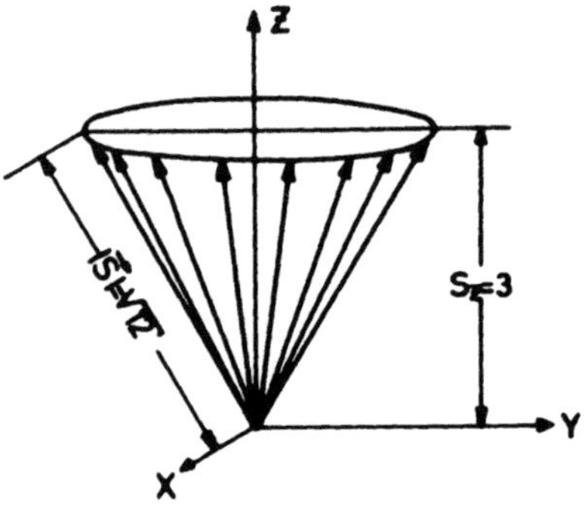

Abb.25. Der Kegel, auf dem der Drehimpulsvektor in dem Zustand mit den Quantenzahlen $j = 3$, $m = 3$ liegen muß.

Das oben erhaltene Ergebnis unterscheidet sich von denen in § 7 durch das Vorkommen von halbzahligen Werten von j. Das Vorkommen des Spindrehimpulses mit der Drehimpulsquantenzahl $j = 1/2$ unterstreicht die Richtigkeit der Auffassung, daß die Vertauschungsrelationen und die aus ihnen folgenden Aussagen allein den wesentlichen Inhalt der Quantenmechanik ausmachen, nicht etwa die in § 7 behandelte Darstellung der quantenmechanischen Zustände mit Hilfe von Wellenfunktionen. Zu Zuständen mit halbzahligem Drehimpuls gibt es keine Ortsdarstellung mit eindeutigen Ortsfunktionen. Das erkennt man sofort an dem Zusammenhang (3) mit dem Operator einer Drehung. Ein Eigenelement von S_z mit $m = 1/2$ wird bei einer Drehung um die z-Achse um den Winkel α mit dem Faktor $\exp(-im\alpha) = \exp(-i\alpha/2)$ multipliziert. Einer Drehung um 2π entspricht also eine Multiplikation mit -1. Eine eindeutige Funktion des Ortes muß dagegen dabei unverändert bleiben.

Auf die zahlreichen sonstigen Anwendungen der Operatoren zu den Drehungen und den Drehimpulskomponenten kann hier nicht eingegangen werden. Es gibt darüber eine ausgedehnte Spezialliteratur.[1)]

§ 27. Die verschiedenen quantenmechanischen Bilder

Bei der Beschreibung der Zustandsänderungen der Körper werden in der Quantenmechanik die Zustände durch die Strahlen im Hilbertraum dargestellt, die meßbaren Größen dagegen durch selbstadjungierte Operatoren. Dabei gibt es aber noch verschiedene Möglichkeiten, wie man die zeitlichen Änderungen zum Ausdruck bringt, und das führt auf die verschiedenen Bilder in der Quantenmechanik. Vermutlich wäre es leichter verständlich, wenn man stattdessen von den verschiedenen Abbildungsmethoden spräche, denn bei verschiedenen Bildern denkt man zu leicht an verschiedene Modellvorstellungen, mit denen man sich das Verhalten der Körper veranschaulicht. So liegt es nahe, vom Wellenbild und Partikelbild der Elektronen zu sprechen. Das aber wurde hier sorgfältig vermieden, weil man unter verschiedenen Bildern in der Quantenmechanik etwas anderes versteht.

Bisher wurde der Strahl im Hilbertraum, welcher einem Zustand zugeordnet wird, stets als zeitlich veränderlich angesehen, entsprechend dem Umstand, daß sich der Zustand eines Körpers in der Regel mit der Zeit ändert. Die Operatoren zu den meßbaren Größen waren dagegen zeit-

---

1) M.E. Rose: Elementary Theory of Angular Momentum, New York 1957.
A.R. Edmonds: Drehimpulse in der Quantenmechanik. BI-Taschenbuch 53/53a, Mannheim 1964.
D.M. Brink, G.R. Satchler: Angular Momentum, Oxford 1968.

unabhängig, weil ja die Meßvorschriften, durch welche die Größen im Prinzip definiert werden, meist nicht von der Zeit abhängen. Der seltene Fall, daß eine meßbare Größe durch eine zeitabhängige Funktion der Orts- und Impulskoordinaten definiert wird, kam bisher nicht vor und soll auch im folgenden außer Betracht bleiben. Man kann nun die Beschreibungsweise auch so abändern, daß die Operatoren aller meßbaren Größen zeitabhängig werden, die den Zustand des Körpers beschreibenden Strahlen dafür aber nicht. Wenn man die erste, bisher ausschließlich benutzte Methode der Abbildung der Vorgänge auf die mathematischen Begriffe des Hilbertraumes benutzt, bezeichnet man das Ergebnis als das Schrödingerbild, weil Schrödinger in seiner Wellenmechanik selbstverständlich die Wellenfunktionen als zeitabhängig ansetzte, die durch Multiplikations- und Differentiationsvorschriften erklärten Operatoren aber ebenso selbstverständlich als zeitunabhängig annahm. In Heisenbergs ersten Arbeiten zur Quantenmechanik wurde dagegen mit zeitabhängigen Matrizen gerechnet. Dem entspricht eine andere Art der Abbildung der Vorgänge auf die Begriffe des Hilbertraumes, dessen Ergebnis man als das Heisenbergbild bezeichnet.

Wenn man von den speziellen Darstellungen zu einer Formulierung mit abstrakten Elementen im Hilbertraum übergeht, wie das in den letzten Paragraphen geschildert wurde, verschwindet einer der Unterschiede zwischen Schrödingers und Heisenbergs Quantenmechanik, nämlich der, welcher in der Verwendung von Wellenfunktionen und Differentiationsoperatoren bei der einen und der Verwendung von Zahlenfolgen und Matrizen bei der anderen besteht. Der Unterschied in der verschiedenen Zeitabhängigkeit der benutzten mathematischen Gebilde bleibt dagegen bestehen und soll nun näher betrachtet werden.

Im folgenden sollen die Operatoren des Schrödingerbildes, also alle bisher benutzten Operatoren, mit einem Index s gekennzeichnet werden. Bei den Zustandselementen im gleichen Bild soll nur ihre Zeitabhängigkeit durch $|\psi(t)\rangle$ hervorgehoben werden. Sie wird durch die Bewegungsgleichung

$$H_s|\psi(t)\rangle = i\hbar\frac{\partial}{\partial t}|\psi(t)\rangle \tag{1}$$

bestimmt, in welcher gegenüber früher lediglich der kennzeichnende Index s beim Hamiltonoperator angebracht wurde. Zu jeder meßbaren Größe a gehört ein Operator A_s, der im Schrödingerbild als Funktion der zeitunabhängigen Operatoren Q_s bzw. X_s und P_s zu den kanonisch-konjugierten Koordinaten und Impulsen des betrachteten Körpers erklärt werden kann:

$$A_s = a(Q_s, P_s). \tag{2}$$

Der Mittelwert zahlreicher Messungen von a an einem Körper, dessen Zustand zur Zeit t durch das normierte Element $|\psi(t)\rangle$ beschrieben wird, beträgt

$$\bar{a} = \langle\psi(t)|A_s|\psi(t)\rangle. \tag{3}$$

Mit Hilfe des in § 22 erklärten unitären Operators $U(t)$ der zeitlichen Änderung kann man nun den durch (1) implizit gegebenen Zusammenhang zwischen $|\psi(t)\rangle$ und $|\psi(0)\rangle$ folgendermaßen schreiben:

$$|\psi(t)\rangle = U(t)|\psi(0)\rangle. \tag{4}$$

Setzt man das in (3) ein, so erhält man

$$\bar{a} = \langle U\psi(0)|A_S|U\psi(0)\rangle = \langle\psi(0)|U^{\dagger}A_S U|\psi(0)\rangle. \tag{5}$$

Man kann also der meßbaren Größe a auch den folgenden zeitabhängigen Operator

$$A_H(t) = U^{\dagger}(t)A_S U(t) \tag{6}$$

zuordnen, und das geschieht im Heisenbergbild. Die obige Gleichung besagt: Der Mittelwert der Ergebnisse von wiederholten Messungen der Größe a an dem betrachteten Körper zu einer Zeit t nach dem Zeitpunkt, an welchem durch Messungen das Vorliegen des durch $|\psi(0)\rangle$ beschriebenen Zustandes festgestellt worden war, ist gleich dem mit $A_H(t)$ gebildeten skalaren Produkt $\langle\psi(0)|A_H|\psi(0)\rangle$.

Bei dieser Art der Formulierung quantenmechanischer Aussagen enthält das Element des Hilbertraumes nur das, was durch die Messungen des Anfangszustandes festgestellt wurde. Solange keine erneuten Messungen gemacht werden, ändert sich $|\psi(0)\rangle$ nicht. Die Änderungen, welche dem normalen Ablauf ohne die störende Rückwirkung der Meßinstrumente auf den betrachteten Körper entspricht, werden allein durch die Änderungen des Operators $A_H(t)$ erfaßt. An die Stelle der Bewegungsgleichung (1) für das zeitabhängige Zustandselement $|\psi(t)\rangle$ tritt daher im Heisenbergbild eine Aussage über die zeitlichen Änderungen der Operatoren A_H.

Diese Abhängigkeit ist beim Hamiltonoperator sofort zu übersehen. Da $U = exp(-\frac{i}{\hbar}tH_S)$ außer von der Zeit t nur von H_S abhängt, ist U mit H_S vertauschbar. Wegen der Unitarität von U, also $U^{\dagger}U = 1$, ergibt sich daher

$$H_H = U^{+} H_S U = H_S . \tag{7}$$

Die Hamiltonoperatoren im Heisenbergbild und im Schrödingerbild sind identisch.

Das gilt allerdings nur, solange die Hamiltonfunktion nicht explizit von der Zeit abhängig ist. Wenn der Hamiltonoperator zu verschiedenen Zeiten in verschiedener Weise von den Operatoren Q_j und P_k abhängt, gilt die Formel $U(t) = exp(-\frac{i}{\hbar} t H_S)$ nicht mehr. Dann brauchen die Hamiltonoperatoren zu verschiedenen Zeitpunkten nicht mehr miteinander vertauschbar zu sein. Dann können H_H und H_S verschieden sein. Dieser Fall möge daher im folgenden ausgeschlossen werden. Dementsprechend soll fortan bei H der Index H oder S wieder fortgelassen werden. Bei der späteren Behandlung des Diracbildes, in welchem an die Stelle des Hamiltonoperators ein zeitabhängiger Operator W_D tritt, wird darauf erneut eingegangen werden.

Die zeitliche Ableitung anderer Operatoren außer H ergibt sich aus der folgenden Formel für die zeitliche Ableitung von U :

$$\frac{dU}{dt} = -\frac{i}{\hbar} H U . \tag{8}$$

Das kann man formal einfach durch Differenzieren der e-Potenz nach t ableiten. Aber das ist natürlich mathematisch etwas bedenklich, weil der Ausdruck $exp(-\frac{i}{\hbar} t H)$ im Grunde ja nur ein Symbol für den Operator $U(t)$ darstellt, mit dem man nicht ohne weiteres ebenso rechnen kann wie mit einer Funktion von t .

Im betrachteten Fall kann man aber dieses Vorgehen rechtfertigen, indem man die Ausdrücke (§ 22;10) oder (§22;14) nach t diffferenziert. In ihnen tritt die Zeit immer nur in skalaren Faktoren vor zeitunabhängigen Operatoren auf. Die Ableitung dieser Ausdrücke nach t liefert ebenfalls das obige Resultat (8). Stattdessen kann man zum Beweis von (8) auch einfach den Ausdruck (4) in die Bewegungsgleichung (1) einsetzen. Das liefert

$$\frac{dU}{dt}|\psi(0)\rangle = -\frac{i}{\hbar}HU|\psi(0)\rangle. \tag{9}$$

Da diese Gleichung für alle $|\psi(0)\rangle$ gilt, müssen die rechts und links vor $|\psi(0)\rangle$ stehenden Operatoren identisch sein, wie es (8) behauptet.

Der Übergang zum adjungierten Operator liefert bei (8) die Beziehung (vgl.§ 5;20):

$$\frac{dU^+}{dt} = \frac{i}{\hbar}U^+H. \tag{10}$$

Damit erhält man mit Hilfe der Produktenregel der Differentiation aus (6)

$$\begin{aligned}\frac{dA_H}{dt} &= \frac{i}{\hbar}(U^+HA_sU - U^+A_sHU)\\ &= \frac{i}{\hbar}(HA_H - A_HH).\end{aligned} \tag{11}$$

Bei der letzten Umformung wurde wiederum die Vertauschbarkeit von H mit U^+ und U ausgenutzt.

Der physikalische Inhalt der obigen Gleichung ist einzig und allein der, daß die zeitliche Ableitung des Mittelwertes $\bar{a}$ gleich dem Erwartungswert von dA_H/dt im Zustand $|\psi(0)\rangle$ ist, also

$$\frac{d\bar{a}}{dt} = \langle\psi(0)|\frac{i}{\hbar}(HA_H - A_H H)|\psi(0)\rangle \tag{12}$$

In dieser Form kann man das Ergebnis auch unmittelbar durch Differentiation von (3) und Einsetzen von (1) und (4) erhalten.

Besonders interessant ist die Beziehung (11) für die Operatoren X_H und P_{xH} zu einer Orts- und Impulskoordinate eines Massenpunktes. Für den hier auftretenden Kommutator mit H war bereits in § 16 das folgende Formelpaar abgeleitet worden:

$$\begin{aligned}\frac{dX_H}{dt} &= \frac{i}{\hbar}(HX_H - X_H H) = \frac{\partial H}{\partial P_{xH}},\\ \frac{dP_{xH}}{dt} &= \frac{i}{\hbar}(HP_{xH} - P_{xH}H) = -\frac{\partial H}{\partial X_H}.\end{aligned} \tag{13}$$

Das bedeutet: Die zeitabhängigen Operatoren des Heisenbergbildes genügen auf Grund der Heisenbergschen Vertauschungsrelation den kanonischen Gleichungen. Dadurch wird der Zusammenhang der Quantenmechanik mit der klassischen Mechanik des zu Grunde gelegten Modells besonders klar herausgestellt.

Im Heisenbergbild vollzieht man die Quantisierung also dadurch, daß man alle Gleichungen zwischen den zeitabhängigen Größen des Modells durch gleichlautende Beziehungen zwischen den zeitabhängigen, selbstadjungierten Operatoren ersetzt. Dabei bereitet lediglich die Nichtvertauschbarkeit der Operatoren gewisse Schwierigkeiten. Der wesentliche Unterschied zwischen dem klassischen Modell und seiner Quantenmechanik besteht dann darin, daß man in der klassischen Mechanik bei einer Messung den

Wert der klassischen Größe zu erhalten erwartet, in der Quantenmechnik dagegen den Erwartungswert des zugehörigen zeitabhängigen Operators für dasjenige Element des Hilbertraumes, welches den durch eine Messung zur Zeit $t = 0$ erhaltenen Zustand darstellt.

Für die Umformung der Bewegungsgleichungen des klassischen Modells in solche für zeitabhängige Operatoren ist der Hinweis wichtig, daß die Operatoren des Heisenbergbildes denselben Vertauschungsrelationen genügen wie diejenigen des Schrödingerbildes. Das war bereits in dem Gleichungspaar (13) ausgenutzt worden, denn sonst darf man nicht die Beziehungen (§ 16;15 und 16) für die Operatoren des Schrödingerbildes einfach auch für diejenigen des Heisenbergbildes verwenden. Zum Beweis dieser Behauptung multipliziert man

$$P_{xS}X_S - X_S P_{xS} = \frac{\hbar}{i} \tag{14}$$

von links mit U^+ und von rechts mit U und macht von der Beziehung $UU^+ = 1$ Gebrauch:

$$U^+ P_{xS} U U^+ X_S U - U^+ X_S U U^+ P_{xS} U = U^+ \frac{\hbar}{i} U \tag{15}$$

oder

$$P_{xH}X_H - X_H P_{xH} = \frac{\hbar}{i}\,. \tag{16}$$

Genauso kann man die Invarianz aller sonstigen Operatorengleichungen gegen diese Transformation nachweisen. Man bezeichnet sie deshalb auch als eine Ähnlichkeitstransformation. Sie entspricht dem Übergang von einem Koordinatensystem zu einem anderen (vgl. § 19C,S.244).

Daher hat auch jeder Operator A_H dieselben Eigenwerte wie der zugehörige Operator A_S. Wenn nämlich

$$A_S|u\rangle = a|u\rangle \tag{17}$$

gilt, folgt daraus durch dieselbe Umformung wie in (15) und (16)

$$U^+A_SUU^+|u\rangle = U^+a|u\rangle \tag{18}$$

oder

$$A_H(U^+|u\rangle) = a(U^+|u\rangle) \tag{19}$$

Wenn also $|u\rangle$ Eigenelement von A_S ist, ist $U^+|u\rangle$ Eigenelement von A_H zum gleichen Eigenwert.

Für die Lösung von physikalisch interessanten Aufgaben ist es ziemlich gleichgültig, ob man mit dem Heisenbergbild oder mit dem Schrödingerbild rechnet. Dagegen hat ein drittes Bild, das sog. Wechselwirkungsbild oder Diracbild, praktisch große Bedeutung erlangt. Es wird vor allem bei der Behandlung der Wechselwirkung zwischen zwei Sorten von Partikeln oder Wellen benutzt, z.B. in der Quantenelektrodynamik bei der Wechselwirkung zwischen den Elektronen und der elektromagnetischen Strahlung.

Dabei wird der Hamiltonoperator in einen sog. ungestörten Operator H_0 und den Wechselwirkungsoperator W zerlegt:

$$H = H_0 + W. \tag{20}$$

Die Zustandsänderung der freien Teilchen ohne Wechselwirkung wird in die Zeitabhängigkeit der Operatoren hineingesteckt. Die Zustandsänderungen infolge der Wechselwirkung werden durch die Änderungen der Elemente des Hilbertraumes beschrieben. Diese Darstellungsweise wird als das Diracbild bezeichnet, weil sie dem Ansatz einer von Dirac geschaffenen Störungsrechnung entspricht.

Der Übergang vom Schrödingerbild zum Diracbild wird mit Hilfe des Zeitänderungsoperators

$$U_0(t) = \exp\left(-\frac{i}{\hbar} t H_0\right) \tag{21}$$

des ungestörten Hamiltonoperators H_0 vollzogen. Jedem Operator A_S des Schrödingerbildes wird ein Operator A_D des Diracbildes zugeordnet mittels der Beziehung

$$A_D = U_0^+(t) A_S U_0(t). \tag{22}$$

Die zeitabhängigen Zustandselemente $|\psi(t)\rangle$ des Schrödingerbildes werden in andere, zeitabhängige Elemente $|\psi_D(t)\rangle$ des Diracbildes umgerechnet durch

$$|\psi(t)\rangle = U_0(t)|\psi_D(t)\rangle. \tag{23}$$

Für den zeitabhängigen Erwartungswert $\bar{a}$ des Operators A_S zu einer meßbaren Größe a erhält man damit

$$\begin{aligned} \bar{a} = \langle\psi(t)|A_S|\psi(t)\rangle &= \langle\psi_D(t)|U_0^+(t) A_S U_0(t)|\psi_D(t)\rangle \\ &= \langle\psi_D(t)|A_D(t)|\psi_D(t)\rangle. \end{aligned} \tag{24}$$

Für die zeitliche Änderung des Operators A_D im Diracbild gilt, analog zu (11)

$$\frac{dA_D}{dt} = \frac{i}{\hbar}[H_0 A_D - A_D H_0]. \tag{25}$$

Bei den Koordinaten und Impulsen eines Teilchens ist das gleichwertig der Beziehung (vgl. (12) und 13))

$$\frac{dX_D}{dt} = \frac{\partial H_0}{\partial P_{xD}}, \quad \frac{dP_{xD}}{dt} = -\frac{\partial H_0}{\partial X_D}. \tag{26}$$

Das Zustandselement $|\psi_D(t)\rangle$ gibt denjenigen Zustand an, welcher beim Fehlen der Wechselwirkung in der Zeit von $t=0$ bis t in den wirklich vorliegenden Zustand $|\psi(t)\rangle$ übergehen würde. Um die für $|\psi_D(t)\rangle$ geltende Bewegungsgleichung zu ermitteln, setzt man in (1) für H den Ausdruck (20) ein und für $|\psi(t)\rangle$ die Formel (23). Dann erhält man

$$\begin{aligned} H_0 U_0 |\psi_D(t)\rangle + W U_0 |\psi_D(t)\rangle &= i\hbar \frac{\partial}{\partial t}\left(U_0(t)|\psi_D(t)\rangle\right) \\ &= i\hbar \frac{dU_0}{dt}|\psi_D(t)\rangle + i\hbar U_0 \frac{\partial}{\partial t}|\psi_D(t)\rangle . \end{aligned} \tag{27}$$

Dabei ist in der letzten Zeile beim ersten Glied nur U_0 nach t zu differenzieren, und das Resultat ist auf $|\psi_D(t)\rangle$ anzuwenden. Da nun aber, analog zu (8)

$$\frac{dU_0}{dt} = -\frac{i}{\hbar} H_0 U_0 \tag{28}$$

gilt, heben sich in (27) die ersten Summanden links und rechts gegenseitig fort. Anwendung von U_0^+ auf beide Seiten liefert dann

$$i\hbar \frac{\partial}{\partial t}|\psi_D(t)\rangle = U_0^+ W U_0 |\psi_D(t)\rangle = W_D(t)|\psi_D(t)\rangle. \tag{29}$$

Diese Gleichung hat die Form einer Schrödingergleichung mit dem zeitabhängigen Hamiltonoperator

$$W_D(t) = U_0^+ W U_0 . \tag{30}$$

Diese Zeitabhängigkeit bedingt natürlich mathematisch eine erhebliche Komplikation. Zugleich bewirkt sie aber oft physikalisch eine erhebliche Vereinfachung. Man betrachte z.B. ein Wellenpaket einer elektromagnetischen Welle, welche auf ein Atom im Grundzustand trifft. Die Wechselwirkung der Elektronen mit dem Atomkern des betrachteten Atoms sei mit in H_0 enthalten. W sei der Wechselwirkungsoperator zwischen dem Atom und dem Wellenpaket der einfallenden Welle. Dann ist $W_D(t)|\psi_D(t)\rangle$ gleich null, solange das Wellenpaket das Atom noch nicht erreicht hat. Beim Überstreichen des Wellenpakets über das Atom können in ihm allerlei Zustandsänderungen ablaufen, z.B. eine Anregung, an die sich eine Ausstrahlung von einem oder mehreren Lichtquanten anschließt, oder auch eine Ionisation. Wenn das Wellenpaket ganz über das Atom hinweggelaufen ist und genügend Zeit zum Abklingen der Folgeprozesse abgelaufen ist, können etwa ein Atom oder Atomion im Grundzustand, ein in seiner Intensität geschwächtes Wellenpaket des einfallenden Lichtes und ein oder mehrere Lichtquanten nachträglich emittierten Lichtes mit anderer Frequenz vorliegen. Wenn alle diese Teilchen genügend weit auseinandergelaufen sind, ist $W_D(t)|\psi_D(t)\rangle$ wieder null. Zum Unterschied von $|\psi(t)\rangle$ ist also in diesem Fall $|\psi_D(t)\rangle$ vor Beginn und nach Abschluß des Streuvorganges konstant.

Trotz der erwähnten Komplikation läßt sich die Bewegungsgleichung (29) formal allgemein integrieren. Schreibt man

$$|\psi_D(t)\rangle = U_D(t,t_0)|\psi_D(t_0)\rangle, \tag{31}$$

so bedeutet $U_D(t,t_0)$ den Operator der zeitlichen Änderung im Diracbild für die Zeitspanne von t_0 bis t. Für ihn kann man eine ähnliche Reihenentwicklung wie (§ 22;14) angeben. Sie lautet

$$\begin{aligned} U_D(t,t_0) = {} & 1 - \frac{i}{\hbar}\int_{t_1=t_0}^{t} W_D(t_1)\,dt_1 + \left(-\frac{i}{\hbar}\right)^2 \int_{t_1=t_0}^{t} dt_1 \int_{t_2=t_0}^{t_1} dt_2\, W_D(t_1)W_D(t_2) \\ & + \ldots \quad + \left(-\frac{i}{\hbar}\right)^n \int_{t_1=t_0}^{t} dt_1 \int_{t_2=t_0}^{t_1} dt_2 \ldots \int_{t_n=t_0}^{t_{n-1}} W_D(t_1)W_D(t_2)\ldots W_D(t_n) + \ldots \end{aligned} \tag{32}$$

Diese Formel gilt nur für $t \geq t_0$. Bei dem n-fachen Integral in der zweiten Zeile der obigen Formel müssen die Zeiten $t_1, t_2, \ldots t_n$ die Bedingung

$$t \geq t_1 \geq t_2 \geq t_3 \ldots \geq t_n \tag{33}$$

erfüllen.

Die Richtigkeit dieser Formel kann man durch Differentiation nach t und Multiplikation mit $i\hbar$ nachprüfen. Bei dem n-ten Summanden in der zweiten Zeile von (32) fällt dadurch ein Faktor $-i/\hbar$ fort sowie die letzte der n Integrationen, also diejenige über t_1, denn nur bei dieser tritt t als obere Integrationsgrenze auf. Im übrigen Teil, also dem Integranden des Integrals über t_1, ist dementsprechend die Integrationsvariable t_1 durch die obere Grenze t zu ersetzen. Das ganze besagt, daß der oben ausgeschriebene n-te Summand bei der Anwendung des Operators $i\hbar\frac{d}{dt}$ in dem $(n-1)$-ten

Summanden übergeht mal dem Operator $W_D(t)$ als letztem, links stehenden Operatorfaktor. Da das erste Glied der Reihe (32) bei Anwendung des Operators $i\hbar\frac{d}{dt}$ null ergibt und bei einer konvergenten Reihe von einem genügend hohen Glied an alle Terme vernachlässigt werden können, gilt daher

$$i\hbar\frac{dU_D(t,t_0)}{dt} = W_D(t)U_D(t,t_0). \tag{34}$$

Das ist aber gleichbedeutend mit der Aussage, daß der Ausdruck (31), als Funktion von t betrachtet, die Gleichung (29) erfüllt.

Die obige, relativ komplizierte Formel (32) schreibt man meist kürzer, indem man in dem n-fachen Integral für die Bezeichnungen der Integrationsvariablen $t_1, t_2, \dots t_n$ nacheinander alle $n!$ Permutationen einsetzt und über alle diese Ausdrücke summiert. Da eine Umbenennung der Integrationsvariablen den Wert eines Integrals nicht ändert, wird das durch eine Division durch $n!$ wieder kompensiert. Die Folge ist, daß nunmehr nicht nur über das durch (33) ausgezeichnete Gebiet im n-dimensionalen Raum der Variablen t_1 bis t_n integriert wird, sondern über das ganze Gebiet, in welchem alle t_i im Intervall $t \geq t_i \geq t_0$ liegen. Wenn die Größen $W_D(t_i)$ im Integranden einfache Zahlen wären, würde eine Permutation der Bezeichnungen der t_i den Integranden nicht ändern, weil dabei nur die Faktoren eines Produkts permutiert werden. Bei Operatoren ist aber eine Vertauschung der Operatorfaktoren im allgemeinen nicht zulässig. Bei obigem Integral müssen vielmehr die Faktoren jeweils in eine solche Reihenfolge gebracht werden, daß die Zeiten in den aufeinanderfolgenden Faktoren abnehmen oder allenfalls unverändert bleiben, gleichgültig wie sie bezeichnet wurden. Die Herstellung dieser Anordnung deutet man durch Hinzufügen des Dysonschen Zeitordnungssymbols $\mathcal{P}$ an. Es besagt, daß vor Ausführung der Integration die nachfolgenden Faktoren $W_D(t_i)$ erst in die Reihenfolge abnehmender Zeiten gebracht werden müssen. Mit dieser Abkürzung lautet also der n-te Summand in (32)

$$\left(-\frac{i}{\hbar}\right)^n \frac{1}{n!} \int_{t_1=t_0}^{t} dt_1 \int_{t_2=t_0}^{t} dt_2 \ldots \int_{t_n=t_0}^{t} dt_n \, \mathcal{P} W_D(t_1) W_D(t_2) \ldots W_D(t_n) . \tag{35}$$

Infolgedessen schreibt man den Ausdruck (32) abgekürzt in folgender Form:

$$U_D(t,t_0) = \mathcal{P} exp\left(-\frac{i}{\hbar}\int_{t_0}^{t} W_D(t_j)\,dt_j\right) \tag{36}$$

Das ist folgendermaßen zu lesen: Die Exponentialfunktion ist formal in eine Potenzreihe nach ihren Exponenten zu entwickeln. Die n-te Potenz des Integrals $\int_{t_0}^{t} W_D(t')dt'$ ist als n-faches Integral mit verschiedenen Integrationsvariablen t_1, t_2, t_3, ... t_n zu schreiben. Auf das n-fache Produkt der Operatorfaktoren $W_D(t_j)$ im Integranden ist sodann die durch $\mathcal{P}$ angedeutete Operation der Zeitordnung anzuwenden. Die so erhaltene unendliche Reihe von Operatoren ist dann gleich $U_D(t,t_0)$. Mit dieser Regel ist der Aufbau der Formel (32) leicht zu merken. Ferner sieht man zugleich, daß sich für einen von t unabhängigen Operator $W_D(t)$ die alte Formel (§ 22;13) ergibt, denn dann sind alle $W_D(t)$ vertauschbar, die Anwendung des Zeitordnungsoperators $\mathcal{P}$ also überflüssig, und außerdem ist dann

$$\int_{t_0}^{t} W_D(t)\,dt = (t-t_0)W_D . \tag{37}$$

Die Formel (32) bzw. in abgekürzter Form (36) liegt sehr vielen Betrachtungen zur Quantenmechanik komplizierter Streuprozesse zu Grunde. Die Anwendung des Diracbildes hat bei ihr den großen Vorteil, daß $U_D(t,t_0)$ in vielen Fällen für genügend lange zurückliegende Zeiten t_0 und für genügend späte Werte von t konstant wird bzw. genauer gesagt, daß die Anwendung dieses Operators auf viele Anfangszustände für genügend große t und kleine t_0 ein von t und t_0 unabhängiges Ergebnis liefert. Das wurde oben an dem Beispiel der Streuung eines Wellenpakets an einem Atom bereits erläutert. In solchen Fällen existiert also der Grenzwert $t \to +\infty$ und $t_0 \to -\infty$. Der dadurch aus $U_D(t,t_0)$ entstehende Operator $U_D(+\infty,-\infty)$ wird als die Heisenbergsche S-Matrix bezeichnet:

$$S = \lim_{t\to+\infty,\, t_0\to-\infty} U_D(t,t_0) \,. \tag{38}$$

Streng genommen existiert eigentlich nicht der Grenzwert dieses Operators, sondern nur der Grenzwert des entstehenden Elements im Hilbertraum bei Anwendung auf eine gewisse große Klasse von Anfangszuständen. Ohne vorherigen Übergang zum Diracbild würde dieser Grenzwert nicht existieren. Die S-Matrix wurde von Heisenberg[1)] im Jahre 1942, wenn auch auf ganz andere Weise, in die Quantenmechanik eingeführt und hat in der Elementarteilchenphysik eine große Bedeutung gewonnen.

---

1) W. Heisenberg (Nobelpreisträger, 1901-1976) Zs.f.Phys. 120 (1943) S. 513 und 673.

Fragen und Aufgaben zu Kapitel V

Fragen

1) Welches sind die beiden mathematischen Operationen, welche für die Elemente eines Hilbertraumes definiert sein müssen?
2) Was bedeutet hermitisch-symmetrisch?
3) Welche Eigenschaft eines skalaren Produktes wird als positiv-definit bezeichnet?
4) Wie lautet der Projektionsoperator, der ein beliebiges Element $|\psi\rangle$ des Hilbertraumes auf einen Strahl durch das normierte Element $|n\rangle$ projiziert?
5) Wie groß ist die Wahrscheinlichkeit, in einem Zustand mit dem normierten Zustandselement $|\psi\rangle$ ein Meßergebnis zu erhalten, welches gleich dem nichtentarteten Eigenwert des Operators zu der gemessenen Größe mit dem normierten Eigenelement $|n\rangle$ ist?
6) Was versteht man unter kanonisch-konjugierten Variablen eines Modells?
7) Wie quantisiert man ein Modell?
8) Wie hängt der Operator der zeitlichen Änderung mit dem Hamiltonoperator zusammen?
9) Wie lautet beim harmonischen Oszillator der Operator, welcher ein Schwingungsquant erzeugt?
10) Wie lautet die Vertauschungsrelation der Operatoren zur Erzeugung und Vernichtung eines Schwingungsquantes beim harmonischen Oszillator?
11) Was bewirkt der Operator $T(a) = \exp(-iaP/\hbar)$ bei einer eindimensionalen Bewegung mit dem Impulsoperator P ?
12) Welche Größen sind beim Schrödingerbild und beim Heisenbergbild jeweils zeitlich konstant?
13) Was versteht man unter dem Diracbild oder Wechselwirkungsbild?
14) Kann ein hermitischer Operator nichtreelle Eigenwerte haben?
15) Wie lautet die quantenmechanische Bewegungsgleichung im Schrödingerbild und wie im Heisenbergbild?
16) Was bedeutet der Operator $\exp(-i\alpha S_x)$? (S_x = x-Komponente des Drehimpulses/ $\hbar$)

Aufgaben

1) Beweisen Sie die Beziehung

$$e^{B}Ae^{-B} = A + [B,A] + \frac{1}{2!}[B,[B,A]] + \ldots + \frac{1}{n!}\underbrace{[B,[B,[B,\ldots\ [B,A]]]}_{n\ \text{Klammern}} + \ldots$$

2) Was ist $[A,[B,C]] + [B,[C,A]] + [C,[A,B]]$?

3) $|j,m\rangle$ sei ein normiertes Eigenelement der Operatoren S^2 und S_z zum Drehimpuls mit den Eigenwerten $j(j+1)$ und m. Die Operatoren $S^{(+)}$ und $S^{(-)}$ erzeugen daraus Elemente, die wieder zugleich Eigenelemente von S^2 und S_z sind.
   a) Wie müssen die Faktoren α_+ und α_- gewählt werden, damit $\alpha_+S^{(+)}|j,m\rangle$ und $\alpha_-S^{(-)}|j,m\rangle$ normiert sind?
   b) Wie lauten die Matrizen, welche die Elemente $|j,m\rangle$ mit $j=1$ und $m=+1,\ 0,\ -m$ von den Operatoren S_x, S_y und S_z erzeugen?

4) Der Hilbertraum zum Spindrehimpuls ist zweidimensional. Also lassen sich alle Operatoren durch zweireihige Matrizen ausdrükken.
   a) Wie lauten die Matrizen zu S_x, S_y und S_z, wenn man die normierten Eigenelemente $|+\rangle$ und $|-\rangle$ von S_z als Entwicklungsfunktionen benutzt (Pauli-Matrizen)?
   b) Alle Matrizen in diesem Hilbertraum lassen sich als Linearkombinationen aus den Matrizen zu S_x, S_y und S_z und der Einheitsmatrix schreiben. Wie lautet die Matrix zur Spin - drehimpulskomponente in der Richtung mit den Polarkoordinatenwinkeln ϑ, φ ?
   c) Wie lauten die Eigenelemente dieser Matrix, als Linearkombination von $|+\rangle$ und $|-\rangle$ geschrieben?
   d) Wie schreibt sich der Operator $\exp(-i\alpha S_x)$ als Linearkombination der Pauli-Matrizen?

Kapitel VI. Mehrelektronensysteme

Inhalt

Das Modell geladener Massenpunkte für Systeme mit mehreren Elektronen wird in nichtrelativistischer Näherung unter Vernachlässigung aller magnetischen Wechselwirkungen in der Ortsdarstellung behandelt. Obwohl die magnetischen Spinmomente außer Betracht gelassen werden, müssen dabei die Spinvariablen der Elektronen berücksichtigt werden, weil sie im Pauliprinzip vorkommen. Dieses lautet allgemein für beliebige Zustände: Alle in der Natur verwirklichten Wellenfunktionen sind antisymmetrisch gegenüber der Vertauschung der Orts- und Spinvariablen zweier Elektronen.

Teilchen, welche diesem Prinzip genügen, heißen Fermionen. Teilchen, deren Wellenfunktionen gegen eine Vertauschung aller Koordinaten invariant sind, heißen Bosonen. Fermionen haben stets eine halbzahlige Spinquantenzahl, Bosonen stets eine ganzzahlige.

Die stationären Zustände von Mehrteilchensystemen lassen sich nur mit Näherungsmethoden behandeln. Zur Berechnung des Grundzustandes nutzt man oft den folgenden Satz aus: Diejenige normierte Wellenfunktion $|\psi\rangle$, für welche der Erwartungswert $\langle\psi|H|\psi\rangle$ der Energie seinen kleinsten Wert annimmt, ist Eigenfunktion von H zum tiefsten Eigenwert. Die darauf beruhende Methode zur genauen numerischen Berechnung der Ionisierungsenergie des He-Atoms und der Bindungsenergie des H_2-Moleküls wird qualitativ erörtert. Ferner wird der Ansatz der Hartree-Methode bzw. der Hartree-Fock-Methode des "self-consistent field" ohne und mit Austausch geschildert.

Die stationären Zustände von Zwei-Elektronen-Zuständen zerfallen in der betrachteten Näherung in zwei Klassen, zwischen denen ein Übergang unter Emission oder Absorption von Strahlung relativ selten vorkommt ("verbotene Übergänge"). Das sind die Triplett-Zustände, in denen die Spinmomente parallel stehen und die Wellenfunktion antisymmetrisch in den Ortskoordinaten ist, und die Singulett-Zustände mit antiparallelen Spinmomenten und symmetrischen Ortswellenfunktionen. Der Grundzustand ist stets ein Singulett-Zustand. In angeregten Zuständen liegt der Triplett-Zustand stets energetisch tiefer als der Singulett-Zustand mit gleicher Besetzung der Einelektronen-Zustände (Hundsche Regel). Die Ursache dafür ist die mit dem Pauliprinzip verknüpfte elektrostatische Austauschwechselwirkung. Ihr Zusammenhang mit dem Paramagnetismus des Sauerstoffgases und dem Ferromagnetismus wird erörtert.

§ 28. Das allgemeine Pauli-Prinzip

In den folgenden Kapiteln soll die beschriebene Methode der Quantisierung auf einige weitere Modelle außer dem bisher allein betrachteten Modell des einzelnen Massenpunktes angewandt werden mit dem Ziel, die wichtigsten allgemeinen Aussagen der Quantenmechanik zu erläutern. Zunächst soll hier das Modell mehrerer geladener Massenpunkte behandelt werden, weil dieses in der Regel den Betrachtungen über Mehrelektronensysteme zu Grunde gelegt wird. Für exakte Aussagen genügt dieses Modell allerdings nicht, weil die Elektronen ein Spinmoment besitzen. Zur modellmäßigen Beschreibung ihrer Lage genügt daher ein Ortsvektor nicht. Es muß außerdem ein Einheitsvektor in Richtung des Spinmomentes angegeben werden.

Darauf soll im folgenden mehrfach Rücksicht genommen werden. Im übrigen sollen aber alle relativistischen Effekte außer Betracht gelassen werden, und dazu muß man konsequenterweise auch alle mit dem Spinmoment zusammenhängenden Wechselwirkungen rechnen. Solange nämlich bei einem geladenen Massenpunkt die Geschwindigkeit v der Bedingung $v \ll c$ genügt (c = Lichtgeschwindigkeit), ist die Wirkung des von der Bewegung des einen Massenpunktes herrührenden Magnetfeldes auf die anderen etwa um den Faktor $(v/c)^2$ kleiner als ihre elektrostatische Wechselwirkung, liegt also in der gleichen Größenordnung wie die Effekte, die mit der relativistischen Geschwindigkeitsabhängigkeit der Masse zusammenhängen. Die vom Spinmoment abhängigen Wechselwirkungen liegen in der gleichen Größenordnung. Wie durch die Diracsche relativistische Quantenmechanik gezeigt wird, ist das kein Zufall, sondern liegt daran, daß auch der Spin in gewissem Sinn ein relativistischer Effekt ist.

Strenggenommen kann man das Modell einiger Massenpunkte für Elektronen überhaupt nur in nichtrelativistischer Näherung unter Vernachlässigung aller magnetischen Wechselwirkungen anwenden, weil die magnetischen Effekte eng mit der endlichen Ausbreitungsgeschwindigkeit der elektromagnetischen Felder zusammenhängen. Bei deren Berücksichtigung existiert aber gar keine Hamiltonfunktion mehr, weil dann die Wirkung der anderen Elektronen auf eines nicht mehr von ihrer Lage und Geschwindigkeit im gleichen Zeitpunkt abhängt, sondern von derjenigen in einem früheren Zeitpunkt.

In der genannten Näherung lautet der Hamiltonoperator für zwei geladene Massenpunkte der Ladung $-e$ in einem äußeren elektrischen Feld mit dem elektrostatischen Potential $\Phi(\vec{r})$ bei Abwesenheit eines äußeren Magnetfeldes

$$H = \frac{1}{2m}\left(\vec{P}_1^2 + \vec{P}_2^2\right) - e\left(\Phi(\vec{R}_1) + \Phi(\vec{R}_2)\right) + \frac{e^2}{4\pi\varepsilon_0} \cdot \frac{1}{|\vec{R}_1 - \vec{R}_2|} . \tag{1}$$

Darin sind $\vec{P}_1$ und $\vec{P}_2$ die Vektoroperatoren zum Impuls der beiden Teilchen und $\vec{R}_1$ und $\vec{R}_2$ diejenigen zu den Ortsvektoren. Die Verallgemeinerung dieses Ausdrucks auf mehr als zwei Elektronen ist trivial und soll hier nicht angegeben werden.

Wegen der komplizierten Gestalt des Operators $-e\Phi(\vec{R}_i)$ der potentiellen Energie und des Operators

$W = \frac{e^2}{4\pi\varepsilon_0} \cdot \frac{1}{|\vec{R}_1 - \vec{R}_2|}$ der Wechselwirkung benutzt man praktisch ausschließlich die Ortsdarstellung. Da die 6 Operatoren der Komponenten von $\vec{R}_1$ und $\vec{R}_2$ alle miteinander vertauschbar sind, also gemeinsame Eigenelemente haben und ein kontinuierliches Eigenwertspektrum besitzen, hat die zugehörige Entwicklung eines beliebigen Elementes $|\psi\rangle$ des Hilbertraumes die Form

$$|\psi\rangle = \iint_{\vec{r}_1\,\vec{r}_2} |\vec{r}_1,\vec{r}_2\rangle\langle\vec{r}_1,\vec{r}_2|\psi\rangle\, d^3x_1\, d^3x_2 \,. \tag{2}$$

Statt $\langle\vec{r}_1,\vec{r}_2|\psi\rangle$ soll im folgenden meist $\psi(\vec{r}_1,\vec{r}_2,t)$ oder kürzer ψ geschrieben werden, weil das allgemein üblich ist. Für diese zeitabhängige Funktion lautet die Bewegungsgleichung

$$i\hbar\frac{\partial\psi}{\partial t} = -\frac{\hbar^2}{2m}\left(\nabla_1^2 + \nabla_2^2\right)\psi + \left(-e\Phi(\vec{r}_1) - e\Phi(\vec{r}_2)\right)\psi + \frac{e^2}{4\pi\varepsilon_0|\vec{r}_1-\vec{r}_2|}\,\psi(\vec{r}_1,\vec{r}_2,t)\,. \tag{3}$$

Darin bedeutet ∇_1^2 den Laplaceschen Operator mit Differentiationen nach den Koordinaten von $\vec{r}_1$ und ∇_2^2 denjenigen zu $\vec{r}_2$.

Die wichtigste Eigenschaft dieser Gleichung ist ihre Symmetrie gegenüber einer Vertauschung der Ortsvektoren $\vec{r}_1$ und $\vec{r}_2$ der beiden Elektronen. Wenn $\psi(\vec{r}_1,\vec{r}_2,t)$ eine Lösung von (3) ist, ist es daher auch $\psi(\vec{r}_2,\vec{r}_1,t)$. Da (3) außerdem linear ist, ist deshalb auch der in $\vec{r}_1$ und $\vec{r}_2$ symmetrische Anteil ψ_s von ψ , also

$$\psi_s = \frac{1}{2}\left(\psi(\vec{r}_1,\vec{r}_2,t) + \psi(\vec{r}_2,\vec{r}_1,t)\right) \tag{4}$$

eine Lösung sowie der in $\vec{r}_1$ und $\vec{r}_2$ antisymmetrische Anteil

$$\psi_a = \frac{1}{2}\left(\psi(\vec{r}_1,\vec{r}_2,t) - \psi(\vec{r}_2,\vec{r}_1,t)\right). \tag{5}$$

Wenn die Wellenfunktion zu einem Zeitpunkt t_0 in $\vec{r}_1$ und $\vec{r}_2$ symmetrisch war, bleibt sie es auf Grund der obigen Bewegungsgleichung (2) für alle Zeiten. Denn der Operator der zeitlichen Änderung $U(t-t_0) = exp(-\frac{i}{\hbar}(t-t_0)H)$ ist als Funktion des in $\vec{r}_1$ und $\vec{r}_2$ symmetrischen Hamiltonoperators selbst symmetrisch und verwandelt daher eine in $\vec{r}_1$ und $\vec{r}_2$ symmetrische Wellenfunktion wieder in eine symmetrische Funktion. Desgleichen bleibt eine in $\vec{r}_1$ und $\vec{r}_2$ antisymmetrische Wellenfunktion für alle Zeiten antisymmetrisch.

Dieselbe Symmetrieaussage gilt natürlich auch für die Eigenfunktionen von H. Man kann - wenn auch eventuell erst nach passender Verfügung über die Freiheit in der Wahl der Eigenfunktionen entarteter Zustände - die Energieeigenwerte und die zugehörigen Eigenfunktionen eines Zwei-Elektronen-Systems in zwei Klassen einteilen, von denen die eine die in den Ortskoordinaten symmetrischen und die andere die in ihnen antisymmetrischen Eigenfunktionen enthält. Nur in wenigen Ausnahmefällen kommt derselbe Eigenwert in beiden Klassen vor. Ein Übergang zwischen den Zuständen der einen Klasse in diejenigen der anderen kommt nach obigen Überlegungen nicht vor.

Das gilt jedoch nicht ganz streng, denn sonst müßte es bei Zwei-Elektronen-Systemen wie dem Heliumatom oder dem Wasserstoffmolekül zwei Sorten von Atomen bzw. Molekülen geben, eben diejenigen mit symmetrischen und die mit antisymmetrischen Wellenfunktionen, und diese müßten sich wie verschiedene Atome oder Moleküle verhalten. Zeitweilig glaubte man tatsächlich, das aus den Spektren des Heliums entnehmen zu müssen. Man nennt deshalb noch heute manchmal ein Heliumatom in einem in den Ortskoordinaten symmetrischen Zustand Parhelium und eines in einem antisymmetrischen Zustand Orthohelium. Heute wissen wir, daß es in Wirklichkeit keine zwei Sorten von Heliumatomen gibt und daß manchmal ein Übergang von einem in den Ortskoordinaten antisymmetrischen Zustand in einen symmetrischen vorkommt, aber so selten, daß man das spektroskopisch unter irdischen Bedingungen nicht beobachtet. Das liegt an der Kleinheit des Einflusses der magnetischen Spinmomente der Elektronen.

Wie in § 9 ausgeführt wurde, berücksichtigt man den Spin in der Quantenmechanik durch Einführung einer weiteren Variablen s , welche die Orientierung des Spinmomentes im Raum beschreibt. Der Hilbertraum des Spins ist aber nur zweidimensional, d.h. alle vorkommenden Funktionen des Spins lassen sich als Linearkombinationen von 2 Funktionen darstellen, die man meist mit $\alpha(s)$ und $\beta(s)$ bezeichnet. Eine beliebige Funktion von s hat die Form $c_1 \alpha(s) + c_2 \beta(s)$ und kann durch den zweidimensionalen Vektor $\begin{pmatrix} c_1 \\ c_2 \end{pmatrix}$ gegeben werden. Ein beliebiger linearer Operator, der auf die Spinvariablen wirkt, kann durch eine zweidimensionale Matrix der Gestalt $\begin{pmatrix} a & b \\ c & d \end{pmatrix}$ beschrieben werden.

Wenn man nun im Hamiltonoperator H auch noch die magnetischen Wechselwirkungen berücksichtigt, die auf das Spinmoment einwirken, so ist H nicht mehr invariant gegen eine Vertauschung der Ortskoordinaten allein, sondern nur noch gegen die gemeinsame Vertauschung der Orts- und Spinkoordinaten der beiden Elektronen. Dann aber gilt die oben genannte Symmetrieaussage streng: Es gibt in der Natur keinen Übergang von einem Zustand, dessen Wellenfunktion in den Orts- <u>und</u> Spinkoordinaten zweier Elektronen antisymmetrisch ist, in einen, der in ihnen symmetrisch ist. Vielmehr kommen in der Natur nur die antisymmetrischen Zustände vor.

Das schließt man aus der Gültigkeit des Pauliprinzips, denn offensichtlich enthält diese Aussage die früher erwähnte speziellere Aussage, daß in einem stationären Zustand keine zwei Elektronen im gleichen Zustand des Einzelelektrons sein können. Wenn das nämlich der Fall wäre, könnte sich die Wellenfunktion bei der Vertauschung ihrer Koordinaten nicht ändern, während sie nach der obigen Aussage dabei ihr Vorzeichen ändern sollte. Bei Benutzung der Ortsdarstellung und des Teilchenmodells läßt sich also das Pauliprinzip in der folgenden, allgemeinen Form aussprechen:

Die Wellenfunktionen aller in der Natur vorkommenden Mehrelektronenzustände ändern bei der Vertauschung der Orts- und Spinkoordinaten zweier Elektronen ihr Vorzeichen.

Es sei hier davon abgesehen, dieses Prinzip in einer von der Darstellung unabhängigen Weise zu formulieren. In § 37 wird gezeigt werden, wie sich dieses Prinzip bei Benutzung des Wellenmodells der Materie durch eine von der Darstellung unabhängige Vertauschungsrelation ausdrücken läßt.

Das Pauliprinzip gilt nicht nur für Elektronen, sondern auch für Protonen und Neutronen. Mit den Hilfsmitteln der Quantenfeldtheorie kann man zeigen, daß es für alle Teilchen gilt, deren Spinquantenzahl gleich 1/2 oder einem ungeraden Vielfachen davon ist. Teilchen dieser Art nennt man heute Fermionen, weil E. Fermi[1)] als erster den Einfluß des Pauliprinzips auf die Gesetze der

[1)] Enrico Fermi (1901 bis 1954, Nobelpreisträger) Zs.f.Phys.36(1926) S.902.

Statistik untersucht hat. Teilchen, welche aus einer geraden Anzahl von Fermionen bestehen, heißen Bosonen nach S. N. Bose[2], dessen Arbeit die Beschäftigung mit der statistischen Mechanik dieser Teilchen einleitete. Für Bosonen gilt das Pauliprinzip nicht. Vielmehr gilt stattdessen:

Die Wellenfunktion eines Systems von mehreren Bosonen ändert sich bei einer Vertauschung aller Koordinaten zweier gleicher Teilchen nicht.

Wenn ein Boson ein zusammengesetztes Teilchen aus einer geraden Anzahl von Fermionen ist, ist das selbstverständlich, denn bei einer solchen Vertauschung werden ja dann eine gerade Anzahl von Fermionen vertauscht, was eine gerade Anzahl von Minuszeichen vor der Wellenfunktion hervorruft. Es gibt aber auch Bosonen, bei denen man von einem solchen Aufbau aus Fermionen nicht sprechen kann, wie z.B. Lichtquanten. Bosonen haben stets den Spin null oder eine ganzzahlige Spinquantenzahl. Das normale Heliumatom mit der Massenzahl 4, welches im Atomkern zwei Protonen und zwei Neutronen enthält und zwei Elektronen in seiner Elektronenhülle, ist also ein Boson. Das seltene Heliumatom mit der Massenzahl 3, in dessen Kern ein Neutron weniger enthalten ist, ist ein Fermion.

§ 29. Das Variationsverfahren

Die Eigenfunktionen und Eigenwerte der Energie eines Mehrelektronensystems lassen sich praktisch niemals exakt bestimmen. Hier soll jetzt eines der wichtigsten Näherungsverfahren besprochen werden, welches vor allem zur Ermittlung der Energie und - wenn auch weniger gut -

[1] S.N. Bose, Zs.f.Phys. 26 (1924) S.178

der Eigenfunktion des Grundzustandes geeignet ist. Das Verfahren beruht auf dem folgenden Satz: Wenn es im Hilbertraum eines Körpers unter den normierten Elementen $|\psi\rangle$, auf welche der Hamiltonoperator zweimal angewandt werden kann, eines gibt, welches den Erwartungswert $\langle\psi|H|\psi\rangle$ zum absoluten Minimum macht, so ist dieses ein Eigenelement von H mit dem kleinsten vorkommenden Eigenwert.

Das kann man leicht auf folgende Weise beweisen: Zunächst befreit man sich von der Bedingung, daß $|\psi\rangle$ normiert sein muß, indem man den Quotienten

$$\overline{E} = \frac{\langle\psi|H|\psi\rangle}{\langle\psi|\psi\rangle} \tag{1}$$

betrachtet. Dieser ändert sich nicht, wenn man zu $|\psi\rangle$ einen Faktor hinzufügt und ist für ein normiertes $|\psi\rangle$ mit dem Erwartungswert $\langle\psi|H|\psi\rangle$ von H identisch. $|\psi\rangle$ darf also fortan irgendein von dem Nullelement verschiedenes Element des Hilbertraumes sein, auf welches H zweimal angewandt werden kann. Das Nullelement ist auszuschließen, weil dafür Zähler und Nenner in (1) verschwinden. Nun sei $|\psi_0\rangle$ dasjenige Element, welches unter allen diesen Elementen den kleinsten Wert E_0 von $\overline{E}$ liefert. Es muß vorausgesetzt werden, daß es ein solches Element gibt. Wenn es mehrere gibt mit demselben kleinsten Wert E_0 , so soll $|\psi_0\rangle$ eines von diesen sein.

Nun betrachtet man die Werte von $\overline{E}$ für die einparametrige Schar $|\psi_0\rangle+\lambda|\varphi\rangle$ von Elementen mit variablem λ , aber festem $|\varphi\rangle$. Man sieht sofort, daß dieses $\overline{E(\lambda)}$ eine differenzierbare Funktion des Real- und Imaginärteiles von $\lambda = \lambda_r + i\,\lambda_i$ ist. Die Ableitungen von $\overline{E(\lambda)}$ nach λ_r und λ_i müssen für

$\lambda_r = \lambda_i = 0$ verschwinden, denn sonst wäre der für $\lambda = 0$ angenommene Wert E_0 von $\overline{E(\lambda)}$ nicht der kleinste. Daraus folgt (Beweis siehe § 29a):

$$\langle \varphi | H\psi_0 - E_0\psi_0 \rangle = 0. \tag{2}$$

Das muß für alle $|\varphi\rangle$ gelten, auf die H anwendbar ist. Falls also H zweimal auf $|\psi_0\rangle$ angewandt werden darf, muß es auch für $|\varphi\rangle = H|\psi_0\rangle - E_0|\psi_0\rangle$ gelten. Daher ergibt sich

$$\langle H\psi_0 - E_0\psi_0 | H\psi_0 - E_0\psi_0 \rangle = 0. \tag{3}$$

Diese Gleichung ist aber im Hilbertraum nur für das Nullelement erfüllt (vgl. § 20;10). Also folgt

$$H|\psi_0\rangle = E_0|\psi_0\rangle. \tag{4}$$

$|\psi_0\rangle$ ist also Eigenelement von H. Der zugehörige Eigenwert muß der kleinste aller Eigenwerte sein, denn wenn es einen kleineren Eigenwert gäbe, würde sich beim Einsetzen von dessen Eigenfunktion in (1) für $\overline{E}$ dieser kleinere Eigenwert ergeben. Dann wäre also E_0 nicht das Minimum dieses Ausdrucks.

Die Bedingung, daß der Ausdruck (1) im Hilbertraum ein Minimum besitzen muß, ist wesentlich. Ein Beispiel, in welchem diese Bedingung nicht erfüllt ist, bildet der Hamiltonoperator $H = \frac{1}{2m}\vec{P}^2$ eines freien Teilchens. Dieser hat bekanntlich keine Eigenelemente, nur uneigentliche Eigenelemente, die nicht zum Hilbertraum gehören. Für diesen Operator hat auch der Ausdruck (1) kein Minimum. Er wird umso kleiner, je weiter sich $|\psi\rangle$

der Konstante nähert. Eine konstante Funktion der Ortsdarstellung ist aber kein Element des Hilbertraumes, weil sie nicht quadratintegrierbar ist.

Diese Extremaleigenschaft des Erwartungswertes der Energie kann man nun folgendermaßen praktisch ausnutzen: Man versucht sich zunächst, unter Benutzung der Ortsdarstellung, durch Plausibilitätsbetrachtungen ein ungefähres Bild von dem Verlauf der Wellenfunktion zum tiefsten Eigenwert zu verschaffen. Man untersucht dann eine geeignete Schar von Funktionen, die noch einige unbestimmte Parameter enthält und mindestens annähernd das richtige Verhalten zeigt. Setzt man diese Funktionen in (1) ein, so wird $\bar{E}$ eine Funktion dieser Parameter allein, und dessen Minimum kann man in üblicher Weise aufsuchen. Wenn zufällig die exakte Eigenfunktion $|\psi_0\rangle$ unter den Funktionen der betrachteten Schar enthalten war, so ist das bestimmte Minimum exakt gleich E_0. Wenn das nicht der Fall war, - und das wird man meist annehmen müssen - so ist das gefundene Minimum von $\bar{E}$ unter den Funktionen der betrachteten Schar eine umso bessere Näherung an den exakten Wert von E_0, je besser man mit den gewählten Versuchsfunktionen das richtige Verhalten der exakten Eigenfunktion zum tiefsten Eigenwert getroffen hat. Jedem, dem es gelingt, eine Funktionenschar mit kleinerem Minimalwert von $\bar{E}$ zu finden, hat dann eine Verbesserung in der Bestimmung von E_0 erreicht. Die Erfahrung zeigt, daß man selbst mit relativ schlecht gewählten Versuchsfunktionen oft dem wirklichen Wert von E_0 schon recht nahekommt, weil eben nahe beim Minimum eine Änderung von $|\psi\rangle$ den Wert von $\bar{E}$ nur sehr wenig beeinflußt. Benutzung einer genügend allgemeinen Funktionenschar mit vielen Parametern liefert praktisch das genaue Minimum.

Wenn man z.B. den Grundzustand des He-Atoms mit der einparametrigen Funktionenschar $\psi = C\exp(-\alpha(r_1+r_2))$ näherungsweise zu bestimmen sucht (r_1 , r_2 = Abstand der beiden Elektronen vom Kern, α = Variationsparameter), so erhält man die Ionisierungsarbeit, also die Differenz der Energie des He-Atoms und des He^+-Ions im Grundzustand als Minimum von $\overline{E}(\alpha)$ mit einem Fehler von nur 7 %. Fügt man zu dieser Exponentialfunktion ein Polynom von r_1 , r_2 und $|\vec{r}_1-\vec{r}_2|$ mit insgesamt 8 Koeffizienten als Variationsparametern hinzu, so erhält man nach Hylleraas[1] für diese Größe praktisch Übereinstimmung mit dem Experiment. Der relative Fehler ist kleiner als 10^{-4} und würde wahrscheinlich auch bei Verwendung von noch mehr Variationsparametern nicht mehr kleiner werden, weil die vernachlässigten relativistischen Effekte in der gleichen Größenordnung liegen.

Nach der gleichen Methode gelang es, durch Berechnung der Energie des Grundzustandes des H_2-Moleküls in Abhängigkeit vom Kernabstand die Dissoziationsarbeit und den mittleren Abstand der Atomkerne im Grundzustand so genau zu berechnen, wie man diese Größen messen kann. Diese Ergebnisse bildeten seinerzeit eine eindrucksvolle Bestätigung der Richtigkeit der quantenmechanischen Ansätze. Alle Versuche einer modellmäßigen Berechnung dieser Grössen vor 1925, also vor Erfindung der Quantenmechanik, waren praktisch gescheitert.

Bei der Berechnung der Grundzustände komplizierterer Atome und Moleküle verwendet man auch heute noch fast ausschließlich das Variationsverfahren. Daraus hat sich inzwischen ein umfangreiches Spezialgebiet der mathematischen Physik entwickelt, in welchem mit Großcomputern

---

[1] E. Hylleraas, Zs.f.Phys.54 (1929) S.347 und 65(1930) S.209.

umfangreiche Rechnungen durchgeführt werden. Die Grundlage dafür wurde ab 1928 von D.R. Hartree[1)] gelegt. Anfangs ging man dabei von der Näherungsannahme aus, daß die Wellenfunktion eines Systems von mehreren Elektronen als Produkt von Einelektronenfunktionen geschrieben werden kann. Für ein System mit 3 Elektronen machte man z.B. mit den drei Ortsfunktionen $u_1(\vec{r})$, $u_2(\vec{r})$, $u_3(\vec{r})$ und beliebigen Spinfunktionen den Ansatz

$$\psi(\vec{r}_1, s_1, \vec{r}_2, s_2, \vec{r}_3, s_3) = C\, u_1(\vec{r}_1)\,\alpha(s_1)\, u_2(\vec{r}_2)\,\beta(s_2)\, u_3(\vec{r}_3)\,\alpha(s_3)\,. \tag{5}$$

Wenn man damit den Erwartungswert (1) der Energie unter Vernachlässigung aller Spinanteile von H berechnet, fallen die Spinfunktionen heraus. Die Forderung, daß der erhaltene Ausdruck bei Variation der einzelnen $u_i(\vec{r})$ ein Minimum ist, liefert dann drei Differentialgleichungen, je eine für eine dieser Funktionen, in denen aber als Koeffizienten noch Integrale über alle $u_i(\vec{r})$ vorkommen. Für die Lösung speziell dieser Integro-Differentialgleichungen wurden seinerzeit die ersten Rechenanlagen gebaut, welche man als die Vorläufer der modernen Computer und Großrechenanlagen bezeichnen kann. Dabei ging man folgendermaßen vor: Man versuchte, den richtigen Verlauf der Lösungsfunktionen zu erraten und berechnete damit die Integrale in den genannten Differentialgleichungen. Dann integrierte man diese numerisch und setzte die erhaltenen Lösungen als neue, verbesserte Schätzfunktionen in die Koeffizientenintegrale ein. Das wurde solange wiederholt, bis sich dabei die Ausgangsfunktionen reproduzierten. Das bezeichnet man als die Methode des "self-consistent-field" (mit sich selbst verträgliches Feld).

---

1) D.R. Hartree, Proc. Cambr.Phil.Soc. 24(1928) S.89 und 111.

Diese Rechnungen haben den Nachteil, daß die benutzten Wellenfunktionen nicht dem Pauliprinzip Rechnung tragen. Deshalb wurde das Verfahren später auf Grund eines Vorschlages von Fock[1)] verbessert, indem an die Stelle von (5) eine in den Koordinaten antisymmetrische Linearkombination angesetzt wurde. Diese kann in Form einer sog. Slater-Determinate geschrieben werden:

$$\psi(\vec{r}_1,s_1,\vec{r}_2,s_2,\vec{r}_3,s_3) = C \begin{vmatrix} u_1(\vec{r}_1)\alpha(s_1) & u_2(\vec{r}_1)\beta(s_1) & u_3(\vec{r}_1)\alpha(s_1) \\ u_1(\vec{r}_2)\alpha(s_2) & u_2(\vec{r}_2)\beta(s_2) & u_3(\vec{r}_2)\alpha(s_2) \\ u_1(\vec{r}_3)\alpha(s_3) & u_2(\vec{r}_3)\beta(s_3) & u_3(\vec{r}_3)\alpha(s_3) \end{vmatrix} \tag{6}$$

Eine Vertauschung der Koordinaten zweier Elektronen in diesem Ausdruck bewirkt eine Vertauschung zweier Zeilen der Determinante und daher einen Vorzeichenwechsel.

Wenn man mit diesem Ausdruck in (1) eingeht und die Variation nach den drei Ortsfunktionen gleich null setzt, erhält man wesentlich kompliziertere, gekoppelte Integro-Differentialgleichungen, die sich aber auch noch numerisch nach dem gleichen Prinzip lösen lassen. In diesem Fall hängt aber die Lösung von der gewählten Spinorientierung ab. Wie im nächsten Paragraphen am Beispiel des Zwei-Elektronen-Systems gezeigt werden soll, müssen aber niemals soviele verschiedene Slater-Determinanten betrachtet werden, wie es verschiedene Sätze von Spinfunktionen in ihnen gibt. Das Ergebnis einer solchen Rechnung bezeichnet man als "self-consistent-field" mit Austausch. Die zu lösenden Integro-Differentialgleichungen bezeichnet man als die Hartree-Fock-Gleichungen. Bei

---

[1)] V. Fock, Zs.f.Phys. 61(1930) S.126 und 62 (1930) S.795.

neueren Rechnungen geht man manchmal noch über diese Ansätze hinaus. Das ist insbesondere bei Molekülen zur Erlangung einer brauchbaren Genauigkeit notwendig. Man setzt dann für die Wellenfunktion eine Linearkombination mehrerer Slater-Determinanten an, deren Auswahl aufgrund allgemeiner Überlegungen über die Elektronenstruktur unter Benutzung gruppentheoretischer Methoden getroffen wird.

§ 30. Das Zwei-Elektronen-System

Für den Spezialfall eines Systems aus nur zwei Elektronen sollen nun einige Eigenschaften von Mehrelektronensystemen näher ausgeführt werden. Wenn man die Wellenfunktionen eines stationären Zustandes mit zwei Elektronen näherungsweise aus Ein-Elektronen-Funktionen aufbaut, gibt es zu den Ortsfunktionen $u(\vec{r})$ und $v(\vec{r})$ bei Berücksichtigung des Spins insgesamt 4 verschiedene Slater-Determinanten, die aber bei Vernachlässigung der magnetischen Effekte nur zu zwei verschiedenen Energiewerten gehören. Das erkennt man sofort, wenn man die 4 Determinanten in solcher Weise zusammenfaßt, daß sie Produkte aus einem nur von $\vec{r}_1$ und $\vec{r}_2$ abhängigen Faktor mal einer nur von s_1 und s_2 abhängigen Spinfunktion werden. Denn der Mittelwert $\bar{E}$ eines nur von den Ortskoordinaten abhängigen Operators H hängt dann nur noch von dem Ortsanteil der Funktion ab, nicht mehr von dem Spinfaktor.

Der besseren Übersichtlichkeit halber seien in dieser Rechnung bei den Koordinaten nur die Indizes angegeben, nicht die Ortsvektoren $\vec{r}$ und Spinvariablen s. Abgekürzt sei also $u(\vec{r}_1)\alpha(s_1) = u\alpha(1)$ geschrieben. An der Bezeichnung ψ für die Slater-Determinanten sollen die zugehörigen Spinstellungen durch die Indizes $\pm$ angegeben werden, und zwar gehört der erste Index zu der Spinrichtung im Zustand u, der zweite zu derjenigen von v. Dann lauten die 4 Funktionen in der geforderten Kombination

$$\Psi_{++} = \frac{1}{\sqrt{2}} \begin{vmatrix} u\alpha(1) & v\alpha(1) \\ u\alpha(2) & v\alpha(2) \end{vmatrix} = \frac{u(1)v(2) - u(2)v(1)}{\sqrt{2}} \cdot \alpha(1)\alpha(2), \quad (1)$$

$$\frac{1}{\sqrt{2}}(\Psi_{+-} + \Psi_{-+}) = \frac{1}{2} \begin{vmatrix} u\alpha(1) & v\beta(1) \\ u\alpha(2) & v\beta(2) \end{vmatrix} + \frac{1}{2} \begin{vmatrix} u\beta(1) & v\alpha(1) \\ u\beta(2) & v\alpha(2) \end{vmatrix}$$
$$= \frac{u(1)v(2) - u(2)v(1)}{\sqrt{2}} \cdot \frac{\alpha(1)\beta(2) + \alpha(2)\beta(1)}{\sqrt{2}}, \quad (2)$$

$$\Psi_{--} = \frac{1}{\sqrt{2}} \begin{vmatrix} u\beta(1) & v\beta(1) \\ u\beta(2) & v\beta(2) \end{vmatrix} = \frac{u(1)v(2) - u(2)v(1)}{\sqrt{2}} \cdot \beta(1)\beta(2), \quad (3)$$

$$\frac{1}{\sqrt{2}}(\Psi_{+-} - \Psi_{-+}) = \frac{1}{2} \begin{vmatrix} u\alpha(1) & v\beta(1) \\ u\alpha(2) & v\beta(2) \end{vmatrix} - \frac{1}{2} \begin{vmatrix} u\beta(1) & v\alpha(1) \\ u\beta(2) & v\alpha(2) \end{vmatrix}$$
$$= \frac{u(1)v(2) + u(2)v(1)}{\sqrt{2}} \cdot \frac{\alpha(1)\beta(2) - \alpha(2)\beta(1)}{\sqrt{2}}. \quad (4)$$

Wenn die Funktionen u und v normiert und orthogonal sind, sind auch die oben angegebenen Funktionen normiert.

Wie man sieht, haben die ersten 3 Funktionen den gleichen, in $\vec{r}_1$ und $\vec{r}_2$ antisymmetrischen Ortsanteil und verschiedene, in s_1 und s_2 symmetrische Spinanteile. Diese Spinfunktionen entsprechen Zuständen mit parallelen Spinmomenten in verschiedener Orientierung im Raum. Diese 3 Zustände zusammen bezeichnet man als einen Triplettzustand. Wenn man die magnetische Wechselwirkung berücksichtigt, besitzen sie im allgemeinen drei nahe beieinanderliegende Energiewerte. In der hier betrachteten Näherung haben sie die gleiche Energie. Die letzte Funktion ist symmetrisch in den Ortskoordinaten $\vec{r}_1$ und $\vec{r}_2$ und antisymmetrisch in den Spinvariablen s_1 und s_2. Das ist ein sog. Singulettzustand, in welchem die Spinmomente antiparallel sind. Er ändert sich bei einer gemeinsamen Drehung der beiden Spinmomente im Raum nicht. Wenn $u(\vec{r}) = v(\vec{r})$ ist, existiert natürlich nur der Singulettzustand.

Über die Energie dieser Zustände lassen sich nun die folgenden beiden, allgemeinen Aussagen machen:
1) Die Hundsche Regel. Wenn $u(\vec{r})$ und $v(\vec{r})$ orthogonal sind, ist der Mittelwert der Energie des Triplettzustandes kleiner als der des Singulettzustandes. Der mathematische Nachweis dafür ist in § 30a wiedergegeben. Hier sei dieses Ergebnis lediglich qualitativ begründet. Eine in den Ortskoordinaten antisymmetrische Funktion verschwindet für $\vec{r}_1 = \vec{r}_2$ und ist aus Stetigkeitsgründen klein, wenn sich $\vec{r}_1$ und $\vec{r}_2$ nur wenig unterscheiden. Nun ist aber $|\Psi(\vec{r}_1,\vec{r}_2)|^2 d^3x_1\, d^3x_2$ die Wahrscheinlichkeit, das eine Elektron im Volumenelement d^3x_1 und das andere gleichzeitig im Volumenelement d^3x_2 zu finden. Diese Wahrscheinlichkeit sinkt also in einem Triplettzustand bei Annäherung der Elektronen auf null ab. Die Bewegungen der beiden Elektronen sind demnach

so korreliert, daß sie niemals am gleichen Ort zusammentreffen, obwohl bei dieser Rechnung ihre gegenseitige Abstoßung noch gar nicht berücksichtigt wurde. Da ihre Wechselwirkungsenergie aber positiv ist und mit abnehmendem Abstand proportional zu $1/|\vec{r}_1 - \vec{r}_2|$ anwächst, ist ihr Mittelwert im Triplettzustand kleiner, als er das bei unkorrelierter Bewegung mit gleicher mittlerer Verteilung der einzelnen Elektronen sein würde. Das bedeutet: Die elektrostatische Wechselwirkung der Elektronen begünstigt bei der Bewegung der beiden Elektronen auf verschiedenen Bahnen die Parallelstellung ihrer Spins. Diese Art der Wechselwirkung bezeichnet man als Austauschwechselwirkung, weil sie mit der Symmetrie der Wellenfunktion gegenüber Austausch der Elektronenkoordinaten zusammenhängt.

Ein einfaches Beispiel möge die Bedeutung dieser Austauschwechselwirkung erläutern. Wenn man in einem O_2-Molekül näherungsweise die Bewegungen der Elektronen als unabhängig voneinander im gleichen mittleren Kraftfeld der Kerne und der anderen Elektronen behandelt, befinden sich im Grundzustand die beiden energetisch höchsten Elektronen in einem Zustand mit einer Bahndrehimpulskomponente in Richtung der Kernverbindungsachse, einem sog. π-Zustand. Dieser ist zweifach, da die beiden Umlaufrichtungen der Elektronenbewegung energetisch gleichwertig sind. Die beiden Elektronen in diesen Zuständen können nun entweder beide im gleichen Sinne umlaufen - und dann müssen ihre Spins wegen des Pauli-Prinzips antiparallel stehen - oder sie können in entgegengesetzten Richtungen umlaufen, - dann können ihre Spins sowohl antiparallel als auch parallel zueinander stehen. Die Austauschwechselwirkung bewirkt, daß der letzte dieser genannten Zustände energetisch am tiefsten liegt. Im

Grundzustand hat deshalb das O_2-Molekül ein magnetisches Spinmoment. Sauerstoffgas ist daher paramagnetisch.

Allgemein gilt: Wenn sich mehrere Elektronen in energetisch-gleichwertigen Einelektronenzuständen befinden, stellen sich im Grundzustand ihre Spins parallel, soweit das mit dem Pauliprinzip verträglich ist. Das bezeichnet man als die Hundsche Regel. Dieser Effekt ist auch die Ursache des Ferromagnetismus. Darauf aber wird sogleich noch näher eingegangen werden. Man beachte, daß es sich dabei um eine Wirkung der elektrostatischen Abstoßung der Elektronen handelt, welche mittelbar wegen der Gültigkeit des Pauliprinzips die Spinstellung beeinflußt. Bei den Nukleonen, welche sich gegenseitig anziehen, ist die Wirkung umgekehrt. Bei ihnen begünstigt ihre Wechselwirkung die Antiparallelstellung der Spins. Damit hängt es zusammen, daß alle sogenannten ($\mathfrak{g}, \mathfrak{g}$)-Kerne, in denen sowohl die Protonenzahl als auch die Neutronenzahl gerade ($\mathfrak{g}$) ist, im Grundzustand kein resultierendes Spinmoment besitzen.

2) Der Grundzustand als Singulettzustand. Wenn es in einem Mehrelektronensystem energetisch nah benachbarte nichtentartete Einelektronenzustände gibt, läßt sich schwer abschätzen, ob im Grundzustand die tiefsten von ihnen je doppelt mit antiparallelem Spin besetzt werden oder einige der angeregten Einelektronenzustände einfach, so daß sich in ihnen die Spins infolge der Austauschwechselwirkung parallel stellen. In einem Zwei-Elektronen-System liegen die Dinge aber in dieser Hinsicht einfach. Hier gilt: Der Grundzustand eines Zwei-Elektronen-Systems ist bei Vernachlässigung der magnetischen Wechselwirkung, aber sonst exakter Rechnung stets ein Singulettzustand. Allenfalls kann ein Triplettzu-

stand zufällig genau die gleiche Energie besitzen. Er kann aber niemals energetisch tiefer liegen.

Die fehlende Einsicht in die Gültigkeit dieses Gesetzes hat Jahrzehnte lang in der Theorie des Ferromagnetismus zu allerlei Trugschlüssen Anlaß gegeben. Dort versuchte man lange, den Ferromagnetismus durch eine Verallgemeinerung der Heitler-Londonschen Theorie des H_2-Moleküls zu erklären. In dieser Rechnung wird der Zwei-Elektronen-Zustand näherungsweise mit Hilfe der obigen Formeln (1) bis (4) beschrieben, aber mit zwei nichtorthogonalen Atomfunktionen an Stelle der Funktionen u und v. Dann läßt sich ohne numerische Rechnung nicht sagen, welcher der beiden Zustände den kleineren Mittelwert der Energie besitzt. Das in dieser Rechnung für die Aufspaltung maßgebende Austauschintegral wechselt mit wachsendem Atomabstand sein Vorzeichen und führt zu der (falschen) Aussage, daß bei großem Kernabstand der Triplettzustand energetisch am tiefsten läge. In diesem Falle ist also diese Näherung so schlecht, daß sie sogar eine falsche Reihenfolge der Terme liefert. Auf dieser Basis kann man also den Ferromagnetismus nicht erklären. In Wirklichkeit muß man stets das Zusammenwirken von mehr als zwei Elektronen berücksichtigen, denn ein Grundzustand mit nichtverschwindendem Spinmoment tritt nur auf, wenn wie beim O_2-Molekül die einfachen, energetisch tiefsten Einelektronenzustände doppelt besetzt sind und höhere, entartete Zustände einfach mit mehreren Elektronen. Damit hängt es auch zusammen, daß Ferromagnetismus anscheinend niemals bei einwertigen Metallen auftritt, sondern nur bei Metallen der Übergangsreihen mit unvollständig-besetzten 3d-, 4d-, 5d- und 4f- Schalen.

Der Beweis für den oben genannten Satz gelingt mit Hilfe des in § 29 erklärten Variationsprinzips. Dazu beachte man, daß der bei der kinetischen Energie auftretende Mittelwert von P_x^2 wegen der Hermitizität von P_x auch in der Form $\langle P_x\psi | P_x\psi\rangle$ geschrieben werden kann. Bezeichnet man außerdem die 6 Komponenten der Ortsvektoren $\vec{r}_1$ und $\vec{r}_2$ zusammen einfach durchlaufend mit x_1 bis x_6, so lautet $\overline{E}$ bei Verwendung der Ortsdarstellung

$$\overline{E} = \langle\psi|H|\psi\rangle = \iiiint\!\!\iint_{x_1,\dots x_6=-\infty}^{+\infty} \left\{\frac{\hbar^2}{2m}\sum_{j=1}^{6}\left|\frac{\partial\psi}{\partial x_j}\right|^2 + E_{pot}(\vec{r}_1,\vec{r}_2)|\psi|^2\right\} d^6x_j \,. \quad (5)$$

Im energetisch tiefsten Zustand nimmt dieser Ausdruck den kleinsten Wert an, der mit einer normierten Funktion $\psi(\vec{r}_1, \vec{r}_2)$ erreicht werden kann. Nun sei $\psi = u_a(\vec{r}_1,\vec{r}_2)$ diejenige in $\vec{r}_1$ und $\vec{r}_2$ antisymmetrische normierte Funktion, welche für dieses Integral den kleinsten, mit antisymmetrischen Funktionen erreichbaren Wert liefert, also die exakte Wellenfunktionen des energetisch tiefsten Triplettzustandes. Diese Funktion verschwindet für $\vec{r}_1 = \vec{r}_2$ und kann nicht überall reell-positiv sein. Daraus kann man nun durch Übergang zum Absolutwert eine gegen die Vertauschung von $\vec{r}_1$ und $\vec{r}_2$ symmetrische Näherungsfunktion für den Singulettzustand machen:

$$\psi = u_s(\vec{r}_1,\vec{r}_2) = |u_a(\vec{r}_1,\vec{r}_2)| \,. \quad (6)$$

Diese liefert beim Einsetzen an Stelle von ψ in (5) offenbar denselben Mittelwert von E wie u_a und ist auch normiert.

Nun gibt es zwei Möglichkeiten. Die erste ist, daß dieses $u_s(\vec{r}_1, \vec{r}_2)$ nicht den kleinsten Wert von $\overline{E}$ liefert. Dann muß es eine andere, in $\vec{r}_1$ und $\vec{r}_2$ symmetrische Funktion mit kleinerem $\overline{E}$ geben, d.h. dann liegt der energetisch tiefste Singulettzustand tiefer als der tiefste Triplettzustand. Die zweite Möglichkeit ist, daß das obige $u_s(\vec{r}_1, \vec{r}_2)$ genau das absolute Minimum von $\overline{E}$ für symmetrische Wellenfunktionen liefert. Dann fällt der energetisch tiefste Singulettzustand mit dem tiefsten Triplettzustand exakt zusammen. Das aber kommt in Wirklichkeit nur vor, wenn zwischen den beiden Elektronen gar keine Wechselwirkung besteht, weil sie etwa weit voneinander entfernt sind. Eine einfache Zwei-Elektronen-Wechselwirkung liefert also keine Erklärung für die Ausrichtung der Spinmomente vieler Elektronen in den ferromagnetischen Substanzen.

Erläuterungen und Ergänzungen zu Kapitel VI

§ 29a. Berechnung des Minimums der Energie

Setzt man in (§ 29;1) für $|\psi\rangle$ den Ausdruck $|\psi_0 + \lambda\varphi\rangle$ ein, so ergibt sich beim Ausmultiplizieren der skalaren Produkte

$$\overline{E} = \frac{\langle\psi_0|H|\psi_0\rangle + \lambda^*\langle\varphi|H|\psi_0\rangle + \lambda\langle\psi_0|H|\varphi\rangle + \lambda\lambda^*\langle\varphi|H|\varphi\rangle}{\langle\psi_0|\psi_0\rangle + \lambda^*\langle\varphi|\psi_0\rangle + \lambda\langle\psi_0|\varphi\rangle + \lambda\lambda^*\langle\varphi|\varphi\rangle} . \quad (1)$$

Die Ableitung nach dem Realteil λ_r von $\lambda = \lambda_r + i\lambda_i$ ist bei λ und λ^* gleich 1 und bei $\lambda\lambda^* = \lambda_r^2 + \lambda_i^2$ gleich $2\lambda_r$. Die Ableitung von $\overline{E}$ nach λ_r beträgt daher bei $\lambda = 0$

$$\left(\frac{\partial\overline{E}}{\partial\lambda_r}\right)_{\lambda=0} = \frac{\langle\psi_0|\psi_0\rangle\{\langle\varphi|H|\psi_0\rangle + \langle\psi_0|H|\varphi\rangle\} - \langle\psi_0|H|\psi_0\rangle\{\langle\varphi|\psi_0\rangle + \langle\psi_0|\varphi\rangle\}}{\langle\psi_0|\psi_0\rangle^2} . \quad (2)$$

Die Ableitung von λ nach λ_i ist gleich i, diejenige von λ^* gleich $-i$ und diejenige von $\lambda\lambda^*$ gleich $2\lambda_i$. Daher erhält man

$$\left(\frac{\partial\overline{E}}{\partial\lambda_i}\right)_{\lambda=0} = \frac{\langle\psi_0|\psi_0\rangle\{-i\langle\varphi|H|\psi_0\rangle + i\langle\psi_0|H|\varphi\rangle\} - \langle\psi_0|H|\psi_0\rangle\{-i\langle\varphi|\psi_0\rangle + i\langle\psi_0|\varphi\rangle\}}{\langle\psi_0|\psi_0\rangle^2} . \quad (3)$$

Daraus folgt

$$\left(\frac{\partial\overline{E}}{\partial\lambda_r} + i\frac{\partial\overline{E}}{\partial\lambda_i}\right)_{\lambda=0} = \frac{\langle\psi_0|\psi_0\rangle\langle\varphi|H|\psi_0\rangle - \langle\psi_0|H|\psi_0\rangle\langle\varphi|\psi_0\rangle}{\langle\psi_0|\psi_0\rangle^2} \quad (4)$$

Setzt man beide Ableitungen gleich null und schreibt zur Abkürzung

$$E_0 = \frac{\langle\psi_0|H|\psi_0\rangle}{\langle\psi_0|\psi_0\rangle}, \tag{5}$$

so ergibt sich daraus

$$\langle\varphi|H|\psi_0\rangle - E_0\langle\varphi|\psi_0\rangle = 0. \tag{6}$$

Das kann man wie in (§ 28;2) zu dem Ausdruck $\langle\varphi|H\psi_0 - E_0\psi_0\rangle = 0$ zusammenziehen.

In manchen Lehrbüchern wird dasselbe etwas einfacher in der Weise berechnet, daß man λ und λ^* als zwei unabhängige Variablen betrachtet und dann die Ableitung von (1) nach λ bei festem λ^* bildet. Das führt zwar auch zum richtigen Ergebnis, ist aber mathematisch fehlerhaft. Man kann gar nicht λ verändern, während λ^* fest bleibt, es sei denn, man verletzt die Bedingung, daß λ^* das konjugiert-komplexe von λ ist. Wenn das aber nicht mehr der Fall ist, gilt die Ausgangsformel (1) gar nicht mehr.

§ 30a. Die Energiedifferenz zwischen Singulett- und Triplett-Term

Der besseren Übersichtlichkeit halber werde hier unter dem Symbol $\langle\ |\ \rangle$ im folgenden nur die Integration über die Koordinaten eines Ortsvektors verstanden. Die Integration über alle Komponenten der beiden Ortsvektoren $\vec{r}_1$ und $\vec{r}_2$ werde mit $\langle\!\langle\ |\ \rangle\!\rangle$ bezeichnet. Die Mittelwerte der Energie in der in § 30 betrachteten Näherung in dem Triplettzustand (Index t, oberes Vorzeichen) und in dem Singulettzustand (Index s, unteres Vorzeichen) betragen

$$\overline{E}_{t \atop s} = \frac{1}{2}\langle\!\langle u(1)v(2) \mp u(2)v(1)|H|u(1)v(2) \mp u(2)v(1)\rangle\!\rangle. \tag{1}$$

Nun beachte man, daß H gegen eine Vertauschung der Ortsvektoren $\vec{r}_1$ und $\vec{r}_2$ invariant ist. Eine Vertauschung der Bezeichnungen der Variablen $\vec{r}_1$ und $\vec{r}_2$ verändert aber ein skalares Produkt der obigen Form nicht, weil das nur einer Umbenennung der Integrationsvariablen entspricht. Deshalb ergeben sich beim Ausmultiplizieren des obigen Ausdrucks jeweils zwei paarweise identische Summanden. Faß man diese gleich zusammen, so ergibt sich

$$E_{\substack{t\\s}} = \langle\!\langle u(1)v(2)|H|u(1)v(2)\rangle\!\rangle \mp \langle\!\langle u(2)v(1)|H|u(1)v(2)\rangle\!\rangle . \tag{2}$$

Nun zerlegt man H in drei Summanden:

$$H = H_1 + H_2 + W . \tag{3}$$

Von diesen sei H_1 ein Operator, der nur auf Funktionen von $\vec{r}_1$ wirkt; H_2 wirkt entsprechend nur auf Funktionen von $\vec{r}_2$. W ist die elektrostatische Wechselwirkung der beiden Elektronen:

$$W = \frac{e^2}{4\pi\varepsilon_0 |\vec{r}_1 - \vec{r}_2|} . \tag{4}$$

Beachtet man ferner, daß wegen der Orthogonalität und Normierung von u und v die folgenden Gleichungen gelten

$$\langle u(1)|u(1)\rangle = \langle v(2)|v(2)\rangle = 1, \quad \langle u(1)|v(1)\rangle = 0, \tag{5}$$

so ergibt sich beim Einsetzen von (3) in (2)

$$\begin{aligned} E_{\substack{t\\s}} = {} & \langle u(1)|H_1|u(1)\rangle + \langle v(2)|H_2|v(2)\rangle + \langle\!\langle u(1)v(2)|W|u(1)v(2)\rangle\!\rangle \\ & \mp \langle\!\langle u(2)v(1)|W|u(1)v(2)\rangle\!\rangle . \end{aligned} \tag{6}$$

Die Energiedifferenz $E_s - E_t$ ist also gleich dem doppelten des folgenden Integrals A, welches Austauschintegral genannt wird:

$$\frac{1}{2}(E_s - E_t) = A = \langle\!\langle u(2)\,v(1)|\mathbf{W}|u(1)\,v(2)\rangle\!\rangle . \tag{7}$$

Jetzt soll bewiesen werden, daß dieses Integral stets positiv (oder null) ist. Dabei ist zu beachten, daß der Operator $\mathbf{W}$ in der Ortsdarstellung nur eine Multiplikation mit einer gegen die Vertauschung von $\vec{r}_1$ und $\vec{r}_2$ symmetrischen Funktion bedeutet. Daraus folgt zunächst, daß A reell ist. Zerlegt man nämlich $\overset{*}{v}(1)\,u(1)$ in Real- und Imaginärteil,

$$\overset{*}{v}(1)\,u(1) = R(\vec{r}_1) + i\,I(\vec{r}_1), \tag{8}$$

so erhält man

$$\begin{aligned} A = &\iiint_{\vec{r}_1}\iiint_{\vec{r}_2}\big(R(\vec{r}_1)R(\vec{r}_2) + I(\vec{r}_1)\,I(\vec{r}_2)\big)\mathbf{W}\,d^3x_1\,d^3x_2 \\ &+ i\iiint_{\vec{r}_1}\iiint_{\vec{r}_2}\big(I(\vec{r}_1)\,R(\vec{r}_2) - I(\vec{r}_2)R(\vec{r}_1)\big)\mathbf{W}\,d^3x_1\,d^3x_2 . \end{aligned} \tag{9}$$

Der zweite Summand verschwindet in diesem Ausdruck, weil eine Vertauschung von $\vec{r}_1$ und $\vec{r}_2$ einerseits wie jede Substitution den Wert des Integrals unverändert läßt und andererseits das Vorzeichen des Integranden umkehrt. Also ist dieses Integral seinem Negativen gleich.

Das Integral in der 1. Zeile von (9) besteht aus zwei gleichgebauten Summanden, welche beide als die elektrostatische Wechselwirkung einer Ladungswolke mit der Raumladungsdichte $\varrho = eR(\vec{r})$ bzw. $eI(\vec{r})$ mit sich selbst angesehen werden können, und diese Wechselwirkung ist stets positiv. Mathematisch beweist man das durch Einführung des elektrostatischen Potentials dieser Ladungswolke, also z.B. bei der ersten

$$\Phi(\vec{r}_1) = \frac{1}{4\pi\varepsilon_0}\iiint_{\vec{r}_2}\frac{eR(\vec{r}_2)}{|\vec{r}_1 - \vec{r}_2|}\,d^3x_2 . \tag{10}$$

Diese Funktion genügt bekanntlich wie jedes elektrostatische Potential der Poissonschen Differentialgleichung

$$\nabla_1^2 \Phi(\vec{r}_1) = \frac{\partial^2 \Phi}{\partial x_1^2} + \frac{\partial^2 \Phi}{\partial y_1^2} + \frac{\partial^2 \Phi}{\partial z_1^2} = -\frac{e R(\vec{r}_1)}{\varepsilon_0} . \tag{11}$$

Damit erhält man für den ersten Teil A_1 von A :

$$\begin{aligned} A_1 &= \frac{e^2}{4\pi\varepsilon_0} \iiint\limits_{\vec{r}_1} \iiint\limits_{\vec{r}_2} \frac{R(\vec{r}_1) R(\vec{r}_2)}{|\vec{r}_1 - \vec{r}_2|} d^3x_1 d^3x_2 = e \iiint\limits_{\vec{r}_1} R(\vec{r}_1) \Phi(\vec{r}_1) d^3x_1 \\ &= -\varepsilon_0 \iiint\limits_{\vec{r}_1} \Phi(\vec{r}_1) \nabla_1^2 \Phi(\vec{r}_1) d^3x_1 . \end{aligned} \tag{12}$$

Da $\Phi(\vec{r}_1)$ im Unendlichen verschwindet, sind die ausintegrierten Teile bei einer partiellen Integration dieser Ausdrücke gleich null. Daher folgt

$$A_1 = \varepsilon_0 \iiint\limits_{\vec{r}_1} \left\{ \left(\frac{\partial \Phi}{\partial x_1}\right)^2 + \left(\frac{\partial \Phi}{\partial y_1}\right)^2 + \left(\frac{\partial \Phi}{\partial z_1}\right)^2 \right\} d^3x_1 \geq 0 . \tag{13}$$

Genauso zeigt man, daß auch der zweite Teil von A positiv oder allenfalls null ist.

Fragen und Aufgaben zu Kapitel VI

Fragen

1) Wie lautete das allgemeine Pauliprinzip für Elektronen?
2) Was ist ein Fermion?
3) Was ist ein Boson?
4) Welcher Zusammenhang besteht zwischen der Statistik und der Spindrehimpulsquantenzahl?
5) Welches ist das leichteste Boson unter den Atomkernen?
6) Was ist ein Quartett-Term?
7) Welches ist das leichteste Atom, in welchem der Grundzustand der Elektronenhülle ein Quartett-Term ist?
8) Was versteht man unter einer Slater-Determinante?
9) Was bezeichnet man als ein "self-consistent-field"?
10) Kann es vorkommen, daß der energetisch tiefste Term eines 2-Elektronensystems bei Vernachlässigung der magnetischen Wechselwirkungen ein Triplett-Term ist?
11) Warum liegt ein Triplett-Term in der Elektronenhülle stets energetisch tiefer als der Singulett-Term mit der gleichen Konfiguration?
12) Was versteht man unter einer Austausch-Wechselwirkung?
13) Begünstigt die Austauschwechselwirkung zwischen zwei Elektronen die Parallelstellung oder die Antiparallelstellung der Elektronenspins?
14) Beruht die Austauschwechselwirkung zwischen den Elektronen auf einer elektrostatischen oder einer magnetischen Wechselwirkung?
15) Begünstigt die Austauschwechselwirkung zwischen den Nukleonen im Atomkern die Parallelstellung oder die Antiparallelstellung der Kernspin-Drehmomente?
16) Welche Wechselwirkung zwischen den Elektronen verursacht den Ferromagnetismus?

Aufgaben

1) Berechnen Sie die mittlere kinetische und die mittlere potentielle Energie des Elektrons im H-Atom für eine normierte Wellenfunktion der Form $|1s\rangle = C\exp(-\alpha r/a_0)$. Zeigen Sie, daß die kinetische Energie proportional zu α^2, die potentielle Energie dagegen proportional zu α ist. Für welches α wird das Minimum erreicht? (a_0 = Bohrscher Radius = $4\pi\varepsilon_0\hbar^2/(me^2)$).

2) Im He-Atom kann die Wellenfunktion des Grundzustandes näherungsweise als Produkt zweier gleicher, normierter Einelektronen-Wellenfunktion der Form $|1s\rangle = C\exp(-\alpha r/a_0)$ geschrieben werden. Berechnen Sie den Wert von α, der das Minimum der Gesamtenergie liefert und daraus näherungsweise die Ionisierungsenergie des He-Atoms. Zum Vergleich: Der gemessene Wert beträgt 24,46 eV.

3) Der Grundzustand des Triplett-Systems der Elektronenterme des He-Atoms hat die Konfiguration $(1s)(2s)\,^3S$. Seine Wellenfunktion kann als antisymmetrische Linearkombination der Produkte zweier Einelektronen-Wellenfunktionen der Form

$$|1s\rangle = C\exp(-\alpha r/a_0) \quad \text{und} \quad |2s\rangle = D(1-\gamma r/a_0)\exp(-\beta r/a_0)$$

geschrieben werden. Die Konstanten C und D ergeben sich dabei aus der Normierung und γ aus der Orthogonalität.

a) Berechnen Sie die mittlere Energie dieses Zustandes als Funktion der freien Parameter α und β. Dabei kann die mittlere kinetische Energie in der Form $E_{kin} = \alpha^2 E_0 \cdot P(\beta/\alpha)$ geschrieben werden und die mittlere potentielle Energie in der Form $E_{pot} = -\alpha E_0 \cdot Q(\beta/\alpha)$. $P(z)$ und $Q(z)$ sind darin gebrochen-rationale Funktionen des Verhältnisses $z = \beta/\alpha$.

b) Bestimmen Sie das Minimum der Energie bei Variation der Parameter α und β. Berechnen Sie aus dem Ergebnis die Energie zur Ionisierung eines Elektrons aus dem Zustand ^3S heraus. Zum Vergleich: Experimentelles Ergebnis: 4,75 eV.

c) Berechnen Sie mit den erhaltenen Parametern zum Energieminimum des ^3S-Terms das Austauschintegral und damit näherungsweise die Differenz zwischen den Termen ^3S und ^1S. Zum Vergleich: Diese Differenz beträgt experimentell 0,8eV.

Kapitel VII. Quantelung des Wellenmodells

Inhalt

Für die Elektronen wird ein Wellenmodell mit der komplexen Wellenfunktion χ und der kontinuierlich verteilten Raumladungsdichte $\varrho = -|\chi|^2$ betrachtet. Seine Bewegungsgleichung lautet

$$i\frac{\partial\chi}{\partial t} = -\frac{\alpha\beta}{2}\nabla^2\chi - \frac{U(\vec{r})}{\beta}\chi \tag{1}$$

($\alpha = e/m$; $\beta = \hbar/e$). Darin ist $U(\vec{r})$ das elektrostatische Potential, welches sich folgendermaßen aus dem Beitrag $U_0(\vec{r})$ der Atomkerne und demjenigen der Elektronenwelle zusammensetzt:

$$U(\vec{r}) = U_0(\vec{r}) - \iiint_{\vec{r}'} \frac{|\chi(\vec{r}')|^2}{4\pi\varepsilon_0|\vec{r}-\vec{r}'|} d^3x'. \tag{2}$$

Diese Gleichungen nehmen kanonische Form an mit den kanonisch-konjugierten Variablen p_j , q_j , wenn man Real- und Imaginärteil von $\chi = \chi_r + i\chi_i$ nach den reellen Funktionen $u_j(\vec{r})$ eines vollständigen Orthonormalsystems in folgender Weise entwickelt:

$$\chi_r = \frac{1}{\sqrt{2\beta}}\sum_{j=1}^{\infty} u_j(\vec{r})\, q_j(t) ; \qquad \chi_i = \frac{1}{\sqrt{2\beta}}\sum_{j=1}^{\infty} u_j(\vec{r}) p_j(t). \tag{3}$$

Die zugehörige, implizit von den p_j, q_j abhängige Hamiltonfunktion lautet

$$H = \iiint_{\vec{r}}\left\{\frac{\alpha\beta^2}{2}|\mathrm{grad}\,\chi|^2 - U_0(\vec{r})|\chi|^2\right\}d^3x + \frac{1}{2}\iiint_{\vec{r}}\iiint_{\vec{r}'}\frac{|\chi(\vec{r})|^2\,|\chi(\vec{r}')|^2}{4\pi\varepsilon_0|\vec{r}-\vec{r}'|}d^3x\, d^3x'. \tag{4}$$

Die Gesamtladung der Welle beträgt

$$Q = -\iiint_{\vec{r}}|\chi(\vec{r})|^2 d^3x = -\frac{1}{2\beta}\sum_{j=1}^{\infty}(p_j^2 + q_j^2). \tag{5}$$

Bei der Quantelung ersetzt man die p_j, q_j durch selbstadjungierte Operationen P_j, Q_j mit den Vertauschungsrelationen

$$P_j Q_k - Q_k P_j = \frac{\hbar}{i}\delta_{jk} . \tag{6}$$

Daraus ergeben sich die folgenden Konsequenzen:
1) Die Eigenwerte des Operators $\mathbf{Q}$ zur Gesamtladung Q sind die ganzzahligen Vielfachen $-ne$ der negativen Elementarladung $\hbar/\beta = e$. Die ganze Zahl n wird als Teilchenzahl gedeutet.
2) Der Operator $\Psi(\vec{r})$ zur Funktion $\psi = \chi/\sqrt{e}$, deren Absolutwertquadrat die Teilchendichte ist, genügt zusammen mit seinen adjungierten $\Psi^+(\vec{r})$ der folgenden Vertauschungsrelation

$$\Psi(\vec{r})\,\Psi^+(\vec{r}') - \Psi^+(\vec{r}')\,\Psi(\vec{r}) = \delta(\vec{r}-\vec{r}')\,. \tag{7}$$

$\Psi(\vec{r})$ und $\Psi(\vec{r}')$ sind für alle $\vec{r}$ und $\vec{r}'$ vertauschbar.
3) Der Hamiltonoperator ist mit dem Operator $\mathbf{Q}$ zur Gesamtladung Q vertauschbar. Seine Anwendung auf ein beliebiges Zustandselement ändert die Teilchenzahl nicht. $\Psi^+(\vec{r})$ erhöht sie um 1, $\Psi(\vec{r})$ vermindert sie um 1.
4) Ist $|0\rangle$ das Zustandselement zum Vakuumzustand $n = 0$, so lautet das allgemeinste Zustandselement mit einem Teilchen

$$|f(\vec{r}),1\rangle = \iiint\limits_{\vec{r}} f(\vec{r})\,\Psi^+(\vec{r})\,|0\rangle\, d^3x\,. \tag{8}$$

Die zeitliche Änderung seiner Amplitudenfunktion $f(\vec{r},t)$ ist durch die Schrödingergleichung für ein Teilchen mit der potentiellen Energie $-eU_0(\vec{r})$ gegeben. Die Rückwirkung der Welle auf sich selbst fällt heraus.
5) Das allgemeinste Zustandselement zu zwei Teilchen lautet

$$|g(\vec{r}_1,\vec{r}_2),2\rangle = \frac{1}{\sqrt{2}}\iiint\limits_{\vec{r}_1}\iiint\limits_{\vec{r}_2} g(\vec{r}_1,\vec{r}_2,t)\,\Psi^+(\vec{r}_1)\,\Psi^+(\vec{r}_2)\,|0\rangle\, d^3x_1\, d^3x_2 \tag{9}$$

mit einer gegen eine Vertauschung der Ortsvektoren $\vec{r}_1$ und $\vec{r}_2$ symmetrischen Wellenfunktion $g(\vec{r}_1,\vec{r}_2,t)$. Sie genügt der Schrödingergleichung für zwei Teilchen in der Ortsdarstellung mit der Wechselwirkungsenergie $e^2/(4\pi\varepsilon_0|\vec{r}_1-\vec{r}_2|)$.

Die Quantelung des Wellenfeldes liefert also die Quantenmechanik der Partikel, allerdings nur für spinlose Boseteilchen. Um die Quantenmechanik für Elektronen bzw. für Fermionen mit der Spinquantenzahl $s = 1/2$ zu erhalten, muß man das klassische Modell erweitern durch Hinzufügen der Spinvariablen $s = \pm 1$. Ferner ist (7) zu ersetzen durch die Vertauschungsrelation der Plusquantelung

$$\Psi(\vec{r},s)\,\Psi^+(\vec{r}',s') + \Psi^+(\vec{r}',s')\,\Psi(r,s) = \delta_{s's}\,\delta(\vec{r}'-\vec{r})\,. \tag{10}$$

$\Psi(\vec{r},s)$ und $\Psi(\vec{r}',s')$ sind für alle $\vec{r},s$ und $\vec{r}',s'$ antikommutativ. Dann ergibt sich für die Amplitudenfunktion $g(\vec{r}_1,s_1,\vec{r}_2,s_2,t)$ eines Zwei-Teilchen-Zustandes wieder die gewöhnliche Schrödingergleichung mit der oben genannten Wechselwirkung, aber mit der Zusatzforderung, daß sie antisymmetrisch gegen eine Vertauschung von $\vec{r}_1, s_1$ mit $\vec{r}_2, s_2$ ist, die zugehörigen Teilchen also dem Pauliprinzip genügen.

§ 31. Das Wellenmodell der Elektronen

Um zu zeigen, daß die Quantenmechanik das Partikelmodell und das Wellenmodell der Materie in konsistenter Weise vereinigt, soll in diesem Kapitel das Wellenmodell der Elektronen nach der in § 23 geschilderten Methode quantisiert werden. Es wird sich zeigen, daß diese Rechnung auf die gleiche Quantenmechanik wie das Partikelmodell führt.

Das Wellenmodell geht von der Vorstellung aus, daß die Elektronenmaterie kontinuierlich verteilt ist. Die Partikeleigenschaften kommen erst durch die Quantisierung hinein. Meist beschreibt man die Materieverteilung durch eine komplexe Wellenfunktion. Das geschieht aber nur der Einfachheit halber. Man kann auch alles reell durch Real- und Imaginärteil der Wellenfunktion ausdrücken. Das soll hier geschehen, um deutlich zu machen, daß die Wellenfunktion in diesem Modell eine Observable, also eine beobachtbare Größe ist. Sie ist allerdings nicht unmittelbar meßbar, kann aber ähnlich wie das elektromagnetische Potential nach Verfügung über gewisse Randwerte aus meßbaren Größen ausgerechnet werden. Das wurde bereits in Bd. I (vgl.Bd.I, § 41) ausführlich erläutert.

Die Wellenfunktion soll im folgenden mit $\chi = \chi_r + i\chi_i$ (χ_r, χ_i reell) bezeichnet werden, obwohl in der Literatur dafür meist der Buchstabe ψ verwendet wird. Dadurch soll die Verwechslung dieser Größe mit der Wahrscheinlichkeitsamplitude in der Ortsdarstellung der Quantenmechanik des Partikels verhindert werden. Letztere ist keine Observable, sondern ein formales mathematisches Hilfsmittel zur Beschreibung des Zustandes eines

Partikels. Der übliche Name "zweite Quantelung" für den im folgenden beschriebenen Quantisierungsprozeß des Wellenmodells beruht auf derselben Verwechslung. Der Übergang vom Partikelmodell zum Wellenmodell bedeutet - entgegen einer verbreiteten irrtümlichen Ansicht - keine Quantisierung, sondern eine Abänderung der Modellvorstellung. Das soll hier noch weiter dadurch hervorgehoben werden, daß die Wellenfunktion χ anders normiert werden soll als die Wahrscheinlichkeitsamplitude ψ.

Die Wellengleichung, welche den folgenden Betrachtungen zu Grunde liegt, lautet in reeller Schreibweise (vgl. Bd. I, § 41;3)

$$\begin{aligned} \frac{\partial \chi_r}{\partial t} &= -\left(\frac{\alpha\beta}{2}\nabla^2\chi_i + \frac{U(\vec{r})}{\beta}\chi_i\right), \\ \frac{\partial \chi_i}{\partial t} &= +\left(\frac{\alpha\beta}{2}\nabla^2\chi_r + \frac{U(\vec{r})}{\beta}\chi_r\right). \end{aligned} \tag{1}$$

Darin bedeutet $U(\vec{r})$ das Potential des elektrischen Feldes. Ein Magnetfeld soll nicht vorhanden sein. α und β sind zwei durch makroskopische Messungen bestimmbare Konstanten. Meist schreibt man für sie

$$\alpha = \frac{e}{m} \quad , \quad \beta = \frac{\hbar}{e} \quad . \tag{2}$$

Damit werden anscheinend schon Elemente des Partikelmodells, nämlich die Elementarladung e und die Masse m des Elektronenpartikels sowie die quantenmechanische Grundkonstante $\hbar$ in die Betrachtung eingeführt. Das ist aber nicht der Fall (vgl. Bd.I, § 20 und 28). α kann als Quotient aus der Ladung e eines beliebigen, viele Elektronen umfassenden Wellenpakets und der Masse m der im gleichen Paket enthaltenen Materie aufgefaßt werden. β ist der Differentialquotient der Gegenspannung, welche beim Photoeffekt den Elektronenstrom gerade zu null macht, nach der Kreisfrequenz ω des den Photostrom auslösenden Lichtes. Auch diese Konstante kann also ohne Bezugnahme auf die Partikeleigenschaften von Licht- und Elektronenstrahlen allein mit den Begriffen des Wellenmodells erklärt und gemessen werden.

Die obige Wellengleichung (1) ist eine naheliegende Verallgemeinerung der experimentell bestätigten De-Broglie-Hypothese, daß sich Wellenpakete aus Elektronenwellen in nicht zu schroff veränderlichen Feldern wie Partikel mit dem obigen Wert $\alpha = e/m$ bewegen und daß sie sich bei der Streuung an Gittern wie Wellen verhalten, deren Wellenlänge λ umgekehrt proportional zu der Wurzel aus der durchlaufenden elektrischen Spannung U ist (vgl. Bd. I, § 31;3). Der in der Beziehung $\lambda = C/\sqrt{U}$ vorkommende Proportionalitätsfaktor C lautet in der hier benutzten Bezeichnungsweise $C = h/\sqrt{2em} = \pi\beta\sqrt{2\alpha}$.

Da die Wellengleichung (1) bei gegebenem elektrostatischen Potential $U(\vec{r})$ in χ_r und χ_i linear ist, kann man zu χ, ohne ihre Gestalt zu ändern, einen reellen Faktor hinzufügen. Hier soll über diesen Faktor so verfügt werden, daß $|\chi|^2$ gleich der negativen Raumladungsdichte der Elektronenmaterie ist (vgl. Bd. I, § 41):

$$\varrho = -|\chi|^2 = -(\chi_r^2 + \chi_i^2). \tag{3}$$

Die Gesamtladung der Elektronenwelle beträgt dann

$$Q = -\iiint_{\vec{r}} (\chi_r^2 + \chi_i^2)\, d^3x. \tag{4}$$

Die Formel für die Stromdichte lautet damit

$$\vec{j} = \alpha\beta(\chi_i \operatorname{grad}\chi_r - \chi_r \operatorname{grad}\chi_i). \tag{5}$$

Berücksichtigt man, daß die Elektronenwelle selbst auch ein elektrisches Feld erzeugt, so lautet die Formel für das elektrostatische Potential

$$U(\vec{r}) = U_0(\vec{r}) - \frac{1}{4\pi\varepsilon_0} \iiint\limits_{\vec{r}'} \frac{\chi_r^2(\vec{r}') + \chi_i^2(\vec{r}')}{|\vec{r} - \vec{r}'|} \, d^3x. \tag{6}$$

$U_0(\vec{r})$ ist dabei das Potential der elektrischen Felder der Atomkerne. Setzt man das in (1) ein, so erhält man eine nichtlineare Wellengleichung, in welcher zu χ_r und χ_i kein Faktor mehr hinzugefügt werden darf, ohne die Gleichung zu ändern. In dieser Form gilt sie also nur für die durch (4) eingeführte Normierungsbedingung.

§ 32. Kanonische Formulierung der Wellengleichung

Die Quantisierung des Wellenmodells verlangt (vgl. § 23), daß man die Bewegungsgleichungen (§ 31;1) in kanonische Form bringt, also eine Hamiltonfunktion $H(p_j, q_j)$ von irgendwelchen Koordinaten q_j und dazu kanonisch-konjugierten Impulsen p_j in solcher Weise einführt, daß sie die Form

$$\frac{dp_j}{dt} = -\frac{\partial H}{\partial q_j}, \quad \frac{dq_j}{dt} = \frac{\partial H}{\partial p_j} \tag{1}$$

annehmen. Auf den ersten Blick scheint das unmöglich zu sein, denn die Beschreibung des Zustandes einer Elektronenwelle erfordert ja die Angabe von χ_r und χ_i an kontinuierlich-unendlich vielen Orten $\vec{r}$. In den kanonischen Gleichungen (1) treten dagegen nur endlich viele Zustandsvariable p_j und q_j auf.

Diese Diskrepanz läßt sich aber leicht überbrücken. Zunächst kann man, ohne etwas physikalisch Wesentliches zu verlieren, die Gesamtheit der zugelassenen Wellenfunktionen χ_r und χ_i auf solche Funktionen beschränken, die sich nach den Funktionen $u_j(\vec{r})$ irgendeines vollständigen Orthogonalsystems in eine Reihe entwickeln lassen. Dann treten statt der kontinuierlich-unendlichen vielen Werte der Funktionen $\chi_r(\vec{r})$ und $\chi_i(\vec{r})$ nur noch ihre abzählbar-unendlich vielen Entwicklungskoeffizienten auf. Die Verallgemeinerung der kanonischen Gleichungen auf unendlich viele, aber durch einen Index j abzählbare Variable p_j und q_j ist dann trivial, solange man, wie es in der Physik üblich ist, alle Konvergenzfragen zunächst zurückstellt und einer später aufzustellenden, mathematisch exakten Formulierung der Theorie überläßt. Man kann zwar diesen Kunstgriff der vorübergehenden Einführung eines vollständigen Orthogonalsystems vermeiden und die kanonischen Gleichungen so verallgemeinern, daß sie auch für Variablen mit einem kontinuierlich-veränderlichen Index an Stelle des diskreten Index j gelten, aber diese mathematisch schwierigere Rechenmethode soll hier vermieden werden.

Die orthogonalen und normierten Entwicklungsfunktionen $u_j(\vec{r})$ sollen im folgenden als reell vorausgesetzt werden, denn nur dann ist gewährleistet, daß auch die Entwicklungskoeffizienten der reellen Wellenfunktionen χ_r und χ_i reell sind. Nur bei solchen reellen Zustandsvariablen ist es sinnvoll, sie zur Quantisierung durch selbstadjungierte Operatoren zu ersetzen. Damit man im folgenden gleich die richtige, kanonische Gestalt der Bewegungsgleichungen mit einer sinnvollen Hamiltonfunktion erhält, sollen die Entwicklungskoeffizienten von χ_r mit $q_k/\sqrt{2\beta}$ und diejenigen von χ_i mit $p_k/\sqrt{2\beta}$ bezeichnet werden:

$$\chi_r(\vec{r},t) = \frac{1}{\sqrt{2\beta}} \sum_{k=1}^{\infty} q_k(t)\, u_k(\vec{r}) \quad , \quad \chi_i(\vec{r},t) = \frac{1}{\sqrt{2\beta}} \sum_k p_k(t)\, u_k(\vec{r}) . \tag{2}$$

Wegen der Orthonormierung der reellen Funktionen $u_k(\vec{r})$

$$\iiint_{\vec{r}} u_j(\vec{r})\, u_k(\vec{r})\, d^3x = \delta_{jk} \tag{3}$$

gilt dann

$$p_j(t) = \sqrt{2\beta} \iiint_{\vec{r}} \chi_i(\vec{r},t)\, u_j(\vec{r})\, d^3x, \quad q_j(t) = \sqrt{2\beta} \iiint_{\vec{r}} \chi_r(\vec{r},t)\, u_j(\vec{r})\, d^3x . \tag{4}$$

Das folgende ist nun eine reine Routine-Rechnung: Man bildet zunächst dp_j/dt und dq_j/dt, indem man in (4) die Wellenfunktionen $\chi_i(\vec{r},t)$ und $\chi_r(\vec{r},t)$ unter dem Integralzeichnen partiell nach t differenziert. Dann setzt man für $\partial\chi_i/\partial t$ und $\partial\chi_r/\partial t$ die Wellengleichungen (§ 31;1) ein und in die dann auftretenden Ausdrücke die obigen Reihenentwicklungen (2). Das Resultat lautet

$$\frac{dp_j}{dt} = -\left\{ \sum_{k=1}^{\infty} H_{jk} q_k + \frac{1}{2} \sum_{k,l,m=1}^{\infty} W_{jklm}\, q_k (p_l p_m + q_l q_m) \right\}$$

und

$$\frac{dq_j}{dt} = +\left\{ \sum_{k=1}^{\infty} H_{jk} p_k + \frac{1}{2} \sum_{k,l,m=1}^{\infty} W_{jklm}\, p_k (p_l p_m + q_l q_m) \right\} . \tag{5}$$

Darin haben die Koeffizienten H_{jk} und W_{jklm} die folgende Bedeutung:

$$H_{jk} = -\iiint_{\vec{r}} u_j(\vec{r}) \left\{ \frac{\alpha\beta}{2} \nabla^2 u_k(\vec{r}) + \frac{U_0(\vec{r})}{\beta} u_k(\vec{r}) \right\} d^3x \tag{6}$$

und

$$W_{jklm} = \frac{1}{\beta^2} \iiint_{\vec{r}} \iiint_{\vec{r}'} \frac{u_j(\vec{r})\, u_k(\vec{r})\, u_l(\vec{r}')\, u_m(\vec{r}')}{4\pi\varepsilon_0 |\vec{r} - \vec{r}'|}\, d^3x\, d^3x' . \tag{7}$$

Die Gleichungen (5) haben nun offensichtlich schon die kanonische Gestalt (1), wenn man für die Hamiltonfunktion den folgenden Ausdruck einsetzt:

$$H = \frac{1}{2}\sum_{j,k=1}^{\infty} H_{jk}(p_j p_k + q_j q_k) + \frac{1}{8}\sum_{j,k,l,m} W_{jklm}(p_j p_k + q_j q_k)(p_l p_m + q_l q_m) \quad (8)$$

Damit ist die entscheidende Voraussetzung für die Anwendbarkeit des Quantisierungsverfahrens von § 23, die kanonische Gestalt der Bewegungsgleichungen, erfüllt. Bevor aber dieser nächste Schritt vollzogen wird, soll das Ergebnis hier noch etwas erläutert werden. Nach dieser Rechnung erscheint es wie ein wunderbarer Zufall, daß man mit (5) unmittelbar ein System von kanonischen Gleichungen erhielt. Das ist es aber natürlich in Wirklichkeit nicht; es sieht nur so aus, weil der systematische Weg der analytischen Mechanik zur Überführung von irgendwelchen Bewegungsgleichungen in kanonische Form hier der Einfachheit halber übergangen wurde. Hier wurde nur das Resultat angegeben und als richtig verifiziert. Die relativ komplizierte systematische Rechnung ist etwas für die Spezialisten auf dem Gebiet der analytischen Mechanik der Wellenfelder.

Stattdessen werde hier die Bedeutung der erhaltenen Hamiltonfunktion $H(p_j, q_j)$ erläutert. Wenn man das Integral (6) für H_{jk} mit p_j und p_k multipliziert, indem man diese Koeffizienten unterm Integral zu den Funktionen $u_j(\vec{r})$ und $u_k(\vec{r})$ hinzufügt, erhält man wegen (2) nach Summation über j und k

$$\frac{1}{2}\sum_{j,k=1}^{\infty} H_{jk} p_j p_k = -\iiint_{V} \chi_i(\vec{r})\left\{\frac{\alpha\beta^2}{2}\nabla^2\chi_i(\vec{r}) + U_0(\vec{r})\chi_i(\vec{r})\right\} d^3x\,. \quad (9)$$

Analog kann man auch in den anderen Termen von (8) die p_j und q_j wieder durch die Wellenfunktionen ausdrükken, z.B.

$$\sum_{j,k,l,m=1}^{\infty} W_{jklm} p_j p_k p_l p_m = 4 \iiint_{\vec{r}} \iiint_{\vec{r}'} \frac{[\chi_i(\vec{r})]^2 [\chi_i(\vec{r}')]^2}{4\pi\varepsilon_0 |\vec{r}-\vec{r}'|} d^3x\, d^3x' . \tag{10}$$

Führt man diese Umformung bei allen Summanden von H durch und beachtet, daß nach der hier vorausgesetzten Normierung die Raumladungsdichte der Welle durch $\varrho = -(\chi_r^2 + \chi_i^2)$ gegeben ist, so erhält man

$$\begin{aligned} H = &- \frac{\alpha\beta^2}{2} \iiint_{\vec{r}} \left\{ \chi_r(\vec{r}) \nabla^2 \chi_r(\vec{r}) + \chi_i(\vec{r}) \nabla^2 \chi_i(\vec{r}) \right\} d^3x \\ &+ \iiint_{\vec{r}} \varrho(\vec{r})\, U_0(\vec{r})\, d^3x + \frac{1}{2} \iiint_{\vec{r}} \iiint_{\vec{r}'} \frac{\varrho(\vec{r})\, \varrho(\vec{r}')}{4\pi\varepsilon_0 |\vec{r}-\vec{r}'|} d^3x\, d^3x' . \end{aligned} \tag{11}$$

Die Ausdrücke in der zweiten Zeile dieser Gleichung haben einen leicht verständlichen Sinn. Der erste ist gleich der potentiellen Energie einer Ladungswolke mit der Raumladung $\varrho(\vec{r})$ in einem äußeren Feld mit dem elektrostatischen Potential $U_0(\vec{r})$. Der zweite ist die potentielle Energie derselben Ladungswolke in dem selbst erzeugten Feld, denn dieses hat das Potential

$$U_e(\vec{r}) = \iiint_{\vec{r}'} \frac{\varrho(\vec{r}')}{4\pi\varepsilon_0 |\vec{r}-\vec{r}'|} d^3x' . \tag{12}$$

Damit nimmt der letzte Summand von (11) die Form $\frac{1}{2} \iiint_{\vec{r}} \varrho(\vec{r})\, U_e(\vec{r})\, d^3x$ an. Hier tritt ein zusätzlicher Faktor $1/2$ auf, verglichen mit dem ersten Summanden der zweiten Zeile von (11). Sonst würde die Wechselwirkung zwischen den Ladungen zweier Volumenelemente doppelt gezählt, einmal als Energie der Ladung $\varrho(\vec{r}) d^3x$ in dem Feld, welches von der Ladung $\varrho(\vec{r}')d^3x'$ erzeugt wird, und das zweite Mal als die Energie der Ladung $\varrho(\vec{r}')d^3x'$ in dem Feld der Ladung $\varrho(\vec{r})d^3x$.

Das Integral in der ersten Zeile von (11) wird meist als "kinetische Energie" bezeichnet. Seine Bedeutung erkennt man am besten, wenn man es durch partielle Integration umformt und dabei beachtet, daß χ_r und χ_i bei allen physikalisch realisierbaren Feldern mit endlicher Gesamtladung Q im Unendlichen gegen null gehen müssen. Dann erhält man

$$T = -\frac{\alpha\beta^2}{2}\iiint_{\vec{r}}\{\chi_r\nabla^2\chi_r + \chi_i\nabla^2\chi_i\}d^3x = \frac{\alpha\beta^2}{2}\iiint_{\vec{r}}\{\mathrm{grad}^2\chi_r + \mathrm{grad}^2\chi_i\}d^3x. \quad (13)$$

T ist demnach stets positiv. Der Name "kinetische Energie" rührt davon her, daß dieses Integral für jedes einem Partikel zugeordnete Wellenpaket gleich dessen kinetischer Energie ist. Um das zu zeigen, setze man für $\chi = \chi_r + i\chi_i$ die Wellenfunktion eines Wellenpakets ein, welches aus einer ebenen Welle mit dem Ausbreitungsvektor $\vec{k}$ herausgeschnitten wurde, also

$$\chi = \chi_r + i\chi_i = C(\vec{r})\exp(i\vec{k}\cdot\vec{r}). \quad (14)$$

Wenn dessen Ausdehnung groß gegen die Wellenlänge ist, ändert sich die Amplitudenfunktion $C(\vec{r})$ mit dem Ort relativ langsam, verglichen mit der e-Potenz $\exp(i\vec{k}\cdot\vec{r})$. Daher kann man beim Gradienten die Ableitungen von $C(\vec{r})$ vernachlässigen und erhält

$$\mathrm{grad}^2\chi_r + \mathrm{grad}^2\chi_i = \mathrm{grad}\chi\cdot\mathrm{grad}\chi^* \approx |\vec{k}|^2|\chi|^2. \quad (15)$$

Da bei einem Elektron bei der hier gewählten Normierung

$\iiint_V |\chi|^2 d^3x = e$ ist, erhält man wegen (§ 31;2)

$$T = \frac{\alpha\beta^2}{2}|\vec{k}|^2 e = \frac{\hbar^2|\vec{k}|^2}{2m}. \tag{16}$$

Das ist nach de Broglie die kinetische Energie eines Partikels.

Diese Überlegung paßt aber natürlich gar nicht in das Wellenmodell. Sie kann allenfalls zur Begründung des Namens "kinetische Energie" herangezogen werden. Sie macht plausibel, daß die durch die spätere Quantisierung erzeugten Partikeleigenschaften dieses Integrals in die kinetische Energie überführen. Im Rahmen des Wellenmodells besagt das Auftreten dieses Summanden in der Hamiltonfunktion anschaulich, daß in der kontinuierlich verteilten Materie, dessen Bewegungsgleichung durch (§ 31;1) gegeben ist, zur Herstellung jeder Verteilung mit räumlich veränderlichem χ_r und χ_i eine durch T gegebene Energie aufgebracht werden muß. Bei einer gespannten Saite ist das ähnlich. Wenn man bei dieser eine längs der Saite veränderliche Auslenkung erzeugt, wird sie bei festgehaltenen Endpunkten gedehnt. Das erfordert die Aufbringung einer Deformationsenergie. In Analogie dazu könnte man die Energie T im Wellenmodell auch als Deformationsenergie der kontinuierlich verteilten Elektronenmaterie bezeichnen. Das ist aber in der Physik bisher nicht üblich. Man beachte, daß eine Bewegung der Elektronenmaterie zwar immer ein von null verschiedenes T zur Folge hat, aber das umgekehrte gilt nicht. Wenn die Stromdichte $\vec{j}$ nicht verschwindet, ist nach (§ 31;5) mindestens $\operatorname{grad}\chi_r$ oder $\operatorname{grad}\chi_i$ ungleich null und daher auch $T \neq 0$. Es gibt aber umgekehrt durchaus

Felder, in denen T ungleich null ist, aber $\vec{j} = 0$, z.B. im Fall $\chi_i = 0$, aber $\mathrm{grad}\,\chi_r \neq 0$.

§ 33. Die Struktur des Hilbertraumes

Zur Quantisierung des Wellenmodells ersetzt man nun die Größen p_j und q_k durch selbstadjungierte Operatoren P_j und Q_k mit den Vertauschungsrelationen

$$[\mathsf{P}_j, \mathsf{Q}_k] = \mathsf{P}_j \mathsf{Q}_k - \mathsf{Q}_k \mathsf{P}_j = \frac{\hbar}{i} \delta_{jk} . \tag{1}$$

Durch diese Beziehung wird die Plancksche Konstante in die Rechnung eingeführt. Dadurch werden aus den Wellenfunktionen χ_r und χ_i ortsabhängige Operatoren. Sie wirken auf die Elemente $|\psi\rangle$ des zum Wellenmodell gehörenden Hilbertraumes, dessen Strahlen den Zuständen der Welle zugeordnet sind. Mit Hilfe des Operators H, der aus dem Ausdruck (§ 32;8) für H beim Einsetzen der Operatoren P_j und Q_k entsteht, lautet dann die Bewegungsgleichung für die zeitliche Änderung von $|\psi\rangle$

$$i\hbar \frac{\partial}{\partial t} |\psi\rangle = \mathsf{H} |\psi\rangle . \tag{2}$$

Bevor diese Gleichung näher untersucht wird, soll hier die Struktur des Hilbertraumes analysiert werden, indem die Eigenelemente und Eigenwerte des Operators Q zur Gesamtladung ermittelt werden. Für das Quadrat der Wellenfunktion χ_r ergibt sich beim Einsetzen der Reihenentwicklung (§32;2) der Ausdruck

$$\chi_r^2 = \frac{1}{2\beta} \sum_{j,k=1}^{\infty} q_j q_k \, u_j(\vec{r}) \, u_k(\vec{r}) \tag{3}$$

Bei Integration über $\vec{r}$ fallen wegen der Orthogonalität (§32;3) alle Terme mit $j \neq k$ fort. Daraus ergibt sich zusammen mit der entsprechenden Formel für χ_i^2 die Gleichung

$$Q = -\frac{1}{2\beta}\sum_{j=1}^{\infty}(p_j^2 + q_j^2). \tag{4}$$

Das ist eine Summe über lauter Ausdrücke, die bis auf das Vorzeichen und die Bedeutung der Konstanten die gleiche Gestalt haben wie die Hamiltonfunktion eines linearen harmonischen Oszillators. An Stelle der reziproken Masse $1/m$ und der Direktionskraft $m\omega_0^2$ tritt hier beide Male die Konstante $1/\beta$ auf. Das entspricht also einem Ersetzen von ω_0 durch $1/\beta$ und von $m\omega_0$ durch 1.

Es ist nun zweckmäßig, hier ebenso wie in (§ 24;3 und 4) die folgenden nichthermitischen Operatoren einzuführen:

$$B_j^+ = \frac{1}{\sqrt{2\hbar}}(Q_j - iP_j) \quad \text{und} \quad B_j = \frac{1}{\sqrt{2\hbar}}(Q_j + iP_j). \tag{5}$$

Die Vertauschungsrelationen (1) nehmen damit, analog zu (§ 24;5), die folgende Form an:

$$B_j B_k^+ - B_k^+ B_j = \delta_{jk}. \tag{6}$$

Die B_j untereinander und natürlich auch die B_k^+ untereinander bleiben vertauschbar:

$$B_j B_k - B_k B_j = 0, \quad B_j^+ B_k^+ - B_k^+ B_j^+ = 0. \tag{7}$$

Ebenso wie in § 24 kann man nun zeigen, daß die Operatoren $B_j^+ B_j$, sofern sie überhaupt reguläre Eigenelemente haben, die ganzen Zahlen als Eigenwert haben, denn das ergibt sich allein aus der Vertauschungsrelation für B_j^+ und B_j. Durch ein Zusatzpostulat über die Struktur des Hilbertraumes kann man, ebenso wie in § 24, dafür sorgen, daß diese Bedingung erfüllt wird. Dann kann man leicht den Hilbertraum zu dem betrachteten Wellenmodell in eindeutiger Weise konstruieren.

Dieses Zusatzpostulat lautet im vorliegenden Fall: Im Hilbertraum des Wellenmodells gibt es ein bis auf einen Faktor vom Absolutbetrag 1 eindeutig bestimmtes normiertes Element $|0\rangle$, welches für alle j Eigenelement von $B_j^+ B_j$ zum Eigenwert 0 ist. Auf dieses Element können alle B_j^+ beliebig oft angewandt werden, ohne aus dem Hilbertraum herauszuführen, nur muß die Gesamtzahl der insgesamt angewandten B_j^+ endlich sein.

Dann ergibt sich, genauso wie bei (§ 24;23), doch dieses Mal für alle j

$$B_j|0\rangle = 0. \tag{8}$$

Eine triviale Verallgemeinerung der Formel (§ 24;24) liefert ferner, daß

$$|n_1, n_2, \ldots, n_j, \ldots\rangle = \frac{(B_1^+)^{n_1}}{\sqrt{n_1!}} \cdot \frac{(B_2^+)^{n_2}}{\sqrt{n_2!}} \cdots \cdot \frac{(B_j^+)^{n_j}}{\sqrt{n_j!}} \cdots |0\rangle \tag{9}$$

für jeden endlichen Wert die Summe $\sum_{j=1}^{\infty} n_j$ ein normiertes Element des Hilbertraumes ist. Es ist Eigenelement von $B_j^+ B_j$ zum Eigenwert n_j. Der Beweis dafürt ergibt sich durch vollständige Induktion ebenso wie beim linearen Oszillator durch die Rechnung in (§ 24; 25 bis 27). Zwei Elemente der Form (9), die sich in dem Wert von mindestens einem der n_j unterscheiden, sind orthogonal, weil sie Eigenelemente mindestens eines der Operatoren $B_j^+ B_j$ zu verschiedenen Eigenwerten sind. Der Hilbertraum wird dann durch die Gesamtheit der Linearkombinationen dieser Elemente mit endlicher Norm gebildet. Er besteht also aus allen Elementen der Form

$$|\psi\rangle = \sum_{n_1, n_2, \ldots = 0}^{\infty} |n_1, n_2, \ldots, n_j, \ldots\rangle \, c_{n_1 n_2 \ldots n_j \ldots} \tag{10}$$

mit konvergenter Summe $\sum_{n_1, n_2 \ldots = 0}^{\infty} |c_{n_1 n_2 \ldots n_j \ldots}|^2$.

Damit ist der Rahmen abgesteckt, in welchem alle quantenmechanischen Berechnungen zu dem betrachteten Modell ablaufen. Bei der Einführung des Operators Q zur Gesamtladung ist aber einige Vorsicht geboten. Beim Ersetzen der Modellgrößen p_j und q_k durch ihre Operatoren P_j und Q_k ist die Reihenfolge der Faktoren nicht festgelegt. Wenn man nun ebenso wie beim harmonischen Oszillator $p_j^2 + q_j^2$ einfach durch $P_j^2 + Q_j^2$ ersetzt, erhält man einen Operator, bei welchem der kleinste Eigenwert jedes Summanden $(P_j^2 + Q_j^2)/2\beta$ den positiven Wert $\hbar/2\beta$ besitzt. Die Summe über die Eigenwerte aller Summanden des Operators Q wäre also stets negativ unendlich. Der so erhaltene Operator hätte also keinen endlichen Eigenwert.

Die Reihenfolge der Operatoren ist hier also wesentlich. Beim linearen harmonischen Oszillator war das nicht der Fall, weil dort eine Änderung der Reihenfolge nur eine Verschiebung des Energienullpunktes bewirkt hätte. Da man physikalisch nur Energiedifferenzen messen kann, ist das belanglos. Bei den Operatoren zu einem Wellenfeld kann aber die Wahl der falschen Reihenfolge unangenehme Divergenzen hervorrufen. Das ist charakteristisch für die Quantenmechanik aller Wellenfelder und ist eine der Ursachen für die Schwierigkeiten in der Theorie der Elementarteilchen.

Bei der hier betrachteten Theorie eines Elektronenwellenfeldes läßt sich diese Divergenz leicht vermeiden. Der Ausdruck (4) für die Ladung Q des betrachteten Modells läßt sich auch in folgender Form schreiben:

$$Q = -\frac{1}{2\beta}\sum_{j=1}^{\infty}(q_j - ip_j)(q_j + ip_j) \tag{11}$$

Setzt man hier die Operatoren in der angegebenen Reihenfolge ein, so erhält man den Operator

$$Q = -\frac{\hbar}{\beta}\sum_{j=1}^{\infty} B_j^+ B_j . \tag{12}$$

Bei diesem Operator stehen also die Vernichtungsoperatoren jeweils rechts und werden zuerst angewandt. Das Element $|0\rangle$ ist Eigenelement dieses Operators zum Eigenwert 0. Die oben angegebenen Elemente $|n_1, n_2, \ldots, n_j, \ldots\rangle$ sind ebenfalls Eigenelemente mit dem endlichen Eigenwert $-\frac{\hbar}{\beta}\sum_{j=1}^{\infty} n_j$.

Dieses Ergebnis ist von größter Tragweite. Es besagt nämlich:

1) Der Zustand $|0\rangle$, von dem beim Aufbau des Hilbertraumes ausgegangen wurde, entspricht dem Zustand, in welchem die Elektronenladung gleich null ist, also keine Elektronen vorhanden sind. Diesen Zustand bezeichnet man als Vakuum. Die oben eingeführte Zusatzannahme besagt also anschaulich, daß der Vakuumzustand eindeutig gegeben ist. Man beachte, daß dem Vakuumzustand nicht etwa das Nullelement des Hilbertraumes zugeordnet ist, sondern der durch das normierte Element $|0\rangle$ definierte

Strahl im Hilbertraum.
2) Die Eigenwerte des Operators $\mathbf{Q}$ zur Gesamtladung der Welle sind ganzzahlige Vielfache des Negativen der Einheitsladung $\hbar/\beta$, die man meist mit e bezeichnet:

$$\frac{\hbar}{\beta} = e \tag{13}$$

Die Quantisierung des Wellenbildes erzeugt also bei der Ladung eine Partikeleigenschaft. Bei einer Messung der Ladung in irgendeinem Zustand der Welle erhält man demnach stets ein ganzzahliges Vielfaches von e, wie man das bei Partikeln erwartet. Erst dieses Ergebnis liefert im Rahmen dieser vom Wellenmodell ausgehenden Betrachtung die Berechtigung dafür, die Konstante β so wie in (§ 31;2) gleich $\hbar/e$ zu setzen.
3) Die Summe der ganzen Zahlen $\sum_{j=1}^{\infty} n_j = N$ in dem durch (9) gegebenen Zustand $|n_1, n_2, .., n_j, ..\rangle$ kann als Elektronenzahl gedeutet werden. Anwendung eines Operators $\mathbf{B}_j^+$ auf diesen Zustand erzeugt ein Zustandselement, bei dem N um 1 größer ist, denn aus (9) ergibt sich

$$\mathbf{B}_j^+ |n_1, n_2, .., n_j, ..\rangle = \sqrt{n_j+1}\; |n_1, n_2, .., n_j+1, ..\rangle . \tag{14}$$

$\mathbf{B}_j^+$ kann also als Elektronenerzeugungsoperator bezeichnet werden. $\mathbf{B}_j$ entspricht der Vernichtung eines Elektrons. Es gilt nämlich

$$\mathbf{B}_j |n_1, n_2, .., n_j, ..\rangle = \sqrt{n_j}\; |n_1, n_2, ..., n_j-1, .. \rangle . \tag{15}$$

Das kann man ebenso wie (§ 24;32) beweisen. Das Vorhandensein der Operatoren $\mathbf{B}_k^+$ mit $k \neq j$ stört dabei nicht, weil sie alle mit $\mathbf{B}_j$ vertauschbar sind.

Daraus ergibt sich weiter, daß jeder Operator der Form $B_j^+ B_k$ ein Element mit der Gesamtteilchenzahl N wieder in ein solches Element umwandelt, sofern nicht das Nullelement entsteht. Nachher wird sich zeigen, daß nicht nur Q, sondern auch H aus lauter solchen Operatoren aufgebaut ist. Man kann daher den Gesamthilbertraum des Wellenmodells in Teilräume zu verschiedenen Teilchenzahlen N zerlegen, aus welchen man durch Anwendung von Q und H niemals herausgelangt. Wenn $|\psi\rangle$ ein Element aus einem solchen Teilraum ist, liegt daher nach (2) auch $d|\psi\rangle/dt$ im gleichen Teilraum. Jede durch H beschriebene Zustandsänderung läßt also die Teilchenzahl konstant. Deshalb kann man die einzelnen Teilräume zu gegebener Teilchenzahl getrennt betrachten, was im folgenden stets geschehen soll.

§ 34. Die Operatoren zur Wellenfunktion

Bevor die Bewegungsgleichung (§ 33;2) näher diskutiert wird, sollen die Eigenschaften der Erzeugungs- und Vernichtungsoperatoren untersucht werden. Selbstverständlich hängt die Bedeutung der B_j^+ und B_k von der Wahl der Entwicklungsfunktionen $u_j(\vec{r})$ und $u_k(\vec{r})$ ab. Um davon frei zu werden, soll jetzt der Operator zu den Wellenfunktionen χ_r und χ_i bzw. zu der komplexen Wellenfunktion $\chi = \chi_r + i\chi_i$ eingeführt werden. Dabei ist es aber zweckmäßig, zugleich von der Wellenfunktion χ, deren Absolutwertquadrat gleich der Raumladungsdichte im Wellenmodell ist, zu der Wellenfunktion

$$\psi = \frac{\chi}{\sqrt{e}} \qquad (1)$$

überzugehen, deren Absolutwertquadrat die Teilchenzahldichte bedeutet. Erst jetzt ist das gerechtfertigt, nachdem durch die Quantisierung die Partikeleigenschaften der Welle deutlich geworden sind. Aus (§ 32;2) ergibt sich zunächst in Verbindung mit (§ 33;13)

$$\psi = \frac{\chi_r + i\chi_i}{\sqrt{e}} = \sum_{j=1}^{\infty} u_j(\vec{r})\,\frac{q_j + i\,p_j}{\sqrt{2\hbar}}\,. \tag{2}$$

Ersetzt man nun p_j und q_j durch ihre Operatoren, so erhält man für den Operator Ψ zur Wellenfunktion ψ den Ausdruck

$$\Psi = \sum_{j=1}^{\infty} u_j(\vec{r})\,\mathsf{B}_j\,. \tag{3a}$$

Da die $u_j(\vec{r})$ reell vorausgesetzt wurden, ist der dazu adjungierte Operator (vgl. § 5;17)

$$\Psi^+ = \sum_{j=1}^{\infty} u_j(\vec{r})\,\mathsf{B}_j^+\,. \tag{3b}$$

Man beachte dabei, daß $\Psi(\vec{r})$ nicht etwa ein Operator ist, der eine Ortsfunktion in eine andere umwandelt. $\Psi(\vec{r})$ ist vielmehr eine von dem Parameter $\vec{r}$ abhängige Linearkombination der Operatoren B_j, welche in dem abstrakt gegebenen Hilbertraum des Wellenmodells erklärt sind.

Da die $u_j(\vec{r})$ reell und orthonormiert sein sollten, erhält man die Umkehrung der obigen Formeln (3a und 3b) durch Multiplikation mit $u_k(\vec{r})$ und Integration

$$\mathsf{B}_k = \iiint_{\vec{r}} u_k(\vec{r})\Psi(\vec{r})\,d^3x \qquad \text{und} \qquad \mathsf{B}_k^+ = \iiint_{\vec{r}} u_k(\vec{r})\Psi^+(\vec{r})\,d^3x\,. \tag{4}$$

Die Operatoren $\Psi(\vec{r})$ sind für alle $\vec{r}$ Linearkombinationen der vertauschbaren Operatoren B_j und daher selbst vertauschbar. Dasselbe gilt für die Operatoren $\Psi^+(\vec{r})$ zu verschiedenen Werten von $\vec{r}$. Für die Vertauschungsrelationen zwischen $\psi(\vec{r})$ und $\psi^+(\vec{r}')$ erhält man dagegen aus (3a und 3b) mit Benutzung von (§ 33;6)

$$[\psi(\vec{r}),\psi^+(\vec{r}')] = \psi(\vec{r})\psi^+(\vec{r}') - \psi^+(\vec{r}')\psi(\vec{r}) \\ = \sum_{j,k=1}^{\infty} u_j(\vec{r})u_k(\vec{r}')(B_j B_k^+ - B_k^+ B_j) = \sum_{j=1}^{\infty} u_j(\vec{r})u_j(\vec{r}'). \tag{5}$$

Hier begegnet man aber einer Schwierigkeit: Die rechte Seite dieser Gleichung konvergiert für $\vec{r} = \vec{r}'$ nicht. Wie sich sogleich zeigen wird, liegt das daran, daß der Operator $\psi^+(\vec{r}')$ bei Anwendung auf ein reguläres Element des Hilbertraumes ein uneigentliches, nichtnormierbares Element liefert. Man vermeidet diese Divergenz, indem man stattdessen die Vertauschungsrelationen zwischen $\psi(\vec{r})$ und dem Operator $\iiint_{\vec{r}'} f(\vec{r}')\psi^+(\vec{r}')\,d^3x'$ betrachtet. Diese Formel geht aus (5) durch Multiplikation mit $f(\vec{r}')$ und Integration über $\vec{r}'$ hervor:

$$\iiint_{\vec{r}'} f(\vec{r}')\,[\psi(\vec{r}),\psi^+(\vec{r}')]\,d^3x' = \sum_{j=1}^{\infty} u_j(\vec{r}) \iiint_{\vec{r}'} f(\vec{r}')u_j(\vec{r}')\,d^3x' \tag{6}$$

Wenn nun $f(\vec{r}')$ eine Funktion ist, die nach den Funktionen des vollständigen Orthonormalsystems der $u_j(\vec{r}')$ entwickelt werden darf, ist $\iiint_{\vec{r}'} f(\vec{r}')\,u_j(\vec{r}')d^3x'$ der Entwicklungskoeffizient. Die rechte Seite von (6) ist daher gleich $f(\vec{r})$. Also gilt

$$\iiint_{\vec{r}'} f(\vec{r}')\,[\psi(\vec{r}),\psi^+(\vec{r}')]\,d^3x' = f(\vec{r}). \tag{7}$$

Das ist identisch mit der symbolischen Gleichung

$$[\psi(\vec{r}),\psi^+(\vec{r}')] \doteq \delta(\vec{r}' - \vec{r}). \tag{8}$$

Hier sei der Klarheit halber noch einmal darauf hingewiesen (vgl. § 5 F), daß jede solche "Gleichung" mit einer Diracschen δ-Funktion keine Identität für alle $\vec{r}$ und $\vec{r}'$ bedeutet, sondern nur die Gleichwertigkeit beider Seiten unter Integralen besagt. (8) besagt also auch nur die Gültigkeit von (7) für alle bei $\vec{r} = \vec{r}'$ regulären Funktionen $f(\vec{r}')$.

Die Beziehung (8) hätte man auch unmittelbar aus (5) ablesen können, denn die rechte Seite dieser Gleichung stellt in der Ortsdarstellung die Zerlegung der Einheit dar, welche durch das vollständige Orthonormalsystem der $u_j(\vec{r})$ gegeben ist. Wenn man vorübergehend $u_j(\vec{r}) = |j\rangle$ schreibt und unter dem skalaren Produkt so wie in § 5 ein Integral über $\vec{r}$ versteht, nimmt die rechte Seite von (5) die Form $\sum_{j=1}^{\infty} |j\rangle\langle j|$ an. Nach (§ 5;37) ist diese Summe gleich dem Einheitsoperator, welcher in der Ortsdarstellung gleich einem Integraloperator mit dem Kern $\delta(\vec{r}' - \vec{r})$ ist. Diese Schreibweise soll aber hier vermieden werden, weil in diesem Kapitel die betrachteten Elemente des Hilbertraumes, anders als in § 5, keine Funktionen des Ortes sind und das skalare Produkt keine Integration über den Ortsraum bedeutet.

Nach diesen Vorbereitungen sei nun ein beliebiges Element des Teilraumes zur Teilchenzahl $N = 1$ betrachtet, welches mit $|f,1\rangle$ bezeichnet werden möge. Die Ziffer in der Klammer bedeutet im folgenden immer die Teilchenzahl. Nach (§ 33;9 und 10) hat $|f,1\rangle$ die allgemeine Form

$$|f,1\rangle = \sum_{k=1}^{\infty} d_k B_k^+ |0\rangle. \tag{9}$$

Setzt man hier (4b) ein, so erhält man mit der Abkürzung

$$\sum_{k=1}^{\infty} d_k u_k(\vec{r}) = f(\vec{r}) \tag{10}$$

den Ausdruck

$$|f,1\rangle = \iiint_{\vec{r}} f(\vec{r})\, \Psi^+(\vec{r})|0\rangle\, d^3x. \tag{11}$$

Diese Gleichung besagt: Jedes Element des Teil-Hilbertraumes zur Teilchenzahl 1 kann durch eine Funktion $f(\vec{r})$ des Ortsvektors gegeben werden.

Entsprechendes gilt für die Elemente zu höherer Teilchenzahl. Z.B. lautet das Element zu einem beliebigen Zustand mit 2 Teilchen nach (§ 33;9 und 10)

$$|g,2\rangle = \sum_{j,k=1}^{\infty} d_{jk} B_j^+ B_k^+ |0\rangle. \tag{12}$$

Dieser Ausdruck nimmt beim Einsetzen von (4b) und Benutzung der Abkürzung

$$\sum_{j,k=1}^{\infty} d_{jk}\, u_j(\vec{r}_1)\, u_k(\vec{r}_2) = \frac{1}{\sqrt{2!}}\, g(\vec{r}_1,\vec{r}_2) \tag{13}$$

die folgende Form an:

$$|g,2\rangle = \frac{1}{\sqrt{2!}} \iiint_{\vec{r}_1} \iiint_{\vec{r}_2} g(\vec{r}_1,\vec{r}_2)\, \Psi^+(\vec{r}_1)\Psi^+(\vec{r}_2)|0\rangle\, d^3x_1\, d^3x_2. \tag{14}$$

Ein beliebiger Zustand mit 2 Teilchen kann also durch eine Funktion von zwei Ortsvektoren $\vec{r}_1$ und $\vec{r}_2$ gekennzeichnet werden. Dabei wurde in (13) ein Faktor $1/\sqrt{2!}$ hinzugefügt, um zu erreichen, daß ein normiertes Element eine normierte Amplitudenfunktion $g(\vec{r}_1,\vec{r}_2)$ besitzt. Das soll nachher bewiesen werden.

Analog kann man ein beliebiges Element mit N Teilchen folgendermaßen schreiben

$$|a,N\rangle = \frac{1}{\sqrt{N!}}\iiint_{\vec{r}_1}\iiint_{\vec{r}_2}\cdots\iiint_{\vec{r}_N} a(\vec{r}_1,\vec{r}_2,\ldots,\vec{r}_N)\,\Psi^+(\vec{r}_1)\Psi^+(\vec{r}_2)\ldots\Psi^+(\vec{r}_N)|0\rangle\, d^3x_1\, d^3x_2\ldots d^3x_N. \qquad (15)$$

Der Rest dieses Kapitels soll nun dem Nachweis dienen, daß diese Amplitudenfunktionen $f(\vec{r})$, $g(\vec{r}_1,\vec{r}_2)$ und $a(\vec{r}_1,\vec{r}_2,\ldots,\vec{r}_N)$ weitgehend die gleichen Eigenschaften haben wie die Wellenfunktionen in der Ortsdarstellung der Quantenmechanik des Partikelmodells. Wenn man das Wellenmodell und die Vertauschungsrelationen passend wählt, kann man das sogar vollständig erreichen. In diesem Sinne sind Wellenmodell und Partikelmodell gleichberechtigte Modelle. Sie führen bei geeigneter Wahl der Modelle nach der Quantisierung auf die gleichen quantenmechanischen Aussagen. Man kann daher beide mit gleichem Recht zur Veranschaulichung der Vorgänge benutzen. Praktisch wird allerdings bis heute das Partikelmodell stark bevorzugt, obwohl es an vielen Stellen versagt. Zum Teil liegt das sicherlich daran, daß die Methode der Quantisierung des Wellenmodells nicht als Quantisierung eines klassischen Modells erkannt wird. Das zeigt sich insbesondere an der Bezeichnung "zweite Quantelung" für diese Rechnung. Ihr liegt die (irrtümliche) Ansicht zu Grunde, daß der Übergang vom Partikelmodell zum Wellenmodell ein Übergang zur Quantenmechanik sei, weil bei den Elektronen die Welleneigenschaften als quantenmechanische Eigentümlichkeit empfunden werden. Merkwürdigerweise wird bei der elektromagnetischen Strahlung meist der entgegengesetzte Standpunkt eingenommen. Die Quantisierung der Maxwellschen Gleichung wird niemals zweite Quantelung genannt, obwohl sie nach genau den gleichen Methoden abläuft. Bei den elektromagnetischen Feldern wird nämlich das Wellenmodell als klassisch angesehen und das Auftreten von Partikeleigenschaften als eine Quantenerscheinung. Darauf kann hier nur kurz hingewiesen werden, da die Behandlung der Quantisierung der elektromagnetischen Felder den Rahmen dieses Buches überschreitet.

§ 35. Entwicklung der Rechenregeln für die Erzeugungs- und Vernichtungsoperatoren

Zur Vorbereitung des Nachweises, daß die Amplitudenfunktionen der Zustandselemente der Form (§ 34;11,14,15) im Hilbertraum des Wellenmodells sich wie die Wellenfunktionen in der Ortsdarstellung der Quantenmechanik des Partikelmodells verhalten, sollen jetzt die Regeln für das Rechnen mit den Erzeugungsoperatoren $\psi^+(\vec{r})$ und Vernichtungsoperatoren $\psi(\vec{r})$ weiter entwickelt werden. Zuerst soll die Wirkung des Operators $\psi(\vec{r})$ auf ein Element $|f,1\rangle$ aus dem Teilraum mit einem Teilchen berechnet werden. Zur Vermeidung von Verwechslungen sei hierbei in $|f,1\rangle$ die Integrationsvariable mit $\vec{r}_1$ bezeichnet. Aus der Linearität von $\psi(\vec{r})$ folgt zunächst

$$\psi(\vec{r})|f,1\rangle = \iiint_{\vec{r}_1} f(\vec{r}_1)\psi(\vec{r})\psi^+(\vec{r}_1)|0\rangle\, d^3x_1 \qquad (1)$$

Aus der Definition des Kommutators (§ 34;5) folgt nun

$$\psi(\vec{r})\psi^+(\vec{r}_1) = [\psi(\vec{r}),\psi^+(\vec{r}_1)] + \psi^+(\vec{r}_1)\psi(\vec{r}). \qquad (2)$$

Bei Anwendung dieses Operators auf $|0\rangle$ fällt der zweite Summand rechts fort, weil $\psi(\vec{r})$ eine Linearkombination der Operatoren B_j ist, welche nach (§ 33;8) bei Anwendung auf $|0\rangle$ alle das Nullelement liefern:

$$\psi(\vec{r})|0\rangle = 0 \qquad \text{für alle } \vec{r}\ . \qquad (3)$$

Mit (§ 34;8) erhält man daher

$$\Psi(\vec{r})|f,1\rangle = \iiint_{\vec{r}_1} f(\vec{r}_1)\,\delta(\vec{r}_1-\vec{r})|0\rangle\, d^3x_1 = f(\vec{r})|0\rangle. \tag{4}$$

Ganz analog verläuft die Rechnung bei einem Element mit 2 Teilchen:

$$\Psi(\vec{r})|g,2\rangle = \frac{1}{\sqrt{2}} \iiint_{\vec{r}_1}\iiint_{\vec{r}_2} g(\vec{r}_1,\vec{r}_2)\,\Psi(\vec{r})\Psi^+(\vec{r}_1)\Psi^+(\vec{r}_2)|0\rangle\, d^3x_1\, d^3x_2. \tag{5}$$

Analog zu (2) gilt

$$\Psi(\vec{r})\Psi^+(\vec{r}_1)\Psi^+(\vec{r}_2) = [\Psi(\vec{r}),\Psi^+(\vec{r}_1)]\Psi^+(\vec{r}_2) + \Psi^+(\vec{r}_1)[\Psi(\vec{r}),\Psi^+(\vec{r}_2)] + \Psi^+(\vec{r}_1)\Psi^+(\vec{r}_2)\Psi(\vec{r}) . \tag{6}$$

Einsetzen dieses Ausdruckes in (5) ergibt wegen (3) und (§ 34;8)

$$\Psi(\vec{r})|g,2\rangle = \frac{1}{\sqrt{2}} \iiint_{\vec{r}_2} g(\vec{r},\vec{r}_2)\Psi^+(\vec{r}_2)|0\rangle d^3x_2 + \frac{1}{\sqrt{2}} \iiint_{\vec{r}_1} g(\vec{r}_1,\vec{r})\Psi^+(\vec{r}_1)|0\rangle d^3x_1. \tag{7}$$

Ebenso beweist man für ein beliebiges Element mit N Teilchen den folgenden Satz: Anwendung von $\Psi(\vec{r})$ auf ein Element der Form (§ 34;15) bewirkt, daß jeweils eine der Integrationen über ein $\vec{r}_j$ und der zugehörige Erzeugungsoperator $\Psi^+(\vec{r}_j)$ wegfallen. Zugleich ist in der Amplitudenfunktion $a(\vec{r}_1, \vec{r}_2, .. \vec{r}_j, ... \vec{r}_N)$ die Variable $\vec{r}_j$ durch $\vec{r}$ zu ersetzen. Danach ist über j zu summieren.

Mit Hilfe dieser Regel ist es nun leicht, das skalare Produkt aus zwei beliebigen Elementen des Hilbertraumes zum Wellenmodell auszurechnen. Wenn darin die beiden Faktoren zu verschiedenen Teilchenzahlen gehören, ergibt sich null, denn dann sind die Faktoren Eigenelemente des hermitischen Operators $\mathbf{Q}$ zu verschiedenen Eigenwerten (vgl. § 5;27 und 28):

$$\langle a_1, N_1 | a_2, N_2 \rangle = 0 \text{ für } N_1 \neq N_2$$

wegen (8)

$$\mathbf{Q} | a_j, N_j \rangle = -e N_j | a_j, N_j \rangle .$$

Beim skalaren Produkt aus 2 Elementen $|f_1, 1\rangle$ und $|f_2, 1\rangle$ zur Teilchenzahl 1 setzt man zweckmäßig zunächst nur bei dem 1. Faktor die Integralformel ein und macht von der Distributivität des skalaren Produkts Gebracht (vgl. § 20; 4a und 12). Dann kann man den Faktor $\Psi^+(\vec{r}_2)$ von dem linken Faktor auf den rechten herüberwälzen:

$$\langle f_2(\vec{r}_2), 1 | f_1(\vec{r}_1), 1 \rangle = \langle \iiint_{\vec{r}_2} f_2(\vec{r}_2) \Psi^+(\vec{r}_2) |0\rangle d^3x_2 | f_1(\vec{r}_1), 1 \rangle$$
$$= \iiint_{\vec{r}_2} f_2^*(\vec{r}_2) \langle 0 | \Psi(\vec{r}_2) | f_1(\vec{r}_1), 1 \rangle d^3x_2 . \qquad (9)$$

Daraus folgt nun beim Einsetzen von $|f_1(\vec{r}_1), 1\rangle = \iiint_{\vec{r}_1} f_1(\vec{r}_1) \Psi^+(\vec{r}_1) |0\rangle d^3x_1$ mit Hilfe von (4)

$$\langle f_2(\vec{r}_2), 1 | f_1(\vec{r}_1), 1 \rangle = \iiint_{\vec{r}_2} f_2^*(\vec{r}_2) f_1(\vec{r}_2) d^3x_2 . \qquad (10)$$

Das ist genau das erwartete Ergebnis, wenn $f_2(\vec{r}_2)$ und $f_1(\vec{r}_1)$ die Wellenfunktionen in der Ortsdarstellung in den Zuständen $|f_2(\vec{r}_2), 1\rangle$ und $|f_1(\vec{r}_1), 1\rangle$ sind.

Speziell folgt aus diesem Resultat, daß $|f(\vec{r}), 1\rangle$ normiert ist, wenn das Integral über $|f(\vec{r})|^2$ gleich 1 ist. $\mathbf{B}_k^+|0\rangle$ ist also ein normiertes Zustandselement, denn nach (§ 34;4) hat es die Form (§ 34;11) mit der normierten Amplitudenfunktion $u_k(\vec{r})$. Dagegen ist $\Psi^+(\vec{r})|0\rangle$ ein uneigentliches Zustandselement. Da man es nämlich in der Form

$$\Psi^+(\vec{r})|0\rangle = \iiint\limits_{\vec{r}_1} \delta(\vec{r}_1-\vec{r})\Psi^+(\vec{r}_1)|0\rangle d^3x_1 \tag{11}$$

schreiben kann, ist seine Amplitudenfunktion gleich der Diracschen Deltafunktion, dessen Absolutwertquadrat bei Integration unendlich ergibt. Deshalb ist man bei diesen Rechnungen vor Divergenzen nur sicher, wenn die Anwendung von $\Psi^+(\vec{r})$ mit einer Integration über $\vec{r}$ verbunden wird, wobei neben $\Psi^+(\vec{r})$ eine quadratintegrierbare Funktion von $\vec{r}$ als Faktor stehen muß.

Zur Berechnung des skalaren Produkts aus zwei Elementen zu 2 Teilchen berechnet man zweckmäßig zunächst die Wirkung von zwei Vernichtungsoperatoren. Mit Hilfe von (7) und (4) erhält man

$$\begin{aligned}\Psi(\vec{r}')\Psi(\vec{r})|g(\vec{r}_1,\vec{r}_2),2\rangle &= \Psi(\vec{r}')\left\{\frac{1}{\sqrt{2}}\iiint\limits_{\vec{r}_2} g(\vec{r},\vec{r}_2)\Psi^+(\vec{r}_2)|0\rangle d^3x_2 + \frac{1}{\sqrt{2}}\iiint\limits_{\vec{r}_1} g(\vec{r}_1,\vec{r})\Psi^+(\vec{r}_1)|0\rangle d^3x_1\right\} \\ &= \frac{1}{\sqrt{2}}\left\{ g(\vec{r},\vec{r}') + g(\vec{r}',\vec{r})\right\}|0\rangle .\end{aligned} \tag{12}$$

Diese Formel läßt sich weiter vereinfachen, wenn man voraussetzen darf, daß $g(\vec{r}_1,\vec{r}_2)$ invariant gegen eine Vertauschung der Ortsvektoren $\vec{r}_1$ und $\vec{r}_2$ ist. Das aber kann man stets ohne Verlust an Allgemeinheit annehmen, weil $\Psi^+(\vec{r}_1)$ und $\Psi^+(\vec{r}_2)$ vertauschbar sind. Vertauscht man nämlich in (§ 34;14) die Bezeichnung der Integrationsvariablen, so ergibt sich

$$\begin{aligned}|g(\vec{r}_1,\vec{r}_2),2\rangle &= \frac{1}{\sqrt{2!}}\iiint\limits_{\vec{r}_2}\iiint\limits_{\vec{r}_1} g(\vec{r}_2,\vec{r}_1)\Psi^+(\vec{r}_2)\Psi^+(\vec{r}_1)|0\rangle d^3x_1\, d^3x_2 \\ &= \frac{1}{\sqrt{2!}}\iiint\limits_{\vec{r}_1}\iiint\limits_{\vec{r}_2} g(\vec{r}_2,\vec{r}_1)\Psi^+(\vec{r}_1)\Psi^+(\vec{r}_2)|0\rangle d^3x_1\, d^3x_2 .\end{aligned} \tag{13}$$

Die halbe Summe von (§ 34;14) und (13) lautet daher

$$|g(\vec r_1,\vec r_2),2\rangle = \frac{1}{\sqrt{2!}}\iiint\limits_{\vec r_1}\iiint\limits_{\vec r_2}\frac{g(\vec r_1,\vec r_2)+g(\vec r_2,\vec r_1)}{2}\,\psi^+(\vec r_1)\psi^+(\vec r_2)|0\rangle\, d^3x_1 d^3x_2 . \tag{14}$$

Das bedeutet: In Ausdrücken der Gestalt (§ 34;14) liefert nur der symmetrische Anteil der Amplitudenfunktion $g(\vec r_1,\vec r_2)$ einen Beitrag zum Integral. Der antisymmetrische Anteil hebt sich heraus.

Wenn man daher $g(\vec r_1,\vec r_2)$ als symmetrisch in $\vec r_1$ und $\vec r_2$ voraussetzt, folgt aus (12)

$$\psi(\vec r_2')\psi(\vec r_1')|g(\vec r_1,\vec r_2),2\rangle = \sqrt{2}\, g(\vec r_1',\vec r_2')|0\rangle . \tag{15}$$

Damit erhält man für ein skalares Produkt aus zwei beliebigen Elementen mit 2 Teilchen

$$\begin{aligned}\langle g'(\vec r_1',\vec r_2'),2|g(\vec r_1,\vec r_2),2\rangle &= \frac{1}{\sqrt{2}}\iiint\limits_{\vec r_1'}\iiint\limits_{\vec r_2'} g'^*(\vec r_1',\vec r_2')\langle 0|\psi(\vec r_2')\psi(\vec r_1')|g(\vec r_1,\vec r_2),2\rangle\, d^3x_1' d^3x_2' \\ &= \iiint\limits_{\vec r_1'}\iiint\limits_{\vec r_2'} g'^*(\vec r_1',\vec r_2')\, g(\vec r_1',\vec r_2')\, d^3x_1' d^3x_2' ,\end{aligned} \tag{16}$$

also genau die Beziehung für zwei Zustände mit den Wellenfunktionen $g'(\vec r_1',\vec r_2')$ und $g(\vec r_1,\vec r_2)$ in der Ortsdarstellung der Quantenmechanik zweier Partikel. Zugleich sieht man, daß der Faktor $1/\sqrt{2!}$ in der Gleichung (§ 34;14) dafür sorgt, daß ein normiertes $g(\vec r_1,\vec r_2)$ ein normiertes Zustandselement liefert.

Als Anwendung der abgeleiteten Beziehungen sei nun für einen Ein-Teilchen-Zustand die Wahrscheinlichkeit berechnet, das Teilchen innerhalb eines Volumens der Größe ΔV anzutreffen. Da $\psi^*(\vec r)\,\psi(\vec r)$ im Wellenmodell die Teilchendichte bedeutet, lautet der Operator zu dieser Wahrscheinlichkeit

$$W = \iiint_{\vec{r}\text{ über }\Delta V} \Psi^+(\vec{r})\Psi(\vec{r})\, d^3x \,. \tag{17}$$

Darin muß wieder der Vernichtungsoperator rechts stehen, also zuerst angewandt werden, weil sonst Divergenzen entstehen würden. Bei Anwendung dieses Operators auf das Element $|f,1\rangle = \iiint_{\vec{r}_1} f(\vec{r}_1)\Psi^+(\vec{r}_1)|0\rangle d^3x_1$ bewirkt die Anwendung von $\Psi(\vec{r})$ zunächst, entsprechend der auf S. 392 angegebenen Regel, daß die Integration und $\Psi^+(\vec{r}_1)$ wegfällt und die Variable $\vec{r}_1$ in $\vec{r}$ umgewandelt wird. Anwendung von $\Psi^+(\vec{r})$ und Integration von $\vec{r}$ über ΔV bewirkt demnach, daß der alte Ausdruck wieder hergestellt wird, nur wird jetzt nur noch über das Gebiet ΔV integriert, nicht mehr über den unendlichen Raum:

$$W|f,1\rangle = \iiint_{\vec{r}\text{ über }\Delta V} f(\vec{r})\Psi^+(\vec{r})|0\rangle\, d^3x. \tag{18}$$

Das ist gleichbedeutend mit der Aussage, daß die Anwendung von W die Amplitudenfunktion außerhalb von ΔV zu null macht. Demnach ist W ein Projektionsoperator, denn seine nochmalige Anwendung würde an (18) nichts mehr ändern.

Skalare Multiplikation von (18) mit $\langle f,1|$ liefert nun unter Anwendung von (10)

$$\langle f,1|W|f,1\rangle = \iiint_{\vec{r}\text{ über }\Delta V} f^*(\vec{r})\, f(\vec{r})\, d^3x \,, \tag{19}$$

also genau das erwartete Ergebnis für die Wahrscheinlichkeit in der Quantenmechanik eines Partikels. $f(\vec{r})$ hat also in den Ein-Teilchen-Zuständen die Bedeutung einer Wahrscheinlichkeitsamplitude.

Das entsprechende Ergebnis für einen Zwei-Teilchen-Zustand ergibt sich ebenso einfach. Wenn man auf (7) $\Psi^+(\vec{r})$ anwendet und dann $\vec{r}$ über ΔV integriert, ergibt sich

$$W|g,2\rangle = \frac{1}{\sqrt{2}} \iiint\limits_{\vec{r}\text{ über }\Delta V} \iiint\limits_{\vec{r}_2} g(\vec{r},\vec{r}_2)\Psi^+(\vec{r})\Psi^+(\vec{r}_2)|0\rangle d^3x_2\, d^3x + \frac{1}{\sqrt{2}} \iiint\limits_{\vec{r}\text{ über }\Delta V} \iiint\limits_{\vec{r}_1} g(\vec{r}_1,\vec{r})\Psi^+(\vec{r})\Psi^+(\vec{r}_1)|0\rangle d^3x_1\, d^3x. \tag{20}$$

Nun werde die Integrationsvariable $\vec{r}$ im ersten Integral mit $\vec{r}_1$ und im zweiten mit $\vec{r}_2$ bezeichnet. Dadurch werden die beiden Integranden identisch. Um auch die Integrationsgebiete identisch und gleich dem gesamten Raum zu machen, führt man die Funktion

$$w(\vec{r}) = \begin{cases} 1 & in\ \Delta V, \\ 0 & sonst \end{cases} \tag{21}$$

ein. Multiplikation des Integranden im ersten Integral mit $w(\vec{r}_1)$ und im zweiten mit $w(\vec{r}_2)$ ändert die Integrale nicht, aber erlaubt es, nun überall von $-\infty$ bis $+\infty$ zu integrieren. Daher ergibt sich

$$W|g,2\rangle = \frac{1}{\sqrt{2}} \iiint\limits_{\vec{r}_1} \iiint\limits_{\vec{r}_2} (w(\vec{r}_1)+w(\vec{r}_2))g(\vec{r}_1,\vec{r}_2)\Psi^+(\vec{r}_1)\Psi^+(\vec{r}_2)|0\rangle d^3x_1\, d^3x_2. \tag{22}$$

Der Operator W bewirkt also bei der Amplitudenfunktion eine Multiplikation mit $w(\vec{r}_1) + w(\vec{r}_2)$. Da bei einer symmetrischen Amplitudenfunktion $g(\vec{r}_1,\vec{r}_2) = g(\vec{r}_2,\vec{r}_1)$ auch der Integrand von (22) symmetrisch ist, kann man weiterhin (16) anwenden und erhält

$$\langle g,2|\mathbf{W}|g,2\rangle = \iiint_{\vec{r}_1}\iiint_{\vec{r}_2} g^*(\vec{r}_1,\vec{r}_2)(w(\vec{r}_1)+w(\vec{r}_2))\,g(\vec{r}_1,\vec{r}_2)\,d^3x_1\,d^3x_2$$

$$= \underset{\substack{\vec{r}_1 \text{ über } \Delta V,\ \vec{r}_2 \text{ von } -\infty \text{ bis } +\infty \\ \text{und } \vec{r}_1 \text{ von } -\infty \text{ bis } +\infty,\ \vec{r}_2 \text{ über } \Delta V}}{\iiint\iiint} |g(\vec{r}_1,\vec{r}_2)|^2\,d^3x_1\,d^3x_2 . \tag{23}$$

Das ist genau der Ausdruck, den man in der Ortsdarstellung der Quantenmechanik zweier Partikel für die Wahrscheinlichkeit erhalten würde, das erste Teilchen in ΔV und das zweite irgendwo anzutreffen oder das zweite in ΔV und das erste irgendwo.

§ 36. Die Bewegungsgleichungen

Zur Aufstellung der Bewegungsgleichungen für die Amplitudenfunktionen hat man nun in der Hamiltonfunktion (§ 32;8) die p_j und q_k durch die Operatoren zu ersetzen und den erhaltenen Operator in (§ 33;2) einzusetzen. Wieder erhebt sich dabei die Frage, in welcher Reihenfolge die Operatoren eines Operatorenproduktes anzuordnen sind. Auch hier zeigt sich, daß stets die Vernichtungsoperatoren zuerst anzuwenden sind. Sonst treten Divergenzen auf. Man schreibt deshalb den Ausdruck (§ 32;8) zweckmäßig in folgender Form:

$$H = \frac{1}{2}\sum_{j,k=1}^{\infty} H_{jk}(q_j - ip_j)(q_k + ip_k)$$
$$+ \frac{1}{8}\sum_{j,k,l,m=1}^{\infty} W_{jklm}(q_j - ip_j)(q_l - ip_l)(q_k + ip_k)(q_m + ip_m) \tag{1}$$

Das ist mit (§ 32;8) identisch, weil H_{jk} und W_{jklm} gegen die Vertauschung zweier Indizes eines Paares invariant sind. Bei W_{jklm} erkennt man das unmittelbar an der Definition (§ 32;7). Bei H_{jk} folgt es daraus, daß es als Matrixelement eines hermitischen Operators im Ortsraum aufgefaßt werden kann und reell ist. Daher erhält man durch Vertauschung der Bezeichnungen der Summationsindizes

$$\sum_{j,k=1}^{\infty} H_{jk}\, p_j q_k = \sum_{j,k=1}^{\infty} H_{jk}\, q_j p_k \tag{2}$$

und

$$\sum_{j,k=1}^{\infty} W_{jklm}\, p_j q_k = \sum_{j,k=1}^{\infty} W_{jklm}\, q_j p_k . \tag{3}$$

Wenn man in (1) die Klammern ausmultipliziert, heben sich deshalb alle gemischten Produkte gegenseitig fort, und daher wird (1) mit (§ 32;8) identisch. Einsetzen der Operatoren $\mathbf{B}_j^+$ und $\mathbf{B}_k$ liefert nun für den Hamiltonoperator

$$\mathbf{H} = \hbar \sum_{j,k=1}^{\infty} H_{jk}\, \mathbf{B}_j^+ \mathbf{B}_k + \frac{\hbar^2}{2} \sum_{j,k,l,m=1}^{\infty} W_{jklm}\, \mathbf{B}_j^+ \mathbf{B}_l^+ \mathbf{B}_k \mathbf{B}_m . \tag{4}$$

Dieser Ausdruck enthält in jedem Summanden gleich viele Erzeugungs- und Vernichtungsoperatoren und läßt deshalb, wie bereits auf S. 385 ausgeführt wurde, die Teilchenzahl konstant.

Im Prinzip könnte man nun alle weiteren Rechnungen mit diesem Hamiltonoperator (4) durchführen. Die Rechnung wird aber viel übersichtlicher, wenn man statt der $\mathbf{B}_j^+$ und $\mathbf{B}_k$, die von der Wahl der Entwicklungsfunktionen $u_j(\vec{r})$ abhängen, die ortsabhängigen Operatoren $\Psi^+(\vec{r})$ und $\Psi(\vec{r})$ einführt. Dazu braucht man nur in (4) die Integralausdrücke (§ 32;6 und 7) einzusetzen und die vom Ort unabhängigen Operatoren B_j^+ und B_k an passender Stelle unters Integral zu schreiben. Dann erhält man, genauso wie in § 32, bei Beachtung von (§ 31;2) und (§ 34; 3a und b):

$$H = H_{kin} + H_{pot} + H_w \tag{5}$$

mit

$$H_{kin} = \iiint\limits_{\vec{r}} \Psi^+(\vec{r}) \left\{ -\frac{\hbar^2}{2m} \nabla^2 \Psi(\vec{r}) \right\} d^3x, \tag{6}$$

$$H_{pot} = \iiint\limits_{\vec{r}} \Psi^+(\vec{r}) \left\{ -eU_0(\vec{r}) \right\} \Psi(\vec{r})\, d^3x, \tag{7}$$

$$H_w = \iiint\limits_{\vec{r}} \iiint\limits_{\vec{r}'} \frac{e^2}{8\pi\varepsilon_0} \frac{\Psi^+(\vec{r})\Psi^+(\vec{r}')\Psi(\vec{r}')\Psi(\vec{r})}{|\vec{r} - \vec{r}'|}\, d^3x\, d^3x'. \tag{8}$$

Der erste dieser Operatoren, H_{kin}, ist der kinetischen Energie der Welle zugeordnet, die zweite ihrer potentiellen Energie in dem äußeren elektrostatischen Feld $U_0(\vec{r})$ der Atomkerne, der dritte der Wechselwirkung der verschiedenen Teile der Welle. H_{kin} enthält den scheinbar recht komplizierten Ausdruck $\nabla^2\Psi(\vec{r})$, einen Differentialquotienten eines ortsabhängigen Operators. Tatsächlich verursacht aber das Rechnen mit diesem Operator gar keine besondere Schwierigkeit, weil sich die Ortsabhängigkeit und die Operatoreneigenschaft nicht gegenseitig beeinflussen. $\Psi(\vec{r})$ ist ja kein Operator, der Ortsfunktionen in andere Ortsfunktionen verwandelt, sondern nach (§ 34;3a) eine Linearkombination von ortsunabhängigen Operatoren B_j , welche $\vec{r}$ nur in den Koeffizienten enthält. Wenn man also $\nabla^2\Psi(\vec{r})$ auf ein von $\vec{r}$ unabhängiges Element des Hilbertraumes anwendet, - und nur das kommt im folgenden vor - so spielt es gar keine Rolle, ob man erst die B_j anwendet und dann die $u_j(\vec{r})$ differenziert oder umgekehrt. Im folgenden wird sich zeigen, daß das erstere einfacher ist, weil dann die $\vec{r}$-Abhängigkeit aller $u_j(\vec{r})$ in der Ortsabhängigkeit einer Amplitudenfunktion zusammengefaßt erscheint.

Zunächst sei der einfachste Fall behandelt, die Wirkung von H auf ein Zustandselement $|f,1\rangle = \iiint\limits_{\vec{r}_1} f(\vec{r}_1)\Psi^+(\vec{r}_1)|0\rangle d^3x_1$ zu einem Teilchen. Anwendung von $\Psi(\vec{r})$ liefert nach (§ 35;4)

$$\Psi(\vec{r})|f,1\rangle = f(\vec{r})|0\rangle. \tag{9}$$

Wenn man nun die durch ∇^2 vorgeschriebene Differentiation nach den Komponenten von $\vec{r}$ ausführt und das Ergebnis in (6) einsetzt, so ergibt sich

$$\mathsf{H}_{kin}|f,1\rangle = \iiint\limits_{\vec{r}}\left\{-\frac{\hbar^2}{2m}\nabla^2 f(\vec{r})\right\}\Psi^+(\vec{r})|0\rangle d^3x. \tag{10}$$

Dabei wurde von der Linearität von $\Psi^+(\vec{r})$ Gebrauch gemacht, welche es gestattet, den Faktor $\left\{-\frac{\hbar^2}{2m}\nabla^2 f(\vec{r})\right\}$ vor den Operator $\Psi^+(\vec{r})$ zu ziehen. Es entsteht also dabei wieder ein Element des Teilraumes mit einem Teilchen mit der neuen Amplitudenfunktion $\left\{-\frac{\hbar^2}{2m}\nabla^2 f(\vec{r})\right\}$.
Ebenso findet man bei Anwendung von H_{pot} auf $|f,1\rangle$

$$H_{pot}|f,1\rangle = \iiint_{\vec{r}} \{-eU_0(\vec{r})f(\vec{r})\}\Psi^+(\vec{r})|0\rangle d^3x \tag{11}$$

Der Operator H_w zur Wechselwirkung der Welle mit sich selbst ergibt bei Anwendung auf $|f,1\rangle$ das Nullelement, weil einmalige Anwendung eines Vernichtungsoperators auf $|f,1\rangle$ ein Vielfaches des Vakuumelements $|0\rangle$ liefert, und dieses wird durch nochmalige Anwendung eines Vernichtungsoperators nach (§ 35;3) zu null gemacht. Diese Eigenschaft bewirkt also in der Quantenmechanik zum Wellenmodell, daß in den Zuständen zu einem Teilchen keine Rückwirkung der Welle auf sich vorhanden ist. Erst dieser Umstand bildet die Rechtfertigung dafür, in der Schrödingergleichung für ein Elektron nur das elektrostatische Potential des Kernes zu berücksichtigen, wie es Schrödinger intuitiv richtig machte (vgl. § 2).Im Wellenmodell ist das, wie bemerkt, eigentlich inkonsequent. Es ist in Wirklichkeit eine Folge der Partikeleigenschaften, welche in das Wellenmodell erst durch die Quantisierung hineinkommen.

Insgesamt ergibt sich also

$$H|f,1\rangle = \iiint_{\vec{r}} \left\{-\frac{\hbar^2}{2m}\nabla^2 f - eU_0(\vec{r})f\right\}\Psi^+(\vec{r})|0\rangle d^3x \tag{12}$$

Wenn nun $|f,1\rangle$ zeitabhängig ist, wenn also die Amplitudenfunktion außer von $\vec{r}$ noch von t abhängt, gilt

$$i\hbar\frac{\partial}{\partial t}|f,1\rangle = \iiint_{\vec{r}} i\hbar\frac{\partial f(\vec{r},t)}{\partial t}\Psi^+(\vec{r})|0\rangle d^3x. \tag{13}$$

Auf Grund der Bewegungsgleichung (§ 33;2) sind diese beiden Elemente des Hilbertraumes gleich. Dann müssen auch ihre Amplitudenfunktionen gleich sein. Das ist kein trivialer Schluß, sondern ergibt sich erst durch Anwendung von $\Psi(\vec{r})$ auf beide Elemente. Dann erhält man nach (§ 35;4) jeweils das Vakuumelement mal der Amplitudenfunktion an der Stelle $\vec{r}$. Da das Vakuumelement nicht verschwindet, sondern als normiert vorausgesetzt wurde, müssen daher die Amplitudenfunktionen gleich sein:

$$-\frac{\hbar^2}{2m}\nabla^2 f(\vec{r}) - eU_0(\vec{r})f(\vec{r}) = i\hbar\frac{\partial f(\vec{r},t)}{\partial t}. \tag{14}$$

Das ist die Schrödingergleichung für ein Teilchen (vgl. § 2;9), nur mit der Bezeichnung $f(\vec{r},t)$ statt ψ für die Wellenfunktion und ohne die Rückwirkung der Welle auf sich selbst.

Die entsprechende Rechnung für einen Zustand mit 2 Teilchen ist kaum komplizierter. Mit Hilfe von (§ 35;7) ergibt sich

$$\begin{aligned} -\frac{\hbar^2}{2m}\nabla^2\Psi(\vec{r})|g(\vec{r}_1,\vec{r}_2),2\rangle &= \frac{1}{\sqrt{2}}\iiint\limits_{\vec{r}_2}\left\{-\frac{\hbar^2}{2m}\nabla^2 g(\vec{r},\vec{r}_2)\right\}\Psi^+(\vec{r}_2)|0\rangle\, d^3x_2 \\ &+\frac{1}{\sqrt{2}}\iiint\limits_{\vec{r}_1}\left\{-\frac{\hbar^2}{2m}\nabla^2 g(\vec{r}_1,\vec{r})\Psi^+(\vec{r}_1)|0\rangle\, d^3x_1 . \end{aligned} \tag{15}$$

Man beachte, daß ∇^2 eine Differentiation nach den Komponenten von $\vec{r}$ vorschreibt, also nach denjenigen Koordinaten, über die nicht integriert wird. Deshalb kann man nach Belieben ∇^2 vor das Integral oder ins Integral vor die Amplitudenfunktion schreiben. Nun ist $\Psi^+(\vec{r})$ auf (15) anzuwenden und danach über $\vec{r}$ zu integrieren. Wiederum kann dabei $\Psi^+(\vec{r})$ in das Integral über $\vec{r}_2$

oder $\vec{r}_1$ hineingeschrieben werden, weil $\psi^+_{(\vec{r})}$ nicht von $\vec{r}_1$ und $\vec{r}_2$ abhängt. Nach der Integration über $\vec{r}$ kann man aber diese Integrationsvariable im 1. Integral in $\vec{r}_1$ und im zweiten in $\vec{r}_2$ umbenennen. Dann lassen sich beide Integrale zusammenfassen und liefern

$$H_{kin}|g,2\rangle = \frac{1}{\sqrt{2}} \iiint\limits_{\vec{r}_1} \iiint\limits_{\vec{r}_2} \left\{ -\frac{\hbar^2}{2m} \left(\nabla_1^2 g(\vec{r}_1,\vec{r}_2) + \nabla_2^2 g(\vec{r}_1,\vec{r}_2) \right) \right\} \psi^+_{(\vec{r}_1)} \psi^+_{(\vec{r}_2)} |0\rangle \, d^3x_1 \, d^3x_2 \quad (16)$$

In dieser Formel gibt der untere Index am Nabla-Symbol ∇ an, nach welcher Koordinate jeweils differenziert werden soll.

Auf dieselbe Weise findet man

$$H_{pot}|g,2\rangle = \frac{1}{\sqrt{2}} \iiint\limits_{\vec{r}_1} \iiint\limits_{\vec{r}_2} \left\{ \left(-eU_0(\vec{r}_1) - eU_0(\vec{r}_2) \right) g(\vec{r}_1,\vec{r}_2) \right\} \psi^+_{(\vec{r}_1)} \psi^+_{(\vec{r}_2)} |0\rangle \, d^3x_1 \, d^3x_2 \, . \quad (17)$$

Bei der Berechnung der Wirkung von H_w auf $|g,2\rangle$ ist zunächst $\psi_{(\vec{r}')}\psi_{(\vec{r})}$ anzuwenden. Dafür ergibt sich nach (§ 35;12)

$$\psi_{(\vec{r}')}\psi_{(\vec{r})} |g(\vec{r}_1,\vec{r}_2),2\rangle = \frac{1}{\sqrt{2}} \left(g(\vec{r},\vec{r}') + g(\vec{r}',\vec{r}) \right) |0\rangle \, . \quad (18)$$

Wenn man den Operator (8) auf $|g(\vec{r}_1,\vec{r}_2),2\rangle$ anwendet und dann die obige Formel (18) einsetzt, erhält man demnach

$$H_w|g,2\rangle = \frac{1}{\sqrt{2}} \iiint\limits_{\vec{r}} \iiint\limits_{\vec{r}'} \frac{e^2}{8\pi\varepsilon_0} \, \frac{g(\vec{r},\vec{r}') + g(\vec{r}',\vec{r})}{|\vec{r} - \vec{r}'|} \, \psi^+_{(\vec{r})} \psi^+_{(\vec{r}')} |0\rangle \, d^3x \, d^3x' . \quad (19)$$

Die Summe der Ausdrücke (16), (17) und (18) lautet daher

$$H|g,2\rangle = \frac{1}{\sqrt{2}} \iiint\limits_{\vec{r}_1} \iiint\limits_{\vec{r}_2} \left\{ -\frac{\hbar^2}{2m} \left(\nabla_1^2 g(\vec{r}_1,\vec{r}_2) + \nabla_2^2 g(\vec{r}_1,\vec{r}_2) \right) - e\left(U_0(\vec{r}_1) + U_0(\vec{r}_2) \right) g(\vec{r}_1,\vec{r}_2) \right. \quad (20)$$

$$\left. + \frac{e^2}{4\pi\varepsilon_0 |\vec{r}_1 - \vec{r}_2|} \, \frac{g(\vec{r}_1,\vec{r}_2) + g(\vec{r}_2,\vec{r}_1)}{2} \right\} \psi^+_{(\vec{r}_1)} \psi^+_{(\vec{r}_2)} |0\rangle \, d^3x_1 \, d^3x_2 .$$

Auf Grund der Bewegungsgleichung (§ 33;2) ist dieser Ausdruck gleich

$$i\hbar \frac{\partial}{\partial t}|g,2\rangle = \frac{1}{\sqrt{2}} \iiint_{\vec{r}_1} \iiint_{\vec{r}_2} \frac{\partial g(\vec{r}_1,\vec{r}_2,t)}{\partial t} \Psi^+(\vec{r}_1)\Psi^+(\vec{r}_2)|0\rangle d^3x_1 d^3x_2 . \qquad (21)$$

Daraus darf aber nicht gefolgert werden, daß die Amplitudenfunktionen in den beiden Ausdrücken (20) und (21) gleich sein müssen, weil nach (§ 35;14) zu einem Ausdruck der obigen Form nur der symmetrische Teil der Amplitudenfunktion beiträgt. Wenn man (20) und (21) gleich setzt und dann auf beide Seiten den Operator $\Psi(\vec{r}_1{}')\Psi(\vec{r}_2{}')$ anwendet, erhält man jeweils das Vakuumelement mal dem symmetrischen Anteil der Amplitudenfunktionen, mit den Ortsvektoren $\vec{r}_1{}'$ und $\vec{r}_2{}'$ geschrieben. Da das Vakuumelement $|0\rangle$ nicht gleich dem Nullelement ist, sondern auf 1 normiert ist, müssen deshalb diese symmetrischen Anteile der Amplitudenfunktionen von (20) und (21) gleich sein. Über die antisymmetrischen Anteile von ihnen läßt sich aus der Gleichheit von (20) und (21) keine Aussage machten.

Setzt man voraus, daß $g(\vec{r}_1,\vec{r}_2)$ bereits symmetrisch gegenüber der Vertauschung von $\vec{r}_1$ und $\vec{r}_2$ ist, so ergibt sich

$$-\frac{\hbar^2}{2m}(\nabla_1^2+\nabla_2^2)g(\vec{r}_1,\vec{r}_2) - e(U_0(\vec{r}_1)+U_0(\vec{r}_2))g(\vec{r}_1,\vec{r}_2) + \frac{e^2}{4\pi\varepsilon_0|\vec{r}_1-\vec{r}_2|}g(\vec{r}_1,\vec{r}_2) = i\hbar\frac{\partial}{\partial t}g(\vec{r}_1,\vec{r}_2,t) . \qquad (22)$$

Das ist die Schrödingergleichung für die Wellenfunktion von zwei gleichen Teilchen. Nach demselben Schema kann man die entsprechende Gleichung für eine beliebige Teilchenzahl ableiten.

Damit ist gezeigt, daß aus dem in § 31 beschriebenen Wellenmodell, welchem im wesentlichen die de-Broglie-Beziehung zugrundeliegt (vgl. Bd.I, § 41), durch Anwendung des in § 23 geschilderten allgemeinen Quantisierungsverfahrens dieselben quantenmechanischen Aussagen folgen wie aus dem Partikelmodell, jedoch mit einer Einschränkung: Für Systeme mit mehreren Teilchen erhält man die Schrödingergleichung nur für eine in den Ortskoordinaten symmetrische Wellenfunktion. Das bedeutet mit anderen Worten: Die Quantisierung des Wellenmodells liefert die Quantenmechanik von spinlosen Bose-Teilchen. Für Elektronen gilt diese Theorie nicht. Dieser Mangel kann aber, wie sogleich gezeigt werden soll, leicht behoben werden.

§ 37. Die Plusquantelung

Wenn man durch Quantelung eines Wellenmodells die Quantenmechanik von Fermionen erhalten will, deren Wellenfunktionen bei Vertauschung der Teilchenkoordinaten das Vorzeichen ändern, muß man offensichtlich in dem geschilderten Formalismus die Bedingung fallen lassen, daß alle Erzeugungsoperatoren miteinander vertauschbar sind. Denn nach (§ 35;14) folgt aus dieser Vertauschbarkeit, daß die Zustandselemente nur von dem symmetrischen Anteil der Amplitudenfunktionen abhängen. Wenn man stattdessen annimmt, daß die Vertauschung zweier Erzeugungsoperatoren einen Vorzeichenwechsel bewirkt, hätte die analoge Rechnung ergeben, daß nur der antisymmetrische Anteil der Amplitudenfunktion einen von null verschiedenen Beitrag zum Zustandselement liefert. Man muß also mindestens die Vertauschbarkeit durch die sog. Antivertauschbarkeit ersetzen.

Diese Abänderung der Vertauschungsrelationen kann aber in sinnvoller Weise nicht ohne Berücksichtigung des Spins vollzogen werden. Denn das Pauli-Prinzip besagt, daß die Wellenfunktion zweier Fermi-Teilchen bei Vertauschung ihrer Orts- und Spinvariablen ihr Vorzeichen wechselt. Über die Symmetrie hinsichtlich einer Vertauschung der Ortskoordinaten allein ist keine allgemein gültige Aussage möglich. Deshalb muß zugleich der Spin in das Wellenmodell eingeführt werden.

Das bereitet aber keine erheblichen Schwierigkeiten, weil der Hilbertraum eines Spins nur zweidimensional ist. Statt einer komplexen Wellenfunktion hat man lediglich zwei zu betrachten, durch deren Linearkombination jede beliebige Spinorientierung dargestellt werden kann. Bei den elektromagnetischen Wellen ist das seit langem bekannt. Bei diesen läßt sich auch durch Superposition der Felder von zwei linear polarisierten Wellen eine beliebig polarisierte Welle herstellen.

Bei den Elektronenwellen pflegt man die beiden komplexen Wellenfunktionen durch einen Index s zu unterscheiden, welcher die Werte $+1$ und -1 annehmen kann. Diesen fügt man aber üblicherweise nicht unten an die Wellenfunktion an, sondern faßt ihn mit dem Ortsvektor $\vec{r}$ zusammen. Im klassischen Wellenmodell mit Spin treten also zwei komplexe Wellenfunktionen $\chi(\vec{r},s)$ mit $s = \pm 1$ auf, wobei $-|\chi(\vec{r},+1)|^2$ die Raumladungsdichte des Wellenanteils mit einem Spin in $+z$-Richtung darstellt und $-|\chi(\vec{r},-1)|^2$ denjenigen zum Spin in $-z$-Richtung. Beim Stern-Gerlach-Versuch werden diese beiden Anteile durch ein inhomogenes Magnetfeld in z-Richtung räumlich getrennt. Im allgemeinen beobachtet man beide zusammen. Die Gesamtraumladungsdichte ist

$$\rho = -\sum_{s=\pm 1} |\chi(\vec{r},s)|^2 .$$

Nach Einführung dieser Verallgemeinerung verlaufen alle Rechnungen genauso wie bisher, nur ist überall der Ortsvektor $\vec{r}$ durch das Größenpaar $\vec{r}, s$ zu ersetzen.

Zu jeder Integration über $\vec{r}$ ist eine Summation über die beiden Werte von s hinzuzufügen. Solange man den kleinen Einfluß des äußeren Magnetfeldes und die magnetische Wechselwirkung der Spins vernachlässigen kann, ändert sich dadurch an der Hamiltonfunktion (§ 32;8) gar nichts. Der Umstand, daß das benutzte vollständige Funktionensystem der $u_j(\vec{r})$ jetzt durch ein doppelt so großes System $u_j(\vec{r},s)$ ersetzt werden muß, macht sich formal nicht bemerkbar, da die Anzahl der Funktionen in jedem Fall unendlich ist.

Um nun dem Pauli-Prinzip Rechnung zu tragen, hat man die Vertauschungsrelationen (§ 33;6 und7) durch die folgenden Beziehungen zu ersetzen:

$$B_j B_k + B_k B_j = 0, \quad B_j^+ B_k^+ + B_k^+ B_j^+ = 0, \tag{1}$$

$$B_j B_k^+ + B_k^+ B_j = \delta_{jk}. \tag{2}$$

Diese Formeln bezeichnet man als die Vertauschungsrelationen der Plusquantelung.

Nach diesen Ausführungen ist diese Abänderung nicht zwangsläufig mit der Einführung des Spins verknüpft. Hiernach wäre es ohne innere Widersprüche auch möglich, bei Wellen mit Spin die bisherigen Vertauschungsrelationen beizubehalten oder bei Wellen ohne Spin die Vertauschungsrelationen der Plusquantelung einzuführen. Das erste hätte zur Folge, daß man bei der Quantisierung Bosonen mit Spin $1/2$ erhielte. Das zweite würde Fermionen ohne Spin liefern, also beide Male Teilchen, die es erfahrungsgemäß nicht gibt. Die relativistische Quantenmechanik der Felder erlaubt es aber, diese Tatsache auch theoretisch zu begründen. Darauf kann hier jedoch nicht eingegangen werden.

Die weiteren Rechnungen sollen nur angedeutet werden, weil sie bis auf einige Vorzeichenänderungen genauso ablaufen wie die der vorigen Paragraphen. Jeder aufmerksame Leser sollte sie deshalb allein ausführen können. Man pflegt die in (1) und (2) auftretenden Ausdrücke durch eckige Klammern mit einem + als Index abzukürzen. Das sei hier nur bei den ortsabhängigen Operatoren durchgeführt. An Stelle von (§ 34;8) gilt bei Fermionen

$$\Psi(\vec{r},s)\Psi^+(\vec{r}\,',s') + \Psi^+(\vec{r}\,',s')\Psi(\vec{r},s) = \left[\Psi(\vec{r},s),\Psi^+(\vec{r}\,',s')\right]_+ \doteq \delta(\vec{r}-\vec{r}\,')\delta_{ss'} \quad (3)$$

sowie

$$\Psi(\vec{r},s)\Psi(\vec{r}\,',s') + \Psi(\vec{r}\,',s')\Psi(\vec{r},s) = \left[\Psi(\vec{r},s),\Psi(\vec{r}\,',s')\right]_+ = 0\,, \quad (4a)$$

$$\Psi^+(\vec{r},s)\Psi^+(\vec{r}\,',s') + \Psi^+(\vec{r}\,',s')\Psi^+(\vec{r},s) = \left[\Psi^+(\vec{r},s),\Psi^+(\vec{r}\,',s')\right]_+ = 0\,. \quad (4b)$$

Bei allen Rechnungen mit Zustandselementen aus dem Teilraum mit einem Teilchen ist dieser Vorzeichenwechsel ohne Einfluß. Z.B. tritt zwar in (§ 35;2) bei den Operatoren zu Fermionen auf der rechten Seite vor dem zweiten Summanden ein Minuszeichen auf, aber da im Einteilchenraum dieser Operator sowieso das Nullelement liefert, hat das keine Folgen.

Bei der Berechnung der Wirkung von $\Psi(\vec{r},s)$ auf einen Zustand mit 2 Teilchen ist zu beachten, daß an die Stelle von (§ 35;6) jetzt die folgende Gleichung tritt:

$$\Psi(\vec r,s)\Psi^+(\vec r_1,s_1)\Psi^+(\vec r_2,s_2) = [\Psi(\vec r,s),\Psi^+(\vec r_1,s_1)]_+\Psi^+(\vec r_2,s_2) - \Psi^+(\vec r_1,s_1)[\Psi(\vec r,s),\Psi^+(\vec r_2,s_2)] + \Psi^+(\vec r_1,s_1)\Psi^+(\vec r_2,s_2)\Psi(\vec r,s) \tag{5}$$

und daher statt (§ 35;7) die folgende Gleichung gilt:

$$\Psi(\vec r,s)|g(\vec r_1,s_1,\vec r_2,s_2),2\rangle = \frac{1}{\sqrt2}\sum_{s_2}\iiint_{\vec r_2} g(\vec r,s,\vec r_2,s_2)\Psi^+(\vec r_2,s_2)|0\rangle d^3x_2 - \frac{1}{\sqrt2}\sum_{s_1}\iiint_{\vec r_1} g(\vec r_1,s_1,\vec r,s)\Psi^+(\vec r_1,s_1)|0\rangle d^3x_1. \tag{6}$$

Statt (§ 35;12) ergibt sich

$$\Psi(\vec r\,',s')\Psi(\vec r,s)|g,2\rangle = \frac{1}{\sqrt2}\big(g(\vec r,s,\vec r\,',s') - g(\vec r\,',s',\vec r,s)\big)|0\rangle. \tag{7}$$

Ferner kann man ebenso wie durch (§ 35;14) zeigen, daß zu einem Zwei-Teilchen-Zustand mit Fermionen-Erzeugungsoperatoren nur der antisymmetrische Anteil der Amplitudenfunktion einen von null verschiedenen Beitrag liefert.

Alles übrige braucht hier nicht weiter ausgeführt zu werden. Bei Vernachlässigung der magnetischen Wechselwirkungen lautet der Hamiltonoperator genauso wie in (§ 36;5 bis 8), nur ist zu den Integrationen jeweils die Summation über die beiden Werte von s hinzuzufügen. Die Bewegungsgleichungen für die Amplitudenfunktionen bleiben unverändert, nur ist zu (§ 36;22) der Zusatz hinzuzufügen, daß $g(\vec r_1, s_1, \vec r_2, s_2)$ antisymmetrisch gegenüber der Vertauschung von $(\vec r_1,s_1)$ und $(\vec r_2,s_2)$ sein muß. Man beachte aber dabei die Reihenfolge der Operatoren in H_W. Damit die Wechselwirkung das richtige Vorzeichen erhält, müssen die beiden innen stehenden Operatoren und die beiden außen stehenden Operatoren jeweils vom gleichen Ortsvektor abhängen, wie es bereits in (§ 36;8) angegeben wurde, obwohl das damals belanglos war. H_W lautet also bei Fermionen mit Spin $1/2$ für die elektrostatische Wechselwirkung

$$\mathsf{H}_W = \frac{e^2}{8\pi\varepsilon_0}\sum_{s,s'=\pm 1}\iiint_{\vec{r}}\iiint_{\vec{r}'}\frac{\Psi^+(\vec{r},s)\Psi^+(\vec{r}',s')\Psi(\vec{r}',s')\Psi(\vec{r},s)}{|\vec{r}-\vec{r}'|}\,d^3x\,d^3x' . \tag{8}$$

Zusammenfassend darf also festgestellt werden, daß sich in nichtrelativistischer Näherung zu jeder Teilchensorte ein passendes Wellenmodell so finden läßt, daß sich bei der Quantisierung mit den geeignet gewählten Vertauschungsrelationen dieselbe Quantenmechanik wie aus dem Partikelmodell ergibt. Während in der Quantenmechanik der Partikel die "Statistik", also die Symmetrie der Wellenfunktionen gegenüber der Teilchenvertauschung, als Zusatzannahme hinzugefügt werden muß, ergibt sie sich bei der Quantelung des Wellenmodells aus den Vertauschungsrelationen der Erzeugungs- und Vernichtunsoperatoren.

Man beachte aber, daß diese Relationen nur bei den Erzeugungs- und Vernichtungsoperatoren je nach der Statistik verschieden lauten, nicht bei den Operatoren zu den meßbaren Eigenschaften der Teilchen. Bei letzteren gelten stets die Heisenbergschen Relationen (§ 23;2). Das liegt daran, daß die Operatoren zu Teilcheneigenschaften als Funktionen der Operatoren Ψ^+ und Ψ geschrieben, durch quadratische Ausdrücke wiedergegeben werden. Die Gleichungen (§ 36;6 bis 8) zeigen das bereits für die Operatoren zur kinetischen und potentiellen Energie und zur Wechselwirkungsenergie. Ohne Beweis sei angegeben, daß der Operator X zur Summe der x-Koordinaten aller Teilchen und der Operator P_x zu der x-Komponente der Summe ihrer Impulse sich in folgender

Weise durch die ψ^+ und ψ ausdrücken lassen:

$$X = \iiint_{\vec{r}} \psi^+(\vec{r})\, x\, \psi(\vec{r})\, d^3x \tag{9}$$

und

$$P_x = \iiint_{\vec{r}} \psi^+(\vec{r}) \frac{\hbar}{i} \frac{\partial \psi(\vec{r})}{\partial x} d^3x. \tag{10}$$

Bei Fermionen tritt natürlich jeweils noch zu dem Ortsvektor $\vec{r}$ die Spinvariable s hinzu und die Summe über s zu der Integration. Daß diese Operatoren eine solche Form haben müssen mit gleich viel Erzeugungs- und Vernichtungsoperatoren folgt natürlich auch schon daraus, daß ihre Anwendung auf einen Zustand mit gegebener Teilchenzahl aus dem zugehörigen Teilraum des Hilbertraumes nicht hinausführen darf. Man beachte den wesentlichen Unterschied zwischen diesen Operatoren zu Partikeleigenschaften und den in § 33 eingeführten Operatoren P_j und Q_k zu den Koeffizienten der Entwicklung der beiden Wellenfunktionen, welche nur deshalb ähnlich bezeichnet wurden, weil beide zu Paaren kanonisch-konjugierter Variablen gehören.

Fragen und Aufgaben zu Kapitel VII

Fragen

1) Wieviele Komponenten hat die Wellenfunktion des klassischen Wellenmodells der Elektronen bei reeller Schreibweise
   a) ohne Berücksichtigung des Spins,
   b) mit Spin?
2) Wieviele Komponenten hat bei entsprechender Zählung die Wellenfunktion des elektromagnetischen Feldes?
3) Wie lautet die Wellengleichung für das klassische Wellenmodell der Elektronen?
4) Wie lautet der Beitrag der Elektronenwelle selbst zum elektrostatischen Feld, wenn man die Wellenfunktion so normiert, daß $\varrho = -|\chi|^2$ die Raumladungsdichte ist?
5) Wie lautet die Formel für die Stromdichte bei gleicher Normierung?
6) Wie lautet der Formelausdruck für die kinetische Energie der Welle im Wellenmodell der Elektronen?
7) Wie lautet die Formel für die potentielle Energie der Welle in einem elektrostatischen Feld?
8) Welchen Vertauschungsrelationen genügen die Operatoren B_k^+ und B_j zur Erzeugung und Vernichtung eines Bosons?
9) Wie lautet der Operator zur Gesamtzahl der Teilchen?
10) In welcher Reihenfolge muß man die Erzeugungs- und Vernichtungsoperatoren anordnen, damit Divergenzen vermieden werden?
11) Wie lautet der Ausdruck für ein normiertes Element des Hilbertraumes mit N Teilchen, ausgedrückt durch die ortsabhängigen Erzeugungsoperatoren und das Vakuumelement?
12) Welche Wirkung hat der Vernichtungsoperator $\psi(\vec{r})$ bei Anwendung auf das in der vorigen Frage genannte Zustandselement?
13) Ist der durch $\psi^+(\vec{r})|0\rangle$ beschriebene Zustand physikalisch realisierbar?
14) Wie lauten die Vertauschungsrelationen für die ortsabhängigen Erzeugungs- und Vernichtungsoperatoren von Fermionen?
15) In welcher Reihenfolge sind die Erzeugungs- und Vernichtungsoperatoren von Fermionen in dem Integralausdruck für den Wechselwirkungsoperator der Welle mit sich selbst anzuordnen?

Aufgaben

1) Der Operator B und der dazu adjungierte Operator B^+ möge den folgenden Vertauschungsrelationen genügen: $[B,B]_+ = 0$, $[B^+,B^+]_+ = 0$, $[B^+,B]_+ = 1$. Ferner soll angenommen werden, daß der Operator B^+B in dem Hilbertraum, in welchem B^+ und B wirken, nur nichtentartete Eigenwerte besitzt. Welches sind die Eigenwerte von B^+B und wie lauten die Matrizen zu B und B^+ bei Benutzung der Eigenelemente von B^+B zur Entwicklung?

2) Der Operator $\Phi^+(\vec{p}) = \frac{1}{\sqrt{2\pi\hbar}^3}\iiint exp\left(\frac{i}{\hbar}\vec{p}\cdot\vec{r}\right)\Psi^+(\vec{r})\, d^3x$ ist der Operator zur Erzeugung eines Teilchens in dem uneigentlichen Eigenzustand des Impulsvektors mit der Wellenfunktion $|\vec{p}> = \frac{1}{\sqrt{2\pi\hbar}^3} exp\left(\frac{i}{\hbar}\vec{p}\cdot\vec{r}\right)$. Wie lautet die Formel für $\Psi^+(\vec{r})$ als Funktion von $\Phi^+(\vec{p})$? Welche Form nehmen die Ausdrücke (§36;6) für die kinetische Energie und (§37;10) für den Impuls der Welle bei Einführung der Operatoren $\Phi^+(\vec{p})$ und $\Phi(\vec{p})$ an Stelle der Operatoren $\Psi^+(\vec{r})$ und $\Psi(\vec{r})$ an?

Rückblick und Ausblick

In § 36 und 37 wurde das wichtigste Ziel dieses Buches erreicht, nämlich der Nachweis, daß die Quantisierung des Partikelmodells und des Wellenmodells nach demselben mathematischen Verfahren bei passender Wahl der Bewegungsgleichungen und Vertauschungsrelationen auf dieselbe Quantenmechanik führt. Damit wurden diese beiden sich widersprechenden Modelle, die beide erfahrungsgemäß das beobachtete Verhalten teilweise richtig wiedergeben, in konsistenter Weise vereinigt. Dieser Erfolg wurde durch einen Verzicht auf exakte Aussagen über das Verhalten der Körper erkauft.

In der klassischen Physik vor 1900 wurde - eigentlich ohne Begründung - stets angenommen, daß es im Prinzip möglich sei, den Zustand eines Körpers durch eine Reihe von Zustandsvariablen, etwa durch gewisse Koordinaten q_k und die zugehörigen Impulse p_k vollständig zu beschreiben in dem Sinne, daß alle meßbaren Größen als Funktionen der p_k und q_k eindeutig gegeben sein sollten, sobald alle p_k und q_k exakt gemessen worden sind, und das hielt man grundsätzlich immer für möglich.

Die Quantenmechanik behauptet, daß das nicht der Fall ist. Zur Erleichterung der Übersicht seien ihre Aussagen hier noch einmal kurz wiederholt. Danach kann man den Zustand eines Körpers bestenfalls soweit durch Messungen bestimmen, wie er durch einen Strahl im Hilbertraum gekennzeichnet werden kann. Strahlen zu meßbar verschiedenen Zuständen sind orthogonal. Ein Strahl kann durch ein normiertes Element $|\psi\rangle$ auf ihm gegeben werden. Jeder Messung wird ein Projektionsoperator zugeordnet, welcher von $|\psi\rangle$ alles wegschneidet, was nicht zum Meßergebnis paßt.

Zu jeder meßbaren Größe oder, besser gesagt, zu jedem Meßverfahren gehört eine Zerlegung der Einheit. Darunter versteht man eine Gesamtheit von Projektionsoperatoren, welche entweder abzählbar sind oder kontinuierlich verteilt sind. Ihre Summe und das Integral über die kontinuierlich verteilten Operatoren zusammen reproduzieren bei Anwendung auf ein $|\psi\rangle$ dieses Element. Die einzelnen Summanden bzw. Teilintegrale liefern die Anteile von $|\psi\rangle$, welche zu den verschiedenen Meßergebnissen gehören. Wenn neben den mit dem Index i abgezählten Projektionsoperatoren nur solche mit einem kontinuierlich veränderlichen Index k auftreten und nicht solche mit mehreren, so lautet die Zerlegung der Einheit

$$\sum_i |i\rangle\langle i| + \int_k |k\rangle\langle k|\, dk = 1. \qquad (1)$$

Die $|i\rangle$ und $|k\rangle$ genügen den folgenden Normierungsbedingungen(i, j : ganze Zahlen; k, k' : kontinuierlich veränderlich):

$$\langle i|j\rangle = \delta_{ij}\,;\quad \langle i|k\rangle = 0\,;\quad \langle k|k'\rangle \triangleq \delta(k'-k). \qquad (2)$$

Verschiedene meßbaren Größen zum gleichen Meßverfahren, also zur gleichen Zerlegung der Einheit, werden quantenmechanisch als miteinander verträglich bezeichnet. Sie unterscheiden sich nur dadurch, daß sie den verschiedenen Strahlen der Zerlegung verschiedene Meßwerte zuordnen. Eine Größe a , die den diskreten Strahlen $|i\rangle$

die Größen a_i zuordnet und den $|k\rangle$ die Größen $a(k)$, besitzt den Operator

$$A = \sum_i |i\rangle a_i \langle i| + \int_k |k\rangle a(k) \langle k|\, dk. \tag{3}$$

Bei einer Messung von a im Zustand $|\psi\rangle$ erhält man das Ergebnis, daß a in dem Intervall $a_u < a < a_o$ liegt, mit der Wahrscheinlichkeit

$$w = \sum_{a_u < a_i < a_o} |\langle i|\psi\rangle|^2 + \int_{a_u < a(k) < a_o} |\langle k|\psi\rangle|^2 dk. \tag{4}$$

Wenn in dem Fehlerintervall von a_u bis a_o nur diskrete Meßergebnisse a_i liegen, ändert sich diese Wahrscheinlichkeit w bei festem $|\psi\rangle$ und Veränderung der Intervallgrenzen jedes Mal unstetig, wenn a_u oder a_o eines der möglichen Meßergebnisse überstreicht. Enthält das Intervall nur noch einen Wert a_i, so ändert sich die Wahrscheinlichkeit bei weiterer Verkleinerung der Fehlergrenzen nicht mehr. Dann hat also eine ungenaue Messung das exakte Ergebnis a_i. Wenn dagegen das Meßintervall im Kontinuum liegt, ändert sich w stetig mit a_u und a_o und geht im Limes $a_o - a_u \to 0$ gegen null. Ein exaktes Meßergebnis ist dann unmöglich, weil es mit der Wahrscheinlichkeit null auftritt. Die klassische Physik nahm an, daß die möglichen Meßergebnisse immer kontinuierlich verteilt seien wie im 2. Fall und zugleich exakt gemessen werden können, was nur im 1. Fall möglich ist.

Welche diskreten und kontinuierlich verteilten Meßergebnisse bei einer speziellen Größe a auftreten, erschließt man in der Quantenmechanik aus den Beziehungen zwischen ihren Operatoren, welche teils durch das betrachtete Modell gegeben sind, teils in Form von sog.

Vertauschungsrelationen bei der Quantisierung zu den Modellaussagen hinzugefügt werden. In diesem Buch wurden nur die folgenden beiden Modelle betrachtet:

1) Das Modell von N Massenpunkten im elektrostatischen Feld. In diesem Modell wird der Zustand durch N Ortsvektoren $\vec{r}_j$ und N Impulsvektoren $\vec{p}_j = m_j \dot{\vec{r}}_j$ beschrieben ($j = 1, 2, 3, \ldots N$). Seine Hamiltonfunktion lautet

$$H = \sum_{j=1}^{N} \frac{\vec{p}_j^{\,2}}{2m_j} + \sum_{j=1}^{N} e_j U_0(\vec{r}_j) + \frac{1}{4\pi\varepsilon_0} \sum_{j>k=1}^{N} \frac{e_j e_k}{|\vec{r}_j - \vec{r}_k|} . \tag{5}$$

Beim Rechnen numeriert man zweckmäßig die rechtwinkligen Koordinaten und die zugehörigen Komponenten der Impulsvektoren von 1 bis $3N$ durch. Man bezeichnet also mit x_1, x_2, x_3 die Komponenten von $\vec{r}_1$, mit x_4, x_5, x_6 diejenigen von $\vec{r}_2$ usw. Bei der Quantisierung werden die x_j und p_k durch hermitische Operatoren X_j und P_k ersetzt mit den Vertauschungsrelationen

$$\mathsf{P}_j \mathsf{X}_k - \mathsf{X}_k \mathsf{P}_j = [\mathsf{P}_j, \mathsf{X}_k] = \frac{\hbar}{i} \delta_{jk} . \tag{6}$$

Aus diesen Beziehungen folgt: Auf Grund der Bewegungsgleichung

$$\mathsf{H} |\psi\rangle = i\hbar \frac{\partial}{\partial t} |\psi\rangle \tag{7}$$

genügen die Mittelwerte aller P_j und X_k den kanonischen Gleichungen. Solange man also ihre Streuungen vernachlässigen kann, gilt die klassische Mechanik (vgl. § 16).

Die möglichen Meßwerte aller Koordinaten sind kontinuierlich verteilt (vgl. § 25). Zu der Gesamtheit aller X_k gehört die folgende Zerlegung der Einheit:

$$|\psi\rangle = \iiint \ldots \iiint_{x_1, x_2, \ldots x_{3N} = -\infty}^{+\infty} |\vec{r}_1, \vec{r}_2, \ldots \vec{r}_N\rangle\langle\vec{r}_1, \vec{r}_2 \ldots \vec{r}_N|\psi\rangle \, d^{3N}x . \tag{8}$$

Ein beliebiges Element des Hilbertraumes kann also durch eine Funktion $\langle \vec{r}_1, \vec{r}_2, \ldots \vec{r}_N | \psi \rangle$ der N Ortsvektoren gekennzeichnet werden. In dieser Darstellung ist jeder Impulskomponente eine Differentiation als Operator zugeordnet:

$$\langle \vec{r}_1, \vec{r}_2, \ldots \vec{r}_N | P_j \psi \rangle = \frac{\hbar}{i} \frac{\partial}{\partial x_j} \langle \vec{r}_1, \vec{r}_2, \ldots \vec{r}_N | \psi \rangle . \tag{9}$$

Die Eigenwertgleichungen aller Operatoren und auch die quantenmechanische Bewegungsgleichung (7) werden daher in dieser Darstellung zu Differentialgleichungen. In dieser Form wurde die Schrödingergleichung ursprünglich aufgestellt. Grundsätzlich kann man mit gleichem Recht auch jede andere Darstellung benutzen, aber wegen der komplizierten Gestalt der Formel für die potentielle Energie ist die Ortsdarstellung meist am einfachsten zu handhaben. In einfachen Fällen wie z.B. beim Hamiltonoperator des harmonischen Oszillators (vgl. § 24) lassen sich die Eigenwerte auch ohne Benutzung einer speziellen Darstellung ermitteln.

2) Das Wellenmodell geladener Materie im elektrostatischen Feld. In diesem Modell wird die Materie als kontinuierlich verteilt angenommen mit einer Ladungs- und Massendichte, welche proportional zum Absolutwertquadrat einer komplexen Wellenfunktion χ ist und der folgenden Differentialgleichung genügt:

$$-i \frac{\partial \chi}{\partial t} = \frac{\alpha \beta}{2} \nabla^2 \chi + \frac{U(\vec{r})}{\beta} \chi . \tag{10}$$

Darin ist α das Verhältnis von Ladungs- und Massendichte. β ist eine Kopplungskonstante zwischen dem Wellenfeld und dem elektrostatischen Potential. Normiert man χ so, daß die Raumladungsdichte $\varrho = -|\chi|^2$ ist, so lautet das Potential

$$U(\vec{r}) = U_0(\vec{r}) - \frac{1}{4\pi\varepsilon_0} \iiint_{\vec{r}'} \frac{|\chi(\vec{r}')|^2}{|\vec{r} - \vec{r}'|} d^3x'. \tag{11}$$

$U_0(\vec{r})$ ist das elektrostatische Potential des äußeren Feldes, welches nicht von der betrachteten Materie selbst erzeugt wird.

Wenn man diese Bewegungsgleichung auf kanonische Form bringt und nach dem gleichen Schema quantisiert wie das Partikelmodell, so ergibt sich, daß die Eigenwerte des Operators zur Gesamtladung die negativen Vielfachen der Elementarladung

$$\frac{\hbar}{\beta} = e \tag{12}$$

sind. Die Quantelung erzeugt also Partikeleigenschaften. Die gleiche quantenmechanische Bewegungsgleichung (7) wie beim Partikelmodell, nur mit dem Hamiltonoperator des Wellenmodells, liefert die Aussage, daß ein Zustandselement aus dem Teilraum mit N Teilchen diesen Teilraum nicht verläßt. Das ist der Satz von der Erhaltung der Teilchenzahl bzw. der Ladung. Der Operator $\Psi(\vec{r})$ zu der komplexen Wellenfunktion $\psi(\vec{r}) = \chi/\sqrt{e}$ bewirkt die Vernichtung eines Teilchens. Der dazu adjungierte Operator $\Psi^+(\vec{r})$ erzeugt ein Teilchen am Ort $\vec{r}$. Ist $|0\rangle$ das Element des Hilbertraumes zum Vakuumzustand bzw. zur Teilchenzahl 0, so lautet das allgemeinste Zustandselement mit einem Teilchen

$$|f, 1\rangle = \iiint_{\vec{r}} f(\vec{r}, t) \Psi^+(\vec{r}) |0\rangle \, d^3x. \tag{13}$$

Die Bewegungsgleichung (7) liefert für seine Amplitudenfunktion $f(\vec{r}, t)$ die Schrödingergleichung für ein Teilchen in dem äußeren Feld mit der potentiellen Energie $-eU_0(\vec{r})$.

Das allgemeinste Element zu zwei Teilchen lautet

$$|g,2\rangle = \iiint\limits_{\vec{r}_1}\iiint\limits_{\vec{r}_2} g(\vec{r}_1,\vec{r}_2,t)\,\Psi^+(\vec{r}_1)\,\Psi^+(\vec{r}_2)|0\rangle\, d^3x_1\, d^3x_2 \,. \tag{14}$$

Seine Amplitudenfunktion genügt der Schrödingergleichung für zwei Teilchen mit der Wechselwirkungsenergie $e^2/(4\pi\varepsilon_0|\vec{r}_1-\vec{r}_2|)$.

Diese Ausführungen müssen nun noch ergänzt werden durch Aussagen über die sog. Statistik beim Vorliegen mehrerer gleichartiger Teilchen. Beim Partikelmodell sind diese zusätzlich hinzuzufügen. Beim Wellenmodell folgen sie aus den Vertauschungsrelationen der Erzeugungs- und Vernichtungsoperatoren und erzwingen bei Fermionen ihre Abänderung.

Bei Bosonen ohne Spin, welche nicht dem Pauliprinzip genügen, ist die Wellenfunktion in der Ortsdarstellung $\langle\vec{r}_1,\vec{r}_2,\ldots\vec{r}_N|\psi\rangle$ invariant gegenüber einer beliebigen Vertauschung der Ortsvektoren. Im Wellenmodell ergibt sich diese Symmetrie bei der Amplitudenfunktion von selbst, wenn man die Operatoren $\Psi^+(\vec{r})$ so, wie man das bei der übligen Quantisierung macht, als vertauschbar für alle $\vec{r}$ annimmt, denn dann hebt sich in (14) ein gegenüber der Vertauschung der Ortsvektoren $\vec{r}_1$ und $\vec{r}_2$ antisymmetrischer Teil der Amplitudenfunktion $g(\vec{r}_1,\vec{r}_2,t)$ heraus.

Bei Fermionen mit Spin 1/2 ist bei beiden Modellen überall zu der Ortsvariablen die Spinvariable s hinzuzufügen. Beim Partikelmodell kommt außerdem die Zusatzforderung hinzu, daß die Wellenfunktionen $\langle\vec{r}_1,s_1,\vec{r}_2,s_2,\ldots\vec{r}_N,s_N|\psi\rangle$ antisymmetrisch gegenüber irgendeiner Vertauschung zweier Koordinatenquadrupel $\vec{r}_1,s_1$ und $\vec{r}_2,s_2$ ist. Diese Forderung hat die Gültigkeit des Pauliprinzips zur Folge. Im Wellenmodell erreicht man dasselbe, wenn man die Vertauschungsrelationen der Erzeugungs- und Vernichtungsoperatoren durch diejenigen der Plusquantelung ersetzt:

$$\psi^+(\vec{r},s)\psi(\vec{r}',s') + \psi(\vec{r}',s')\psi^+(\vec{r},s) = [\psi^+(\vec{r},s),\psi(\vec{r}',s')]_+ = \delta_{s's}\,\delta(\vec{r}'-\vec{r}); \quad (15)$$

$$[\psi^+(\vec{r},s),\psi^+(\vec{r}',s')]_+ = [\psi(\vec{r},s),\psi(\vec{r}',s')]_+ = 0. \quad (16)$$

Das ist, kurz zusammengefaßt, der Inhalt dieses Buches.

Diese Ausführungen haben aber noch einen spürbaren Mangel. Die wenigen hier behandelten Beispiele werden einen kritischen Leser kaum davon überzeugen können, daß diese Gesetze das Verhalten der Materie weitgehend in Übereinstimmung mit der Erfahrung richtig beschreiben. Um das zu zeigen, hätte man viel mehr Beispiele behandeln müssen. Dazu aber wären die folgenden methodischen Verallgemeinerungen notwendig:

1) Berücksichtigung des Einflusses eines Magnetfeldes auf die Bahnbewegung und diejenige des magnetischen Spinmomentes der Elektronen sowie die magnetische Spin-Bahn-Wechselwirkung (vgl. § 12).

2) Entwicklung von Näherungsmethoden zur Lösung von Eigenwertgleichungen und der quantenmechanischen Bewegungsgleichungen in komplizierteren Fällen. Damit hatten bereits Schrödinger und Dirac bald nach Auffindung der neuen quantenmechanischen Gesetze begonnen. Auf diesem Gebiet ist seitdem intensiv gearbeitet worden.

3) Anwendung der Gruppentheorie, um die Folgerungen aus den vorhandenen Symmetrien voll ausschöpfen zu können. Fast alle strengen Aussagen der Quantenmechanik beruhen auf solchen Überlegungen.

4) Entwicklung von Verfahren zur Behandlung der Streu-

ung von einfallenden Teilchen an irgendwelchen anderen Körpern. Die Entdeckung des Atomkerns beruhte bekanntlich auf der Auswertung eines solchen Streuprozesses (vgl. Bd.I, Kap.VI). Die Erforschung der Struktur der Atomkerne und der Elementarteilchen erfolgt bis heute weitgehend nach der gleichen Methode.

Mit diesen Hilfsmitteln könnte man zeigen, daß die geschilderten Gesetze der Quantenmechanik alle Erscheinungen, die auf den Eigenschaften der Elektronenhülle der Atome und Moleküle beruhen, bis auf ganz wenige, von relativistischen Effekten herrührende kleine Abweichungen vollständig richtig wiedergibt. Allerdings sind die zu lösenden Gleichungen in vielen Fällen so kompliziert, daß man die Rechnungen nur mit mäßiger Genauigkeit durchführen kann. Insbesondere erhält man die Atom- und Molekülspektren sowohl hinsichtlich der Zahl der auftretenden Spektrallinien, ihrer Aufspaltung in äußeren Feldern und ihrer relativen Intensität vollständig richtig, wenn auch nur bei Berücksichtigung des Umstandes, daß die Atomkerne keine Punktladungen sind und in vielen Fällen ein magnetisches Moment besitzen. Der letzte Umstand verursacht eine Hyperfeinstruktur-Aufspaltung vieler Spektrallinien. Hinsichtlich der absoluten Werte der spektralen Frequenzen kann man aus rechnerischen Gründen trotz des Einsatzes von großen Computern oft nur halbquantitative Ergebnisse erzielen.

Die Stärke der chemischen Bindung kann man für das H_2^+-Ion und das H_2-Molekül quantitativ richtig aus den geschilderten Gesetzen der Quantenmechanik ableiten. Bei den komplizierteren Molekülen muß man jedoch oft mit der Erreichung einer bescheidenen Genauigkeit zufrieden sein. Qualitativ kann man aber das Auftreten der verschiedenen Typen von chemischen Bindungen als Folge der Quantenmechanik nachweisen.

Auf dem Gebiet der Festkörper und erst recht für Flüssigkeiten liegen die Verhältnisse etwas anders. Soweit man auf diesem Gebiet die Erscheinungen aus dem Verhalten einzelner Elektronen oder einzelner Atome im mittleren Feld der anderen ableiten kann, ist ihre Deutung mit Hilfe der Quantenmechanik vorzüglich gelungen. Aber dort gibt es auch Effekte, die auf dem Zusammenwirken vieler Teilchen beruhen. Dazu gehört der Ferromagnetismus (vgl. § 30), die Supraleitfähigkeit und die Superfluidität des flüssigen Heliums bei tiefen Temperaturen. Es dauerte ziemlich lange, bis man mit Sicherheit sagen konnte, daß auch diese Erscheinungen aus den Gesetzen der Quantenmechanik folgen. Heute jedoch kann man umgekehrt sagen, daß sie einen eindrucksvollen Beweis für die Richtigkeit der Quantenmechanik darstellen. Z.B. hängt der Ferromagnetismus eng mit dem Pauliprinzip und der Austauschwechselwirkung zusammen und ist ohne Quantenmechanik nicht zu verstehen. Noch deutlicher ist das vielleicht bei der Superfluidität des Heliums, denn wir wissen heute, daß sich dabei das normale Helium mit dem Atomgewicht 4 und das seltene flüssige ^{3}He qualitativ völlige verschieden verhalten, obwohl die Atome beider Sorten die gleiche Elektronenhülle und daher auch die gleiche Wechselwirkung besitzen. Das ist eine Folge der verschiedenen Statistik. ^{3}He enthält im Kern nur ein Neutron neben den zwei Protonen und zwei Elektronen in der Hülle und genügt daher der Fermi-Statistik. Das normale ^{4}He enthält dagegen zwei Neutronen im Kern und genügt der Bose-Statistik. Ohne Quantenmechanik ist das völlig verschiedene Verhalten dieser Substanzen im flüssigen Zustand gänzlich unerklärbar.

In gleicher Weise kann man wohl heute auch mit Sicherheit sagen, daß die Eigenschaften der Atomkerne aus den in diesem Buch behandelten Gesetzen der nichtrelativistischen Quantenmechanik folgen, wenn auch dieser Nachweis bisher nicht mit letzter Schlüssigkeit zu erbringen ist, weil man die Wechselwirkungskräfte zwischen den Nukleonen nicht von vornherein kennt, sondern erst aus dem Verhalten der Kerne erschließen muß. Anders ist es dagegen bei denjenigen Erscheinungen, bei denen man die Relativitätstheorie berücksichtigen muß, weil die Energieänderungen der beteiligten Körper vergleichbar oder groß gegen ihre Ruheenergie mc^2 sind. Dann ist die hier geschilderte Quantentheorie in zweierlei Hinsicht abzuändern:

1) Man darf das elektromagnetische Feld nicht mehr als gegebenes Feld behandeln oder als Feld, welches durch die Ladungsverteilung der geladenen Materie eindeutig gegeben ist, sondern muß seine dynamischen Eigenschaften durch Einführung von eigenen Variablen berücksichtigen. Das bedeutet, man muß die Maxwellschen Gleichungen als Bewegungsgleichungen eines klassischen Modells ansehen und genauso quantisieren, wie das in Kap. VII mit den Gleichungen des Wellenmodells geschah. Die besonderen Eigenschaften des elektromagnetischen Feldes verlangen dabei einige Abänderungen des Verfahrens. Darauf kann hier aber nicht näher eingegangen werden. Wichtig ist, daß in diesem Fall die Teilchenzahl nicht erhalten bleibt. Lichtquanten können emittiert und absorbiert werden. Diese Rechnung wurde zum ersten Mal von Dirac[1] im Jahr 1927 durchgeführt und lieferte, wie zu erwarten, die experimentell lange bekannten Eigenschaft-

1) Paul A.M. Dirac, Nobelpreisträger, (geb. 1902), Proc. Roy. Soc. A 114 (1927), S.243.

ten der Lichtquanten, aber diesmal als Folge des allgemeinen Quantisierungsprozesses.

2) Die Bewegungsgleichungen der Elektronen müssen den Forderungen der relativistischen Invarianz angepaßt werden. Auch das versuchte Dirac[1] im Jahr 1928 zum ersten Mal. Er erfand eine relativistisch invariante Wellengleichung, die er zunächst als eine Verallgemeinerung der Schrödingergleichung für die Wahrscheinlichkeitsamplitude auffaßte. Das war teilweise ein Erfolg. Es stellte sich heraus, daß die relativistische Invarianz ohne Berücksichtigung des Spins nicht zu erreichen war. Ferner ergab sich für das Verhältnis des magnetischen Spinmoments zum Spindrehimpuls der doppelte Wert von dem entsprechenden Verhältnis bei der Bahnbewegung der Elektronen. Das hielt man damals auf Grund der bekannten, schon recht genauen Experimente für exakt richtig. Schließlich ergab sich auch die Feinstruktur des H-Atoms in vollster Übereinstimmung mit der damals erreichten Genauigkeit der Experimente.

Die Diracsche Gleichung hatte aber einen Fehler. Ausser den beobachteten Elektronenzuständen ergaben sich aus ihr viele Zustände mit einer Energie, die um mindestens $2mc^2$ kleiner war als die Energie eines ruhenden freien Elektrons. Die Wahrscheinlichkeit für den Übergang eines Elektrons in einen dieser Zustände mit negativer Energie ergab sich als ziemlich groß. Diesen Widerspruch mit der Erfahrung versuchte man anfangs durch die Zusatzannahme zu beheben, daß alle diese unendlich vielen Zustände mit negativer Energie mit Elektronen besetzt seine und daß diese ganze unendlich große Raumla-

1) P.A.M. Dirac, Nobelpreisträger (geb.1902): Proc.Roy.Soc. A117 (1928), S.610 und A118 (1928), S.351.

dung physikalisch nicht bemerkbar sei.[1] Dann sind Übergänge von Elektronen in diese Zustände nach dem Pauliprinzip unmöglich. Wenn jedoch ein Elektron aus einem dieser im Normalzustand besetzten Zustände durch Anregung in einen gewöhnlichen Elektronenzustand gehoben wird, sollte sich dieses "Loch" als ein Teilchen mit positiver Ladung bemerkbar machen. Diese Deutung wurde bald nach Erscheinen der Arbeiten von Dirac als richtig erwiesen. Es gelang zu zeigen, daß gelegentlich Lichtquanten mit einer Energie $>2mc^2$ ein Teilchenpaar aus einem normalen Elektron und einem positiv geladenen Teilchen gleicher Masse erzeugt. Letztere nennt man heute Positronen.

Trotz dieses Erfolges ist gegen diese Theorie einige Skepsis angebracht. Sie verlangt eigentlich eine Quantenmechanik für ein System mit unendlich vielen Teilchen. Auf Grund der Ausführungen dieses Buches ist nicht ohne weiteres klar, wie diese zu entwickeln ist. Jedenfalls wäre die Einführung einer Wellenfunktion mit unendlich vielen Ortsvariablen recht kompliziert und ist anscheinend niemals ernsthaft versucht worden.

Das, was nach dem Aufkommen dieser Ideen wirklich gemacht wurde, ist etwas ganz anderes. Die Diracgleichung wurde als Wellengleichung eines klassischen Modells aufgefaßt und nach der Methode der "2. Quantelung" quantisiert. Vor Einführung der Operatoren wurde aber die Wellenfunktion in zwei Anteile ψ_+ und ψ_- zerlegt, welche zu positiver und negativer Energie gehörten. Bei der Quantisierung wurde ψ_+ durch einen Elektronenvernichtungsoperator $\Psi_+(\vec{r})$ ersetzt, dessen adjungiertes Elektronen erzeugt. Bei der Wellenfunktion zu negativer Energie

1) P.A.M. Dirac, Proc.Roy.Soc. A 126 (1930), S.360.

wurde es aber umgekehrt gemacht. $\psi_-(\vec{r})$ wurde durch einen Positronenerzeugungsoperator $\Psi_-^+(\vec{r})$ ersetzt und sein adjungiertes durch einen Positronenvernichtungsoperator. Bezeichnet man wieder mit $|0\rangle$ das Element des Hilbertraumes zum Vakuumzustand, so wurde für alle $\vec{r}$ $\Psi_+(\vec{r})|0\rangle = 0$ und $\Psi_-(\vec{r})|0\rangle = 0$ gesetzt, entsprechend dem Umstand, daß im Vakuum weder Elektronen noch Positronen vorhanden sind, welche vernichtet werden können.

Diese Rechnung wird in der Regel lediglich als eine besondere Rechenmethode eingeführt. Selten wird erwähnt, daß sich dabei die Bedeutung der Wellenfunktion grundlegend ändert. Die Diracgleichung wird damit nämlich zur Wellengleichung eines klassischen Modells. In nicht wenigen Lehrbüchern wird bis heute versucht, durch eine Näherungsrechnung daraus eine korrigierte Schrödingergleichung für die Wahrscheinlichkeitsamplitude eines Teilchens bei kleinen Energien abzuleiten. Das ist in Wirklichkeit gänzlich unmöglich, weil die beiden Gleichungen ganz verschiedene Dinge enthalten. Die Wahrscheinlichkeitsamplitude ist eine Rechengröße der Quantenmechanik, die gleich bezeichnete Größe in der Diracgleichung dagegen eine Observable, welcher in der Quantenmechanik ein Operator entspricht. Es ist sehr fraglich, wie weit aus der Gestalt der einen Gleichung auf die Gestalt der anderen geschlossen werden kann. In der nichtrelativistischen Quantenmechanik sind bei Berücksichtigung der Wechselwirkung der Welle mit sich selbst diese Gleichungen auch nicht identisch.

Das richtige Vorgehen verlangt, daß man die Diracgleichung zusammen mit den Maxwellschen Gleichungen als Bewegungsgleichungen eines klassischen Modells ansieht und zusammen quantisiert. Dabei treten zunächst allerlei Divergenzen auf. In den Jahren nach 1948 haben aber mehrere Physiker[1] Verfahren entwickelt, wie man diese in systematischer Weise eliminiert. Die so entstandene Theorie hält man heute für die richtige Grundlage der gesamten Physik der Elektronen und des elektromagnetischen Feldes. Sie bildet zugleich das Vorbild für eine umfassende Theorie der neuentdeckten Elementarteilchen, welche bisher noch nicht vollständig entwickelt werden konnte.

Im Bereich der Physik der Elektronenhülle ergeben sich aus der neueren Quantenelektrodynamik zwei neue, kleine Effekte. Erstens ergibt sich, daß die Energie der einzelnen Feinstrukturniveaus der angeregten Zustände im H-Atom nicht mehr allein von der Quantenzahl des Gesamtdrehimpulses abhängt, wie das bei der ursprünglichen Diracschen Theorie der Fall war, sondern ein wenig auch noch von der Quantenzahl des Bahndrehimpulses. Im Zustand mit der Hauptquantenzahl n = 2 fällt der S-Zustand nicht mehr mit dem P-Zustand mit antiparallelem Spin- und Bahndrehimpuls energetisch zusammen. Das wurde kurz vor Aufstellung der erwähnten Theorie von Lamb[2] experimentell entdeckt. Der Unterschied beträgt in befriedigender Übereinstimmung zwischen Theorie und neueren Experimenten[3] $\Delta\tilde{\nu} = 0{,}035283\ \mathrm{cm}^{-1}$. Im Vergleich zu dem Termwert $\tilde{\nu} = 27417{,}6\ \mathrm{cm}^{-1}$ selbst ist das in der Tat ein winziger Effekt. Außerdem ergibt sich, daß das magnetische Spinmoment des Elektrons um einen Faktor 1,001160

1) Vor allem durch Arbeiten von R.P. Feynman, J. Schwinger und F.J. Dyson, Phys.Rev. ab 1948. Vgl. z.B.: S.Schweber, An Introduction to relativistic quantum field theory, New York, Evanston, London, Tokio 1964.

2) W.E. Lamb and R.C. Retherford, Phys.Rev. 72 (1947), S.241.

3) Genaueste Theorie: A.J.Layzer, Phys.Rev.Let.4(1960) S.580; genaueste Messungen: S.Triebwasser, E.S.Dayhoff, W.E.Lamb, Phys.Rev.89 (1953) S.98.

größer sein sollte als ein Bohrsches Magneton.[1] Auch das wird von neueren Messungen mit bemerkenswerter Genauigkeit bestätigt.

Das alles wurde hier nur erwähnt, um die Stellung der Betrachtungen dieses Buches im Rahmen des Weltbildes der Physik deutlich herauszustellen. Nur in nichtrelativistischer Näherung ist das Partikelmodell dem Wellenmodell der Elektronen gleichwertig. Eine Anpassung an die Forderungen der relativistischen Invarianz ist nur im Wellenmodell möglich. Das liegt natürlich daran, daß Lichtquanten hoher Energie Teilchen, nämlich Elektronen-Positronen-Paare, erzeugen können. Für solch einen Effekt ist der Rahmen des Partikelmodells zu eng. Deshalb ist es für den Lernenden besonders wichtig, die Methode der Quantelung eines Wellenmodells kennenzulernen, denn nur diese eröffnet ihm den Zugang zum Verständnis der relativistischen Quantenmechanik und Quantenelektrodynamik.

---

1) Genaueste Theorie: C. Sommerfeld, Phys.Rev. 107 (957) S.328; genaueste Messung: P. Franken, S. Liebes, Phys.Rev.104 (1956) S.1197.

Antworten und Lösungen

Antworten auf die Fragen

zu Kap. I (S.90): 1) Viele. 2) Nur c) ist richtig. 3) $\hbar\omega_{jk} = E_j - E_k$. 4) Prop. $\exp(-iE_j t/\hbar)$. 5) Gar nicht. 6) Die Bohrschen Frequenzen. 7) vgl. (§2;6). 8) Der Faktor E bei einer Lösung von $Hu = E \cdot u$ mit quadratintegrierbarem $u(\vec{r})$. 9) $\langle f | H g \rangle = \langle H f | g \rangle$. 10) $u(-\vec{r}) = -u(\vec{r})$. 11) Ja, wenn zufällig eine Eigenfunktion mit positiver und negativer Parität den gleichen Eigenwert besitzen. 12) Ja. 13) Nein. 14) $\langle f | g \rangle = 0$. 15) Ja, bei Entartung. 16) Nein. 17) $P|\psi\rangle = |n\rangle\langle n|\psi\rangle$. 18) $P^2 = P$. 19) $\int_{-\infty}^{+\infty} f(x)\,\delta(x - x_0)\,dx = f(x_0)$. 20) $\langle k | k' \rangle = \int_{-\infty}^{+\infty} f_k^*(x)\, f_{k'}(x)\,dx \overset{*}{=} \delta(k' - k)$. 21) $E = E_0 + (n + 1/2)\hbar\omega_0$. 22) Gerade. 23) $\hbar\omega_0/2$. 24) 3. 25) Eine Zerlegung des Operators "Multiplizieren mit 1" in eine Summe von orthogonalen Projektionsoperatoren bzw. ein Integral über Projektionsoperatoren zu uneigentlichen Wellenfunktionen, vgl. (§5;52).

zu Kap. II (S.133): 1) $\lambda = n^2/[R(n^2 - 1)]$. 2) Wegen der Mitbewegung des Kerns. $R = R_\infty/(1 + m_e/M)$. 3) $(2l + 1)$. 4) $l\hbar, (l-1)\hbar, \ldots -l\hbar$. 5) prop. $\exp(im\varphi)$. 6) Weil bei einer Eigenfunktion von L_z außer im Fall $l = 0$ nicht zugleich $\overline{L_x^2}$ und $\overline{L_y^2}$ verschwinden können. Daher ist $\overline{L^2} = \overline{L_x^2} + \overline{L_y^2} + \overline{L_z^2} > \overline{L_z^2}$. 7) Gar nicht. 8) $L^2/(2mr^2)$. 9) Weil Bohr $\overline{L^2} = l^2\hbar^2$ setzte statt $\overline{L^2} = l(l+1)\hbar^2$ und die Nullpunktsenergie nicht kannte. 10) $n-1$. 11) Ja, falls $n > 1$ ist und die Feinstruktur vernachlässigt wird. 12) Nur c) ist richtig. 13) prop. r^2. 14) $l(l+1)\hbar^2$. 15) $l = 0, 1, 2 \ldots$ bis $(n-1)$. 16) $(ax + by + cz)/r$. 17) Nur b) trifft zu. 18) n^2.

zu Kap. III (S.191) 1) $s = 1/2$. 2) 2. 3) Jeder stationäre Zustand eines Einzelelektrons kann nur von einem Elektron eingenommen werden. 4) Die Komponente des magnetischen Momentes in Feldrichtung. 5) 2 wegen des magnetischen Spinmoments des Leuchtelektrons. 6) Einer. 7) Die Quantenzahl l, vgl. S.149. 8) Die Niveaus mit der Hauptquantenzahl $n = 1$ (K), $n = 2$ (L) und $n = 3$ (M). 9) 8 Elektronen in $n = 2$, 18 in $n = 3$, und zwar jeweils 2 in die s-Unterschale, 6 in die p-Unterschale und 10 in die d-Unterschale. 10) $(1s)(2s)(2p)(3s)(3p)(3d)(4s)$ ($1p$ gibt es nicht). 11) Für die Energie des Einzelelektrons setzt man $E = -Rhc/n_{eff}^2$. 12) Für die Energie des Einzelelektrons setzt man $E = -Rhc\, Z_{eff}^2/n^2$. 13) $\Delta l = \pm 1$, weil sonst der oszillierende Anteil der Raumladung während des Übergangs kein Dipolmoment besitzt. 14) Weil bei der kurzwelligen γ-Strahlung die Wellenlänge vergleichbar ist mit der Ausdehnung der Ladungswolke, und dann hat die Intensität der Multipolstrahlung die gleiche Größenordnung wie die der Dipolstrahlung. 15) Feinstruktur = Aufspaltung der Elektronenterme infolge der magnetischen Spin-Bahn-Wechselwirkung der Elektronen. Hyperfeinstruktur = Aufspaltung der Elektronenterme infolge der Wechselwirkung mit dem magnetischen Moment der Atomkerne. 16) $(3s)$ spaltet nicht auf, $(3p)$ spaltet in 2 Niveaus auf. 17) Zwei Dubletts für die Übergänge $L_{II,III} \to K$ und $M_{II,III} \to K$. 18) In Gasen müßten bei genügend großer Auflösung vor den Absorptionskanten Linien beobachtbar sein. In Flüssigkeiten und Festkörpern sind diese infolge der Wechselwirkung mit der Umgebung stark verbreitert und nicht auflösbar. 19) $n^2P_{3/2,1/2} \to 3^2S_{1/2}$. 20) Sie nimmt mit wachsendem n rasch ab. 21) $n^2S_{1/2} \to 3\,^2P_{3/2,1/2}$. 22) Die Aufspaltung ist unabhängig von n.

zu Kap.IV (S.254) 1) $\psi(\vec{r})$ muß normiert sein. 2) Bei einer Bewegung im Raum ist nur b) richtig, bei linearer Bewegung nur d).
3) $\int_{x=0}^{\infty}\iint_{y,z=-\infty}^{+\infty} |\psi|^2 dx\,dy\,dz$. 4) Null, weil $d^3x = 0$ ist.
5) $\overline{x^2} = \iiint_{-\infty}^{+\infty} x^2 |\psi|^2 d^3x$. 6) Nur a) ist richtig.
7) $\overline{p_x^2} = -\hbar^2 \iiint_{-\infty}^{+\infty} \psi^*(\vec{r})\, \partial^2\psi(\vec{r})/\partial x^2\, d^3x$.
8) $\overline{p_x} = m\,d\overline{x}/dt$. 9) Null. 10) a) $[\mathrm{X}, \mathrm{P}_x] = i\hbar$. b) $[\mathrm{X}, \mathrm{P}_y] = 0$. c) $[\mathrm{X}, \mathrm{P}_x\mathrm{P}_y] = i\hbar \mathrm{P}_y$. d) $[\mathrm{X}, \mathrm{P}_x^2/2m] = i\hbar \mathrm{P}_x/m$. 11) Alle Werte des gegebenen Intervalles treten im Fall $E > 0$ auf, diskrete Werte dagegen für $E < 0$. 12) Falls der Operator A zu a mit H vertauschbar ist. 13) $\overline{(x - \overline{x})^2} \cdot \overline{(p_x - \overline{p_x})^2} \geq \hbar^2/4$. 14) Das skalare Produkt $\langle i|\mathrm{A}|k\rangle$. 15) $\langle i|\mathrm{H}|k\rangle = \langle k|\mathrm{H}|i\rangle^*$. 16) Die Transformation $\overleftrightarrow{H'} = \overleftrightarrow{U}^+ \overleftrightarrow{H} \overleftrightarrow{U}$ aller Matrizen $\overleftrightarrow{H}$ mit derselben unitären Matrix $\overleftrightarrow{U}$. 17) Eine Ähnlichkeitstransformation, welche bewirkt, daß nachher alle Matrixelemente außerhalb der Hauptdiagonalen verschwinden. 18) Als Diagonalelemente, falls die Matrix des betrachteten Operators auf Hauptachsen transformiert worden ist.

zu Kap.V (S.335) 1) Die Linearkombination und die Bildung eines skalaren Produktes aus je zwei Elementen. 2) Die folgende Eigenschaft des skalaren Produktes: $\langle f|g\rangle^* = \langle g|f\rangle$. 3) $\langle\psi|\psi\rangle \geq 0$, reell und nur $= 0$, falls $|\psi\rangle = 0$ ist. 4) $\mathrm{P} = |n\rangle\langle n|$.
5) $w = |\langle n|\psi\rangle|^2$. 6) Die Variablen p_k, q_k, welche so gewählt sein müssen, daß die Bewegungsgleichungen die kanonische Gestalt $\dot{p}_k = -\partial H/\partial q_k$, $\dot{q}_k = \partial H/\partial p_k$ annehmen. 7) Man ersetzt die kanonischen Variablen des Modells durch hermitische Operatoren mit den Vertauschungsrelationen $[\mathrm{P}_j, \mathrm{Q}_k] = \delta_{jk}\hbar/i$. (Ausnahme: Quantisierung eines Wellenfeldes von Fermionen, vgl. § 37). 8) $\mathrm{U}(t) = \exp(-it\mathrm{H}/\hbar)$.
9) $\mathrm{B}^+ = \sqrt{m\omega_0/2\hbar}\,(\mathrm{X} - i\,\mathrm{P}/m\omega_0)$. 10) $\mathrm{B}\mathrm{B}^+ - \mathrm{B}^+\mathrm{B} = 1$. 11) Eine Verschiebung um die Strecke a. 12) Im Schrödingerbild sind alle Operatoren, in deren Definition die Zeit nicht explizit vorkommt, zeitlich konstant, die Zustandselemente nicht. Im Heisenbergbild

sind die Zustandselemente zeitlich konstant, die Operatoren dagegen im allgemeinen nicht, wenn sie nicht mit dem Hamiltonoperator vertauschbar sind. 13) Im Wechselwirkungsbild wird die zeitliche Änderung, welche durch den ungestörten Hamiltonoperator $H^{(o)}$ bestimmt wird, in die Änderung der Operatoren hineingesteckt. Die Änderung der Zustandselemente wird allein von der Wechselwirkung bestimmt. 14) Nein 15) Schrödingerbild: $H|\psi\rangle = i\hbar\,\partial|\psi\rangle/\partial t$ für die Zustandselemente. Heisenbergbild: $i\hbar\, dA_H/dt = [H, A_H]$ für alle Operatoren A_H (vgl. § 27;1 und 11). 16) Eine Drehung um die x-Achse um den Winkel α.

<u>zu Kap.VI</u> (S.364) 1) Die Wellenfunktion in der Ortsdarstellung ist antisymmetrisch gegenüber der Vertauschung der Koordinatenquadrupel irgendwelcher Elektronen. 2) Ein Teilchen, dessen Wellenfunktion antisymmetrisch gegen die Vertauschung der Koordinaten zweier Teilchen ist. 3) Ein Teilchen, dessen Wellenfunktion invariant gegenüber der Vertauschung der Koordinaten zweier Teilchen sind. 4) Alle Teilchen mit halbzahliger Spinquantenzahl sind Fermionen, diejenigen mit ganzzahliger Spinquantenzahl sind Bosonen. 5) Der schwere Wasserstoffkern ^2H 6) Ein Elektronenterm mit der Gesamtspindrehimpulsquantenzahl $S = 3/2$ 7) Das Stickstoffatom mit 3 Elektronen in der $2p$-Unterschale. 8) Eine Determinante aus Einelektronenwellenfunktionen, welche von den Orts- und Spinkoordinaten abhängen. In einer Zeile stehen lauter verschiedene Wellenfunktionen mit denselben Teilchenkoordinaten. In einer Spalte steht jeweils dieselbe Wellenfunktion, aber mit lauter verschiedenen Koordinaten. 9) Ein elektrostatisches Feld zu einer solchen Ladungsverteilung, daß die Berechnung der Einelektronenwellenfunktionen in ihm die Ausgangsladungsverteilung liefert. 10) Nein 11) Weil der Triplett-Term eine in den Ortskoordinaten antisymmetrische Wellenfunktion besitzt. Daher sind die beiden Elektronen niemals am gleichen Ort und selten dicht beieinander, so daß ihre positive elektrostatische Wechselwirkungsenergie relativ klein ist. 12) Die von der gegenseitigen Spinorientierung abhängigen Unterschiede der elektrostatischen Wechselwirkungsenergie der Elektronen in Zuständen mit den gleichen Einelektronenwellenfunktionen. 13) Die Parallelstellung. 14) Auf der elektrostatischen Wechselwirkung. 15) Die Antiparallelstellung der Spins der Nukleonen. 16) Die Austauschwechselwirkung in nicht voll besetzten höheren Elektronenschalen bzw. Elektronenbändern in Festkörpern.

<u>zu Kap.VII</u> (S.413) 1) a)2. b)4. 2) 6. 3) Vgl. §31;1, S.370.

4) $U_{el}(\vec{r}) = -\frac{1}{4\pi\varepsilon_0}\iiint_{\vec{r}'} \frac{|\chi(\vec{r}')|^2}{|\vec{r}-\vec{r}'|}\, d^3x'$ 5) $j = \alpha\beta(\chi_i \,\mathrm{grad}\,\chi_r - \chi_r \,\mathrm{grad}\,\chi_i)$

6) $T = \frac{\alpha\beta^2}{2}\iiint\{\mathrm{grad}^2\chi_r + \mathrm{grad}^2\chi_i\}\, d^3x$ 7) $E_{pot} = -\iiint|\chi(\vec{r})|^2\, U_o(\vec{r})\, d^3x$

8) $[B_j, B_k^+] = \delta_{jk}\ ; [B_j, B_k] = [B_j^+, B_k^+] = 0$ 9) $N = \sum_j B_j^+ B_j$

10) Die Vernichtungsoperatoren sind stets zuerst anzuwenden, stehen also in einem Operatorenprodukt rechts.

11) $|a(\vec{r}_1,\vec{r}_2,..\vec{r}_N),N\rangle = \frac{1}{\sqrt{N!}}\iiint_{\vec{r}_1}\iiint_{\vec{r}_2}..\iiint_{\vec{r}_N} a(\vec{r}_1,\vec{r}_2,...\vec{r}_N,t)\,\Psi^+(\vec{r}_1)\Psi^+(\vec{r}_2)...\Psi^+(\vec{r}_N)|0\rangle\, d^3x_1 d^3x_2 ... d^3x_N$

12) Er bewirkt, daß jeweils eine Integration wegfällt. Die zugehörige Integrationsvariable $\vec{r}_j$ ist durch $\vec{r}$ zu ersetzen. Über die N Ausdrücke dieser Form ist zu summieren. 13) Nein, denn er entspricht einem Zustand, dessen Wellenfunktion die δ -Funktion ist. Dieser Zustand hat eine unendlich hohe kinetische Energie.

14) $\Psi^+(\vec{r},s)\Psi(\vec{r}',s') + \Psi(\vec{r}',s')\Psi^+(\vec{r},s) \stackrel{*}{=} \delta_{ss'}\,\delta(\vec{r}-\vec{r}')$;

$$\Psi^+(\vec{r},s)\Psi^+(\vec{r}',s') + \Psi^+(\vec{r}',s')\Psi^+(\vec{r},s) = \Psi(\vec{r},s)\Psi(\vec{r}',s') + \Psi(\vec{r}',s')\,\Psi(\vec{r},s) = 0.$$

15) Zuerst stehen rechts die beiden Vernichtungsoperatoren mit verschiedenen Koordinaten, dann folgen links die beiden Erzeugungsoperatoren, aber mit der umgekehrten Reihenfolge der Koordinaten.

Lösungen der Aufgaben

<u>zu Kap.I</u> (S.91):

1) Für positive Parität: $tg\,\delta = \dfrac{\alpha' + \beta' tg\,\alpha'\, tg\,\beta'}{\beta' tg\,\beta' - \alpha' tg\,\alpha'}$.

Für negative Parität: $tg\,\delta = \dfrac{\beta' tg\,\alpha' - \alpha' tg\,\beta'}{\alpha' tg\,\alpha' tg\,\beta' + \beta'}$.

2) a) Positive Parität: $\left(\dfrac{1}{u}\dfrac{du}{dx}\right)_{x=+0} = \dfrac{mV_0}{\hbar^2}$. Für $V_0 \to \infty$ gilt also $u(0)=0$.

Negative Parität: $u(0) = 0$, unabhängig von V_0.

b) Positive Parität: $\beta\, cotg\,(\beta+\gamma) = -\alpha$ mit $tg\,\gamma = \dfrac{1}{V_0}\sqrt{\dfrac{2\hbar^2}{m}(E_0-|E|)}$.

Im Grenzfall $V_0 = 0$ ist $\gamma = \pi/2$; also gilt $\beta\, tg\,\beta = \alpha$.

Im Grenzfall $V_0 \to \infty$ ist $\gamma = 0$; also gilt $\beta\, cotg\,\beta = -\alpha$.

Negative Parität: Es gilt stets $\beta\, cotg\,\beta = -\alpha$.

Im Grenzfall $V_0 \to \infty$ sind demnach je eine Lösung mit positiver und negativer Parität miteinander entartet.

3) Mit Hilfe der Formel $\int_{-\infty}^{+\infty} \xi^{2n} \exp(-\beta\xi^2)\, d\xi = \left(-\dfrac{d}{d\beta}\right)^n \sqrt{\dfrac{\pi}{\beta}}$ erhält man aus den Orthogonalitäts- und Normierungsbedingungen die in (§4a;16-20) angegebenen 5 Formeln und außerdem

$$u_5(\xi) = \frac{1}{2\sqrt{15}\sqrt[4]{\pi}}\left(4\xi^5 - 20\xi^3 + 15\xi\right)\exp\left(-\frac{\xi^2}{2}\right).$$

zu Kap.II (S.134): 1) Wegen $R(r) = Cr\exp(-r/2a_0)$ gilt:

$$\bar{r} = \int_{r=0}^{\infty} r\,[r\exp(-r/2a_0)]^2 r^2 dr \Big/ \int_{r=0}^{\infty}[r\exp(-r/2a_0)]^2 r^2 dr = 5a_0 .$$

$R(r)$ erreicht sein Maximum bei $r = 2a_0$, und das ist auch der Gleichgewichtsabstand. 2) Ist M die Kernmasse und m die Elektronenmasse, so ist der Radius der Kreisbewegung des Kerns gleich $2a_0 m/M = 5{,}76\cdot 10^{-12}$ cm, also etwa das 20-fache des Kernradius. 3) Maximum von $|\psi|^2 = 1/(\pi a_0^3) = 2{,}15\cdot 10^{24}\,cm^{-3}$. Mittlere Dichte $10\varrho/M = 0{,}334\cdot 10^{24}\,cm^3$ (M = Masse des Wassermoleküls, ϱ = Dichte). 4) Da $v(r) = rR(r)$ bei $r = 0$ verschwinden muß, kommen nur Lösungen mit negativer Parität in r in Frage. Nach Abb.5 gibt es solche nur für $\sqrt{2ma^2E_0/\hbar^2} > \pi/2$, d.h. $E_0 > (\pi\hbar/2a)^2/2m = 0{,}0167$ erg $= 1{,}04\cdot 10^{10}$ eV.

5) $P_0 = 1$; $P_1 = \xi$; $P_2 = (3\xi^2-1)/2$; $P_3 = (5\xi^3 - 3\xi)/2$; $P_4 = (35\xi^4 - 30\xi^2 + 3)/8$.

zu Kap.III (S.192): 1) $\mu_B = e\hbar/2m = 0{,}9274\cdot 10^{-19}\,A\,cm^2$. 2) Mit den Abkürzungen b = Beschleunigung, M = Masse des Atoms, L = Abstand des Schirms vom Ende des Magneten, s = Ablenkung ergibt sich: $b = \frac{\mu_B}{M}\frac{dB}{dz} = 5{,}176\cdot 10^6\,cm/sek^2$; $s = \frac{b}{2v^2}(l^2 + 2Ll) = \frac{\mu_B}{6}\frac{dB}{dz}\frac{l^2+2Ll}{kT} = 0{,}204$ cm.
3) $\lambda = 1216\,Å/(z-s)^2 = 0{,}21\,Å$. Fehler: $\approx 10\%$

zu Kap.IV (S.255): 1) Mit Hilfe der Formel $\int_{z=0}^{\infty} z^n\exp(-z)dz = n!$ findet man $\bar{r} = 3a_0/2$; $\overline{r^2} = 3a_0^2$; $\overline{(1/r)} = 1/a_0$. 2)a) Mit der normierten Funktion $u = \exp(-r/a_0)/\sqrt{\pi a_0^3}$ ergibt sich:

$$\langle E_{kin}u|E_{kin}u\rangle = \left(\frac{\hbar^2}{2m}\right)^2\int_{r=0}^{\infty}\left[\frac{1}{r}\frac{d^2}{dr^2}(ru)\right]^2 4\pi r^2 dr = 5E_0^2,$$

$E_0 = \hbar^2/(2ma_0^2)$ = Ionisierungsenergie des H-Atoms. b) Das Resultat $\langle u|E_{kin}^2 u\rangle = \left(\frac{\hbar^2}{2m}\right)^2\int_{r=0}^{\infty} u\frac{1}{r}\frac{d^4}{dr^4}(ru)\cdot 4\pi r^2 dr = -3E_0^2$ muß falsch sein, da der Mittelwert eines Quadrats einer reellen Größe nicht negativ sein kann. c) Für die exakte potentielle Energie zu endlichem Kernradius ist dE_{pot}/dr für $r = 0$ gleich null, also das Integral auf der rechten Seite der genannten Formel gleich null. Wenn man dagegen bis $r = 0$ die potentielle Energie der Punktladung $E_{pot} = C/r$ benutzt, ist $(r^2 dE_{pot}/dr) = -C \neq 0$. Daher rührt der Unterschied zwischen $\langle u|E_{kin}^2 u\rangle$ und $\langle E_{kin}u|E_{kin}u\rangle$ von der bei kleinen Radien fehlerhaften potentiellen Energie her. Aus der Eigenwertgleichung $E_{kin}u = -\frac{\hbar^2}{2m}\cdot\frac{1}{r}\frac{d^2}{dr^2}(ru) = (E - E_{pot}(r))u$ ergibt sich aber, daß die fehlerhafte Ableitung von $E_{pot}(r)$ bei $r = 0$ nur in den Ausdruck $\langle u|E_{kin}^2 u\rangle$ eingeht. 3) Aus (§17;6) erhält man $dS_y/dt = \langle\psi|YP_y + P_yY|\psi\rangle/m - 2\bar{y}\,d\bar{y}/dt$, und dieser Ausdruck verschwindet für die angegebene Wellenfunktion. Daher ergibt sich mit (§17;13) $S_y(t) = \frac{\overline{p_y^2}}{m^2}t^2 + S_y(t=0) = \frac{a^2}{4} + \frac{\hbar^2\bar{x}^2}{2ma^2E_{kin}}$, also für $\bar{x} = 1\,cm$ $\sqrt{S_y} = 794\,Å$. Die halbe Breite b des Beugungsbildes bis zur 1. Nullstelle beträgt $b = \frac{\pi\hbar\bar{x}}{\sqrt{2ma^2E_{kin}}}$, ist also bis auf den Faktor π gleich der Wurzel aus dem 2. Summanden von S_y ; $b = 1940\,Å$.

zu Kap.V (S.336): 1) Schreibt man e^B und e^{-B} als Reihen aus und multipliziert sie gliedweise unter Beachtung der Reihenfolge, so erhält man für den Summanden, welcher n Faktoren B enthält,

$$T_n = \frac{1}{n!}B^nA - \frac{B^{n-1}AB}{1!(n-1)!} + \frac{B^{n-2}AB^2}{2!(n-2)!} - \dots + (-1)^n\frac{AB^n}{n!\,0!}.$$

Angenommen, für irgendein n ist $T_n = \frac{1}{n!}[B,[B,[B,\dots[B,A]]]]$ bewiesen, so ergibt sich $T_{n+1} = [B,T_n]/(n+1)$. Da obige Formel für $n = 1$ richtig ist, gilt sie allgemein. 2) Null. 3)a) Ist $|j,m+1\rangle = \alpha_+S^{(+)}|j,m\rangle$ normiert, so folgt mit (§26;11)

$$\langle j,m+1|j,m+1\rangle = 1 = |\alpha_+|^2\langle j,m|S^2-S_z^2-S_z|j,m\rangle = |\alpha_+|^2(j-m)(j+m+1),$$

also $\alpha_+ = 1/\sqrt{(j-m)(j+m+1)}$ und ebenso $\alpha_- = 1/\sqrt{(j+m)(j-m+1)}$. Ein Faktor vom Betrag 1 bleibt dabei unbestimmt.

3)b)

$$S_x = \frac{1}{2}\begin{pmatrix}0 & \sqrt{2} & 0\\ \sqrt{2} & 0 & \sqrt{2}\\ 0 & \sqrt{2} & 0\end{pmatrix}; \quad S_y = \frac{1}{2}\begin{pmatrix}0 & -i\sqrt{2} & 0\\ i\sqrt{2} & 0 & -i\sqrt{2}\\ 0 & i\sqrt{2} & 0\end{pmatrix}; \quad S_z = \begin{pmatrix}1 & 0 & 0\\ 0 & 0 & 0\\ 0 & 0 & -1\end{pmatrix}.$$

4)a)

$$S_x = \frac{1}{2}\begin{pmatrix}0 & 1\\ 1 & 0\end{pmatrix}; \quad S_y = \frac{1}{2}\begin{pmatrix}0 & -i\\ i & 0\end{pmatrix}; \quad S_z = \frac{1}{2}\begin{pmatrix}1 & 0\\ 0 & -1\end{pmatrix}$$

b)

$$S_{\vartheta,\varphi} = \frac{1}{2}\begin{pmatrix}\cos\vartheta & \sin\vartheta\exp(-i\varphi)\\ \sin\vartheta\exp(i\varphi) & -\cos\vartheta\end{pmatrix}$$

c) Die Eigenelemente lauten

$|+\rangle\cos\vartheta/2\exp(-i\varphi/2) + |-\rangle\sin\vartheta/2\exp(+i\varphi/2)$

und

$|+\rangle\sin\vartheta/2\exp(-i\varphi/2) - |-\rangle\cos\vartheta/2\exp(+i\varphi/2)$

d) Wegen $S_x^2 = 1/4$ folgt $\exp(-i\alpha S_x) = \cos\alpha/2 - 2i\sin\alpha/2\cdot S_x$.

zu Kap.VI (S.365): 1) Die Normierung liefert $|C|^2 = \alpha^3/(\pi a_0^3)$. Mit $E_0 = \hbar^2/(2ma_0^2) = e^2/(8\pi\varepsilon_0a_0)$ ergibt sich $\overline{E_{kin}} = \alpha^2E_0$ und $\overline{E_{pot}} = -2\alpha E_0$. Das Minimum liegt bei $\alpha = 1$ und beträgt $E = -E_0$. 2) $\overline{E} = E_0(2\alpha^2 - 27\alpha/4)$. Da die Energie des Grundzustandes des He^+-Ions $-4E_0$ ist, erhält man für die Ionisierungsarbeit $D = 217\,E_0/128 = 22{,}88\,eV$. Fehler 6,5 %.

3) Die Normierung und Orthogonalität liefert $|C|^2 = \alpha^3/(\pi a_0^3)$ und $|D|^2 = \beta^3/[\pi a_0^3(1-3\gamma/\beta+3\gamma^2/\beta^2)]$, $\gamma = (\alpha+\beta)/3$. a) Längere Rechnung ergibt $\overline{E_{kin}} = \alpha^2E_0\cdot P(\beta/\alpha)$ mit $P(z) = 1 + z^2/3 + 2z^4/(1-z+z^2)$ und $\overline{E_{pot}} = -\alpha E_0Q(\beta/\alpha)$ mit $Q(z) = 4+z-z^2+\frac{z^3(1+z)}{1-z+z^2}+\frac{z^5(5+3z)}{(1+z)^2(1+z^3)}+\frac{8z^5}{(1+z)^4(1+z^3)}$.
b) Im Minimum ist $\alpha = \frac{Q(z)}{2P(z)} = \frac{dQ/dz}{dP/dz}$. Da im Minimum z merklich kleiner als 1 ist, kann man bei der numerischen Rechnung bei

$P(z)$ das letzte und bei $Q(z)$ die letzten drei Glieder zunächst vernachlässigen und nachher als Korrektur berücksichtigen. Die numerische Rechnung liefert $\alpha = 2{,}0072$, $\beta/\alpha = z = 0{,}438$; $E_{min} = -4{,}3439\,E_0$. Die Ionisierungsenergie aus dem ^3S -Term beträgt demnach 4.68 eV. Fehler: 1.5 %. c) Das doppelte Austauschintegral (vgl. §30a;7) beträgt

$$2A = 16\alpha E_0 \cdot \frac{z^5}{(1+z)^4(1+z^2)} = 0{,}0477\,E_0 = 0{,}648\,eV$$. Fehler: 19 %

zu Kap. VII (S.414): 1) Aus $[B, B]_+ = 0$ folgt $B^2 = 0$. Aus $[B^+, B^+]_+ = 0$ folgt ebenso $(B^+)^2 = 0$. Aus der Eigenwertgleichung $B^+B|u\rangle = \lambda|u\rangle$ folgt durch Anwendung von B^+ die Beziehung $\lambda B^+|u\rangle = 0$. Anwendung von B liefert mit Hilfe der 3. Vertauschungsrelation $BB^+ + B^+B = 1$ die Beziehung $(1-\lambda)B|u\rangle = 0$. Nun kann nicht zugleich $B^+|u\rangle = 0$ und $B|u\rangle = 0$ gelten, weil sonst die 3. Vertauschungsrelation $|u\rangle = 0$ liefern würde, entgegen der Voraussetzung, daß $|u\rangle$ normiertes Eigenelement ist. Es kann auch nicht gleichzeitig $B^+|u\rangle \neq 0$ und $B|u\rangle \neq 0$ sein, weil sonst sowohl $\lambda = 0$ also auch $(1-\lambda) = 0$ gelten müßte. Also ist entweder $B|u\rangle \neq 0$ und daher $\lambda = 1$ oder $B^+|u\rangle \neq 0$ und $\lambda = 0$. Andere Eigenwerte kann es nicht geben. Ist $|u\rangle$ Eigenelement von B^+B zu $\lambda = 1$, so ist $B|u\rangle\ (\neq 0)$ Eigenelement von B^+B zum Eigenwert $\lambda = 0$. Sind beide Eigenwerte nichtentartet, so lautet das allgemeinste Element des zweidimensionalen Hilbertraumes $|u\rangle\alpha + B|u\rangle\beta$. Die von $|u\rangle$ und $B|u\rangle$ aufgespannten Matrizen zu B^+ und B lauten:

$$\overleftrightarrow{B}^+ = \begin{pmatrix} 0 & 0 \\ 1 & 0 \end{pmatrix}; \quad \overleftrightarrow{B} = \begin{pmatrix} 0 & 1 \\ 0 & 0 \end{pmatrix}.$$

2) $$\Psi^+(\vec{r}) = \frac{1}{\sqrt{2\pi\hbar}^3} \iiint_{\vec{p}} \exp\left(-\frac{i}{\hbar}\vec{p}\cdot\vec{r}\right)\Phi^+(\vec{p})\,d^3p\,; \quad H_{kin} = \iiint_{\vec{p}} \frac{\vec{p}^2}{2m}\Phi^+(\vec{p})\Phi(\vec{p})\,d^3p\,;$$

$$P_x = \iiint_{\vec{p}} p_x \Phi^+(\vec{p})\Phi(\vec{p})\,d^3p.$$

Namen- und Sachverzeichnis

Inhaltsverzeichnis von Band I. Grundlagen

Bei Fragen zur Produktsicherheit wenden Sie sich bitte an:
If you have any questions regarding product safety,
please contact:

Walter de Gruyter GmbH
Genthiner Straße 13
10785 Berlin
productsafety@degruyterbrill.com